博碩文化

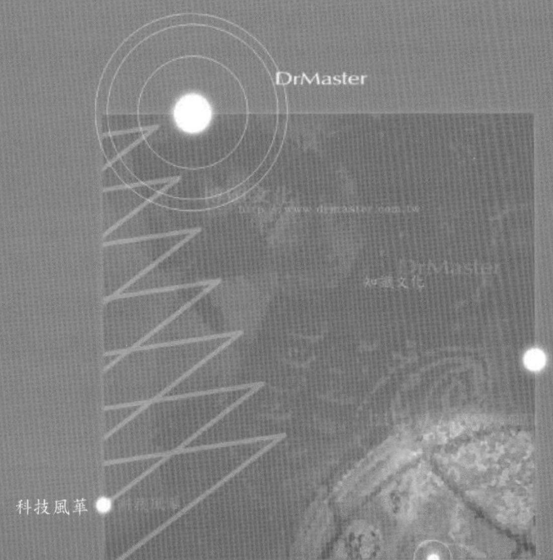

DrMaster
知識文化
科技風革
深度學習資訊新領域

U0086754

DrMaster

深度學習資訊新領域

Oracle實戰寶典

故障排除與效能提升 上 第二版

Troubleshooting Oracle Performance

Second Edition

- Oracle資料庫優化的里程碑著作
- 幫你系統性的發現並解決Oracle資料庫效能問題
- 源自一線Oracle效能優化實踐，涵蓋目前所有可用版本
- 被讀者譽為「透徹，但又易懂的效能優化好書」

Christian Antognini 著
王作佳、劉迪 譯
博碩文化 審校

Apress®

本書如有破損或裝訂錯誤，請寄回本公司更換

國家圖書館出版品預行編目(CIP)資料

Oracle實戰寶典：故障排除與效能提升 / Christian Antognini著；王作佳, 劉迪譯. -- 初版. -- 新北市：博碩文化, 2019.08
冊；　公分

譯自：Troubleshooting Oracle performance，2nd ed.
ISBN 978-986-434-415-4(上冊：平裝). --
ISBN 978-986-434-416-1(下冊：平裝)

1.ORACLE(電腦程式)　2.SQL(電腦程式語言)
3.資料庫管理系統

312.49O6　　108011667

Printed in Taiwan

博碩粉絲團

歡迎團體訂購，另有優惠，請洽服務專線
(02) 2696-2869 分機 238、519

作　　者：Christian Antognini
譯　　者：王作佳、劉迪
審　　校：博碩文化
責任編輯：蔡瓊慧

董 事 長：蔡金崑
總 編 輯：陳錦輝
出　　版：博碩文化股份有限公司
地　　址：221新北市汐止區新台五路一段112號10樓A棟
　　　　　電話(02) 2696-2869　傳真(02) 2696-2867

發　　行：博碩文化股份有限公司
郵撥帳號：17484299　戶名：博碩文化股份有限公司
博碩網站：http://www.drmaster.com.tw
讀者服務信箱：dr26962869@gmail.com
訂購服務專線：(02) 2696-2869 分機 238、519
(週一至週五 09:30~12:00；13:30~17:00)
版　　次：2019 年 08 初版一刷
建議零售價：新台幣 620 元
I S B N：978-986-434-415-4
律師顧問：鳴權法律事務所 陳曉鳴律師

商標聲明

本書中所參照之商標、產品名稱分屬各公司所有，本書參照純屬介紹之用，並無任何侵害之意。

有限擔保責任聲明

雖然作者與出版社已全力編輯與製作本書，唯不擔保本書及其所附媒體無任何瑕疵；亦不為使用本書而引起之衍生利益損失或意外損毀之損失擔保責任。即使本公司先前已被告知前述損毀之發生。本公司依本書所負之責任，僅限於台端對本書所付之實際價款。

著作權聲明

First published in English under the title
Troubleshooting Oracle Performance (2nd Ed.)
by Christian Antognini
Copyright © Christian Antognini, 2014
This edition has been translated and published under licence from APress Media, LLC, part of Springer Nature.

本書著作權為作者所有，並受國際著作權法保護，未經授權任意拷貝、參照、翻印，均屬違法。

本書中文譯稿由人民郵電出版社有限公司授權 臺灣博碩文化股份有限公司 使用出版。未經本書原版出版者和本書出版者書面許可，任何單位和個人均不得以任何形式或任何手段複製或傳播本書的部分或全部內容。

譯者序

一次偶然的機會，在瀏覽圖靈網站新書的時候，無意間發現 TOP 這本書的第二版在招募譯者。之前中國大陸曾引進此書，作為 Oracle 效能調校領域的里程碑式著作，這本書給了 DBA 許多的啟發。因此發現此書的第二版之後，當即決定了翻譯意向，隨後在與編輯聯繫並試譯通過以後，即開始了翻譯工作。此書原版共 700 餘頁，我在開始翻譯之後馬上就感覺到了壓力，所以就聯繫了同為 DBA 的朋友、本人進入 Oracle 領域的引路人劉迪，請他幫忙分擔一部分翻譯工作。

此書從 Oracle 調校基礎講起，介紹了如何定位效能問題，同時對查詢最佳化工具的工作原理進行了詳細描述，最後總結了一些常見的調校技術。作者對 Oracle 調校技術的細節掌控方面令譯者深感敬佩，其嚴謹的態度也是譯者以及廣大 DBA 從業者學習的榜樣。在此，譯者感謝原著作者的辛苦付出。

此書第 1、2、6、7、8、9、10、14、15、16 章以及文前部分由王作佳翻譯，第 3、4、5、11、12、13 章由劉迪翻譯。

此書在翻譯過程中有很多名詞術語，譯者儘量全部翻譯，遇到表達不準的術語時，均盡力採用網路上常見的翻譯，另外多數不常見的術語譯者都標注了原文以供讀者參考。此書為譯者第一部譯作，因譯者水準有限以及書中涉及技術較深，再加之譯者時間有限，難免有誤譯漏譯現象，還請讀者見諒。如有發現錯誤，請透過譯者信箱或圖靈網站聯繫以便修正。

在此感謝圖靈公司的編輯朱巍老師，她給了我許多指導和幫助。同時感謝圖靈其他編輯老師為本書付出的辛苦努力。在翻譯初期，我的同事史盈盈女士提供了許多寶貴的建議，在此表示感謝。另外，感謝資料庫組的同事們在翻譯期間給予的理解和幫助。

王作佳

感謝我的團隊在翻譯期間給予的理解與支援。感謝王作佳提供的這次翻譯機會，讓我受益良多。感謝妻子孫婷的照顧與理解，能讓我有時間專心翻譯。感謝圖靈的各位編輯對本書付出的努力。

劉迪

第二版序——Jonathan Lewis

在為本書寫序言的時候，我在閱讀完樣章後，做的第一件事就是查看我為第一版寫的序言，看看其中有多少內容需要改動。顯然，參考的章節號是需要修改的。但令我吃驚的是，在關於為什麼有志向的 Oracle 專業人士都應該讀讀這本書的問題上，有幾個重要的觀點我沒能講清楚。借此修訂序言之機，我進一步闡述如下。

網際網路上充斥著關於 Oracle 的眾多資訊，但是這些資訊是高度碎片化的，亟需整理和提煉。許多已出版的 Oracle 書籍也都存在同樣的問題：書中提供了大量的資訊，但沒有按照任何形式的邏輯體系進行講述，這使得讀者很難抓住一個主題，也就無法作為後續學習和理解的切入點。甚至，Oracle 官方手冊也存在同樣的問題，但情況相對較好一些。在效能診斷的展示中我經常闡述的觀點是，在你的閱讀清單中應該包含以下三本 Oracle 官方手冊：*Oracle Database Concepts* 手冊、*Oracle Database Administrator's Guide* 和 *Oracle Database Performance Tuning Guide*。然而，在閱讀任意一本手冊時，你會發現，其中一些知識直到讀完其他兩本之後才能真正理解。本書的一大特色正是它在組織資訊的方式上避免了上述歷史問題，確認告訴我們需要達成的目的是什麼，為什麼要達成這些目的，以及如何達成這些目的。

有時，這種結構簡單得令人難以置信。我就被書中相鄰三章的標題所吸引，且不說這些章節的內容非常值得閱讀，僅就標題而言，已經對某些概念進行了異常清晰的闡述，將其長久未被認識到的重要性凸顯出來，它們正是在效能診斷過程中應當首先注意的問題：

- 第 3 章 分析可重現問題
- 第 4 章 即時分析不可重現問題
- 第 5 章 事後分析不可重現問題

你是否意識到問題的類型只有三種，而你解決問題的策略往往又取決於這三類別中的哪一類別？在所有的案例中，用來解決問題的資料的基本來源都是一樣的，但隨著時間的推移，某些資料的可用性和細微性會發生變化。因此，理解這種問題分類是系統化解決問題的第一步。

整本書都以一種相同的架構進行論述：整理各種資訊，並展示各種可能性以及如何獲取相對結果。例如，第 6 章列舉了一長串 Oracle 優化查詢時可能執行的轉換，第 13 章則提供了一個很長的列表，展示可能出現在執行計畫中根據分區操作的不同方法。

待讀完本書後，你可能會發現，學到的知識比想像的要多很多；而對於本來已經知曉的知識，由於分散的知識點被整合到了一起，空白點得以補充完善，如今又有了更深入的理解。Christian 的知識和見解已然讓資訊重構了！

——*Jonathan Lewis*

世界級 Oracle 專家，《Oracle 核心技術》作者

第二版序——Cary Millsap

在過去十年間，我認為在 Oracle 效能領域最令人欣慰的情形是：如今，在書店買到的書籍中所承載的資訊品質有了根本性的改善。

從前能買到的關於 Oracle 效能方面的書籍幾乎如出一轍。這些書不是在暗示你的 Oracle 系統必然承載了太多的 I/O（事實上並不一定），就是提到沒有足夠的記憶體（就像上一種說辭一樣，也不是真實情況）。它們可能會堆砌羅列大量你可能會執行的 SQL 敘述，並讓你優化這些 SQL，聲稱這樣可以解決一切效能問題。

那是一個黑暗的時代。

Chris 的這本書就是刺破這黑暗的光明使者之一。黑暗和光明的差別可歸結為一種簡單的理念，一種從你 10 歲起數學老師就讓你反復實踐的理念：展示你的做法。

我的意思並非「展示並介紹」，就像有人聲稱讓一個擁有數百用戶的網站提升了百分之幾百的效能（原話就是這樣說的），然後自封為專家。我所說的展示你的做法，是指先記錄一個相關的基線測量，再進行一次受控實驗，記錄另一個基線測量，然後公開透明地公布你的結果，讓讀者可以跟隨你的想法，甚至在需要時重現你的案例。

這一點很重要。當作者們開始那樣做時，Oracle 愛好者們就會受益匪淺。從 2000 年開始，在 Oracle 社區中提出深層次效能問題，並尋求高品質答案的人明顯增加了許多。這也使得人們更迅速地剔除那些曾被許多人信服的錯誤方法。

本書中，Chris 遵循了有效的模式。他向你講述有用的技術。但不止於此，他還介紹自己是如何知道這些技術的，換句話講，他告訴你如何自己找出問題答案。Chris 展示了他的做法。

這樣做有兩個益處。首先，能讓你更深入地理解他所展示的內容，進而更容易記住和應用他的課程。其次，透過理解這些例子，你不僅可以理解 Chris 正在展示給你的內容，同時還能夠解決 Chris 沒有提及的其他有意思的問題，比如像本書付印後 Oracle 的下一個版本會出現哪些新特性。

Preface

對我而言，這本書是兼具技術性與指導性的參考手冊，它包含了大量檔案化的可重用的作業案例。本書也包含幾個有說服力的新論據，使我可以分享 Chris 的觀點和熱忱。Chris 在此書中使用的論據可以幫我說服更多的人正確地做事。

Chris 不僅睿智而且精力充沛，他站在了一些 Oracle 專家的肩上，這些人包括：Dave Ensor、Lex de Haan、Anjo Kolk、Steve Adams、Jonathan Lewis、Tom Kyte，等等。這些人都是我心中的英雄，正是他們為這個領域帶來嚴謹之風。現在，我們也可以站在 Chris 的肩上了。

——*Cary Millsap*

Method R 公司首席執行官，博客位址 http://carymillsap.blogspot.com。

第一版序

我從 20 多年前開始使用 Oracle 資料庫軟體，大概花了 3 年時間才發現，在人們看來，問題診斷和調校簡直神秘得不可思議。

曾經有個開發人員發給 DBA 團隊一條效能不好的查詢敘述。我檢查了執行計畫和資料樣本，然後指出大部分的工作量可以透過給其中的一張表新增一條索引來消除。開發人員的回答是：「這是張小表，並不需要索引啊。」（當時是 6.0.36 版本的時代，順便提一下，那時小表的定義是「不超過四個區塊的大小」。）最終我還是建立了索引，查詢速度提升了 30 倍，當然我又有一大堆要解釋的內容。

問題診斷並不依賴於魔法、秘訣或神話，更多的是依靠理解、觀察和解釋。理查．費曼曾說過：「無論你的理論有多完美，還是你有多聰明，如果你的理論和實驗結論不符，那這理論就是錯誤的。」在 Oracle 效能方面有許多這樣錯誤的「理論」，多年以前就應該從集體認知中清除掉，Christian Antognini 就是一個能幫你消除錯誤理論的人。

在本書中，Christian 著手描述事情真正的工作方式，你應該留意什麼樣的症狀，以及這些症狀代表什麼含義。另外，尤其難能可貴的是，他還鼓勵你要有條不紊地去進行觀察與分析，並密切關注過程中出現的相關細節。有了這個建議，你就能夠在出現效能問題時以最合適的方法定位出真正的癥結所在。

儘管這本書很可能需要你從頭至尾仔仔細細地閱讀，但是不同的讀者應該會以不同的方式從中獲益。有些人可能偶爾在瀏覽時發現一些獨到的見解，正如我此前多年一直搞不懂高度均衡長條圖為何如此命名，而直到讀了第 4 章後，Christian 的描述才讓我茅塞頓開。

一些讀者會找到一些特性的簡短描述，幫助他們理解 Oracle 為什麼要實現這些特性，並讓他們透過案例推導與他們的應用相關聯的情形。第 5 章關於「安全視圖合併」的描述對於我來說就是這樣。

另一部分讀者可能會屢次重複閱讀本書中的某一章節，因為這一章節含有他們正在使用的某些重要特性的許多細節。我想第 9 章中關於分區的深入討論就會讓人們孜孜不倦地反復閱讀。

本書內容豐富，值得仔細研讀。謝謝你，Christian。

——Jonathan Lewis

第二版致謝

面對現實吧，寫書並不是一件值得去做的事。根本不值！寫書會佔用你很多的業餘時間，用這些時間你本可以做些更有趣的事情。所以當我決定是否應該著手寫本書第二版的時候，我反復問自己，為什麼要繼續寫呢？最終，決定動筆最重要的因素是我從 2008 年第一版出版後陸續收到的數以百計的正面留言。我發現，出版一本書時得到大家的肯定就是一種回報！就衝這一點，最應該感謝的是那些讀完第一版後給了我回饋的讀者。沒有你們給我動力，第二版也不會存在了。

當然寫一本書只有動力還不行。之前提過，寫書牽扯大量的時間。在這方面我是幸運的，我所在的 Trivadis 公司（我從 1999 年入職該公司）給了我全力支援，Trivadis 不僅讓我本身的技術得到提升，同時還鼓勵我追求那些並非總有絕對把握的事情（比如寫書）。所以第二個感謝應該送給 Trivadis 公司。

當你集中精力寫一段文字超過一定的時間，有時會忽視一些顯而易見的事情。根據這一點，我得說身邊有幾個人時常幫你檢查你的工作是非常重要的。謹在此向技術評審人 Alberto、Franco 和 Jože 致以誠摯的謝意，是你們幫我極大地改進了本書的品質。當然，若有其他不足和錯誤都是我自己的責任。除了幾位「官方的」技術評審人以外，還要感謝 Dani Schnider、Franck Pachot、Randolf Geist 和 Tony Hasler 等人，他們在閱讀本書某些部分後提供了寶貴的評論和見解。

還要感謝 Apress 的工作人員在本書創作過程中給予的支援。尤其感謝 Jonathan Gennick，他堅持認為創作第二版是明智的選擇。

和第一版一樣，本書出版的另一個核心人物是 Curtis Gautschi。實際上，他再一次協助我校對了全書，儘管他並不能完全理解他讀到的內容（據他聲稱）。非常感謝你，Curtis，這麼多年來一直幫助我。

最後，特別感謝 Jonathan 和 Cary 為表示支援而為本書作序。你們在我職業生涯起步時激勵了我，如今希望本書可以激勵更多 Oracle 社區中的人做出正確的事情。

第一版致謝

許多人協助我寫出了你手中的這本書。我由衷地感激他們。沒有他們的幫助，這部作品就不會有機會面世。請允許我在跟各位分享這本書的簡史時，感謝成就這一切的人們。

雖然當時我並沒有意識到，但此書的寫作與出版歷程始於 2004 年 7 月 16 日，當時我正在為一個叫作「Oracle 優化解決方案」的研討會召開啟動會議，與幾個 Trivadis 的同事計畫寫一些材料。在會上，我們討論了研討會的目標和結構。那天以及隨後幾個月寫下的研討材料中產生的想法，都用在了本書中。非常感謝當時與 Arturo Guadagnin、Dominique Duay 和 Peter Welker 的合作。我們當時一起寫下的研討材料，相信以今天的眼光來看也是一流的。除了他們幾個，我還要感謝 Guido Schmutz，他雖然只參加了啟動會議，卻強烈影響了我們處理研討會中涉及的主題的方式方法。

2006 年春天，也就是兩年以後，我開始認真考慮要寫這本書。我當時決定聯繫在 Apress 工作的 Jonathan Gennick，告訴他我的想法並徵詢他的意見。從一開始，他就對我的提議很感興趣，所以僅僅幾個月後，我就決定將來在 Apress 出版此書。謝謝你，Jonathan，從一開始就支援我。此外，感謝所有為此書成功付梓而付出心血的 Apress 員工。我個人有幸與 Sofia Marchant、Kim Wimpsett 和 Laura Esterman 合作，但我知道還有其他很多人也同樣做出了貢獻。

有了想法和出版商並不足以寫出一本書，你還需要時間，大量的時間。幸運的是，我的公司 Trivadis 支持並允許我花費時間在此書的創作上。在這裡尤其要感謝 Urban Lankes 和 Valentin De Martin。

當你寫作時周圍有人幫你仔細檢查寫下的內容也是至關重要的。非常感謝 Alberto Dell’Era、Francesco Renne、Jože Senegacnik 和 Urs Meier 這幾位技術評審人，他們為幫助此書提高品質做出頗多貢獻。當然，如有其他遺留問題都是我的責任。除技術評審外，我還要感謝 Daniel Rey、Peter Welker、Philipp vondem Bussche-Hünnefeld 及 Rainer Hartwig，他們在閱讀了本書部分內容後提供了寶貴的評論和見解。

此書出版的另一個核心人物是 Curtis Gautschi。多年來，都是他幫忙校對並提升了我糟糕的英語。太感謝你了，Curtis，幫助了我這麼多年。我承認，某一天我真得加強一下英語技能了。不過，我發現改進根據 Oracle 應用程式的效能比學外語更有意思（也更容易）。

在這裡特別感謝 Cary Millsap 和 Jonathan Lewis 為本書作序。我知道這占去了你們很多寶貴的時間，非常感激二位。

同時特別感謝 Grady Booch 允許我在第 1 章中使用他的漫畫。

最後，我要感謝這些年我有幸當過顧問的公司，感謝所有那些參加了我的課程和研討會並提出很多好問題的人，感謝那些分享知識的 Trivadis 顧問。我從你們所有人當中獲益良多。

引言

Oracle 資料庫已經成長為超大型軟體。這不僅意味著僅憑一己之力不再能夠精通新版本提供的所有特性，同時也表明有一些特性很少會用到。實際上，在大多數情況下，能夠掌握並利用其中一部分核心特性就足以高效、成功地使用 Oracle 資料庫。所以在本書中，我根據經驗，僅挑選出那些在診斷資料庫相關效能問題時必然要用到的特性。

✾ 組織結構

本書分為四個部分。

第一部分（上冊）涵蓋了閱讀本書剩餘部分所需的基礎知識。第 1 章不僅解釋了為什麼一定要在正確的時間使用正確的方法處理效能問題，還說明為什麼一定要瞭解業務需求和問題所在。這一章也描述了由資料庫相關設計問題引發的一些常見的效能不佳的情況。第 2 章描述了資料庫引擎在解析和執行 SQL 敘述時所執行的操作，以及如何檢測應用程式碼和資料庫呼叫。另外，這一章也介紹了本書中常用的一些重要術語。

第二部分（上冊）解釋了如何在使用 Oracle 資料庫的環境中處理效能問題。第 3 章描述如何借助 SQL 追蹤和 PL/SQL 分析工具識別效能問題。第 4 章描述如何利用動態效能視圖提供的資訊，同時還將介紹幾個經常與動態效能視圖一起使用的工具和技術。第 5 章描述如何借助自動工作負載儲存庫 AWR 和 Statspack 來分析之前發生的效能問題。

第三部分（上冊）描述負責將 SQL 敘述產生執行計畫的元件：查詢最佳化工具。第 6 章概述了查詢最佳化工具的功能及其實現方式。第 7 章和第 8 章描述什麼是系統統計資訊和物件統計資訊，如何收集統計資訊，以及統計資訊對於查詢最佳化工具的重要性。第 9 章講述如何透過設定路線圖為查詢最佳化工具制定合理的設定。第 10 章描述獲得、解釋執行計畫和評估執行計畫效率所需瞭解的細節知識。

第四部分（下冊）展示了 Oracle 資料庫為高效執行 SQL 敘述提供的特性。第 11 章描述了如何透過 Oracle 資料庫提供的相關技術去影響查詢最佳化工具產生執行計畫。第 12 章描述了如何識別、解決以及排除由解析引發的效能問題。第 13 章描述存取資料的多種方法以及如何在其中選擇合適的。第 14 章討論如何高效聯結多個資料集。第 15 章描述類似平行處理、實體化視圖和結果集快取這樣的高級調校技術。第 16 章解釋為什麼優化資料庫的實體設計如此重要。

✽ 目標讀者

本書的目標讀者是那些因在應用程式中使用了 Oracle 資料庫，而涉及診斷效能問題的效能專家、應用程式開發人員和資料庫管理員。

本書不需要某些具體的優化方面的知識。但是，希望讀者具有 Oracle 資料庫相關的應用知識並熟練掌握 SQL。本書某些章節會涉及關於具體的程式設計語言（如 PL/SQL、Java、C#、PHP 以及 C 等）的一些特性。之所以提及這些特性，僅是為了照顧不同的應用開發人員，在使用不同的程式設計語言時所展現的資訊差異，你可以挑選自己正在使用的或者感興趣的語言。

✽ 涵蓋哪些版本

本書涉及的大部分重要概念都不依賴於你所使用的 Oracle 資料庫版本。然而不可避免地，當討論具體的實現細節時，某些內容是與版本相關的。本書主要討論的是目前可用的版本，包括從 Oracle Database 10g R2 至 Oracle Database 12c R1，如下所示。

- Oracle Database 10g R2，包含的版本至 10.2.0.5.0
- Oracle Database 11g R1，包含的版本至 11.1.0.7.0
- Oracle Database 11g R2，包含的版本至 11.2.0.4.0
- Oracle Database 12c R1，版本 12.1.0.1.0

注意，細微性是補丁集（patch set）層級，因此，本書不討論安全補丁和捆綁補丁（bundle patch）[1]所帶來的變化。如果沒有確認說明某一特性僅適合某一特定版本，那麼它對所有提到的版本都有效。

線上資源

可以在網站 http://top.antognini.ch 上下載本書參照的檔案，也可以在其中找到勘誤和補充資料。另外，如果有關於本書的任何類型的回饋意見或問題，請發送到 top@antognini.ch。

與第一版的不同之處

本書修訂的主要目標包括以下各項。

- 增加關於 Oracle Database 11g R2 和 Oracle Database 12c R1 的內容。
- 刪掉關於 Oracle Database 9i 和 Oracle Database 10g R1 的內容。
- 補上第一版遺漏的內容，例如層次剖析工具、活動對話歷史（ASH）、AWR 及 Statspack 等。
- 當涉及具體的程式設計語言特性時，加入一些有關 PHP 的知識。
- 為提高可讀性重新組織了部分素材，例如，將系統和物件統計資訊拆分為兩章。

修復勘誤，改進行文組織。

1 一種臨時補丁，包含許多重要的 bug 修復，但是沒有 PSU 多，主要供 Windows 平台使用。這裡指未考慮小版本號差異，如 10.2.0.5.6 或 10.2.0.5.12。——譯者注

目錄

上冊

第一部分 基礎

01 效能問題

02 關鍵概念

Contents

第二部分 識別

03 分析可重現的問題

04 即時分析不可重現的問題

05 不可重現問題的事後分析

第三部分 查詢最佳化工具

06 查詢最佳化工具簡介

07 系統統計資訊

08 物件統計資訊

下冊

第四部分 優化

11 SQL 優化技巧

12 解析

Contents

13 優化資料存取

14 優化聯結

15 資料存取和聯結優化之外

16 優化實體設計

A 參考文獻

第一部分
基礎

Chi non fa e'fondamenti prima, gli potrebbe con una grande virtú farli poi, ancora che si faccino con disagio dello architettore e periculo dello edifizio.

一個人如果沒有先打好基礎，事後也還有可能運用其卓越的能力進行鞏固，但這對於建築師來說很困難，對於建築物來說也很危險。[1]

——尼科洛．馬基雅維利，《君主論》，1532 年

本部分內容

1　英文版由 W. K. Marriott 翻譯，連結位址：http://www.gutenberg.org/files/1232/1232-h/1232-h.htm。

Chapter

01 效能問題

太多時候，優化工作在應用程式開發結束以後才開始。這種做法是不可取的，因為它會導致人們以為效能並不像應用程式的其他關鍵需求那樣重要。效能並不只是應用程式的一種可選指標，而是一個關鍵指標。糟糕的效能不僅有損應用程式的可接受程度，而且通常還會降低用戶的工作效率，導致投資回報率較低。IBM 在 20 世紀 80 年代早期所做的多項研究表明，應用程式的效能與使用者的工作效率有著密切的關係：系統處理事務的效率越低，用戶的思考時間就會越長，發生錯誤的概率就會越高，這是用戶長時間等待之後注意力下降的必然結果。此外，效能糟糕的應用程式往往還會導致更高的軟體成本、硬體成本及維護成本。根據上述原因，本章將主要討論為何效能規劃如此重要，哪些是最常見的導致效能欠佳的設計失誤，以及如何知道一個應用程式出現了效能問題。而後，本章將討論出現效能問題時該如何進行處理。

1.1 需要為效能做規劃嗎

在軟體工程領域，有各式各樣用於管理專案開發的模型。不管是類似瀑布模型的順序型生命週期，還是類似敏捷開發的疊代型生命週期，都需要經歷幾個共同階段（見圖 1-1）。在專案開發過程中，這些階段可能只出現一次（如瀑布模型），也可能出現多次（如疊代模型）。

圖 1-1 應用程式開發的主要階段

如果仔細分析以上每個階段所需開展的工作，你也許會注意到每個階段都有效能要求。即便如此，在實際開發過程中，開發團隊還是會時常忘記效能要求，直到效能問題浮現出來。而那時也許為時已晚。因此，本章接下來的部分將從效能的角度出發，介紹在下一次開發應用程式時不應該再忽視的內容。

1.1.1 需求分析

簡單來講，**需求分析（requirements analysis）**就是確定應用程式的主要目標以及藉此期望達成的目的。進行需求分析之前，通常要對多個利益相關方進行調查研究。這一步十分必要，因為單獨一方不太可能確定所有的業務需求和技術需求。由於需求的來源不一，因此必須對需求進行仔細分析，尤其需要找出不同需求間是否存在潛在衝突。在進行需求分析時，不僅要關注應用程式需要提供的功能，仔細確定這些功能的使用率也是至關重要的。對於每一個具體的功能，需要預估與之互動的用戶[1]數量、使用者的使用頻率以及每次使用時的預期回應時間。換句話說，你必須確定預期的效能指標。

回應時間

從請求進入系統或者功能單元到其離開的時間間隔叫作**回應時間（response time）**。回應時間可以進一步分解為**服務時間（service time）**（系統處理請求所需時間）和**等待時間（wait time）**（請求等待處理的時間）。等待時間在排隊論中又稱為**排隊延遲（queueing delay）**。

回應時間 = 服務時間 + 等待時間

1 注意：這裡的「用戶」並不總是指人。舉個例子，如果你正在定義一個網路服務需求，很可能它的「使用者」只是其他應用程式。

如果考慮到用戶在執行動作（例如按一下某個按鈕）時某個請求進入系統，而使用者在收到系統對於這個動作所做出的相對反應時該請求離開系統，之間的這段時間間隔可以叫作**用戶回應時間**。換句話講，用戶回應時間是指從用戶角度來計算處理一個請求所需的時間。

有些情況下，如 Web 應用，一般不考慮用戶回應時間，因為在請求抵達應用程式的第一個元件（通常是網路伺服器）之前一般無法對它們進行追蹤。此外，大多數情況下，保證使用者回應時間是不可能的，因為應用程式提供商並不負責使用者程式（通常是瀏覽器）與系統程式第一個元件之間的網路。此時，測量並保證從請求進入系統的第一個元件到離開的時間間隔更為合理。這一時間間隔稱為**系統回應時間**。

表 1-1 是由 JPetStore[2] 所提供一些操作的預期效能資料範例。對於每項操作，該表提供了系統對於收到的 90% 和 99.99% 的請求所能保證的系統回應時間。多數情況下，要保證系統對於所有請求（即 100% 的請求）的效能，要麼不可能，要麼需要高額投入。所以，最常見的做法是指明一小部分請求可能無法達到所需的回應時間。由於系統負載隨日常執行發生變化，因此該表用兩個值來表示最大到達率。本例中，最高的事務率預計出現在白天。但在其他情況下，例如將批次作業放在夜間進行時，可能會有所不同。

表 1-1　由某網路商店提供的典型操作效能資料

操作類型	最長回應時間（秒）		最大到達率（事務數 / 分鐘）	
	90%	99.99%	0~7	8~23
註冊 / 修改個人資料	2	5	1	2
登入 / 結束	0.5	1	5	20
檢索商品	1	2	60	240
顯示商品概覽	1	2	30	120
顯示商品細節	1.5	3	10	36
從購物車新增 / 更改 / 移除商品	1	2	4	12
顯示購物車	1	3	8	32
提交 / 確認訂單	1	2	2	8
顯示訂單	2	5	4	16

2 JPetStore 是由 Spring Framework 等提供的一個範例應用程式。登入可下載或獲取更多資訊。

這些效能需求不僅僅作為核心要素貫穿於應用程式開發的各個階段（見後面幾節），稍後也可將其作為定義服務層級協定以及制定容量規劃的基礎。

服務層級協定（Service Level Agreement，SLA）

服務層級協定（SLA）是用來確認服務提供者和用戶之間關係的契約。它描述的內容包括服務專案，其在執行時間和停機時間的可用性、回應時間、客戶支援水準，以及一旦服務提供者無法履行協定時相對的處理方式。
只有在能夠驗證回應時間的情況下，才能根據回應時間制定服務層級協定。這需要定義清晰的、可測量的效能資料以及與之相關的目標。這些效能資料通常被稱作**關鍵效能指標（Key Performance Indicator，KPI）**。最理想的情況是使用一種監控工具收集、儲存和評估這些指標資料。事實上，這樣做的目的不僅是為了在某個目標沒有達到時進行標識，還能為日後出具報告和制定容量規劃而記錄下依據。為了收集這些效能資料，可以採用兩種主要的技術手段。第一種是利用監測程式碼（instrumentation code）的輸出結果（詳見第 2 章）；第二種是使用回應時間監控工具（參見 1.3.2 節）。

1.1.2 分析與設計

架構設計師根據需求設計解決方案。開始的時候，為了定義架構，需要考慮所有的需求。事實上，對於一個需要承受高負載的應用程式，在設計之初就應考慮負載需求。當設計時用到諸如平行化、分散式運算或結果重用等技術時更應如此。例如，設計一個支援少數用戶每分鐘執行十幾個事務的 C/S 應用程式，與設計一個支援成千上萬用戶每秒執行數百個事務的分散式系統完全是兩碼事。

有時需求也會透過在某一資源的使用上施加限制來影響架構。例如，如果一個應用程式用於透過低速網路連接到伺服器的移動設備，那麼其架構設計必須考慮能夠支援較大延遲和較低輸送量。通常，架構設計師不僅需要預見到一個方案可能出現的瓶頸，還要衡量這些瓶頸是否會危及需求的實現。如果架構設計師沒有掌握足夠的資訊來進行這樣的關鍵預先評估，就應該開發一個或甚至多個原型。在這方面，如果沒有前一階段收集的效能資料，將很難做出明智的決定。我所說的明智的決定是指那些能夠實現以最小投資支撐預期負載的架構 / 設計的決定：簡單方案處理簡單問題，精簡方案處理複雜問題。

1.1.3 編碼和單元測試

專業開發人員編寫的程式碼應具有下面這些特點。

- **穩定性**：擁有應對意外情況的能力是所有軟體都應具備的特性。為了達到預期品質，必須定期進行單元測試。這一點對於疊代型生命週期尤為重要。實際上，在這類模型中，快速重構既有程式碼的能力是不可或缺的。例如，在呼叫某個副程式時，如果傳遞的參數值超過指定範圍，系統就必須能夠做出相應處理而不至於崩潰。如有必要，應該同時產生有意義的錯誤資訊。
- **可維護性：**能夠長期執行、結構良好、已文件化的可讀程式碼比沒有文件化的糟糕程式碼維護起來要容易得多（維護費用也更低）。例如，有人將多個操作寫成單獨一行晦澀的程式碼，這樣的開發人員其實選錯了展現才華的方式。
- **執行速度：**程式碼應該進行優化，以期盡可能提高執行速度。在預期負載很高的情況下更應如此。程式碼應該具有可伸縮性，進而能夠利用額外的硬體資源應對使用者或事務的不斷增加。例如，應該避免不必要的操作、串列程式，以及低效或不適合的演算法。然而，一定不要掉進**過早優化**的陷阱。
- **精明的資源利用：**程式碼應盡最大可能利用可存取資源。注意，這並不總是意味著使用最少的資源。比如，應用程式使用平行化操作比序列化操作要消耗更多的資源，但是有時候平行化也許是解決苛刻負載的唯一途徑。
- **安全性：**毋庸置疑，程式碼要擁有保證資料機密性和完整性，以及對用戶進行驗證和授權的能力。有時，不可否認性（non-repudiation）也是需要考慮的問題。例如，可能需要用到數位簽章來防止終端使用者否認通訊或合約的有效性。
- **可檢測性：**檢測的目的有兩方面。其一，更易於分析出現的功能問題和效能問題（即使是精心設計的系統也無法避免這些問題的出現）；其二，有策略地新增程式碼以提供應用程式的效能資訊。例如，通常情況下，新增用以獲取某一操作所耗時間的程式碼非常簡單。這是一個驗證應用程式是否能夠滿足必要效能需求的簡單有效辦法。

不僅這些特性彼此之間確實存在一些衝突，而且預算通常是有限的（有時甚至**非常**有限）。因此，我們通常有必要在這些特性之間做個優先順序排序，在其中找到平衡點，以便在有限的預算下實現預期的需求。

過早優化

過早優化是一個有爭議性的話題，這（或許）源於 Donald Knuth 的名言「過早優化是萬惡之源」。根據這句話的一個誤解是，認為程式師在編寫程式碼時應該完全忽略優化的事情。在我看來，這種想法是錯誤的。為了避免斷章取義，讓我們來看看這句名言的前因後果：

「對於『效率』一詞的過度追求無疑會導致濫用。程式師們浪費大量的時間思考或者擔心他們程式中的非關鍵部分的執行速度，這些追求效率的做法其實會對除錯和維護造成極大的負面影響。我們應該忽略微小的效率因素，在約 97% 的時間中，過早優化是萬惡之源。但是我們不應該錯過那關鍵的 3%。一個優秀的程式師不會因為這樣的理由而自我滿足。他知道要仔細檢查核心程式碼，但前提是那些核心程式碼是經過認可的。預先判斷程式的核心部分往往是一個錯誤，因為很多程式師的一個共同經歷是：在使用測量工具後，他們發現靠直覺的猜測是錯誤的。」

我對 Knuth 的文章的理解是：程式師在編寫程式碼時，不應該去關注那些只能產生局部影響的細微優化。相反，他們應該關心影響全域的優化手段，比如系統設計、實現所需功能所使用的演算法，或者在哪個層面（SQL、PL / SQL、程式語言）的哪些指標需要進行特殊處理。局部優化應該等到測量工具顯示某一模組的執行時間過長之後再進行。因為優化是局部的，所以並不影響系統的總體設計。

1.1.4 整合和接受度測試

整合和接受度測試的目的是驗證應用程式的功能需求、效能需求以及系統穩定性。效能測試和功能測試同等重要，這一點無論如何強調都不過分。從各方面來看，一個效能差的應用程式和沒有實現功能需求的應用程式一樣糟糕。在這兩種情況下，應用程式都是無用的。然而，只有確認定義過效能需求才有可能去驗證它。

缺少正式的效能需求會導致兩個主要問題。第一，極有可能在整合和接受度測試階段沒有執行嚴格的、有條不紊的壓力測試，這樣，應用程式就會在不知道是否能夠支援預期負載的情況下交付生產；第二，就效能而言，無法確認什麼樣的表現可以接受，什麼樣的表現不能接受。通常，只有在極端情況下（也就是說，效能非常好或非常糟糕），不同的人才會達成統一意見。如果無法達成共識，冗長、惱人、徒勞的會議以及人際衝突就會隨之出現。

在實踐中，設計、實現和執行良好的整合和接受度測試來驗證應用程式的效能表現並非易事。要想取得成功必須面對下面三個主要挑戰。

- 設計壓力測試時應該考慮能夠產生典型的負載。對此主要有兩種方法：一是讓真實的用戶做真實的工作；二是用工具來模擬用戶。兩種方法各有優缺點，應該根據具體情況進行具體分析。某些情況下，兩種方法可同時用於對不同模組進行壓力測試，或者用兩種方法進行互補。
- 要產生典型的負載，就需要典型的測試資料。不僅資料行的數量和大小要符合預期的量，資料分布情況和資料內容也應與真實資料一致。例如，如果屬性中含有城市名稱，那麼用真實的城市名稱就比用像 **Aaaacccc** 或 **Abcdefghij** 這樣的字串要好得多。這樣做很重要，因為很多情況下應用程式和資料庫都會因為不同的資料導致不同的表現（例如，索引或作用於資料的函數）。
- 測試的基礎設施要盡可能與生產環境的基礎設施保持一致。這對於高度分布的系統和需要與許多其他系統協作的系統來說尤其困難。

在順序型生命週期模型中，專案開發接近尾聲時才進入整合和接受度測試階段。如果導致效能問題的重大系統架構缺陷此時才被發現，問題會比較棘手。為避免這樣的問題，在編碼和單元測試階段也應該進行壓力測試。注意，疊代型生命週期模型不存在這種問題。事實上，根據「疊代型生命週期模型」的定義，每一次疊代都應該執行壓力測試。

1.2 為效能而設計

考慮到應用程式應該圍繞效能而設計，詳細介紹一種設計方法會非常有用。但是本書的焦點是問題診斷。為此，這裡只粗略介紹容易導致效能欠佳的十個最常見的與資料庫相關的設計問題。

1.2.1 缺乏資料庫邏輯設計

曾經，大家認為每個開發專案理所當然都需要資料架構師的參與。通常這個人不僅負責資料和資料庫設計，也是負責應用程式整體架構和設計團隊的一員。這個人通常擁有極為豐富的資料庫相關經驗。他十分清楚如何進行資料庫設計以保證資料的完整性和效能。

遺憾的是，現在大家並不總是這樣認為。我常常發現很多專案根本沒有經過正規的資料庫設計。用戶端或中間層設計由應用程式開發人員完成，他們有時兩者兼顧。然後，突然間資料庫設計就由像持久化框架這樣的工具產生了。在這樣的專案中，資料庫被視為儲存資料的啞設備（dumb device）。這種對於資料庫的理解是錯誤的。

1.2.2 實現通用表

每一位元 CIO 都夢想著應用程式可以輕鬆應對新出現的或變化的需求。**靈活性**是這裡的關鍵字。這些夢寐以求的應用程式有時可以透過使用通用資料庫設計來實現。這種情況下，新增新資料只需更改配置而無需更改資料庫物件本身。

有兩種主要的資料庫設計可用於實現這樣的靈活性。

- **實體－屬性－值（EAV）模型**：就像命名中暗示的那樣，描述每個資訊時都至少使用三行：實體、屬性和值。每個組合定義一個與某一實體關聯的具體屬性的值。
- **根據 XML 的設計**：每張表只包含為數不多的幾行。其中，必會出現這樣兩行：一個識別字，以及一個用來儲存幾乎其他所有值的 XML 行。有時也會用到其他行來儲存中繼資料（例如，誰在何時做了最後一次修改）。

從效能的角度看，這樣設計的問題在於它們（至少）不是最優化的。事實上，靈活性和效能息息相關卻又相互矛盾。某些情況下即使未達到最優的效能可能也足夠了，但是在其他情況下則可能是災難性的。因此，應該僅在確保可以達到所需效能時才進行靈活設計。

1.2.3 未使用約束加強資料完整性

約束（主鍵、唯一鍵、外鍵、非空約束和檢查約束）不僅是保證資料完整性的基礎，而且也廣泛用於查詢最佳化工具產生執行計畫的過程中。如果不使用約束，查詢最佳化工具就無法利用很多優化技術。除此之外，在應用程式層級上檢查約束將導致更多的程式碼編寫和測試工作，並為資料完整性帶來潛在問題，因為總是可以在資料庫層面人為修改資料。而且，在應用程式層級上檢查約束通常需要消耗更多的資源，並導致更少的可擴充的加鎖方案（比如鎖住整張表，而不是讓資料庫只對某幾行進行加鎖）。為此，我強烈建議應用程式開發人員在資料庫層級定義所有已知的約束。

1.2.4 缺乏資料庫實體設計

很多專案沒有充分利用 Oracle 資料庫提供的特性，直接由邏輯設計對應出實體設計，這種情形並不罕見。最顯而易見的例子是每個關係都直接對應到一張堆表中。從效能的角度看，這並不是最佳方法。在很多情況下，索引組織表（IOT）、索引群集或散列群集可能會提供更好的效能。

Oracle 資料庫提供的索引類型遠遠不止常用的 B 樹索引和點陣圖索引。根據具體的情況，壓縮索引、反轉鍵索引、根據函數的索引、語意索引或文字索引可能對於改進效能非常有價值。

對於大型資料庫，分區選項的實現至關重要。大多數的資料庫管理員都能意識到這個選項及其作用。這裡的一個常見問題是開發人員認為分區表不影響資料庫實體設計。有時事實如此，有時則不然。因此我強烈建議在專案初期就開始計畫如何使用分區。

在開發新應用程式期間，另一個需要經常應對的問題是定義和實現一個合理的資料歸檔想法。推遲這項工作通常是不允許的，因為它可能會影響資料庫實體設計（如果不影響邏輯設計的話）。

1.2.5 未正確選擇資料類型

近些年來，我目睹了資料庫實體設計中一種令人不安的趨勢。這種趨勢可稱為**錯誤資料類型選擇**（像儲存日期時使用 VARCHAR2 替代 DATE 或者 TIMESTAMP 類型）。乍看起來，選擇資料類型似乎是非常簡單的決定。然而，有許多目前正在執行的系統由於選擇了錯誤的資料類型而備受折磨，這種系統的數量不容低估。

在資料類型選擇錯誤方面主要存在以下四個問題。

- **資料驗證的錯誤或缺乏**：資料庫引擎必須有能力驗證儲存在資料庫中的資料。例如，你應該避免使用字串類型儲存數字值。這樣做會需要外部驗證，引發類似於 1.2.3 節中描述的問題。
- **丟失資訊**：在由原始（正確的）資料類型向（錯誤的）資料庫資料類型轉化期間，會發生資訊丟失。例如，大家想像一下，用 DATE 資料類型替代 TIMESTAMP WITH TIME ZONE 資料類型去儲存某個事件發生的日期和時間時會出現什麼情況。小數位的秒和時區資訊會發生丟失。
- **出現與預期不符的結果**：對資料的順序有嚴格要求的操作和功能可能引發意想不到的結果，這是因為每種資料類型相關的具體對照語意是不同的。典型案例是範圍分區表和 ORDER BY 子句相關的問題。
- **查詢最佳化工具異常**：查詢最佳化工具可能會因為錯誤的資料類型選擇做出錯誤的估計，進而可能無法選擇最優的執行計畫。這不是查詢最佳化工具的過錯。問題在於查詢最佳化工具並未獲得全部所需資訊，進而導致其無法正常工作。

總而言之，你有充分的理由對資料類型做出正確選擇。這樣做可能會幫你避免很多問題。

1.2.6 未正確使用綁定變數

從效能的角度看，綁定變數既有優勢也有劣勢。綁定變數的優勢是它允許在函式庫快取中共用游標，進而避免了硬解析（hard parse）和相關開銷；其劣勢是在用於 WHERE 子句時（也僅在被用於 WHERE 子句時），有時會導致查詢最佳化工具無法獲取關鍵資訊。對於查詢最佳化工具來說，要為每個 SQL 敘述都產生最優的執行計畫，使用字面值替代綁定變數會好很多。第 2 章會詳細討論這個話題。

從安全的角度來看，綁定變數預防了與 SQL 注入攻擊相關的風險。實際上，不可能透過給綁定變數傳遞一個值來更改 SQL 敘述的語法。

1.2.7 未利用資料庫高級特性

Oracle 資料庫是一款提供諸多高級特性的高端資料庫引擎，可以極大地降低開發成本，更不用說在提高效能時節省的除錯和 bug 修復的成本。應盡可能利用這些特性來提高投資報酬率。尤其是要避免重新開發已經可用的特性（例如，不要建立自己的佇列系統，因為資料庫可以直接為你提供）。即便如此，第一次使用某個特性時也要特別當心，尤其在使用資料庫版本的新增特性時更應如此。不僅應該仔細測試該特性是否滿足需求，還要核實它的穩定性。

針對資料庫高級特性最常見的爭論是，當應用程式使用它們以後便與所用的資料庫品牌連成一體，未來無法輕鬆轉換成其他資料庫。這是事實。但是，不管怎樣，大多數公司極少會去更換某個應用程式的資料庫引擎。相比只更換資料庫引擎，他們更願意更換整套應用程式。

我建議僅在有充分理由的情況下才去做獨立於資料庫的應用程式設計。如果真有某種原因必須做獨立於資料庫的設計，回過頭去重新閱讀 1.2.2 節中關於權衡靈活性與效能的討論。那個討論也適用於當前的情況。

1.2.8 未使用 PL / SQL 進行以資料為中心的處理

上一節講到資料庫高級特性的使用。有一種特別情況，就是使用 PL / SQL 實現大量資料的批次處理。最常見的案例是抽取 - 轉換 - 載入（ETL）過程。在這個過程中，當抽取和載入的物件是同一資料庫時，從效能的角度來看，轉換階段不去使用管理來源和目標資料的資料庫引擎所提供的 SQL 和 PL / SQL 簡直愚蠢至極。遺憾的是，幾個主流 ETL 工具的體系結構正好會導致這樣的愚蠢行為。也就是說，將資料從資料庫中抽取出來（而且經常被移至另一個伺服器），進入轉換階段，然後將結果資料載入回原來的同一個資料庫。根據這個原因，像 Oracle 這樣的供應商開始提供在資料庫內部執行轉換的工具。為了與 ETL 工具有所區分，這種工具通常稱為 ELT。為了達到最佳效能，建議盡可能以資料為中心進行資料處理。

1.2.9 執行不必要的提交

提交是序列化的操作（原因很簡單：只有一個 LGWR 進程負責將資料寫入到重做日誌檔）。不言而喻，每個序列化操作都影響可伸縮性。因此，序列化是不受歡迎的，應該盡可能最小化。一個辦法是將幾個無關事務放在一起執行。典型案例是批次作業載入很多行資料。與每次插入後提交相比，批次提交插入的資料要好得多。

1.2.10 持續打開和關閉資料庫連接

打開一個資料庫連接會在資料庫伺服器端相應地打開一個專有進程，這不是一個羽量級操作。不要低估這種做法所需的時間和資源。最壞的情形是，Web 應用會為每個涉及資料庫存取的請求都打開和關閉一個資料庫連接。這樣的方法是極其不合適的。這種情形下使用連線池是至關重要。透過使用連線池，可以避免不斷地啟動和停止專有服務進程，進而避免涉及的所有開銷。

1.3 你真的面臨效能問題嗎

早晚都得討論應用的效能，這可能是一個很好的機會。如果你像前面章節提到的那樣，仔細定義過效能需求，那麼很容易就可以確定應用程式是否正在遭遇效能問題。如果沒有仔細定義過效能需求，那麼答案很大程度上會取決於回答這個問題的人的主觀判斷。

有趣的是，實際上導致應用程式效能被質疑的大部分情形都可以歸納為下面的少數幾類。

- 使用者不滿意應用程式當前的效能表現。
- 系統監控工具警告某個基礎元件正遭遇超時或不尋常的負載。
- 回應時間監控工具通知你某個服務層級協定沒有得到滿足。

第二點和第三點的區別尤為重要。基於此，接下來的兩節將簡要描述這些監控方案。之後再來看一下某些看似有必要、實則沒必要進行優化的情況。

1.3.1 系統監控

系統監控工具根據一般系統統計資訊進行健康檢查。其目的是識別出不尋常的負載模式以及故障。雖然這些工具可以同時監控整個基礎設施，但這裡需要強調的是，它們只監控單獨的元件（例如主機、應用伺服器、資料庫或儲存子系統），而不考慮元件間的作用關係。因此，對於擁有複雜基礎設施的環境，在支撐基礎結構的單個元件出現異常時，很難或者幾乎不可能評估異常對系統回應時間的影響。其中一個例子就是高頻率地使用某一資源。換句話説，系統監控工具發出警報只是説明應用程式或者基礎設施中的某些元件可能出現了問題，而用戶根本沒有察覺到任何效能問題（稱作**誤報**）；反之，也可能出現使用者正在遭遇效能問題，而系統監控工具並沒有發現問題（稱作**漏報**）。最常見、也是最簡單的關於誤報和漏報的例子，是監控一個擁有許多 CPU 的對稱多處理系統的 CPU 負載情況。假設你有一個裝有四顆四核 CPU 的系統。當看到使用率在 75% 左右時，你可能覺得這太高了，系統受到了 CPU 的限制。但是，如果執行任務的數量遠大於處理核心數量，那麼這樣的負載就是很正常的。這便是一個誤報。反之，當你看到 CPU 使用率大約為 8% 時，你可能覺得一切正常。但是如果系統正在執行一個沒有平行的單任務，那對於這個任務來説可能瓶頸就是 CPU。實際上，100% 的 1/16 只有 6.25%，因此單個任務的 CPU 使用率不能超過 6.25%。這便是一個漏報。

1.3.2 回應時間監控

回應時間監控工具（也稱為**應用程式監控工具**）根據由機器人產生的假想事務或者由終端使用者產生的真實事務進行監控。這些工具測量應用程式處理關鍵事務的時間，如果時間超出預期閾值，它們就會發出警告。換句話説，它們和用戶一樣利用基礎設施，也會像用戶那樣「抱怨」糟糕的效能。因為它們從使用者的角度監控應用程式，所以這些工具不僅能檢查單個元件，更重要的是，它們還能檢查整個應用程式的基礎設施。因此它們專門用於監控服務層級協定。

1.3.3 強迫性調校障礙

曾經有一段時間，大部分資料庫管理員都患上一種叫作「強迫性調校障礙」[3]的病症。其症狀是過多地檢查效能相關的統計資訊（大部分都是根據比率的），進而無法集中精力關注真正重要的事情。他們簡單地以為應用某些「簡單」規則，就能優化所管理的資料庫。歷史告訴我們，結果並不總是盡如人意。為什麼會出現這樣的情況？所有用來檢查某個指定比率（或值）的規則都是獨立於使用者體驗而制定的。也就是說，誤報和漏報都是規則而非意外。更糟糕的是，大量的時間消耗在這些任務上。

舉例來說，時不時會有資料庫管理員向我提出這樣的問題：「我注意到我們的一個資料庫在某個閂（latch）上有大量的等待。怎麼做才能減少或者最好能消除這些等待？」一般我會回答：「你的用戶因為這個閂鎖抱怨過嗎？肯定沒有，所以不用擔心。反倒應該問問他們認為應用程式的問題有哪些。然後分析這些問題，你就會知道這個閂鎖上的等待到底有沒有影響到用戶。」在下一節我會詳細說明這個問題。

雖然我從未做過資料庫管理員，但是我必須承認我也患過「強迫性調校障礙」。現在我和其他大多數人一樣，克服了這個病症。只不過與其他惡疾一樣，徹底治癒「強迫性調校障礙」需要花很長時間。有些人根本沒有意識到患了這種病症；有些人意識到了，但是因為多年的沉溺，總是很難去認識這樣一個大錯誤並改掉陋習。

3 這個絕妙的名詞是由 Gaya Krishna Vaidyanatha 發明的。你可以在 Oracle Insights: Tales of the Oak Table（Apress，2004）一書中找到它的相關討論。

1.4 如何處理效能問題

簡言之，應用程式的目標是向使用它的業務提供便利。因此優化應用程式效能的原因就是最大化這種便利。這並不意味著最大化效能，而是要在成本和效能之間找到最佳平衡點。事實上，優化任務中所投入的努力應該總能在預期回報中得到補償。這意味著從業務視角來看，效能優化並非總有意義。

1.4.1 業務視角和系統視角

我們要優化一個為業務提供便利的應用程式的效能，所以當處理效能問題時，在深入應用程式的細節之前，必須要理解業務問題和需求。圖 1-2 列出了擁有**業務視角**的人（即使用者）和擁有**系統視角**的人（即工程師）之間的典型區別。

⬆ 圖 1-2 不同的觀察者可能會有完全不同的視角 [4]

4 出自 Grady Booch 的著作 Object-Oriented Analysis and Design with Applications 第 42 頁。參照已獲得 Grady Booch 的許可。版權所有。

理解兩個視角之間的因果關係非常重要。雖然要透過業務視角來理解結果，原因卻需要從系統的視角來查看。 所以，如果不想診斷不存在的或者不相關的問題（「強迫性調校障礙」），那麼從業務視角來理解問題所在就非常重要，儘管這需要更精細的工作。

1.4.2 問題的編錄

處理效能問題的第一步是從業務視角識別它們，並為其中的每一個問題都設定優先順序和目標，如圖 1-3 所示。

⬆ 圖 1-3 編錄效能問題時要完成的任務

業務問題無法透過系統視角發現。這些問題必須從業務視角識別。如果對服務層級協定的監控工作正常，則很容易透過查看不滿足預期的操作來識別效能問題。否則，除了與使用者或應用程式負責人交談以外別無他法。這樣的討論會引出一系列的操作，比如註冊新使用者、執行報表或載入被認為緩慢的一堆資料。

警告 並非總是有必要從業務視角識別問題，有時候問題是已知的。例如，當有人告訴你下面這樣的事情時，問題是需要識別的：「終端使用者經常抱怨效能問題，請找出是什麼原因導致的。」但是如果客戶告訴你「執行某某報表花費的時間太長」，則無需額外的識別工作。對於後者，你已經知道要去檢查應用程式的哪個部分了；而對於前者，你完全沒有頭緒，它可能牽扯應用程式的任何一個部分。

一旦識別出有問題的操作，就可以給它們分配優先順序了。這就需要提出這樣的問題：「如果只能解決五個問題，應該處理哪些呢？」當然，最好是能解決全部的問題，但是有時候時間和預算都有限。此外，還應考慮用於解決不同問題的方法相互衝突的情況。需要特別指出的是，在考慮優先順序時，當前的效能表現可能是無關緊要的。例如，如果你正在處理一堆報表，並非一定是最慢的那個享有最高的優先順序。可能最快的那個報表同時也是執行最頻繁的，或者說是業務

（乾脆說是 CEO）最關心的。這張報表可能因此擁有最高優先順序而應當首先優化。再說一次，業務需求驅動你進行優化。

對於每個問題，都應該設定可量化的調校目標，例如「當按一下建立使用者的按鈕之後，處理時間最多兩秒」。如果效能需求甚至服務層級協定是可用的，那有可能優化目標是已知的。否則，再次強調，你必須考慮業務需求來制定目標。注意，沒有目標意味著不知道何時停止尋找更好的方案。換句話說，調校過程將永無止境。記住，投入和產出要平衡。

1.4.3 解決問題

同時診斷多個問題比診斷單個問題更加複雜。因此應該儘量每次只解決一個問題。只要簡單地根據問題清單的優先順序順序逐一檢查就可以。

對於每個問題，都應該解答以下三個問題（如圖 1-4 所示）。

時間消耗在哪裡？
時間是如何消耗的？
如何減少時間消耗？

▲ 圖 1-4　要診斷一個效能問題，你應該解答這三個問題

- **時間消耗到哪裡啦？**首先，你必須找出時間都去哪兒啦。例如，一個具體的操作花費 10 秒鐘，你必須找出這 10 秒鐘內哪個模組或元件佔用的時間最多。
- **時間是如何消耗的？**一旦知道時間消耗到哪些地方，就得找出時間是如何消耗的。例如，你可能發現一個元件消耗了 4.2 秒在 CPU 上，用 0.4 秒的時間做磁片 I/O 操作，用 5.1 秒的時間等待來自另一個元件的出佇列消息。
- **如何減少時間消耗？**最後，是時候找出如何讓操作加速的辦法了。為此，將精力集中在最消耗時間的部分十分關鍵。例如，如果磁片 I/O 操作只占整個處理時間的 4%，那麼開始優化這些操作是沒有意義的，即使這些操作執行非常緩慢。

要想找出時間消耗到哪些地方以及是如何消耗的，需要從收集你所關心的操作的端到端效能資料開始。這一點很關鍵，因為如今開發需要使用如 Oracle 這樣的資料庫應用程式，多層架構已成為**事實**標準。最簡單的情況下，至少應實現兩層（也稱用戶端 / 伺服端）架構。大多數時候是三層架構：展現（presentation）層、邏輯（logic）層和資料（data）層。圖 1-5 展示了部署 Web 應用程式的典型結構。出於安全或負載管理的目的，也常常會將元件分布在多台電腦上。

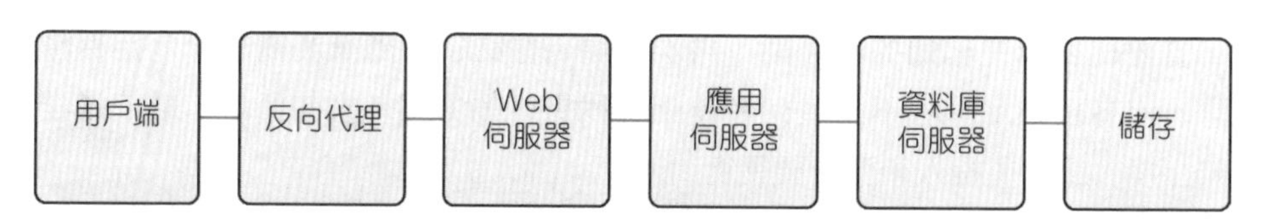

⬆ 圖 1-5　一個典型 Web 應用由部署在多個系統上的多個元件構成

在多層架構中，請求的處理可能涉及多個元件。但是，未必在所有情況下處理某一請求時都涉及所有的元件。例如，如果啟動了 Web 伺服器層級的快取，一個請求可能只在 Web 伺服器端回應，而不需要發送至應用伺服器端。當然同樣的規則也適用於應用伺服器或者資料庫伺服器。

理想情況下，要完整分析一個效能問題，應該收集處理過程中涉及的所有元件的詳細資訊。某些情形下，尤其是涉及許多元件時，也許有必要收集大量資料，這可能需要大量的時間來分析它們。根據這個原因，通常只有**分步解決方案**才是處理問題的唯一有效[5]途徑。**分步解決方案**的想法是將端到端回應時間拆分到它的主要元件中去，以此作為分析的開始，然後在必要時才開始收集詳細資訊。也就是說，為了定位效能問題，應該只收集必要的、最少量的資料。

一旦知道了涉及哪些元件以及每個元件各自消耗的時間，就可以進一步有選擇性地收集那些最耗時間元件的附加資訊，進而分析問題所在。例如，根據圖 1-6 所示，你只需考慮應用伺服器和資料庫伺服器。完整分析那些只占回應時間一小部分的元件是毫無意義的。

5　處理效能問題時，不僅應該優化正在分析的問題，同時應優化操作。也就是說，應該盡可能快地定位和修復問題。

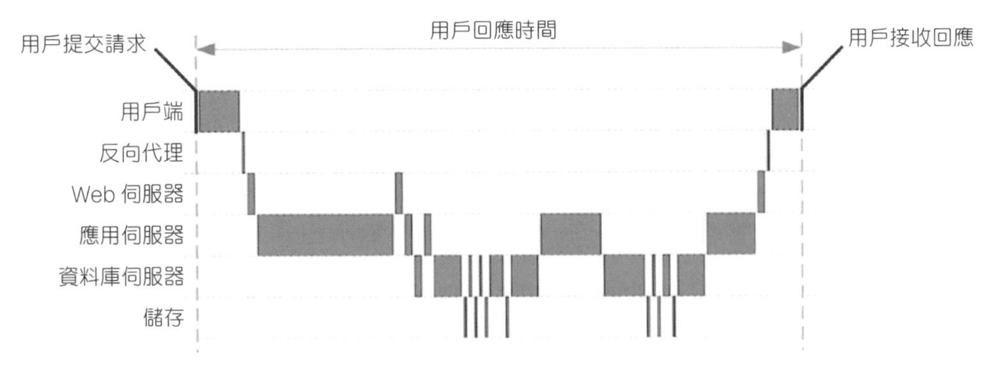

▲ 圖 1-6 將一個請求的回應時間拆分到所有主要元件中。元件間的通訊延遲已忽略

根據用來收集效能資料的工具或技術的不同，很多情況下可能無法完全將回應時間拆分至如圖 1-6 所示的每個元件中。況且，通常也沒必要這樣做。實際上，即使是像圖 1-7 所示的局部分析，也能 明確定是哪些元件消耗了大部分的回應時間。

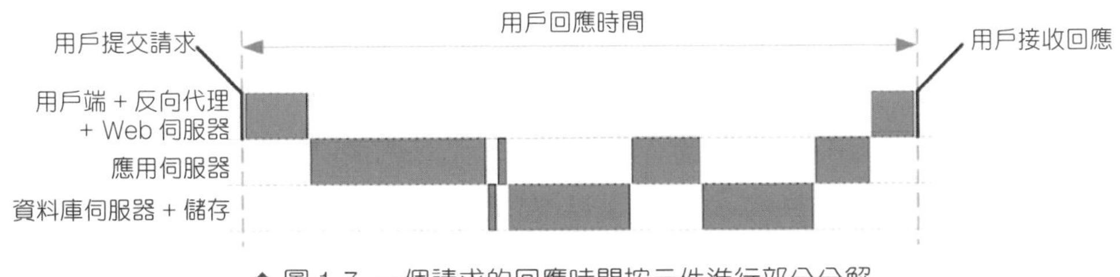

▲ 圖 1-7 一個請求的回應時間按元件進行部分分解

要收集與問題相關的效能資料，基本上只有以下兩種可行方法。

- **檢測**：如果一個應用程式的開發過程比較合理，那麼它一定包含檢測程式碼（instrumentation code），可以提供效能指標等資訊。通常情況下，檢測程式碼處於禁用狀態，或者其輸出維持最小化以節省資源。但是在應用程式執行時，應該可以啟動檢測程式碼或提供更多的訊息量。Oracle 的 SQL 追蹤（參見第 3 章）就是一個很好的例子。它預設是禁用的，但啟動之後，卻可以提供包含 SQL 敘述執行的更多細節的追蹤檔。
- **探查分析**：探查器是一種效能分析工具，為執行中的應用程式記錄執行的操作和執行它們所花費的時間，以及系統資源的使用情況（例如 CPU 和記憶體）。一些探查器在呼叫層面收集資料，而其他探查器則在程式碼層面收集資料。效能資料的收集或是透過按指定間隔來抓取應用程式狀態，或是透過自動執行的檢測程式碼或可執行檔進行。儘管前者的開銷更低一些，但是透過後者收集的資料更精確。

一般而言，調查效能問題時兩種方法都會用到。但是，如果有好的檢測可用，探查分析則會較少使用。表 1-2 總結了這兩種技術的利弊。

表 1-2　檢測和探查分析的利弊

技　術	優　勢	劣　勢
檢測	可以向關鍵業務操作新增計時資訊；當可用時，可被動態啟動而不需部署新程式碼；上下文資訊可用（例如關於使用者和對話的資訊）	必須手工實現；僅涵蓋單個元件；沒有端到端的回應時間視圖；通常輸出的格式取決於編寫檢測程式碼的開發者
探查分析	對於整個應用程式總是可用；多層探查器提供端到端的回應時間視圖	可能非常昂貴，尤其是多層探查器；不能總是（快速地）部署在生產環境；在程式碼層面工作的相關負載可能會很高

不用說，只有當應用套裝程式含檢測程式碼時才可以對其加以利用。然而，在某些情形以及實際情況下，探查分析經常是唯一選擇。

在開始解決某個特定問題時，值得注意的是，有時多虧副作用的影響而使其他問題得以修復（例如，減少 CPU 的使用可能讓其他 CPU 敏感的操作獲益，使得它們的執行趨於正常）。當然，不好的一面也有可能發生。採取應對措施可能匯入新的問題。因此仔細考慮修復指定問題時可能帶來的所有副作用十分重要。同時也必須謹慎評估匯入一個修復所含的固有風險。無疑地，所有的變更都應該在應用到生產環境之前進行仔細測試。

需要注意的是，在生產環境中問題的解決順序並不總是依照優先順序。有些措施可能需要花費更長的時間來實現。舉例來說，變更一個高優先順序的問題也許需要停機時間或者應用層級的修改。結果就是儘管有一些措施可以立即實現，而其他措施則可能需要幾個星期或幾個月，甚至更長的時間來實現。

1.5 小結

本章描述了面對效能問題時的關鍵問題：為什麼在正確的時間使用正確的方法處理效能問題是至關重要的，為什麼一定要理解業務需求和問題所在，以及為什麼有必要就**良好效能（good performance）**的含義達成一致。

在描述如何回答圖 1-4 中的三個問題之前，需要介紹在本書剩餘部分提到的幾個關鍵概念。基於此，第 2 章將描述資料庫引擎在執行 SQL 敘述的過程中執行的操作。另外，也會提及檢測的相關知識並提供幾個常用術語的定義。

Chapter

02 關鍵概念

本章的學習目標分為三個部分。首先，為避免不必要的困惑，我會介紹一些貫穿全書的術語，其中最重要的包括**選擇率（selectivity）**、**基數（cardinality）**、**游標（cursor）**、**軟解析（soft parses）**、**硬解析（hard parses）**、**綁定變數掃視（bind variable peeking）**以及**自我調整游標共享（adaptive cursor sharing）**。其次，我會描述 SQL 敘述的生命週期。換句話說，我會介紹為了執行 SQL 敘述所涉及的操作。在討論過程中，會重點關注解析。最後，我會描述如何檢測應用程式碼和資料庫呼叫。

2.1 選擇率和基數

選擇率（selectivity）是一個介於 0 和 1 之間的值，用來表示某個操作所回傳的記錄數的比例。例如，一個操作從表中讀取 120 行，在應用篩檢條件後，回傳其中的 18 行，那麼選擇率就是 0.15（18/120）。選擇率也可以用百分比來表示，所以 0.15 也可以表示成 15%。當選擇率接近於 0 時，稱之為具有**強選擇性**；當選擇率接近於 1 時，稱之為具有**弱選擇性**。

警告 我以前經常使用**低 / 高**或者**好 / 壞**這樣的詞表示**強 / 弱**的意思。之所以現在不再使用**低 / 高**，是因為這樣的詞無法明確表達其指的是選擇率的程度高低還是其數值的高低。事實上，存在各式各樣自相矛盾的定義。我不再使用**好 / 壞**是因為將品質的優劣與選擇率聯繫在一起是不合理的。

一個操作回傳記錄的行數稱作**基數**（**cardinality**）。公式 2-1 解釋了選擇率與基數之間的關係。

公式 2-1 選擇率和基數之間的關係

基數 = 選擇率 × 行數

警告 在關係模型中，**基數**指關係中的元組數量。因為當關係是一元的時候絕對不包含重複記錄，元組的數量對應著其代表的不重複值的數量。可能根據這個原因，在一些出版品中，**基數**指的是某行中不重複的值的數量。因為 SQL 允許表中包含重複記錄（也就是說 SQL 在這一點上並不遵守關係模型），我從不用**基數**表示某行中不重複的值的數量。另外，Oracle 本身在定義這個術語時也並非完全一致。有時，Oracle 在文件中用它來指不重複的值的數量，有時也用它來指一個操作回傳的記錄行數。

來看幾個 `selectivity.sql` 腳本的例子。在下面的查詢中，存取表的操作選擇率是 1。這是因為沒有應用 `WHERE` 條件，因此查詢回傳了表中的所有記錄。基數就等於表中的記錄的行數，即 10,000。

```
SQL> SELECT * FROM t;
...
10000 rows selected.
```

下面的查詢中，存取表的操作基數是 2,601，因此選擇率就是 0.2601（回傳 10,000 行中的 2,601 行）。

```
SQL> SELECT * FROM t WHERE n1 BETWEEN 6000 AND 7000;
...
2601 rows selected.
```

下面的查詢中，存取表的操作基數是 0，因此選擇率也是 0（回傳 10,000 行中的 0 行）。

```
SQL> SELECT * FROM t WHERE n1 = 19;

no rows selected.
```

在上面的三個例子中，與存取表操作相關的選擇率是用查詢表回傳的基數，除以表中儲存的記錄行數計算得來的。這種演算法之所以可行，是因為三個查詢都不包含連線或彙總操作。一旦查詢中包含 GROUP BY 條件，或者 SELECT 中含有彙總函式，則執行計畫中至少應包含一個彙總操作。下面的查詢說明了這一點（注意 sum 彙總函式）。

```
SQL> SELECT sum(n2) FROM t WHERE n1 BETWEEN 6000 AND 7000;

   SUM(N2)
----------
     70846

1 row selected.
```

在這類情形下，無法透過查詢的基數（本例中為 1）計算存取操作的選擇率，而是應該透過類似下面的查詢找出存取操作回傳了多少行作為彙總函式的輸入。此時，存取表的存取操作的基數是 2,601，因此選擇率是 0.2601（2,601/10,000）。

```
SQL> SELECT count(*) FROM t WHERE n1 BETWEEN 6000 AND 7000;

  COUNT(*)
----------
      2601

1 row selected.
```

接下來你會發現（尤其是在第 13 章），瞭解一個操作的選擇率有助於找到最高效的存取路徑。

2.2 什麼是游標

游標是指向私有 SQL 區（private SQL area）及其關聯的共享 SQL 區（shared SQL area）的控制碼（handle，一種允許程式存取某一資源的記憶體結構）。如圖 2-1 所示，儘管控制碼是用戶端記憶體結構，但它指向了伺服器進程的記憶體結構，轉而指向儲存在 SGA 中的記憶體結構，更確切地說是函式庫快取中的記憶體。

⬆ 圖 2-1 游標是指向私有 SQL 區及其關聯的共享 SQL 區的控制碼

私有 SQL 區儲存諸如綁定變數值和查詢執行狀態資訊等資料。從命名上就可以看出，私有 SQL 區屬於具體的對話。用於儲存私有 SQL 區的對話記憶體稱作使用者全域區（user global area，UGA）。

共享 SQL 區包含兩個獨立的結構，即所謂的**父游標**（**parent cursor**）和**子游標**（**child cursor**）。儲存在父游標中的關鍵資訊是與游標關聯的 SQL 敘述文字，簡單來說就是進程將要執行的 SQL 敘述。儲存在子游標中的關鍵元素是執行環境和執行計畫。這些元素指明了執行過程如何進行。一個共享 SQL 區可以用於多個對話，因此它儲存在函式庫快取中。

> **注意** 在實踐中，**游標**和**私有 / 共享 SQL 區**這兩個術語可互換使用。

2.3 游標的生命週期

深入理解游標的生命週期是優化應用程式中 SQL 敘述的必備知識。下面是處理游標過程中執行的步驟。

(1) **打開游標（Open cursor）**：在對話的 UGA 中會分配一個用於打開游標的私有 SQL 區。同時還會分配一個參照私有 SQL 區的用戶端控制碼。注意此時還沒有任何 SQL 敘述與該游標相關聯。

(2) **解析游標（Parse cursor）**：共享 SQL 區包含與該 SQL 敘述解析後相關的表示形式及其執行計畫（用來描述 SQL 引擎如何執行 SQL 敘述），這些都是在 SGA 中產生和載入的，確切地說是在函式庫快取中。私有 SQL 區會進行更新，以儲存一個對共享 SQL 區的參照。（下一節將討論關於解析的更多內容。）

(3) **定義輸出變數（Define output variables）：**如果 SQL 敘述回傳資料，則必須定義接收資料的變數。這不僅對查詢是必要的，同樣適用於使用了 `RETURNING` 條件的刪除、插入和更新敘述。

(4) **綁定輸入變數（Bind input variables）：**如果 SQL 敘述使用了綁定變數，則必須為綁定變數提供值。在綁定過程中不執行檢查。如果傳入了非法資料，在執行的時候會拋出一個執行階段錯誤。

(5) **執行游標（Execute cursor）：**會在此階段執行 SQL 敘述。但是請注意，資料庫引擎在這個階段並不總是做些重要的事情。實際上，對於許多類型的查詢，真正的處理過程都會推遲到獲取階段再做。

(6) **獲取游標（Fetch cursor）：**如果 SQL 敘述有結果，就在這一步驟取回結果。尤其對查詢而言，這一階段會執行大部分的處理過程。查詢的時候可能只取回結果集（result set）的一部分，換句話說，游標可能在獲取全部資料之前就關閉了。

(7) **關閉游標（Close cursor）：**與控制碼和私有 SQL 區有關的資源被釋放並可以供其他游標使用。函式庫快取中的共享 SQL 區則沒有變化。它留在記憶體中希望以後可以被重用。

為了更佳理解這個過程，最好是按順序單獨思考圖 2-2 中執行的每一步驟。不過在實踐中，會使用不同的優化技巧來加速處理過程。例如，綁定變數掃視需要將執行計畫的產生推遲到綁定變數的值變成已知的時候。

根據你所使用的程式設計環境或技術，圖 2-2 中描述的不同步驟可能會被顯式執行或隱式執行。為確認不同點，看一下圖 2-2 下面兩段來自 `lifecycle.sql` 腳本的 PL/SQL 程式碼區塊。兩者有相同的目的（從 `emp` 表中讀取一行），但是編碼採用完全不同的方式。

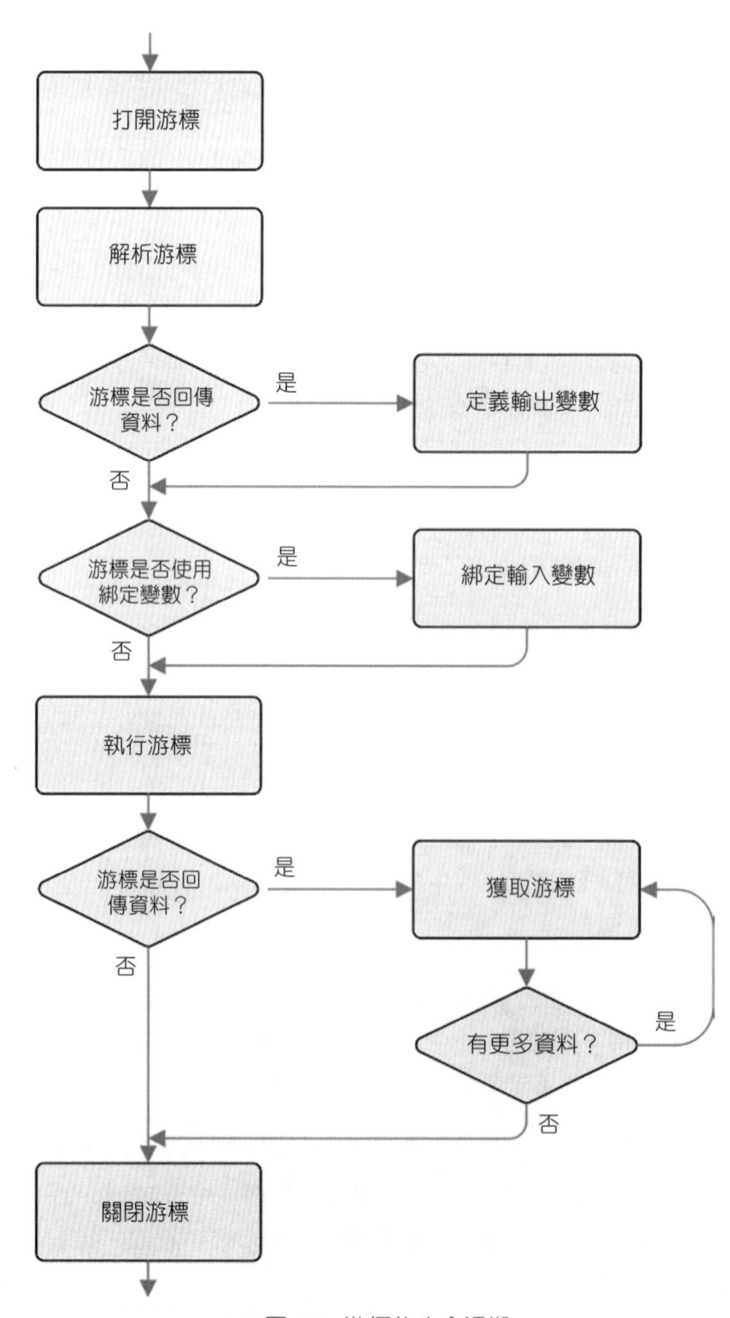
打開游標
解析游標
游標是否回傳資料？
是
定義輸出變數
否
游標是否使用綁定變數？
是
綁定輸入變數
否
執行游標
游標是否回傳資料？
是
獲取游標
否
有更多資料？
是
否
關閉游標

⬆ 圖 2-2 游標的生命週期

第一個 PL/SQL 程式碼區塊使用 dbms_sql 套件將圖 2-2 中的每一步驟進行顯式編碼。

```
DECLARE
  l_ename emp.ename%TYPE := 'SCOTT';
  l_empno emp.empno%TYPE;
  l_cursor INTEGER;
  l_retval INTEGER;
BEGIN
  l_cursor := dbms_sql.open_cursor;
  dbms_sql.parse(l_cursor,'SELECT empno FROM emp WHERE ename = :ename', 1);
  dbms_sql.define_column(l_cursor, 1, l_empno);
  dbms_sql.bind_variable(l_cursor, ':ename', l_ename);
  l_retval := dbms_sql.execute(l_cursor);
  IF dbms_sql.fetch_rows(l_cursor) > 0
  THEN
    dbms_sql.column_value(l_cursor, 1, l_empno);
    dbms_output.put_line(l_empno);
  END IF;
  dbms_sql.close_cursor(l_cursor);
END;
```

第二個 PL/SQL 程式碼區塊利用了隱式游標；基本上這個 PL/SQL 程式碼區塊將對游標的控制全權委託給 PL/SQL 編譯器了。

```
DECLARE
  l_ename emp.ename%TYPE := 'SCOTT';
  l_empno emp.empno%TYPE;
BEGIN
  SELECT empno INTO l_empno
  FROM emp
  WHERE ename = l_ename;
  dbms_output.put_line(l_empno);
END;
```

多數的時間裡編譯器執行良好。事實上，編譯器會在內部產生與第一個程式碼區塊類似的編碼。但有時需要更多控制處理過程中執行的各個步驟，因此不能總是使用隱式游標。舉例來說，在這兩個 PL/SQL 塊之間，有一個細微但是重要的差別。不管查詢最終回傳多少記錄，第一個程式碼區塊不會產生異常。而當查詢回傳 0 行或者幾行時，第二個程式碼區塊會產生異常。

2.4 解析的工作原理

上一節描述了游標的生命週期，本節來關注一下解析。如圖 2-3 所示，解析執行的步驟如下。

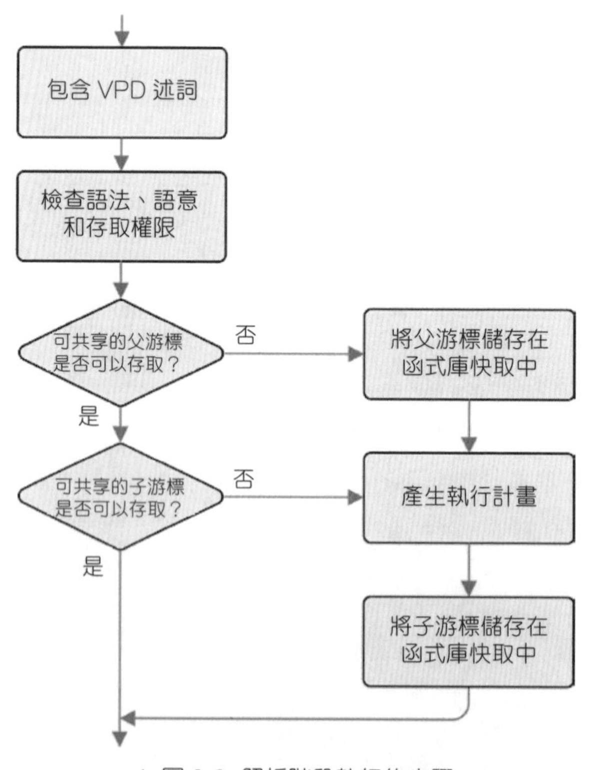

⬆ 圖 2-3 解析階段執行的步驟

(1) **包含 VPD 述詞：**如果使用了虛擬私有資料庫（VPD，以前也稱作行層級安全控制），並且解析的 SQL 敘述其中的一張表啟動了這個選項，那麼由安全性原則產生的述詞就會包含在 WHERE 條件中。

(2) **檢查語法、語意和存取權限：**這一步不僅保證 SQL 敘述是書寫正確的，同時確保 SQL 敘述參照的所有物件都存在，而且解析它的用戶有相應的許可權來存取這些物件。
(3) **在共享 SQL 區儲存父游標：**只要可共享的父游標尚不可存取，函式庫快取中就會分配一些記憶體，新產生的父游標就儲存在這裡。
(4) **產生執行計畫：**在這一階段，查詢最佳化工具為解析的 SQL 敘述產生執行計畫（這個話題會在第 6 章詳細討論）。
(5) **在共享 SQL 區儲存子游標：**此時會分配一些記憶體，可共享的子游標就儲存在其中，並與它的父游標進行關聯。

一旦儲存在函式庫快取中，父游標和子游標就分別透過視圖 `v$sqlarea` 和 `v$sql` 具體化了。嚴格來講，游標的識別字是其在記憶體中的位址，對於父游標和子游標都是這樣。但大多數情況下，游標透過兩個行值定位：`sql_id` 和 `child_number`。`sql_id` 行定位父游標；兩個行在一起定位子游標。但是也有例子表明這兩行的值有時不足以定位一個游標。實際上，在有些版本[1]中，擁有許多子游標的父游標被廢棄了，並由新的父游標取代。因此，定位一個游標時還需要 `address` 行。

當存在可共享的父游標和子游標時，只需要執行開始的兩步操作，這種解析稱之為**軟解析**；反之需要執行所有的操作時，稱之為**硬解析**。

從效能的觀點來看，應該盡可能地避免硬解析。這恰好是資料庫引擎在函式庫快取中儲存共享游標的原因。這樣一來，屬於這個實例的每個進程都有可能重用它們。應該儘量避免硬解析的原因有兩個：首先就是執行計畫的產生是一項非常消耗 CPU 的操作；其次是儲存在函式庫快取中的父游標和子游標需要共享池中的記憶體。因為共享池為所有對話所共享，所以共享池的記憶體分配是串列的。根據這個目的，一個用於保護共享池的閂（shared pool latch）必須獲取分配給父游標和子游標的記憶體。因為序列化的原因，引發大量硬解析的應用程式有可能正在遭

1 每個父游標可以擁有的最大子游標數量經歷了幾次變更：截至 11.1.0.6 版本，該數字是 1,026 個；從 11.1.0.7 到 11.2.0.1 版本，是 32,768 個；在 11.2.0.2 中是 65,536 個；截至 11.2.0.3 版本，是 100 個。

遇共享池的閂的競爭。儘管軟解析比硬解析的影響要低得多，但是因為軟解析同樣受到序列化的限制，所以避免軟解析也同樣重要。實際上，資料庫引擎必須保證在搜尋可共享的游標時所存取的記憶體結構不被修改。真實的實現取決於不同的版本：10.2.0.1 版本必須獲得一個屬於函式庫快取的閂（library cache latch），但是從 10.2.0.2 起，Oracle 開始用互斥（mutex）替代函式庫快取的閂，而到了 11.1 版本時則只有互斥用於這個目的（保護函式庫快取）。總之，考慮到軟解析和硬解析對應用程式可擴充性的限制（第 12 章會詳細討論該主題），你應該儘量避免它們出現。

2.4.1 可共享游標

解析操作的結果就是一個父游標和一個子游標儲存在函式庫快取中的共享 SQL 區中。顯然，在共享的記憶體區域中儲存它們的目的就是允許重用它們進而避免硬解析。所以有必要討論一下哪些情況下可以重用父游標或子游標。本節列舉了三個例子來說明共享父游標和子游標是如何運作的。

根據 sharable_parent_cursors.sql 腳本的第一個例子展示了一個父游標在哪裡不能進行共享。與父游標相關的關鍵資訊是 SQL 敘述的文字。因此，一般而言，如果幾個 SQL 敘述的文字完全一樣才可以共享同一個父游標，這是最核心的要求。但是當啟用**游標共享（cursor sharing）**時也會出現例外的情況。實際上，當啟用了游標共享時，資料庫引擎會自動用綁定變數替換 SQL 敘述中的字面值。因此，資料庫引擎接收到的 SQL 敘述的文字在儲存到父游標之前被修改了（詳見第 12 章）。第一個例子中使用了四個 SQL 敘述，其中有兩個 SQL 敘述有相同的文字，另外兩個只是字母大小寫或者空格不一樣。

```
SQL> SELECT * FROM t WHERE n = 1234;

SQL> select * from t where n = 1234;

SQL> SELECT   *   FROM    t   WHERE    n=1234;

SQL> SELECT * FROM t WHERE n = 1234;
```

透過 v$sqlarea 視圖，可以確定建立了三個不同的父游標。同時注意每個游標執行的次數。

```
SQL> SELECT sql_id, sql_text, executions
  2  FROM v$sqlarea
  3  WHERE sql_text LIKE '%1234';

SQL_ID        SQL_TEXT                                 EXECUTIONS
------------- ---------------------------------------- ----------
2254m1487jg50 select * from t where n = 1234                    1
g9y3jtp6ru4cb SELECT * FROM t WHERE n = 1234                    2
7n8p5s2udfdsn SELECT   *   FROM   t   WHERE   n=1234            1
```

第二個例子的目的是，透過 sharable_child_cursors.sql 腳本展示父游標可以共享而子游標不能共享。與子游標相關的關鍵資訊是執行計畫和相關執行環境。因而，幾個 SQL 敘述能夠共享子游標的條件是它們擁有同一個父游標並且執行環境是相互相容的。為說明這一點，在給初始化參數 optimizer_mode 設定兩個不同值的情況下執行同一個 SQL 敘述。

```
SQL> ALTER SESSION SET optimizer_mode = all_rows;

SQL> SELECT count(*) FROM t;

COUNT(*)
--------
    1000

SQL> ALTER SESSION SET optimizer_mode = first_rows_1;

SQL> SELECT count(*) FROM t;

COUNT(*)
--------
    1000
```

執行的結果是建立了一個單獨的父游標（5tjqf7sx5dzmj）和兩個子游標（0 和 1）。同時還要注意到兩個子游標都擁有相同的執行計畫（plan_hash_value 行的值相同）。這極佳證明了建立新的子游標是因為新的截然不同的執行環境，而不是因為產生了另一個執行計畫。

```
SQL> SELECT sql_id, child_number, optimizer_mode, plan_hash_value
  2  FROM v$sql
  3  WHERE sql_text = 'SELECT count(*) FROM t';

SQL_ID        CHILD_NUMBER OPTIMIZER_MODE PLAN_HASH_VALUE
------------- ------------ -------------- ---------------
5tjqf7sx5dzmj            0 ALL_ROWS            2966233522
5tjqf7sx5dzmj            1 FIRST_ROWS          2966233522
```

警告 如上面的例子所示，1 號子游標 optimizer_mode 行的值沒有正確顯示。實際上，該行顯示的是 FIRST_ROWS，而不是 FIRST_ROWS_1。同樣的行為也可以在使用 FIRST_ROWS_10、FIRST_ROWS_100 和 FIRST_ROWS_1000 時觀察到。這可能會導致潛在的問題：即使執行環境不一樣，SQL 引擎也不區分其中的不同。因此，可能會錯誤地共享子游標。

要想知道哪些不符合導致出現了幾個子游標，可以查詢 v$sql_shared_cursor 視圖。在這個視圖中你可能會發現，對於每個子游標（除了第一個編號為 0 的），都會顯示為何不能共享之前建立的子游標。對於幾種類型的不一致（在 12.1 版本中是 64 個），都有一行將值設定為 N（沒有不符合）或 Y（不符合）。透過下面的查詢，可以確認在之前的例子中，第二個子游標的不符合是由於不同的優化器模式。

```
SQL> SELECT optimizer_mode_mismatch
  2  FROM v$sql_shared_cursor
  3  WHERE sql_id = '5tjqf7sx5dzmj'
  4  AND child_number = 1;

OPTIMIZER_MODE_MISMATCH
-----------------------
Y
```

在 11.2.0.2 中，v$sql_shared_cursor 視圖提供一個稱作 reason 的行。該行不僅提供導致出現新的子游標不符合的文字描述，而且提供不符合的的額外資訊。因為 reason 行包含的資訊和不符合的類型息息相關，所以它的類型是 CLOB，並且它使用 XML 格式。例如，在接下來的範例中，三個 XML 元素包含了關鍵資訊。原因（Optimizer mismatch）儲存在 reason 元素中，函式庫快取中已存在的游標的優化器模式（也就是 1，表示 ALL_ROWS）儲存在 optimizer_mode_cursor 元素中，對話解析敘述所需的優化器模式（2，即 FIRST_ROWS）儲存在 optimizer_mode_current 元素中。

```
SQL> SELECT reason
  2  FROM v$sql_shared_cursor
  3  WHERE sql_id = '5tjqf7sx5dzmj'
  4  AND child_number = 0;

REASON
--------------------------------------------------------------------------
<ChildNode><ChildNumber>0</ChildNumber><ID>3</ID><reason>Optimizer
mismatch(10)</reason><size>3x4</size><optimizer_mode_hinted_cursor>0
</optimizer_mode_hinted_cursor><optimizer_mode_cursor>1</optimizer_mode_
cursor><optimizer_mode_current>2</optimizer_mode_current></ChildNode>

SQL> SELECT x.reason,
  2         decode(x.optimizer_mode_cursor,
  3                1, 'ALL_ROWS',
  4                2, 'FIRST_ROWS',
  5                3, 'RULE',
  6                4, 'CHOOSE', x.optimizer_mode_cursor) AS optimizer_
mode_cursor,
  7         decode(x.optimizer_mode_current,
  8                1, 'ALL_ROWS',
  9                2, 'FIRST_ROWS',
 10                3, 'RULE',
 11                4, 'CHOOSE', x.optimizer_mode_current) AS optimizer_
mode_current
 12  FROM v$sql_shared_cursor s,
```

```
 13       XMLTable('/ChildNode'
 14                PASSING XMLType(reason)
 15                COLUMNS
 16                  reason VARCHAR2(100)       PATH '/ChildNode/reason',
 17            optimizer_mode_cursor NUMBER  PATH '/ChildNode/optimizer_
mode_cursor',
 18            optimizer_mode_current NUMBER PATH '/ChildNode/optimizer_
mode_current'
 19                        ) x
 20  WHERE s.sql_id = '5tjqf7sx5dzmj'
 21  AND s.child_number = 0;

REASON                 OPTIMIZER_MODE_CURSOR OPTIMIZER_MODE_CURRENT
---------------------- --------------------- ----------------------
Optimizer mismatch(10) ALL_ROWS              FIRST_ROWS
```

第三個例子仍然是根據 sharable_child_cursors.sql 腳本，目的是展示執行環境不僅影響執行計畫，還有可能會影響 SQL 敘述的結果。這也是共享子游標的執行環境必須相互相容的另一個原因。例如，下面的 SQL 敘述的輸出證實了 nls_sort 初始化參數的影響。

```
SQL> ALTER SESSION SET nls_sort = binary;

SQL> SELECT * FROM t ORDER BY pad;

  N PAD
--- ---
  1 1
  2 =
  3 Z
  4 z

SQL> ALTER SESSION SET nls_sort = xgerman;

SQL> SELECT * FROM t ORDER BY pad;
```

```
  N PAD
--- ---
  2 =
  4 z
  3 Z
  1 1
```

因為執行環境的不同，使用了同一個父游標下的兩個子游標。注意在這個案例中，不符合可以透過 v$sql_shared_cursor 視圖查看，特別是在 language_mismatch 行中。

```
SQL> SELECT sql_id, child_number, plan_hash_value, executions
  2  FROM v$sql
  3  WHERE sql_text = 'SELECT * FROM t ORDER BY pad';

SQL_ID          CHILD_NUMBER PLAN_HASH_VALUE EXECUTIONS
------------- ------------ --------------- ----------
1f7qg6nu40shd            0       961378228          1
1f7qg6nu40shd            1       961378228          1

SQL> SELECT child_number, language_mismatch
  2  FROM v$sql_shared_cursor
  3  WHERE sql_id = '1f7qg6nu40shd'
  4  AND child_number > 0;

CHILD_NUMBER LANGUAGE_MISMATCH
------------ -----------------
           1 Y
```

在實踐中，由不可共享的父游標導致的硬解析遠比由不可共享的子游標所導致的硬解析更加常見。事實上，多半情況是因為每個父游標只有較少的子游標。如果父游標無法共享，通常是因為 SQL 敘述的文字變更的結果。這多發生於 SQL 敘述由應用程式動態產生或用字面值替代了綁定變數的情況。一般而言，動態產生 SQL 敘述無法避免。另一方面，通常都可以使用綁定變數，但是，並不是什麼情況下都適合使用綁定變數。接下來關於綁定變數利弊的討論，可以幫你理解什麼時候使用它們是合適的，什麼時候是不合適的。

2.4.2 綁定變數

綁定變數透過三種方式影響應用程式。第一，從開發角度來看，它們既可以讓程式設計變簡單，也可以讓程式設計變複雜（更準確地說，就是需要編寫的程式碼或多或少）。這種情況下，影響取決於用來執行 SQL 敘述的應用程式設計介面。例如，如果你正在編寫 PL/SQL 程式碼，使用綁定變數來執行會更容易。另一方面，如果你正在使用 JDBC 編寫 Java 程式，沒有綁定變數的情況下執行 SQL 敘述會更容易。第二，從安全角度看，綁定變數減輕了 SQL 注入攻擊的風險。第三，從效能角度看，使用綁定變數有利有弊。

> **注意** 在接下來的小節裡，你會看見一些執行計畫。第 10 章將闡述如何獲得和解釋執行計畫。如果你讀完第 10 章後有什麼不清楚的，可以考慮回過頭來閱讀本章。

1 優勢

綁定變數在效能方面的優勢是它們允許共享函式庫快取中的父游標，這樣就避免了硬解析以及相關的額外開銷。接下來的例子是對腳本 bind_variables_graduation.sql 的輸出摘錄，展示了三個 INSERT 敘述由於使用綁定變數而共享了函式庫快取中的同一個游標。

```
SQL> VARIABLE n NUMBER

SQL> VARIABLE v VARCHAR2(32)

SQL> EXECUTE :n := 1; :v := 'Helicon';

SQL> INSERT INTO t (n, v) VALUES (:n, :v);

SQL> EXECUTE :n := 2; :v := 'Trantor';
```

```
SQL> INSERT INTO t (n, v) VALUES (:n, :v);

SQL> EXECUTE :n := 3; :v := 'Kalgan';

SQL> INSERT INTO t (n, v) VALUES (:n, :v);

SQL> SELECT sql_id, child_number, executions
  2  FROM v$sql
  3  WHERE sql_text = 'INSERT INTO t (n, v) VALUES (:n, :v)';

SQL_ID        CHILD_NUMBER EXECUTIONS
------------- ------------ ----------
6cvmu7dwnvxwj            0          3
```

但是有些情況下，即便使用了綁定變數，還是建立了幾個子游標，如下面的例子所示。注意，INSERT 敘述和之前的例子是一樣的。只是 VARCHAR2 變數的最大值發生了改變（從 32 到 33）。

```
SQL> VARIABLE v VARCHAR2(33)

SQL> EXECUTE :n := 4; :v := 'Terminus';

SQL> INSERT INTO t (n, v) VALUES (:n, :v);

SQL> SELECT sql_id, child_number, executions
  2  FROM v$sql
  3  WHERE sql_text = 'INSERT INTO t (n, v) VALUES (:n, :v)';

SQL_ID        CHILD_NUMBER EXECUTIONS
------------- ------------ ----------
6cvmu7dwnvxwj            0          3
6cvmu7dwnvxwj            1          1
```

建立新的子游標（1）是因為前面三個 INSERT 敘述和第四個之間的執行環境發生了改變。下面的例子中的不符合項，可以透過查詢 v$sql_shared_cursor 視圖來確認。注意，bind_length_upgradeable 行只在 11.2 版本中存在。在之前的版本中，這個資訊由 bind_mismatch 行提供。

```
SQL> SELECT child_number, bind_length_upgradeable
  2  FROM v$sql_shared_cursor
  3  WHERE sql_id = '6cvmu7dwnvxwj';

CHILD_NUMBER BIND_LENGTH_UPGRADEABLE
------------ -----------------------
           0 N
           1 Y
```

這是因為資料庫引擎使用了一個叫作**綁定變數分級**（**bind variable graduation**）的特性。這個特性的目標是透過將綁定變數按等級（隨大小變化）分成四個組來最小化子游標的數量。第一組包含最大至 32 位元組的綁定變數，第二個組包含 33 至 128 位元組的綁定變數，第三組包含大小為 129 至 2,000 位元組的綁定變數，最後一組包含大於 2,000 位元組的綁定變數。NUMBER 資料類型的綁定變數按它們的最大長度 22 位元組劃分等級。如下面的例子所示，v$sql_bind_metadata 視圖顯示了每個組的最大長度。注意值 128 的用法，即使子游標 1 的綁定變數長度定義為 33。

```
SQL> SELECT s.child_number, m.position, m.max_length,
  2         decode(m.datatype,1,'VARCHAR2',2,'NUMBER',m.datatype) AS datatype
  3  FROM v$sql s, v$sql_bind_metadata m
  4  WHERE s.sql_id = '&sql_id'
  5  AND s.child_address = m.address
  6  ORDER BY 1, 2;

CHILD_NUMBER   POSITION MAX_LENGTH DATATYPE
------------ ---------- ---------- --------
           0          1         22 NUMBER
           0          2         32 VARCHAR2
           1          1         22 NUMBER
           1          2        128 VARCHAR2
```

> **注意** 這個例子展示了當使用不同組的綁定變數時出現了綁定錯配（mismatch）的情況。只有當關聯到新的組的綁定變數比原來大時才會出現這種情況。實際上，仔細回顧這個例子，綁定變數的大小一直在增加。如果它們是在減小，那麼所有的執行都可以共享同一個子游標。如果用 VARCHAR2 類型的最大值建立子游標，那麼所有比它小的 VARCHAR2 綁定變數都可以共享它。

很顯然，每次產生一個新的子游標就表示一個執行計畫的產生。這個新的執行計畫是否能夠被其他子游標使用也取決於綁定變數的值。這部分內容將在下一節討論。

2 劣勢

在 WHERE 條件中使用綁定變數對於效能方面的劣勢是，在某些條件下會對查詢最佳化工具隱藏重要的資訊。事實上，對於查詢最佳化工具而言，獲取字面值比使用綁定變數更好。使用字面值時，查詢最佳化工具總能夠做出最接近的估算。當涉及範圍比較述詞（例如根據 BETWEEN、大於或小於的比較條件），檢查一個值是否在可用值範圍之外時（即小於行中儲存的最小值或大於行中儲存的最大值），或者使用長條圖時，情況尤其如此。例如，拿一個 1,000 行資料的表來說，在 id 行上，所有的整型值都在 1（最小值）和 1,000（最大值）之間。

```
SQL> SELECT count(id), count(DISTINCT id), min(id), max(id) FROM t;

 COUNT(ID) COUNT(DISTINCTID)    MIN(ID)    MAX(ID)
---------- ----------------- ---------- ----------
      1000              1000          1       1000
```

當一個使用者選擇 id 小於 990 的所有記錄時，查詢最佳化工具就知道（歸功於物件統計資訊）表中大約 99% 的資料被選中了。因此，它會選擇使用全資料表掃描的執行計畫。同時還要注意估算的基數（執行計畫中的 Rows 行）幾乎準確對應查詢應回傳的行數。

```
SQL> SELECT count(pad) FROM t WHERE id < 990;
```

```
COUNT(PAD)
----------
       989

------------------------------------------
| Id  | Operation          | Name | Rows  |
------------------------------------------
|   0 | SELECT STATEMENT   |      |       |
|   1 |  SORT AGGREGATE    |      |     1 |
|   2 |   TABLE ACCESS FULL| T    |   990 |
------------------------------------------
```

當另一個使用者選擇 `id` 小於 10 的所有記錄時，查詢最佳化工具知道表中僅有大約 1% 的資料被選中。因此，它選擇使用索引掃描的執行計畫。在這個例子中同樣要注意其非常準確的估算。

```
SQL> SELECT count(pad) FROM t WHERE id < 10;

COUNT(PAD)
----------
         9
-----------------------------------------------------
| Id  | Operation                    | Name | Rows  |
-----------------------------------------------------
|   0 | SELECT STATEMENT             |      |       |
|   1 |  SORT AGGREGATE              |      |     1 |
|   2 |   TABLE ACCESS BY INDEX ROWID| T    |     9 |
|   3 |    INDEX RANGE SCAN          | T_PK |     9 |
-----------------------------------------------------
```

處理綁定變數時，查詢最佳化工具習慣於忽略它們的值。因此，像之前的例子中的完美估算是不可能的。為解決這個問題，Oracle9*i* 中匯入了一個叫作**綁定變數掃視（bind variable peeking）**的特性。綁定變數掃視的概念很簡單：在產生執行計畫之前，查詢最佳化工具掃視綁定變數的值並將其作為字面值使用。這個方法的問題在於執行計畫的產生依賴於第一次執行所提供的值。下面這個根據 `bind_variables_peeking.sql` 腳本的例子就驗證了這種行為。注意第一次優化是按照值

990 執行的。結果就是查詢最佳化工具選擇全資料表掃描。正是這個選擇，一旦游標被共享，就會影響使用值為 10 的第二個查詢。

```
SQL> VARIABLE id NUMBER

SQL> EXECUTE :id := 990;

SQL> SELECT count(pad) FROM t WHERE id < :id;

COUNT(PAD)
----------
       989

-------------------------------------------
| Id | Operation          | Name | Rows    |
-------------------------------------------
|  0 | SELECT STATEMENT   |      |         |
|  1 |  SORT AGGREGATE    |      |       1 |
|  2 |   TABLE ACCESS FULL| T    |     990 |
-------------------------------------------

SQL> EXECUTE :id := 10;

SQL> SELECT count(pad) FROM t WHERE id < :id;

COUNT(PAD)
----------
         9

-------------------------------------------
| Id | Operation          | Name | Rows    |
-------------------------------------------
|  0 | SELECT STATEMENT   |      |         |
|  1 |  SORT AGGREGATE    |      |       1 |
|  2 |   TABLE ACCESS FULL| T    |     990 |
-------------------------------------------
```

當然，如下例所示，如果第一個執行換成值 10，查詢最佳化工具就會選擇使用索引掃描的執行計畫，這意味著兩個查詢又一次都這樣做了。注意，為避免和前一個例子共享游標，查詢用小寫字母來書寫。

```
SQL> EXECUTE :id := 10;

SQL> select count(pad) from t where id < :id;

COUNT(PAD)
----------
         9

-----------------------------------------------------
| Id | Operation                    | Name | Rows   |
-----------------------------------------------------
|  0 | SELECT STATEMENT             |      |        |
|  1 |  SORT AGGREGATE              |      |      1 |
|  2 |   TABLE ACCESS BY INDEX ROWID| T    |      9 |
|  3 |    INDEX RANGE SCAN          | T_PK |      9 |
-----------------------------------------------------

SQL> EXECUTE :id := 990;

SQL> select count(pad) from t where id < :id;

COUNT(PAD)
----------
       989

-----------------------------------------------------
| Id | Operation                    | Name | Rows   |
-----------------------------------------------------
|  0 | SELECT STATEMENT             |      |        |
|  1 |  SORT AGGREGATE              |      |      1 |
|  2 |   TABLE ACCESS BY INDEX ROWID| T    |      9 |
|  3 |    INDEX RANGE SCAN          | T_PK |      9 |
-----------------------------------------------------
```

一定要理解，只要游標保留在函式庫快取中並可以共享，就會被重用。這和與其關聯的執行計畫的效率無關。

為解決這個問題，從 11.1 版本開始，資料庫引擎啟用一個稱為**自我調整游標共享**（**adaptive cursor sharing**，也稱為**綁定感知游標共享**，**bind-aware cursor sharing**）的新特性。它的目的是自動識別出因重複利用已經可用的游標導致的低效執行。要理解這個特性如何工作，我們從查看由 v$sql 提供的一些資訊開始。下面是 11.1 版本中可用的新行。

- is_bind_sensitive 不僅表明綁定變數掃視是否用於產生執行計畫，同時也表示自我調整游標共享可能會被考慮。如果是這樣，此行值設定為 Y，否則就設定為 N。
- is_bind_aware 表明游標是否使用自我調整游標共享。如果是，行值為 Y；如果不是，則設定為 N。
- is_shareable 表明游標是否可共享。如果可以，行設定為 Y；否則，值為 N。如果值為 N，則游標不再被重用。

下面的例子來自於 adaptive_cursor_sharing.sql 腳本，游標是可共享的並且是綁定變數的，但並沒有使用自我調整游標共享。

```
SQL> EXECUTE :id := 10;

SQL> SELECT count(pad) FROM t WHERE id < :id;

COUNT(PAD)
----------
         9

SQL> SELECT sql_id
  2  FROM v$sqlarea
  3  WHERE sql_text = 'SELECT count(pad) FROM t WHERE id < :id';

SQL_ID
-------------
asth1mx10aygn

SQL> SELECT child_number, is_bind_sensitive, is_bind_aware, is_shareable,
```

```
plan_hash_value
  2  FROM v$sql
  3  WHERE sql_id = 'asth1mx10aygn';

CHILD_NUMBER IS_BIND_SENSITIVE IS_BIND_AWARE IS_SHAREABLE PLAN_HASH_VALUE
------------ ----------------- ------------- ------------ ---------------
           0 Y                 N             Y                 4270555908
```

當游標使用不同的綁定變數值執行了幾次後，有意思的事情發生了。注意下面編號為 0 的子游標不再是可共享的，並且兩個新的子游標替換了它，它們都使用了自我調整游標共享。

```
SQL> EXECUTE :id := 990;

SQL> SELECT count(pad) FROM t WHERE id < :id;

COUNT(PAD)
----------
       989

SQL> EXECUTE :id := 10;

SQL> SELECT count(pad) FROM t WHERE id < :id;

COUNT(PAD)
----------
         9

SQL> SELECT child_number, is_bind_sensitive, is_bind_aware, is_shareable,
plan_hash_value
  2  FROM v$sql
  3  WHERE sql_id = 'asth1mx10aygn'
  4  ORDER BY child_number;

CHILD_NUMBER IS_BIND_SENSITIVE IS_BIND_AWARE IS_SHAREABLE PLAN_HASH_VALUE
------------ ----------------- ------------- ------------ ---------------
           0 Y                 N             N                 4270555908
           1 Y                 Y             Y                 2966233522
           2 Y                 Y             Y                 4270555908
```

查看與游標關聯的執行計畫，可能如你所期待的，你會看見其中一個新的子游標擁有根據全資料表掃描的執行計畫，而另一個則根據索引掃描。

```
Plan hash value: 4270555908

--------------------------------------------
| Id | Operation                   | Name  |
--------------------------------------------
|  0 | SELECT STATEMENT            |       |
|  1 |  SORT AGGREGATE             |       |
|  2 |   TABLE ACCESS BY INDEX ROWID| T     |
|  3 |    INDEX RANGE SCAN         | T_PK  |
--------------------------------------------

Plan hash value: 2966233522

-----------------------------------
| Id | Operation         | Name  |
-----------------------------------
|  0 | SELECT STATEMENT   |       |
|  1 |  SORT AGGREGATE    |       |
|  2 |   TABLE ACCESS FULL| T     |
-----------------------------------
```

要進一步分析兩個新的子游標產生的原因，可以使用下面幾個動態效能視圖：v$sql_cs_ statistics、v$sql_cs_selectivity 和 v$sql_cs_histogram。第一個視圖表明是否使用了掃視以及與每個子游標相關的執行統計資訊。在下面的輸出中，可以確認對於一次執行，子游標 1 處理的行數比子游標 2 要高。這是查詢最佳化工具在一種情況下選擇全資料表掃描，而在另一種情況下選擇索引掃描的主要原因。

```
SQL> SELECT child_number, peeked, executions, rows_processed, buffer_gets
  2  FROM v$sql_cs_statistics
  3  WHERE sql_id = 'asth1mx10aygn'
  4  ORDER BY child_number;
```

```
CHILD_NUMBER PEEKED EXECUTIONS ROWS_PROCESSED BUFFER_GETS
------------ ------ ---------- -------------- -----------
           0 Y               1             19           3
           1 Y               1            990          18
           2 Y               1             19           3
```

v$sql_cs_selectivity視圖顯示與每個子游標的每個述詞相關的選擇率範圍。實際上，資料庫引擎並不會為每個綁定變數值建立一個新的子游標。相反，它將擁有大致相同的選擇率的值分到同一個組，進而導致相同的執行計畫。

```
SQL> SELECT child_number, trim(predicate) AS predicate, low, high
  2  FROM v$sql_cs_selectivity
  3  WHERE sql_id = 'asth1mx10aygn'
  4  ORDER BY child_number;

CHILD_NUMBER PREDICATE LOW        HIGH
------------ --------- ---------- ----------
           1 <ID       0.890991   1.088989
           2 <ID       0.008108   0.009910
```

v$sql_cs_selectivity視圖的資訊不僅用於展示每個子游標的選擇率範圍，而且資料庫引擎也可使用該資訊來選擇使用哪個子游標。實際上，當一個游標是綁定感知的，綁定變數掃視會取代每一次的解析執行，而且游標的述詞選擇率是根據估算的。根據這個估算選用正確的子游標。或者，如果沒有適用於這個選擇率範圍的游標，則建立一個新的子游標。

警告 綁定感知的游標是必要的，對於每次解析，查詢最佳化工具都對它們的述詞進行選擇率的估算。根據這個原因，資料庫引擎有時會禁用自我調整游標共享。有兩個常見情況需要考慮：第一個是當SQL敘述包含的綁定變數超過14個時；第二個是當查詢最佳化工具不能正確估算選擇率時。例如，當變數需要隱式資料類型轉換（這是使用正確資料類型的另一個理由），選擇率無法估算出來時，或者參照的物件沒有物件統計資訊時。

---

v$sql_cs_histogram 視圖的內容由 SQL 引擎用來決定何時將一個游標置於綁定感知，以及應何時使用自我調整游標共享。對於每一個子游標，這個視圖會顯示三個桶（buckets）。第一個桶（bucket_id 等於 0）與高效的執行相關，第二個桶（bucket_id 等於 1）與低效的執行相關，第三個桶（bucket_id 等於 2）與效率非常低的執行相關。想法是：在完成一次執行後，SQL 引擎比較估算的基數和實際的基數。然後，根據這兩個基數有多接近，本次執行與三個桶中的一個相關聯（換言之 count 行增加了）。稍後，當執行涉及同一個游標的下一階段操作時，以及涉及執行在這三個桶中間如何分布時，一個游標可能會變成綁定感知的或非感知的。舉例來說，當低效的執行次數和高效執行次數一樣多時，游標就被置為綁定感知的。接下來的例子證明了這點（注意，對於編號 0 的子游標，高效的執行次數和低效的執行次數相同）。

```
SQL> SELECT child_number, bucket_id, count
  2  FROM v$sql_cs_histogram
  3  WHERE sql_id = 'asth1mx10aygn'
  4  ORDER BY child_number, bucket_id;

CHILD_NUMBER  BUCKET_ID      COUNT
------------ ---------- ----------
           0          0          1
           0          1          1
           0          2          0
           1          0          1
           1          1          0
           1          2          0
           2          0          1
           2          1          0
           2          2          0
```

為了更佳理解如何使用 v$sql_cs_histogram 視圖的內容，我建議你用 adaptive_cursor_sharing_ histogram.sql 中的腳本做以下幾種情況的實驗。

自我調整游標共享有兩個主要的限制。第一，預設情況下，游標是按照綁定不敏感建立的。第二，對於指定的游標，綁定感知不是持續的。結果就是，在一個游標從自我調整游標共享中獲益之前，至少有一次執行是無效率的，在某些情況下甚至有多次執行（當曾經有很多次高效執行時）是無效率的。自 11.1.0.7 版開始，才有可能透過指定 bind_aware 這個 hint[2] 來避免這些限制。注意，在下面的例子中，兩個子游標都是綁定敏感的，且都使用了高效的執行計畫。

```
SQL> EXECUTE :id := 10;

SQL> SELECT /*+ bind_aware */ count(pad) FROM t WHERE id < :id;

COUNT(PAD)
----------
         9

Plan hash value: 4270555908

---------------------------------------------
| Id | Operation                     | Name |
---------------------------------------------
|  0 | SELECT STATEMENT              |      |
|  1 |  SORT AGGREGATE               |      |
|  2 |   TABLE ACCESS BY INDEX ROWID | T    |
|  3 |    INDEX RANGE SCAN           | T_PK |
---------------------------------------------

SQL> EXECUTE :id := 990;

SQL> SELECT /*+ bind_aware */ count(pad) FROM t WHERE id < :id;

COUNT(PAD)
----------
       989

Plan hash value: 2966233522
```

2 這個詞在書中未翻譯，因為譯為「提示」有時候會導致將其原有含義淹沒在譯文中。——譯者注

```
------------------------------------
| Id | Operation            | Name |
------------------------------------
|  0 | SELECT STATEMENT     |      |
|  1 |  SORT AGGREGATE      |      |
|  2 |   TABLE ACCESS FULL | T    |
------------------------------------

SQL> SELECT child_number, is_bind_sensitive, is_bind_aware, is_shareable,
plan_hash_value
  2  FROM v$sql
  3  WHERE sql_id = 'f364ymn1bbr4q'
  4  ORDER BY child_number;

CHILD_NUMBER IS_BIND_SENSITIVE IS_BIND_AWARE IS_SHAREABLE PLAN_HASH_VALUE
------------ ----------------- ------------- ------------ ---------------
           0 Y                 Y             Y                 4270555908
           1 Y                 Y             Y                 2966233522
```

概括起來，為了增加查詢最佳化工具產生高效執行計畫的可能性，就不應該使用綁定變數。綁定變數掃視可能會有 明。然而，有時候能否產生高效的執行計畫只是運氣的問題。唯一的例外是從 11.1 版本開始，新的自我調整游標共享能自動識別出問題。

3 最佳實踐

任何特性都應該僅在使用它的收益比損害要大時才使用。某些情況下很容易做決定。例如，當執行一個沒有 WHERE 條件的 SQL 敘述（例如簡單的 INSERT 敘述）時沒有理由不使用綁定變數。另一方面，當被綁定變數掃視破壞的風險較高時，無論如何也不應該使用綁定變數。尤其是遇到下面三種情況時。

- 當查詢最佳化工具必須檢查一個值是否在可存取值的範圍之外時（也就是比行中最小值小或比最大值大）。

- 當 WHERE 條件中的述詞是根據範圍條件的（例如，HIREDATE >'2009-12-31'）。
- 當查詢最佳化工具使用長條圖時。

因此，對於可共享的游標，當遇到以上三種情況時就不應該使用綁定變數。對於其他所有的情況，就沒有這麼絕對了。然而，最好考慮以下兩種主要的情況。

- **SQL 敘述處理少量資料：**每當處理較少的資料時，硬解析的時間可能會接近或者超過執行時間。在這種情況下，使用綁定變數進而避免硬解析通常是必須的。在 SQL 敘述預計會經常執行時尤其如此。通常這樣的 SQL 敘述用於資料實體系統（一般是 OLTP 系統相關的）。
- **SQL 敘述處理大量資料：**每當處理大量資料時，硬解析時間通常比執行時間小幾個量級。在這種情形下，使用綁定變數不僅對於整個回應時間是無關緊要的，同時也增加了查詢最佳化工具產生非常低效的執行計畫風險。因此，不應該使用綁定變數。通常，這樣的敘述用來做批次處理任務，用於報表用途，或者在資料倉庫環境下由 OLAP 應用和 BI 工具發出。

2.5 讀寫資料塊

為了讀寫資料檔案中的資料塊，資料庫引擎利用幾種不同的磁片 I/O 操作（參見圖 2-4）。

- **邏輯讀：**服務進程在存取一個緩衝區快取中的塊或進程私有記憶體中的塊時執行邏輯讀。注意，邏輯讀既用於讀，同時也用於向一個資料塊寫資料。
- **緩衝區快取讀：**當服務進程需要的塊還不在緩衝區快取時，執行緩衝區快取讀。所以它會打開資料檔案，讀這個資料塊，然後將其儲存在緩衝區快取中。
- **DBWR 寫：**通常情況下，服務進程不會向資料檔案寫資料，它們只修改儲存在緩衝區快取中的塊。然後由資料庫寫進程（即後台進程）負責將修改的塊 [也稱為髒塊（dirty blocks）] 儲存到資料檔案中。

- **直接路徑讀**：在某些情況下（在第 13 章和第 15 章中詳述），服務進程能夠直接從資料檔案中讀取資料塊。當服務進程使用這種方式時，資料塊會直接傳輸至進程的私有記憶體而非載入至緩衝區快取內。
- **直接路徑寫**：在某些情況下（在第 15 章中詳述），服務進程能夠直接向資料檔案寫入資料塊。

在不必區分那些是否涉及緩衝區快取的磁片 I/O 操作的情況下，可以使用以下兩個術語。

- **實體讀**包含緩衝區快取讀和直接路徑讀。
- **實體寫**包含直接路徑寫和 DBWR 寫。

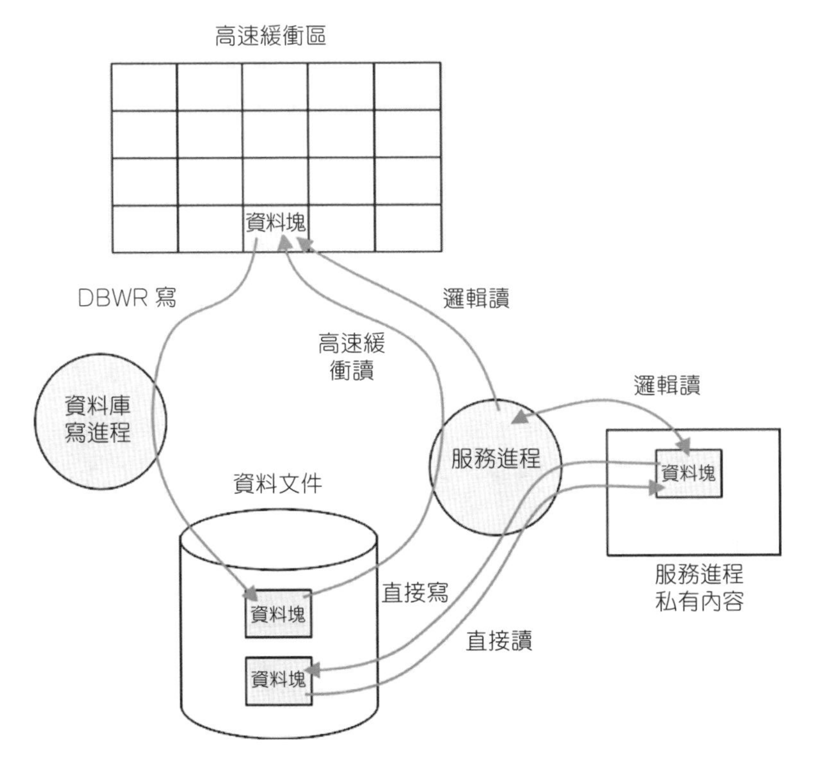

▲ 圖 2-4 資料庫引擎使用幾種不同類型的 I/O 操作

當資料檔案儲存在一台 Exadata 儲存伺服器上時，資料庫引擎也可以利用第六種磁片 I/O 操作：**智慧掃描（smart sacn）**。簡言之，在 Exadata 系統上，資料庫引擎可以使用智慧掃描替代直接路徑讀。從資料庫引擎的角度來看，這兩種磁片 I/O 操作的顯著區別是直接路徑讀回傳規則的塊，而智慧掃描回傳不同的資料結構。智慧掃描的目標是降低一部分原本應由資料庫引擎向儲存層完成的工作。考慮到這一點，使用智慧掃描有下面三個主要的目標。

- 避免在 Exadata 儲存伺服器和資料庫實例中移動不相干的資料。
- 允許 Exadata 儲存伺服器避免讀取不需要的磁片資料。
- 減少 Exadata 儲存伺服器的 CPU 密集型操作，進而減少資料庫引擎的 CPU 使用率。

什麼是 Oracle Exadata

Exadata 是由 Oracle 設計的資料庫一體機，由資料庫伺服器、Exadata 儲存伺服器、擁有 InfiniBand 技術的光纖儲存網路以及其他所有執行 Oracle 資料庫所需的元件組成。然而，Exadata 並不僅僅是一套硬體解決方案。當 Oracle 資料庫在 Exadata 硬體上執行時，設計用於獲取更好效能的特別軟體特性就啟用了。其中的一個關鍵設計決策就是，將部分本應由資料庫伺服器完成的工作負載轉移給儲存伺服器。

2.6 檢測

正如第 1 章提到的，每個應用程式都應該進行檢測。換句話說，問題不是應不應該去做，而是應該怎麼做。這是架構師在新的應用程式開發之初就應做出的重要決定。雖然檢測程式碼通常是為了在異常條件下具體化應用程式的行為而實現的，但是它也可以用來調查效能問題。為了定位效能問題，我們尤其想瞭解執行過哪些操作、執行順序如何、處理的資料有多少、這些操作執行了多少次以及花費了多長時間。在某些情形下（例如大型任務），瞭解使用了多少資源也是有幫助的。由於在呼叫層級或者鏈路層級的資訊已由程式碼探查器提供，檢測時應該特別關注業務相關的操作以及各個元件（層）之間的互動。此外，如果一個請求需要在同一個元件內部執行複雜的處理，可以提供處理過程中實施的主要步驟的相應時間。換句話說，為了更有效地利用檢測程式碼，應該將它新增到程式碼的決策性位置上。我強調一下，如果沒有回應時間的資訊，檢測對於調查效能問題就毫無意義。

我們來看一個例子。在應用程式 JPetStore（在第 1 章中簡單介紹過）中，有一個叫作 **Sign-on** 登入的操作，圖 2-5 展示了它的序列圖。根據這個圖，檢測至少應該提供如下這些資訊。

- 從 servlet[3] 提供回應到請求（`FrameworkServlet`）來衡量的請求的系統回應時間。這是業務相關的操作。
- SQL 敘述和資料存取物件（`AccountDao`）與資料庫之間互動的回應時間。這是中間層和資料庫層之間的互動。
- 請求以及與資料庫的互動兩者開始和結束的時間戳記。

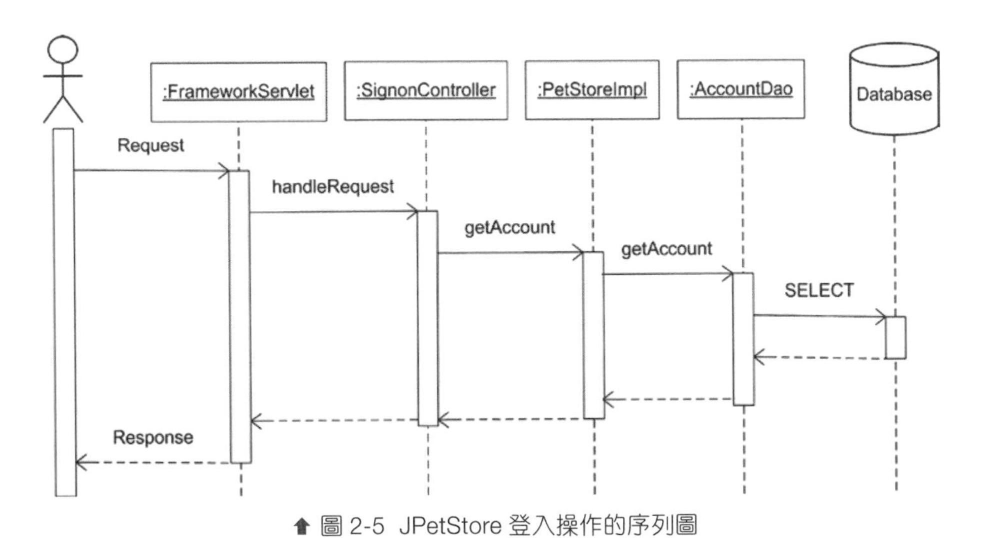

圖 2-5 JPetStore 登入操作的序列圖

透過這些值和用戶回應時間，如果可以再利用應用程式，就可以輕易使用手錶檢測它們，進而可以透過類似圖 1-7 的方式拆分回應時間。

3 servlet 是一種向來自 Web 用戶端的請求做出回應的 Java 程式，執行於 J2EE 應用伺服器中。

在實踐中，不能隨意在你想要的位置新增檢測程式碼。在圖 2-5 的案例中，你有兩個問題。一是 servlet（`FrameworkServlet`）是由 Spring 框架提供的 class 檔。因此，你不想去修改它。二是資料存取物件（`AccountDao`）只不過是在持久層框架（本例中是 iBatis）之前使用的一個介面。因此，你也不能向它加入程式碼。對於第一個問題，可以透過加入檢測程式碼，進而建立自己的 servlet 繼承 `FrameworkServlet` 來解決。對於第二個問題，為了方便起見，可以決定只檢測持久層框架的呼叫。這應該沒問題，因為資料庫本身已經經過檢測了，所以，如果有必要，就能夠判定持久層框架本身的消耗。

現在已經看到如何決定應該將檢測程式碼加到哪裡，我們可以看一下關於如何在應用程式碼中落實它的具體例子。隨後，我們將查看 Oracle 特有的資料庫呼叫的檢測。

2.6.1 應用程式碼

通常，檢測程式碼都是透過利用已經可用的日誌框架（logging framework）來實現的。原因很簡單：寫一個快速而靈活的日誌框架並不簡單。因此使用已有的框架可以節省大量的開發時間。事實上，使用日誌的主要缺點是，不恰當的實現會拖慢應用程式。為了避免這個問題，開發人員不僅應該限制日誌的冗長，而且需要用一個高效的日誌框架實現它。

Apache 日誌服務專案（Apache Logging Services Project[4]）為日誌框架樹立了良好的範例。這個專案的核心是 log4j，它是一個為 Java 寫的日誌框架。因為在 Java 上的成功，它也被移植到其他的程式設計語言中，如 C++、.NET、Perl 及 PHP 等。在這裡我會提供一個根據 log4j 和 Java 的例子。舉例來說，如果你想檢測圖 2-5 中 `SignonController` servlet 的 `handleRequest` 方法的回應時間，可以編寫如下的程式碼：

```
public ModelAndView handleRequest(HttpServletRequest request,
                                  HttpServletResponse response) throws Exception
```

4 查看 http://logging.apache.org 獲取更多資訊。

```
{
  if (logger == null)
  {
    logger = Log4jLoggingHelper.getLog4jServerLogger();
  }

  if (logger.isInfoEnabled())
  {
    long beginTimeMillis = System.currentTimeMillis();
  }

ModelAndView ret = null;
String username = request.getParameter( "username" );

// 處理請求的程式碼……

  if (logger.isInfoEnabled())
  {
    long endTimeMillis = System.currentTimeMillis();
    logger.info( "Signon( " + username + ") response time " +
                (endTimeMillis-beginTimeMillis) + " ms" );
  }

  return ret;
}
```

簡單來說，檢測程式碼，也就是粗體部分，會在方法開始時獲取一個時間戳記，在方法結束時也獲取一個時間戳記，然後記錄一條資訊，其中包含使用者的名稱以及執行方法花費的時間。開始的時候，它還會檢查日誌記錄器是否已經被初始化了。注意，`Log4jLoggingHelper` 類別針對 Oracle WebLogic Server，而非 log4j。這是測試時使用的。雖然這段程式碼簡單明瞭，但還是有下面幾點需要我們注意。

- 開始檢測時間，本例中是透過在檢測程式碼的最開始呼叫 `currentTimeMillis` 方法。你永遠不知道會遇到什麼情況，甚至初始化程式碼也會消耗時間。

- 日誌框架應該提供不同層級的消息。在 log4j 中有以下層級可用（按冗長度排序）：fatal、error、warning、information 和 debug。透過呼叫下列方法之一來設定層級：fatal、error、warn、info 和 debug。換言之，每個層級都有它對應的方法。透過將消息放入不同的層級，你可以透過啟用和禁用指定的層級確認選擇日誌的冗長度。如果你想在調查某個問題時僅啟用部分檢測程式碼，這將會非常有用。

- 即使日誌程式知道啟用了哪個日誌層級，也最好不要呼叫日誌方法。以 info 為例，如果那個指定層級的日誌沒有啟用，就尤其要避免消息建構的開銷（以及隨之而來的呼叫垃圾回收）。通常會呼叫像 isInfoEnabled 這樣的方法來檢查指定層級的日誌是否打開，如果有必要再呼叫日誌方法，這樣要快得多。這樣做可以導致巨大的差別。舉例來說，在我的測試伺服器上，呼叫 isInfoEnabled 大概花費 7 奈秒（ns），而呼叫 info 方法並提供之前程式碼片段中的參數花費大約 265 奈秒（我使用 LoggingPerf.java 中定義的類別來檢測這些統計資訊）。另一種減小檢測開銷的技術是在正式編譯時移除日誌程式碼。但這不是一個首選的技術，因為通常情況下，在需要檢測時是不可能動態重新編譯該程式碼的。進一步講，正如你所看到的，一行不產生任何消息的檢測程式碼的開銷真的很小。

- 在這個例子中，產生的消息可能是類似 Signon(JPS1907) response time 24 ms 這樣的內容。這對人類是友好的，但如果你計畫將消息傳遞給另一個程式，用於檢查服務等級協定，像 XML 或者 JSON 這樣的更結構化的形式可能會更合適一些。

2.6.2 資料庫呼叫

本節將討論如何正確檢測資料庫呼叫，以便為資料庫引擎提供關於它們將要執行的應用程式上下文的資訊。要意識到這種類型的檢測與你在上一節中看到的有很大不同。事實上，資料庫呼叫不僅應該能夠像應用程式的任何其他部分一樣進行檢測，而且資料庫本身也能夠產生關於它執行的資料庫呼叫的詳細資訊。你會在本書第二部分瞭解到更多內容。這裡描述的這種類型的檢測目標是，向資料庫引擎提供關於使用它的使用者或者應用程式的資訊。這樣做是有必要的，因為資料庫引擎通常只有少量關於應用程式碼、對話以及最終使用者之間的關係的資訊，甚至根本沒有，考慮如下兩個常見的情形。

- 資料庫引擎並不知道應用程式碼的哪個部分正在透過對話執行 SQL 敘述。例如，資料庫引擎對於究竟是哪個模組、類別或者報表正透過指定的對話執行一個特定的 SQL 敘述毫無線索。
- 如果連線池是由一名技術使用者打開的，而代理使用者沒有使用它，那麼當應用程式透過該連線池連線到資料庫引擎時，最終使用者的身分驗證通常都是由應用程式自己執行的。因此，資料庫引擎會忽略是哪個最終用戶在使用哪個對話。

根據這些原因，資料庫引擎提供了動態關聯一個資料庫對話的如下特性的機會。

- **用戶端識別字（Client identifier）：**用於識別用戶端的 64 位元組長度的字串，儘管不是非常明確。
- **用戶端資訊（Client information）：**用於描述用戶端的 64 位元組長度的字串。
- **模組名稱（Module name）：**用於描述對話中正在使用的模組名稱的 48 位元組長度的字串。
- **動作名稱（Action name）：**用於描述正在處理的動作的 32 位元組長度的字串。

警告 對於透過資料庫連結打開的對話，只有用戶端識別字會自動傳播到遠端的對話上。因此對於其他特性，有必要顯式地設定。

用戶端特性的值透過 `v$session` 視圖和 `userenv` 上下文環境展現。下面的例子是對 `session_attributes.sql` 腳本產生的輸出的一段摘錄，展示了如何查詢它們。

```
SQL> SELECT sys_context('userenv','client_identifier') AS client_identifier,
  2         sys_context('userenv','client_info') AS client_info,
  3         sys_context('userenv','module') AS module_name,
  4         sys_context('userenv','action') AS action_name
  5  FROM dual;

CLIENT_IDENTIFIER    CLIENT_INFO  MODULE_NAME      ACTION_NAME
-------------------- ------------ ---------------- -----------------------
helicon.antognini.ch Linux x86_64 session_info.sql test session information

SQL> SELECT client_identifier,
  2         client_info,
  3         module AS module_name,
  4         action AS action_name
  5  FROM v$session
  6  WHERE sid = sys_context('userenv','sid');

CLIENT_IDENTIFIER    CLIENT_INFO  MODULE_NAME      ACTION_NAME
-------------------- ------------ ---------------- -----------------------
helicon.antognini.ch Linux x86_64 session_info.sql test session information
```

注意 其他顯示 SQL 敘述的視圖也包含 `module` 和 `action` 行，例如 `v$sql`。提醒一句：這些特性關聯到具體的對話，但是一個指定的 SQL 敘述可以被多個對話共享進而擁有不同的模組名稱和動作名稱。這些由動態效能視圖顯示的值是第一個解析 SQL 敘述的對話在做硬解析時設定的。如果你不加小心，可能會誤入歧途。

現在你已經看到了什麼是可用的，我們來看一下如何設定這些值。第一個方法——PL/SQL，是唯一一個不需要依賴連線資料庫的介面的方法，因此它可以用於大多數情形中。接下來的四個——OCI、JDBC、ODP.NET 和 PHP，則僅限於透過指定的介面程式使用。它們的主要優勢是這些值會加入到下一次資料庫呼叫中，而不會產生額外的往返操作，而呼叫 PL/SQL 卻會。因此為它們設定這些特性的負載可以忽略不計。

1 PL/SQL

你需要使用 dbms_session 套件中的儲存過程 set_identifier 來設定用戶端識別字。在某些情況下，比如用戶端識別字是在全域上下文環境以及連線池中使用時，可能有必要清除已與指定對話關聯的值。如果是這樣，就可以用 clear_identifier 這個儲存過程。

要設定用戶端資訊、模組名稱以及動作名稱，可以使用 dbms_application_info 套件中對應的 set_client_info、set_module 和 set_action 儲存過程。為簡單起見，set_module 儲存過程不僅接受模組名稱，而且也接受動作名稱。

下面的 PL/SQL 程式碼區塊摘自腳本 session_attributes.sql，它展示了這樣一個例子。

```
BEGIN
  dbms_session.set_identifier(client_id=>'helicon.antognini.ch');
  dbms_application_info.set_client_info(client_info=>'Linux x86_64');
  dbms_application_info.set_module(module_name=>'session_info.sql',
                                   action_name=>'test session
                                   information');
END;
```

2 OCI

為了設定這四個特性，你可以使用 OCIAttrSet 函數。第三個參數指定特性的值。第五個參數借助於下列常數中的一個來指定要設定哪個特性。

- OCI_ATTR_CLIENT_IDENTIFIER
- OCI_ATTR_CLIENT_INFO
- OCI_ATTR_MODULE
- OCI_ATTR_ACTION

下面的程式碼片段，是 session_attributes.c 文件中的一段摘錄，展示了如何呼叫 OCIAttrSet 函數來設定用戶端識別字。

```
text client_id[64] = "helicon.antognini.ch";
OCIAttrSet(ses,                                  // 對話控制碼
```

```
        OCI_HTYPE_SESSION,            // 被修改的控制碼類型
        client_id,                    // 特性的值
        strlen(client_id),            // 特性值的大小
        OCI_ATTR_CLIENT_IDENTIFIER,   // 要設定的特性
        err);                         // 錯誤控制碼
```

3 JDBC

JDBC 有兩種方式設定對話的特性。傳統方式是使用 Oracle 擴充功能，而現代方式是根據標準的 JDBC 應用程式設計介面。現代方式在 Oracle 提供的 12.1 版的 JDBC 驅動中可用。因為這種方式是根據和傳統方式相同的協定，也可以和 10.2、11.1 及 11.2 版本的資料庫一起使用。注意，從 12.1 版本開始，傳統方式被棄用了。

◉ 傳統方式

為了設定用戶端識別字、模組名稱和動作名稱，可以用由 `OracleConnection` 介面提供的 `setEndToEndMetrics` 方法。沒有提供對用戶端資訊設定的支援。透過字串陣列向方法傳遞一個或多個特性。陣列中的位置由以下常數定義，用於確定設定哪個特性：

- `END_TO_END_CLIENTID_INDEX`
- `END_TO_END_MODULE_INDEX`
- `END_TO_END_ACTION_INDEX`

下面的程式碼片段是 `SessionAttributes.java` 檔的一段摘錄，展示了如何定義包含特性的陣列以及如何呼叫 `setEndToEndMetrics` 方法：

```
metrics = new String[OracleConnection.END_TO_END_STATE_INDEX_MAX];
metrics[OracleConnection.END_TO_END_CLIENTID_INDEX] = "helicon.cha.
trivadis.com";
metrics[OracleConnection.END_TO_END_MODULE_INDEX] = "SessionAttributes.java";
metrics[OracleConnection.END_TO_END_ACTION_INDEX] = "test session information";
((OracleConnection)connection).setEndToEndMetrics(metrics, (short)0);
```

◉ 現代方式

為設定用戶端識別字、模組名稱以及動作名稱，你可以使用 Connection 介面提供的 setClientInfo 方法。不提供設定用戶端資訊的支援。setClientInfo 方法接受兩個字串參數：特性的名稱和值。你必須按如下值指定特性名稱：

- OCSID.CLIENTID
- OCSID.MODULE
- OCSID.ACTION

下面的程式碼片段來自於 SessionAttributes12c.java 檔中的一段摘錄，展示了如何透過 setClientInfo 設定特性：

```
connection.setClientInfo(“OCSID.CLIENTID”, “helicon.cha.trivadis.com”);
connection.setClientInfo(“OCSID.MODULE”, “SessionAttributes12c.java”);
connection.setClientInfo(“OCSID.ACTION”, “test session information”);
```

4 ODP.NET

要設定這四個特性，可以使用 OracleConnection 類別的 ClientId、ClientInfo、ModuleName 和 ActionName 等屬性。注意除了 ClientId 屬性，其餘的僅從 11.1.0.6.20 版本起才可以使用。為了防止堆積的對話接手這些設定，屬性的值會在呼叫 OracleConnection 類別的 Close 或 Dispose 方法時設定為 null。下面的程式碼片段是來自 SessionAttributes.cs 檔的摘錄，展示了如何設定這些屬性：

```
connection.ClientId = “helicon.antognini.ch”;
connection.ClientInfo = “Linux x86_64”;
connection ModuleName = “SessionAttributes.cs”;
connection.ActionName = “test session information”;
```

5 PHP

要設定這四個特性，請使用 PECL OCI8 擴充中提供的函數。每個函數接受兩個參數（連線和特性值）作為輸入，並且回傳一個 Boolean 型值（成功時為 TRUE，失敗時為 FALSE）。這四個函數如下所示：

- oci_set_client_identifier
- oci_set_client_info
- oci_set_module_name

```
oci_set_action
```

下面的程式碼片段是來自 session_attributes.php 腳本的一段摘錄，展示了如何設定所有的特性：

```
oci_set_client_identifier($connection, "helicon.antognini.ch");
oci_set_client_info($connection, "Linux x86_64");
oci_set_module_name($connection, "session_attributes.php");
oci_set_action($connection, "test session information");
```

> **注意**　這些函數僅在同時符合以下兩個條件時才可用：OCI8 的版本為 1.4 及以上，OCI8 與 10.1 及以上版本的用戶端庫相關聯。

2.7 小結

本章描述了當資料庫引擎解析和執行 SQL 敘述時實施的操作，著重討論了與使用綁定變數有關的正反兩方面的理由。此外，還介紹了常用的術語並描述了如何檢測應用程式碼和資料庫呼叫。

本書第二部分將致力於回答圖 1-4 拋出的前兩個問題：

- 時間是在哪裡消耗的？
- 時間是如何消耗的？

簡單來說，第二部分中的三章介紹了查明問題所在以及查明導致問題的原因的相關方法。因為你在修復效能問題上沒有退路了，所以必須正確回答這些問題。如果你不知道引起問題的原因，自然就不可能修復這個問題。

第二部分
識別

Let's work the problem, people. Let's not make things worse by guessing.

讓我們把問題解決掉，不要讓猜測使它變得複雜。[1]

——Eugene F. Kranz

當程式出現效能問題時，很顯然要做的第一件事就是識別導致問題的根源。不幸的是，這往往是麻煩的開始。在一個典型的案例中，當所有人都在尋找效能問題的根源時，開發人員開始抱怨資料庫效能差，而資料庫管理員則一方面抱怨開發人員濫用資料庫，另一方面又抱怨儲存子系統管理員，理由是昂貴的硬體並沒有帶來更好的效能。並且隨著應用的複雜度和基礎設施支援的增加，這種互相埋怨的混亂局面更是一發不可收拾。

第二部分的章節旨在介紹資料庫的一些關鍵特性，利用它們可以找出在資料庫內部時間消耗在哪裡以及消耗的方式。在閱讀這些章節時，請記住第 1 章的建議，僅當端到端的回應時間資料表明資料庫層面可能存在問題時，才收集資料庫引擎執行時的詳細資訊。否則，你可能會進行錯誤的分析。如果你分析錯誤，那麼在診斷故障時，就很可能無法判斷出導致效能問題的原因。首先要確定問題是出現在資料庫層面，然後利用這部分的內容來具體操作。

1 引自朗·霍華德執導的電影《阿波羅 13 號》。這句話就出現在那句著名的「休斯頓，我們遇到了麻煩」（Houston, we have a problem）之後大約 3 分鐘處。

下一步要考慮的是，當處理效能問題時，是否能任意地重現問題。如果可以，那麼事情會變得很簡單。如果能重現問題，那麼應該很容易就能找出問題所在，這在第 3 章會講到。如果問題不能隨意重現，那麼就會有兩個選擇：等待問題再次出現，或者查找歷史效能指標的知識庫。這兩種方式會分別在第 4 章和第 5 章中介紹。

此外，無論能否重現問題，都必須找出最耗時的 SQL 或者 PL/SQL 程式碼呼叫。然後，針對每條耗時的敘述，應該收集任何可以 明診斷問題的附加資訊。

這些附加資訊通常包括：執行計畫、關鍵執行時統計（例如，已處理的行數和 CPU 使用率的數量）以及已經歷的等待事件。第二部分只講如何收集這些資訊，並未介紹如何處理這些資訊。第三部分和第四部分會對如何處理這些資訊詳細講解。

當你的分析指向幾條 SQL 敘述或幾行 PL/SQL 程式碼，會發現部分程式需要優化，並且可以很簡單地解決它。否則，大量 SQL 敘述或者龐大的 PL/SQL 程式碼導致的過長回應時間，往往意味著存在設計問題。這時徹底重新設計有時是必要的。如果設計沒有問題，那麼很可能是執行程式的伺服器效能不足造成的。

第二部分的最終目標是針對效能差的程式介紹並使用一種找到瓶頸的方法，而不是僅僅靠猜測。這個目標還包括收集在第三部分和第四部分需要處理的基本資訊。

本部分內容

Chapter

03 分析可重現的問題

當一個程式出現問題，想要重現問題最有效的辦法就是利用有效追蹤和剖析特性來定位問題。首先，把問題分為以下三類。

- 資料庫引擎將大量時間花費在執行 SQL 敘述上。
- 資料庫引擎將大量時間花費在執行 PL/SQL 程式碼上。
- 資料庫引擎（幾乎）空閒。換句話説，瓶頸不在資料庫層。

要將問題分類，首先要從追蹤資料庫呼叫開始。如果分析指向 SQL 敘述，那麼最初對問題進行分類所使用的追蹤檔已經包含了所有必要的資訊。如果問題出在 PL/SQL 程式碼，則應該剖析 PL/SQL 程式碼。否則，問題就不在資料庫層，那麼分析應該繼續剖析資料庫引擎執行之外的應用程式碼。

本章目標不僅僅是介紹 Oracle 資料庫提供的追蹤和剖析功能，而且還會提供你分析問題時所使用的工具範例。最後，本章會展示這些工具如何幫助你快速、高效地定位效能問題。

3.1 追蹤資料庫呼叫

當效能瓶頸出現在資料庫層時，就更應該關注應用與資料庫引擎的互動。Oracle 資料庫是一款高度工具化的軟體，多虧有了 **SQL 追蹤（SQL trace）**，它提供的追蹤檔不僅包含執行的 SQL 敘述列表，同時也包含了這些敘述處理時的深度效能指標。

圖 3-1 展示了涉及追蹤資料庫呼叫時必不可少的階段。後續幾節，伴隨對 SQL 追蹤的解釋，會詳細討論每一個階段。

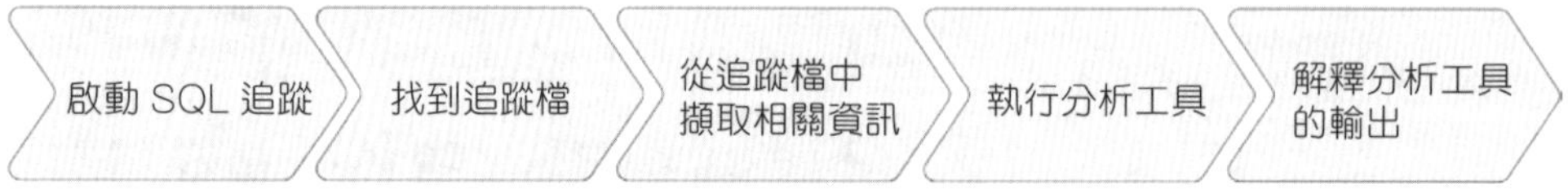

▲ 圖 3-1 追蹤資料庫呼叫時必不可少的階段

3.1.1 SQL 追蹤

第 2 章提到過，要處理 SQL 敘述，資料庫引擎（尤其是 SQL 引擎）會執行資料庫呼叫（例如解析、執行和獲取）。圖 3-2 總結了對於每個資料庫呼叫，SQL 引擎可以執行以下操作：

- 使用 CPU 自己處理這些呼叫；
- 使用其他資源（比如磁片）；或者
- 不得不透過一個同步點來保證資料庫引擎的多使用者處理能力（比如閂）。

SQL 追蹤的目的有兩個：首先，為分解服務時間與等待時間之間的回應時間提供資訊；其次，為使用的資源和同步點提供詳細資訊。所有關於 SQL 引擎與其他元件間的互動資訊都會儲存在追蹤檔裡。請注意，在圖 3-2 中，CPU、資源 X 和同步點 Y 的屬性都是人工的。其原因是為了展示每個呼叫可能會以不同的方式使用資料庫引擎。

儘管本章後續部分還會介紹更多的細節，但讓我們暫時先看一個由 SQL 追蹤提供的資訊，該資訊可以使用工具擷取出來（這裡使用 TKPROF）。它包含了 SQL 敘述的文字、一些執行統計、處理 SQL 時發生的等待事件，以及解析階段的資訊，例如產生執行計畫。請注意，這些資訊是由程式執行的每條 SQL 敘述和資料庫引擎本身遞迴呼叫產生的。

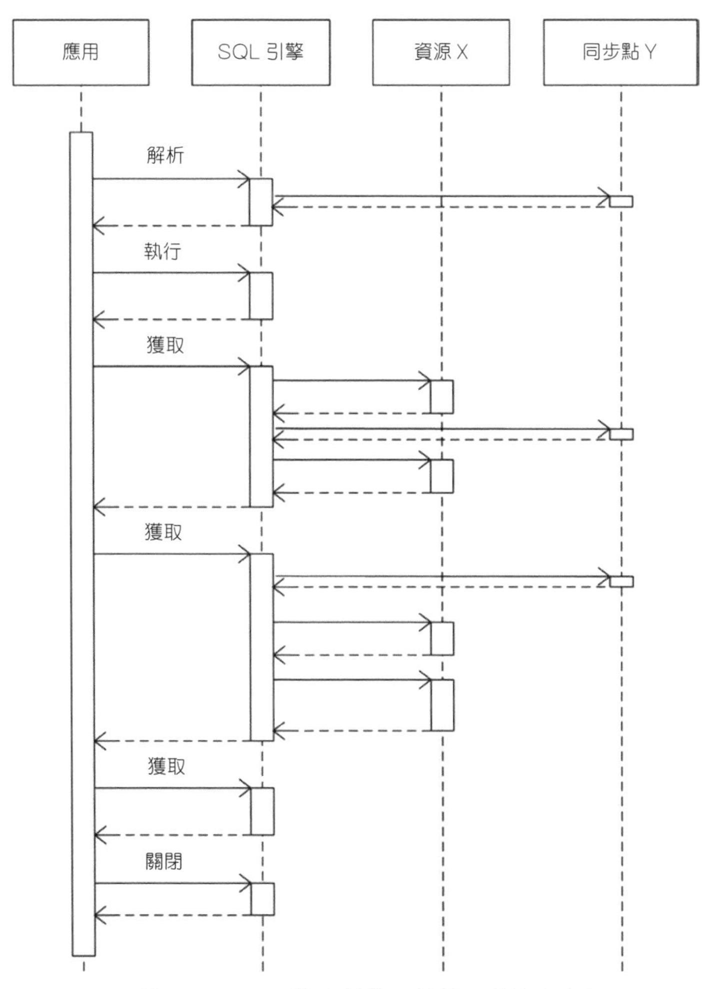

⬆ 圖 3-2 SQL 引擎與其他元件間互動的順序圖

```
SELECT CUST_ID, EXTRACT(YEAR FROM TIME_ID), SUM(AMOUNT_SOLD)
FROM SALES
WHERE CHANNEL_ID = :B1
GROUP BY CUST_ID, EXTRACT(YEAR FROM TIME_ID)

call     count       cpu    elapsed       disk      query    current   rows
------- ------ -------- ---------- ---------- ---------- ---------- ------
Parse        1      0.00       0.00          0          0          0      0
Execute      1      0.00       0.00          0          0          0      0
```

```
Fetch     164      0.84       1.27       3472       1781          0  16348
------- ------ -------- ---------- ---------- ---------- ---------- ------
total     166      0.84       1.28       3472       1781          0  16348

Misses in library cache during parse: 1
Misses in library cache during execute: 1
Optimizer mode: ALL_ROWS
Parsing user id: 77 (SH)    (recursive depth: 1)
Number of plan statistics captured: 1

Rows (1st) Rows (avg) Rows (max)  Row Source Operation
---------- ---------- ----------  ---------------------------------------------
     16348      16348      16348  HASH GROUP BY
    540328     540328     540328   PARTITION RANGE ALL PARTITION: 1 28
    540328     540328     540328    TABLE ACCESS FULL SALES PARTITION: 1 28

Elapsed times include waiting on following events:
  Event waited on                             Times   Max. Wait  Total Waited
  ----------------------------------------   Waited  ----------  ------------
  Disk file operations I/O                        2        0.00          0.00
  db file sequential read                        29        0.00          0.00
  direct path read                               70        0.00          0.00
  asynch descriptor resize                       16        0.00          0.00
  direct path write temp                       1699        0.02          0.62
  direct path read temp                        1699        0.00          0.00
```

之前提到，上面的例子是由工具 TKPROF 產生的。這並不是 SQL 追蹤產生的輸出。實際上，SQL 追蹤輸出文字檔，儲存元件間互動的原始資訊。這有一份與上面的例子相關的追蹤檔節選。通常情況下，對應每一個呼叫或者等待，追蹤檔中至少會存在一行程式碼。

```
...
...
PARSING IN CURSOR #140105537106328 len=139 dep=1 uid=77 oct=3 lid=93
tim=1344867866442114
hv=2959931450 ad='706df490' sqlid='arc3zqqs6ty1u'
SELECT CUST_ID, EXTRACT(YEAR FROM TIME_ID), SUM(AMOUNT_SOLD) FROM SALES
```

```
WHERE CHANNEL_ID = :B1
GROUP BY CUST_ID, EXTRACT(YEAR FROM TIME_ID)
END OF STMT
PARSE #140105537106328:c=1999,e=1397,p=0,cr=0,cu=0,mis=1,r=0,dep=1,og=1,
plh=0, tim=1344867866442113
BINDS #140105537106328:
  Bind#0
   oacdty=02 mxl=22(21) mxlc=00 mal=00 scl=00 pre=00
   oacflg=03 fl2=1206001 frm=00 csi=00 siz=24 off=0
   kxsbbbfp=7f6cdcc6c6e0 bln=22 avl=02 flg=05
   value=3
EXEC #140105537106328:c=7000,e=7226,p=0,cr=0,cu=0,mis=1,r=0,dep=1,og=1,
plh=3604305554,
tim=1344867866449493
WAIT #140105537106328: nam='Disk file operations I/O' ela= 45
FileOperation=2 fileno=4 filetype=2
obj#=69232 tim=1344867866450319
WAIT #140105537106328: nam='db file sequential read' ela= 59 file#=4
block#=5009 blocks=1 obj#=69232
tim=1344867866450423
...
...
FETCH #140105537106328:c=0,e=116,p=0,cr=0,cu=0,mis=0,r=48,dep=1,og=1,
plh=3604305554,
tim=1344867867730523
STAT #140105537106328 id=1 cnt=16348 pid=0 pos=1 obj=0 op='HASH GROUP BY
(cr=1781 pr=3472 pw=1699
time=1206229 us cost=9220 size=4823931 card=229711)'
STAT #140105537106328 id=2 cnt=540328 pid=1 pos=1 obj=0 op='PARTITION
RANGE ALL PARTITION: 1 28
(cr=1781 pr=1773 pw=0 time=340163 us cost=1414 size=4823931 card=229711)'
STAT #140105537106328 id=3 cnt=540328 pid=2 pos=1 obj=69227 op='TABLE
ACCESS FULL SALES PARTITION: 1
28 (cr=1781 pr=1773 pw=0 time=280407 us cost=1414 size=4823931 card=229711)'
CLOSE #140105537106328:c=0,e=1,dep=1,type=3,tim=1344867867730655
...
...
```

在上面節選的部分裡，一些描述此類資訊的標記以粗體突顯出來。

- PARSING IN CURSOR 和 END OF STMT 之間的部分就是 SQL 敘述的文字。
- PARSE、EXEC、FETCH 和 CLOSE 分別表示解析、執行、獲取和結束呼叫。
- BINDS 表示綁定變數的定義和值。
- WAIT 表示處理過程中發生的等待事件。
- STAT 表示已發生的執行計畫和關聯的統計資訊。

你可以在 Oracle Support 文檔 *Interpreting Raw SQL_TRACE output*（39817.1）中找到關於追蹤檔格式的簡單描述。如果對這個話題感興趣，想瞭解詳細描述和相關討論，可以閱讀 Millsap 的著作 *The Method R Guide to Mastering Oracle Trace Data*（CreateSpace，2013）。

在資料庫內部，SQL 追蹤根據除錯事件 10046。表 3-1 描述了可支援的層級，這代表在追蹤檔裡可獲得的資訊量。將 SQL 追蹤設定為高於等級 1 時，SQL 追蹤也被稱為**擴充 SQL 追蹤 (extended SQL trace)**。

表 3-1　10046 除錯事件層級

級別	描述
0	除錯事件被禁止
1	除錯事件啟用。針對每個處理的資料庫呼叫，都會提供以下資訊：SQL 敘述、回應時間、服務時間、處理的行數、邏輯讀數、實體讀數和實體寫數、執行計畫以及一小部分附加資訊 在 10.2 版本中，執行計畫只有在與其關聯的游標被關閉後才會寫入到追蹤檔中。與執行計畫關聯的統計資訊，來自多次執行的值彙總 從版本 11.1 起，執行計畫在每個游標第一次執行時寫入追蹤檔。與執行計畫關聯的統計資訊，僅僅來自第一次執行的值
4	同層級 1，附加資訊是綁定變數。主要是資料類型及其精度和針對每次執行使用的值
8	同層級 1，附加等待時間的詳細資訊。對於每次處理時經歷的等待事件，會提供一些資訊，包括等待事件名稱、持續時間和一些附加參數，用來確認被等待的資源
16	同層級 1，每次執行後的執行計畫資訊也會寫入追蹤檔。僅對版本 11.1 及以上版本有效

級別	描　述
32	同層級 1，但不包含執行計畫資訊。僅對版本 11.1 及以上版本有效
64	同層級 1，第一次執行之後的執行計畫資訊也可能會被寫入。條件是最後一次寫入執行計畫資訊後，某個游標還會至少佔用一分鐘的資料庫時間。這個層級適用於兩種情況：(1) 當第一個執行的資訊不足以分析某些特殊情況時；(2) 當寫入每個執行的資訊開銷過大時（如層級 16）。僅對版本 11.2.0.2[1] 及以上版本有效

除了表 3-1 描述的層級外，你也可以把層級 4 和層級 8 與大於層級 1 的其他層級相加。比如以下幾種情形。

層級 12(4+8)：同時應用層級 4 和層級 8。

層級 28(4+8+16)：同時應用層級 4、層級 8 和層級 16。

層級 68(4+64)：同時應用層級 4 和層級 64。

下一部分會介紹如何啟用和禁用 SQL 追蹤，如何設定環境以對我們有利，以及如何找到產生的追蹤檔。

除錯事件

除錯事件是由數字來識別的，是用來在一個執行的資料庫引擎進程中設定一種旗標（flag）的方法。目的是改變它的行為，例如，啟用或者禁止一個特性，測試或模擬一個訛誤或事故，收集追蹤或者除錯資訊。一些除錯事件不是簡單的旗標，可以在 N 個層級中啟用。每個層級都有自己的動作。在一些情況下，層級是一個區塊或者記憶體結構的位址。

應該僅在 Oracle Support 指導下或者在知道除錯事件會導致哪些改變的情況下，小心使用除錯事件。除錯事件啟用的是特定碼路徑。因此，當除錯事件引起問題時，應該在不使用除錯事件的情況下確認問題是否能重現。

幾乎沒有除錯事件會被 Oracle 記錄在文件裡。如果有文件的話，通常可以在 Oracle Support 文件中找到。換句話説，除錯事件通常不會記錄在資料庫引擎的 Oracle 官方文件裡。你可以在 $ORACLE_HOME/rdbms/mesg/oraus.msg 檔中找到完整的可用除錯事件列表。請注意，此檔不是存在於所有平台的版本中。10,000 到 10,999 被留作除錯事件。

1　或者安裝包含修復 bug 8328200 的補丁包（比如 11.2.0.1.0 Bundle Patch 7 for Exadata）。

1 使用 ALTER SESSION 啟用 SQL 追蹤

SQL Language Reference 手冊中記錄著 ALTER SESSION 敘述，可用來啟用 SQL 追蹤。請看下例：

```
ALTER SESSION SET sql_trace = TRUE
```

你僅可以使用 ALTER SESSION 敘述將 sql_trace 設定為 TRUE，這相當於層級 1。在實際工作中，層級 1 通常是不夠的。在大多數情況下，你需要把回應時間徹底拆開，以弄清楚瓶頸到底在哪裡。基於這個原因，我不會再過多介紹這種啟用 SQL 追蹤的方法。我要介紹的是 Oracle Support 文件 *EVENT: 10046*「*enable SQL statement tracing (including binds/waits)*」（21154.1）中介紹的可以啟用任何層級 SQL 追蹤的方法。要啟用和禁用任意層級的 SQL 追蹤，需要執行 ALTER SESSION 敘述來設定事件的初始化參數。下面的 SQL 是在目前對話啟動層級 12 的 SQL 追蹤，請注意事件編號和層級的寫法。

```
ALTER SESSION SET events '10046 trace name context forever, level 12'
```

接下來的 SQL 會禁用 SQL 追蹤，請注意這裡不是透過指定為層級 0 來禁用。

```
ALTER SESSION SET events '10046 trace name context off'
```

你也可以使用 ALTER SYSTEM 敘述來設定事件初始化參數。該敘述的語法和 ALTER SESSION 是一樣的。任何情況下，在系統層級設定 SQL 追蹤都是沒有意義的，此外這麼做還會造成龐大的開銷。請注意，這只對啟用 SQL 追蹤後的對話有效。

2 使用 DBMS_MONITOR 啟用 SQL 追蹤

Oracle 資料庫也提供了 dbms_monitor 套件來啟用和禁用 SQL 追蹤。這個套件不僅提供了一種啟用對話層級的擴充 SQL 追蹤方法，更重要的是，你可以根據對話屬性來啟用和禁用 SQL 追蹤（參見第 2 章）。這些屬性包括：用戶端識別字、服務名、模組名和動作名。這意味著如果應用設定正確，你可以針對執行資料庫呼叫的對話單獨啟用和禁用 SQL 追蹤。目前，這是特別有用的方法，因為在大多數情況下都會用到連線池，所以用戶已經不會關聯某個特定的對話。

當使用 dbms_monitor 套件時，不需要直接指定診斷事件 10046 的層級。每個過程提供三個參數（binds、waits 以及自版本 11.1 起才有的 plan_stat）來啟用 SQL 追蹤。使用以下參數可以啟用對應的層級。

- 啟用層級 4，binds 需要設定為 TRUE。
- 啟用層級 8，waits 需要設定為 TRUE。
- 啟用層級 16，plan_stat 需要設定為 all_executions。
- 啟用層級 32，plan_stat 需要設定為 never。
- dbms_monitor 無法啟用層級 64。

參數 waits 的預設值為 TRUE。binds 的預設值為 FALSE。plan_stat 的預設值為 NULL（相當於 first_execution）。因此，預設層級是 8。

接下來的內容提供了一些使用 dbms_monitor 套件在對話、用戶端、元件和資料庫層級啟用和禁用 SQL 追蹤的例子。請注意，在預設情況下，只有擁有 dba 角色的用戶可以執行 dbms_monitor 套件下的過程。

◉ 對話層級

為對話啟用和禁用 SQL 追蹤，dbms_monitor 套件分別提供了 session_trace_enable 和 session_trace_ disable 過程。

以下 PL/SQL 呼叫針對 ID 為 127、序號為 29 的對話啟用層級 8 的 SQL 追蹤：

```
dbms_monitor.session_trace_enable(session_id => 127,
                                  serial_num => 29,
                                  waits      => TRUE,
                                  binds      => FALSE,
                                  plan_stat  => 'first_execution')
```

所有參數都有預設值。如果有兩個關於對話的參數沒有指定，就針對執行此 PL/SQL 呼叫的對話啟用 SQL 追蹤。

當透過 session_trace_enable 啟用 SQL 追蹤時，也會相應地設定視圖 v$session 中的 sql_trace、sql_trace_waits 和 sql_trace_binds 行。此外，自版本 11.1 開始，sql_trace_plan_stats 行也會生效。注意，直至（並包括）

10.2.0.5，這只會在以下情況下發生：在執行 session_trace_enable 後，至少有一條 SQL 敘述在被追蹤的對話中執行。例如，以下資訊在執行了之前的 PL/SQL 呼叫後才能查詢到：

```
SQL> SELECT sql_trace, sql_trace_waits, sql_trace_binds, sql_trace_plan_stats
  2  FROM v$session
  3  WHERE sid = 127;
SQL_TRACE SQL_TRACE_WAITS SQL_TRACE_BINDS SQL_TRACE_PLAN_STATS
--------- --------------- --------------- --------------------
ENABLED   TRUE            FALSE           FIRST EXEC
```

下面的 PL/SQL 呼叫禁用了 ID 為 127、序號為 29 的 SQL 追蹤：

```
dbms_monitor.session_trace_disable(session_id => 127,
                                   serial_num => 29)
```

請注意，這兩個參數都有預設值。如果不指定，會禁用與執行這個 PL/SQL 呼叫對應的對話的 SQL 追蹤。

在 RAC（Real Application Cluster，真實應用程式集）環境中，session_trace_enable 和 session_ trace_diable 需要在存在對話的對應資料庫實例上執行。

⊙ 用戶端層級

為用戶端啟用和禁用 SQL 追蹤，dbms_monitor 套件分別提供了 client_id_trace_enable 和 client_id_ trace_disable 過程。這些過程僅會在已設定對話屬性的用戶端識別字的情況下使用。

以下 PL/SQL 呼叫為所有具有指定用戶端識別字的對話啟用了層級 12 的 SQL 追蹤：

```
dbms_monitor.client_id_trace_enable(client_id => 'helicon.antognini.ch',
                                    waits     => TRUE,
                                    binds     => TRUE,
                                    plan_stat => 'first_execution')
```

參數 client_id 沒有預設值，並且區分大小寫。

由於這個設定會儲存在資料字典裡，所以實例重啟後也會存在，同時，在一個 RAC 的環境下，它對所有資料庫實例生效。

在 dba_enabled_traces 和 12.1 多租戶環境下的 cdb_enabled_traces 視圖裡，會透過 client_id_trace_enable 過程，顯示啟用 SQL 追蹤的使用者識別項以及使用的參數。例如，使用以上的 PL/SQL 呼叫啟用 SQL 追蹤後，可以查到如下資訊：

```
SQL> SELECT primary_id AS client_id, waits, binds, plan_stats
  2  FROM dba_enabled_traces
  3  WHERE trace_type = 'CLIENT_ID';

CLIENT_ID            WAITS BINDS PLAN_STATS
-------------------- ----- ----- ----------
helicon.antognini.ch TRUE  TRUE  FIRST_EXEC
```

以下 PL/SQL 呼叫針對所有指定用戶端識別字的對話禁用 SQL 追蹤：

```
dbms_monitor.client_id_trace_disable(client_id => 'helicon.antognini.ch')
```

過程 client_id_trace_disable 移除過程 client_id_trace_enable 相應在資料字典裡增加的資訊。參數 client_id 沒有預設值。

⊙ 元件層級

套件 dbms_monitor 分別提供了過程 serv_mod_act_trace_enable 和 serv_mod_act_trace_disable 來利用服務名、模組名和動作名為元件啟用和禁用 SQL 追蹤。要充分使用這些過程，你需要設定對話屬性、模組名和動作名。

以下 PL/SQL 呼叫為所有使用指定參數的對話啟用 SQL 追蹤：

```
dbms_monitor.serv_mod_act_trace_enable(service_name  => 'DBM11203.antognini.ch',
                                       module_name   => 'mymodule',
                                       action_name   => 'myaction',
                                       waits         => TRUE,
```

```
                                binds          => TRUE,
                                instance_name => NULL,
                                plan_stat      => 'all_executions')
```

這裡唯一一個沒有預設值的參數是第一個 service_name[2]。參數 module_name 和 action_name 預設值分別為 any_module 和 any_action。同時，NULL 也是一個有效的值。如果指定了參數 action_name 的值，那麼也必須指定參數 module_name 的值。如果不設定，則會引發 ORA-13859 錯誤。在 RAC 環境下，參數 instance_name 用來限定具體追蹤哪個資料庫實例。預設情況下，SQL 追蹤對所有資料庫實例生效。請注意，參數 service_name、module_name、action_name 和 instance_name 區分大小寫。

由於設定儲存在資料字典中，資料庫實例重啟不會影響使用。

與用戶端層級的 SQL 追蹤相同，在 dba_enabled_traces 和 12.1 多租戶環境下的 cdb_enabled_traces 視圖裡，透過過程 serv_mod_act_trace_enable，會顯示啟用了 SQL 追蹤的使用者識別項元件以及使用的參數。使用以上 PL/SQL 呼叫啟用 SQL 追蹤後，你可以查詢到以下資訊：

```
SQL> SELECT primary_id AS service_name, qualifier_id1 AS module_name,
  2         qualifier_id2 AS action_name, waits, binds, plan_stats
  3  FROM dba_enabled_traces
  4  WHERE trace_type IN ('SERVICE', 'SERVICE_MODULE', 'SERVICE_MODULE_
ACTION');

SERVICE_NAME           MODULE_NAME ACTION_NAME WAITS BINDS PLAN_STATS
---------------------- ----------- ----------- ----- ----- ----------
DBM10203.antognini.ch mymodule    myaction    TRUE  TRUE  ALL_EXEC
```

注意，根據啟用 SQL 追蹤指定的參數定義（即服務名、模組名和動作名），會將行 trace_type 設定成 SERVICE、SERVICE_MODULE 或者 SERVICE_MODLE_ACTION。

2 服務名對於資料庫來說是一個邏輯名。它是透過初始化參數 service_names 或套件 dbms_service 進行設定的。一個資料庫可以有多個服務名。

以下 PL/SQL 呼叫為所有使用指定參數的對話禁用 SQL 追蹤：

```
dbms_monitor.serv_mod_act_trace_disable(service_name  => 'DBM11203.
antognini.ch',
                                        module_name   => 'mymodule',
                                        action_name   => 'myaction',
                                        instance_name => NULL)
```

過程 serv_mod_act_trace_disable 會移除過程 serv_mod_act_trace_enable 新增到資料字典裡的資訊。所有參數都與過程 serv_mod_act_trace_enable 具有一樣的預設值並且作用一致。

◉ 資料庫層級

套件 dbms_monitor 為所有連線到資料庫的對話啟用和禁用 SQL 追蹤（那些後台進程建立的除外），分別提供過程 database_trace_enable 和 database_trace_disable。

以下 PL/SQL 呼叫為單個資料庫實例啟用層級 12 的 SQL 追蹤：

```
dbms_monitor.database_trace_enable(waits         => TRUE,
                                   binds         => TRUE,
                                   instance_name => 'DBM11203',
                                   plan_stat     => 'first_execution')
```

所有參數都有預設值。在 RAC 環境下，使用參數 instance_name 來限制要追蹤的資料庫實例。指定的值可以從視圖 gv$instance 的行 instance_name 獲得。如果將參數 instance_name 設定為 NULL（同時也是預設值），SQL 追蹤會在所有資料庫實例啟用。請注意，參數 instance_name 區分大小寫。

由於設定儲存在資料字典中，資料庫實例重啟不會影響使用。

與用戶端層級和元件層級的 SQL 追蹤相同，在 dba_enabled_traces 和 12.1 多租戶環境下的 cdb_enabled_traces 視圖裡，會透過過程 database_trace_enable 顯示啟用 SQL 追蹤的使用者識別項以及使用的參數。例如，使用以上 PL/SQL 呼叫啟用 SQL 追蹤後，可以查詢到以下資訊：

```
SQL> SELECT instance_name, waits, binds, plan_stats
  2  FROM dba_enabled_traces
  3  WHERE trace_type = 'DATABASE';

INSTANCE_NAME WAITS BINDS PLAN_STATS
------------- ----- ----- ----------
DBM11203      TRUE  TRUE  FIRST_EXEC
```

以下 PL/SQL 呼叫會禁用資料庫層級的 SQL 追蹤，同時會移除過程 database_trace_enable 相應加入到資料字典裡的資訊：

```
dbms_monitor.database_trace_disable(instance_name => 'DBM11203')
```

請注意，這不會禁用其他層級（包括對話層級、用戶端層級或元件層級）的 SQL 追蹤。如果將參數 instance_name 設定為 NULL（同時也是預設值），則會禁用所有資料庫實例的 SQL 追蹤功能。

3 使用 DBMS_SESSION 啟用 SQL 追蹤

之前曾指出，預設情況下存取套件 dbms_monitor 是有限制的。如果想為目前連線的對話啟用或禁用 SQL 追蹤，但你既沒有套件 dbms_monitor 的執行許可權，又不想執行 ALTER SESSION 敘述（比如，因為語法很難記），則可以使用套件 dbms_session。

套件 dbms_session 包含兩個過程：session_trace_enable 和 session_trace_disable，它們的功能與套件 dbms_monitor 下的同名過程一致。唯一的區別就是，dbms_session 下的過程只能為目前連線的對話啟用或禁用 SQL 追蹤。因此，擁有執行 ALTER SESSION 敘述許可權的任何用戶都可以使用這兩個過程。

下面舉例說明如何使用 dbms_session 啟用和禁用 SQL 追蹤。注意視圖 v$session 提供的輸出表明 SQL 追蹤已經啟用：

```
SQL> BEGIN
  2    dbms_session.session_trace_enable(waits     => TRUE,
  3                                      binds     => TRUE,
  4                                      plan_stat => 'all_executions');
  5  END;
```

```
  6 /

SQL> SELECT sql_trace, sql_trace_waits, sql_trace_binds, sql_trace_plan_stats
  2  FROM v$session
  3  WHERE sid = sys_context('userenv','sid');

SQL_TRACE SQL_TRACE_WAITS SQL_TRACE_BINDS SQL_TRACE_PLAN_STATS
--------- --------------- --------------- --------------------
ENABLED   TRUE            TRUE            ALL EXEC

SQL> BEGIN
  2    dbms_session.session_trace_disable;
  3  END;
  4  /
```

4 觸發 SQL 追蹤

在上面的內容中，你看到了啟用和禁用 SQL 追蹤的不同方法。最簡單的情況是手動執行 SQL 敘述或 PL/SQL 呼叫。不過，有時自動觸發 SQL 追蹤很必要。「自動」在這裡表示程式碼必須加在某處。

最簡單的方法是在資料庫層級建立一個登入觸發器。為了避免啟用所有用戶的 SQL 追蹤，我通常建議建立一個角色（在接下來的例子中命名為 sql_trace），並暫時只把它賦予給需要啟用 SQL 追蹤的使用者。以下範例是腳本 sql_trace_trigger.sql 的節選：

```
CREATE ROLE sql_trace;

CREATE OR REPLACE TRIGGER enable_sql_trace AFTER LOGON ON DATABASE
BEGIN
  IF (dbms_session.is_role_enabled('SQL_TRACE'))
  THEN
    EXECUTE IMMEDIATE 'ALTER SESSION SET timed_statistics = TRUE';
    EXECUTE IMMEDIATE 'ALTER SESSION SET max_dump_file_size = unlimited';
    dbms_session.session_trace_enable;
  END IF;
END;
```

自然地，這也可以定義成針對單個架構的觸發器或者根據其他執行的檢查，例如，根據 userenv 命令。請注意，除了啟用 SQL 追蹤之外，還可以做一些與 SQL 追蹤相關的初始參數設定的練習（更多內容會在本章後續部分介紹）。

> **注意** 執行上面的觸發器所需要的 ALTER SESSION 執行許可權不能透過角色賦予，而是需要直接賦予給使用者來建立此觸發器。

另一個方法是在應用裡直接新增程式碼來啟用 SQL 追蹤。某些用來觸發程式碼的參數也需要新增進去。胖用戶端（fat-client）應用的命令列參數或者網頁應用的附加 HTTP 參數就是一個很好的例子。

5 追蹤檔裡的定時資訊

初始化參數 timed_statistics 控制著追蹤檔裡的定時資訊，比如執行時間和 CPU 時間，此參數可以設定成 TRUE 或 FALSE。如果設定成 TRUE，定時資訊會儲存到追蹤檔裡。如果設定成 FALSE，則相反。然而，根據工作平台的不同，部分平台下也會記錄定時資訊。timed_statistics 的預設值取決於另外一個初始化參數：statistics_level。如果將 statistics_level 設定成 basic，那麼 timed_statistics 預設為 FALSE。否則，timed_statistics 預設為 TRUE。

通常來說，如果定時資訊不可用，那麼追蹤檔是沒用的。因此，在啟用 SQL 追蹤前，請確保參數 timed_statistics 已設定為 TRUE。比如，可以執行以下 SQL 敘述：

```
ALTER SESSION SET timed_statistics = TRUE
```

動態初始化參數

初始化參數有靜態的，也有動態的。如果是動態參數，代表可以改變它們而不用重啟實例。在動態初始化參數中，有些參數僅可以在對話層級做更改，有些只可以在系統層級修改，其他參數兩者均可。在對話和系統層級修改初始化參數，可以分別使用 ALTER SESSION 和 ALTER SYSTEM 敘述。系統層級的初始化參數修改完會立刻生效或者僅對修改後建立的對話生效。v$parameter 視圖中，或者更準確地說是行 isses_modifiable 和 issys_modifiable 中，記錄著初始化參數在哪些情況下可以進行修改。

6 限制追蹤檔大小

通常，沒有人會在意追蹤檔的大小限制。如果必須要限制其大小，可以在對話或者系統層級設定初始化參數 max_dump_file_size。指定具體數值後跟 K 或者 M，代表 KB 或者 MB，以此表示追蹤檔的最大檔案大小。如果希望沒有限制，可以像以下 SQL 這樣，設定初始化參數的值為 unlimited：

```
ALTER SESSION SET max_dump_file_size = 'unlimited'
```

從版本 11.1 開始，當達到限制時，會在告警日誌裡記錄如下資訊：

```
Non critical error ORA-48913 caught while writing to trace file "/u00/app/
oracle/diag/rdbms/
dbm11203/DBM11203/trace/DBM11203_ora_6777.trc"
Error message: ORA-48913: Writing into trace file failed, file size limit
[512000] reached
Writing to the above trace file is disabled for now on...
```

7 找到追蹤檔

追蹤檔是由在資料庫伺服器上執行的資料庫引擎伺服器進程建立的。這表明追蹤檔是由資料庫伺服器直接寫入到硬碟。在版本 10.2 中，不同進程產生的追蹤檔會寫入不同的目錄。

- 專用伺服器進程建立的追蹤檔會寫入初始化參數 user_dump_dest 指定的位置。
- 後台進程建立的追蹤檔會寫入初始化參數 background_dump_dest 指定的位置。

進程類型可以透過視圖 v$session 下的 type 欄位來辨別。但奇怪的是，並不是所有後台進程都可以在視圖 v$bgprocess 中查到。

從版本 11.1 開始，隨著自動診斷資訊庫（ADR）的匯入，初始化參數 user_dump_dest 和 background_ dump_dest 已被初始化參數 diagnostic_dest 所取代。由於新的初始化參數只設定了基礎目錄，因此你可以查詢視圖 v$diag_info 來獲取追蹤檔的準確位置。以下查詢列舉出了初始化參數與追蹤位置的區別：

```
SQL> SELECT value FROM v$parameter WHERE name = 'diagnostic_dest';

VALUE
---------------
/u00/app/oracle

SQL> SELECT value FROM v$diag_info WHERE name = 'Diag Trace';

VALUE
---------------------------------------------------
/u00/app/oracle/diag/rdbms/dbm11203/DBM11203/trace
```

請注意，在 12.1 多租戶環境中，不能在 PDB 層級設定初始化參數 user_dump_dest、background_dump_ dest 和 diagnostic_dest。

追蹤檔以前曾根據版本和平台來命名。在最近的版本中，命名是根據以下結構：

```
{instance_name}_{process_name}_{process_id}.trc
```

下面是該結構的分解說明。

- instance_name：這是初始化參數 instance_name 的值。請注意，尤其在 RAC 環境中，初始化參數 instance_name 與初始化參數 db_name 是不同的。初始化參數 instance_name 可以在視圖 gv$instance 的行 instance_name 中查到。
- process_name：這是產生追蹤檔的進程的小寫名稱。對於專用伺服器進程，會用 ora 作為進程名。對於共享伺服器進程，進程名來自視圖 v$dispatcher 或 v$shared_server 的 name 行。對於平行從屬進程，進程名根據視圖 v$px_process 的 server_name 行來命名。對於其他大部分後台進程，進程名根據視圖 v$bgprocess 的 name 行來命名。
- process_id：系統層級的進程識別字（Windows 下是執行緒識別字）。這個值可以在視圖 v$process 的 spid 行中找到。

根據這裡提供的資訊，我們可以寫出一個類似腳本 map_session_to_tracefile.sql 中的敘述。但這樣的敘述只能在 10.2 版本中使用。從 11.1 版本開始，就像下面提供的例子，只需要查詢視圖 v$diag_info 或者 v$process 就可以：

```
SQL> SELECT value
  2  FROM v$diag_info
  3  WHERE name = 'Default Trace File';

VALUE
-------------------------------------------------------------------
/u00/app/oracle/diag/rdbms/dba111/DBA111/trace/DBA111_ora_23731.trc

SQL> SELECT p.tracefile
  2  FROM v$process p, v$session s
  3  WHERE p.addr = s.paddr
  4  AND s.sid = sys_context('userenv','sid');

TRACEFILE
-------------------------------------------------------------------
/u00/app/oracle/diag/rdbms/dba111/DBA111/trace/DBA111_ora_23731.trc
```

注意，視圖 V$diag_info 只為目前對話提供資訊。

追蹤檔會包含機密資訊嗎

預設情況下，不是任何使用者都可以存取追蹤檔，這樣做的好處是因為追蹤檔裡可能包含機密資訊。實際上，包含文字的 SQL 敘述和綁定變數的值都會被記錄在追蹤檔裡。這表明任何儲存在資料庫裡的資料也都可以被寫入追蹤檔。

例如，在 Unix/Linux 資料庫伺服器上，追蹤檔屬於執行資料庫引擎二進位檔案的使用者和組，且預設情況下它擁有 0640 許可權。換句話說，只有與執行資料庫引擎的使用者處於同一組中的用戶才可以讀取追蹤檔。

因此，如果那些能夠存取資料庫的使用者需要執行任務，就沒有什麼理由阻止他們去存取追蹤檔。實際上，從安全的角度看，追蹤檔僅對於那些無權存取資料庫的使用者來說才是有用的資訊來源。為此，資料庫引擎提供了一個未公開的初始化參數 _trace_files_public。預設情況下，它被設定為 FALSE。如果設定成 TRUE，那麼追蹤檔會對所有具有存取資料庫許可權的使用者公開。此初始化參數不是動態的，因此，修改需要重啟實例。請注意，在 12.1 多租戶環境下，不可以在 PDB 層級設定此參數。

> 比如，在 Unix/Linux 下，把 _trace_files_public 設定為 TRUE，那麼預設的許可權會變為 0644。這樣，所有能存取資料庫的使用者都可以存取追蹤檔。
> 從安全的角度看，只有當存取資料庫不受限時，把初始化參數 _trace_files_public 設定成 TRUE 才會成為問題。為了方便存取追蹤檔，常見的做法是透過 SMB 或 NFS 共享目錄，或者透過 HTTP 介面來實現。無論如何，每次需要追蹤檔時，都讓 DBA 手動傳一份，這樣可以最大程度地避免很多問題。

使用初始化參數 tracefile_identifier 也可能輕鬆找到想要的追蹤檔。實際上，使用這個初始化參數可以為追蹤檔的命名增加最多 255 個字元的自訂標識。新增標識的追蹤檔名結構會變成以下這樣：

```
{instance_name}_{process name}_{process id}_{tracefile _identifier}.trc
```

初始化參數 tracefile_identifier 只可以在對話層級設定，並且只能是專用伺服器進程。需要注意的是，每當一個對話動態修改了該參數，都會自動建立一個新的追蹤檔。可以在視圖 v$process 的行 traceid 中找到初始化參數 tracefile_identifier 的值。請注意，在 10.2 版本中，該參數只對同樣的對話生效，其他對話看到的參數值都是 NULL。

現在我們知道了什麼是 SQL 追蹤，如何設定、啟用和禁用它，以及在哪裡能找到產生的追蹤檔。下面來討論一下它的結構和用來分析的工具，以及因此能看到的追蹤檔的內容。

3.1.2 追蹤檔的結構

追蹤檔包含特定進程執行資料庫呼叫的資訊。實際上，當一個進程 ID 在作業系統層級被重用時，會導致一個追蹤檔裡包含多個進程資訊。因為不同的對話可能會使用同一個進程（比如共享伺服器或者平行從屬進程）並且每個對話都有不同的對話屬性（比如模組名和動作名），所以追蹤檔會被分成多個邏輯部分。請看圖 3-3 的例子（這兩個追蹤檔和本章的其他檔案都可供下載）。

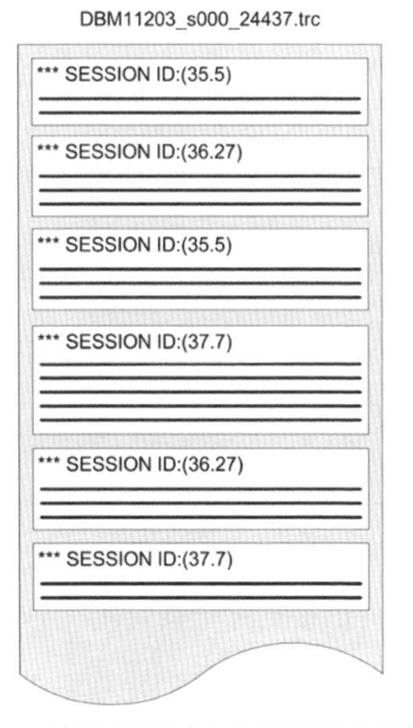

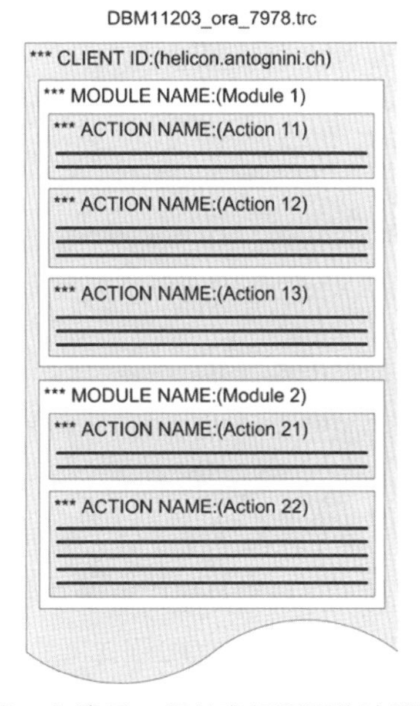

⬆ 圖 3-3　追蹤檔可以由多個邏輯段落組成。左邊是一個共享伺服器的追蹤檔，包含三個對話資訊。右邊是專用伺服器的追蹤檔，包含一個用戶端的兩個模組和五個動作資訊

在圖 3-3 右邊顯示的追蹤檔結構可以使用之前提供的 PL/SQL 程式碼區塊來開啟 SQL 追蹤：

```
DECLARE
  l_dummy VARCHAR2(10);
BEGIN
  dbms_session.set_identifier(client_id => 'helicon.antognini.ch');
  dbms_application_info.set_module(module_name => 'Module 1',
                                   action_name => 'Action 11');
  -- code module 1, action 11
  SELECT 'Action 11' INTO l_dummy FROM dual;
  dbms_application_info.set_module(module_name => 'Module 1',
                                   action_name => 'Action 12');
  -- code module 1, action 12
  SELECT 'Action 12' INTO l_dummy FROM dual;
  dbms_application_info.set_module(module_name => 'Module 1',
                                   action_name => 'Action 13');
```

```
  -- code module 1, action 13
  SELECT 'Action 13' INTO l_dummy FROM dual;
  dbms_application_info.set_module(module_name => 'Module 2',
                                   action_name => 'Action 21');
  -- code module 2, action 21
  SELECT 'Action 21' INTO l_dummy FROM dual;
  dbms_application_info.set_module(module_name => 'Module 2',
                                   action_name => 'Action 22');
  -- code module 2, action 22
  SELECT 'Action 22' INTO l_dummy FROM dual;
END;
```

在圖 3-3 中，在追蹤檔裡由三個星號（***）開頭的標籤用來標識段落。追蹤檔之間的區別不光是資料庫引擎會在每個部分重複記錄一些資訊，另外還會加上時間戳記。下面是由 PL/SQL 程式碼區塊產生的追蹤檔的片段內容：

```
*** CLIENT ID:(helicon.antognini.ch) 2012-11-30 10:05:05.531
*** MODULE NAME:(Module 1) 2012-11-30 10:05:05.531
*** ACTION NAME:(Action 11) 2012-11-30 10:05:05.531
...
...
*** MODULE NAME:(Module 1) 2012-11-30 10:05:05.532
*** ACTION NAME:(Action 12) 2012-11-30 10:05:05.532
...
...
*** MODULE NAME:(Module 1) 2012-11-30 10:05:05.533
*** ACTION NAME:(Action 13) 2012-11-30 10:05:05.533
...
...
*** MODULE NAME:(Module 2) 2012-11-30 10:05:05.533
*** ACTION NAME:(Action 21) 2012-11-30 10:05:05.533
...
...
*** MODULE NAME:(Module 2) 2012-11-30 10:05:05.534
*** ACTION NAME:(Action 22) 2012-11-30 10:05:05.534
```

這些邏輯對話標籤很有用。有了它們，才可以根據你的需要來擷取相關資訊。例如，如果你關注的效能問題與一個特殊動作有關，就可以把追蹤檔裡相關的部分獨立出來。可以使用工具 TRCSESS 來實現，下面我們來介紹一下。

3.1.3 使用 TRCSESS

可以根據之前介紹的邏輯部分來使用命令列工具 TRCSESS，從一個或者多個追蹤檔中擷取需要的資訊。如果執行 TRCSESS 時未指定任何參數作為輸入，那麼回傳的就是完整的 TRCSESS 參數列表，其中包括簡短的描述。

```
trcsess [output=<output file name >] [session=<session ID>] [clientid=
<clientid>]
        [service=<service name>] [action=<action name>] [module=<module name>]
        <trace file names>

output=<output file name> output destination default being standard output.
session=<session Id> session to be traced.
Session id is a combination of session Index & session serial number e.g. 8.13.
clientid=<clientid> clientid to be traced.
service=<service name> service to be traced.
action=<action name> action to be traced.
module=<module name> module to be traced.
<trace_file_names> Space separated list of trace files with wild card '*'
supported.
```

正如你所見，可以將對話、用戶端識別字、服務名稱、模組名稱和動作名稱指定為參數。例如，要從追蹤檔 `DBM11203_ora_7978.trc` 中擷取關於 Action 12 的資訊，並寫入到一個名為 `action12.trc` 的新檔中，可以使用下面的命令：

```
trcsess output=action12.trc action="Action 12" DBM11203_ora_7978.trc
```

請注意，參數 `clientid`、`service`、`action` 和 `module` 都是區分大小寫的。

3.1.4 分析工具

一旦你定位到正確的追蹤檔，或者使用 TRCSESS 擷取出了需要的部分，就開始著手分析內容吧。你需要使用**分析工具**（**profiler**），目的是根據原始追蹤檔的內容產生一份格式化輸出。Oracle 的伺服端和用戶端都包含此工具，叫作 **TKPROF**（**Trace Kernel PROFiler**）。即使工具輸出的結果對有些狀況有幫助，有時也並不足以勝任快速定位效能問題的工作。奇怪的是，Oracle 低估了此工具的重要性，從 Oracle7 開始匯入此工具後就很少改進它。現在市面上有一些商業的和免費的分析工具。我自己也開發了一個免費的分析工具 TVD$XTAT。你也可以考慮使用其他的分析工具：OraSRP[3]、Method R Profiler 和 Method R Tools suite[4]。甚至 Oracle 都建議（透過 Oracle 支援）使用另一個稱為 Trace Analyzer[5] 的分析工具。

接下來的兩節會介紹其中的兩個分析工具。首先是 TKPROF，儘管它有很多不足，卻是唯一一個在任何情況下都能使用的分析工具。實際上，很多時候你不能在資料庫伺服器上安裝其他分析工具或者把追蹤檔下載到其他機器上。在這樣的情況下，TKPROF 是很有用的。然後我會介紹自己寫的分析工具。這裡會用到使用以下 PL/SQL 程式碼區塊產生的追蹤檔：

```
DECLARE
  l_count INTEGER;
BEGIN
  FOR c IN (SELECT extract(YEAR FROM d), id, pad
            FROM t
            ORDER BY extract(YEAR FROM d), id)
  LOOP
    NULL;
  END LOOP;
  FOR i IN 1..10
  LOOP
```

3 具體資訊請造訪 http://www.oracledba.ru/orasrp。

4 具體資訊請造訪 http://method-r.com。

5 更多資訊請查看 Oracle Support 文件 *TRCANLZR (TRCA): SQL_TRACE/Event 10046 Trace File Analyzer-Tool for Interpreting Raw SQLTraces*（224270.1）。

```
    SELECT count(n) INTO l_count
    FROM t
    WHERE id < i*123;
  END LOOP;
END;
```

3.1.5 使用 TKPROF

TKPROF 是命令列工具，它的主要作用是輸入一個原始的追蹤檔並輸出一個格式化後的文字檔。此工具還可以產生 SQL 腳本以在資料庫中載入資料，儘管這個特性很少有人使用。

僅透過指定一個輸入檔和輸出檔可以執行最簡單的分析。在下面的例子中，輸入檔是 DBM11106_ora_6334.trc，輸出檔是 DBM11106_ora_6334.trc。

```
tkprof DBM11106_ora_6334.trc DBM11106_ora_6334.txt
```

儘管預設的輸出檔副檔名是 prf，我個人還是喜歡使用 txt。在我看來，使用副檔名可以讓所有人明白檔案類型，同時可以在任何作業系統中正確識別出來。

未附加其他參數的分析僅對非常小的追蹤檔有用。在大多數情況下，你需要指定多個參數來獲得一個更好的輸出檔。

1 TKPROF 參數

如果執行 TKPROF 時未附加參數，回傳的就是完整的 TRCSESS 參數列表，其中包含簡短的描述。

```
Usage: tkprof tracefile outputfile [explain= ] [table= ]
              [print= ] [insert= ] [sys= ] [sort= ]
  table=schema.tablename   Use 'schema.tablename' with 'explain=' option.
  explain=user/password    Connect to ORACLE and issue EXPLAIN PLAN.
  print=integer    List only the first 'integer' SQL statements.
  aggregate=yes|no
  insert=filename  List SQL statements and data inside INSERT statements.
  sys=no           TKPROF does not list SQL statements run as user SYS.
```

```
record=filename  Record non-recursive statements found in the trace file.
waits=yes|no     Record summary for any wait events found in the trace file.
sort=option      Set of zero or more of the following sort options:
  prscnt  number of times parse was called
  prscpu  cpu time parsing
  prsela  elapsed time parsing
  prsdsk  number of disk reads during parse
  prsqry  number of buffers for consistent read during parse
  prscu   number of buffers for current read during parse
  prsmis  number of misses in library cache during parse
  execnt  number of execute was called
  execpu  cpu time spent executing
  exeela  elapsed time executing
  exedsk  number of disk reads during execute
  exeqry  number of buffers for consistent read during execute
  execu   number of buffers for current read during execute
  exerow  number of rows processed during execute
  exemis  number of library cache misses during execute
  fchcnt  number of times fetch was called
  fchcpu  cpu time spent fetching
  fchela  elapsed time fetching
  fchdsk  number of disk reads during fetch
  fchqry  number of buffers for consistent read during fetch
  fchcu   number of buffers for current read during fetch
  fchrow  number of rows fetched
  userid  userid of user that parsed the cursor
```

每個參數的功能如下。

- explain 會使 TKPROF 為追蹤檔中的每個 SQL 敘述產生執行計畫。實現方式是透過執行 EXPLAIN PLAN 敘述產生的結果（關於此 SQL 敘述的詳細資訊請看第 10 章）。很顯然，為了執行 SQL 敘述，就必須連線資料庫。因此，此參數用來指定用戶名、密碼和連接字串。可供使用的格式是 explain=user/password@connect_string 和 explain=user/password。請注意，為了能夠盡最大可能得到正確的執行計畫，你應該使用與產生追蹤檔時相同的用戶，並且確保所有查詢最佳化工具的初始化參數也與產生追蹤檔時相同。同時也要注意初始化參數會隨著程式執行時或登入觸發程序（logon triggers）而更改。最好的情況就是你能使用相同的用戶，但無論如何，即使所有條件都滿足，因為使用 EXPLAIN PLAN 敘述產生的執行計畫不一定與真正的執行計畫一致（原因會在第 10 章解釋），所以不建議指定 explain 參數。如果指定了錯誤的用戶名、密碼或連接字串，則會分析追蹤檔而不回傳任何錯誤資訊。反之，則會在輸出檔的表頭（header）找到類似以下的錯誤資訊：

```
error connecting to database using: scott/lion
ORA-01017: invalid username/password; logon denied
EXPLAIN PLAN option disabled.
```

- table 只可以和 explain 參數一起使用。它的作用實際上是指定哪張表使用 EXPLAIN PLAN 敘述產生執行計畫。通常可以不指定此參數，因為 TKPROF 會自動建立並刪除一個名為 prof$plan_table 的計畫表用做分析。總之，如果用戶無法建立表（比如沒有 CREATE TABLE 許可權），就必須指定 table 參數。例如，要指定 system 用戶下的表 plan_table，那麼參數必須設定成 table=system.plan_table。執行分析的用戶必須對特定的表具有 SELECT、INSERT 和 DELETE 許可權。同樣，錯誤也只會記錄在輸出檔裡。
- print 用來限制輸出檔裡 SQL 敘述的行數。預設情況下沒有限制。這個參數只有與參數 sort 一起使用才有意義，用來輸出 top SQL 敘述。例如，為了只獲得 10 條 SQL 敘述，參數必須設定成 print = 10。
- aggregate 指定 TKPROF 該如何處理相同的 SQL 敘述。預設情況下（aggregate=yes），所有指定 SQL 敘述的資訊都會進行彙總。11.2 版本中又進一步要求執行計畫也要相同才可以。因此，在 11.2 版本中，預設會彙總對應 SQL 敘述的每條執行計畫資訊。彙總資訊會獨立於追蹤檔裡的 SQL 敘述，因此就彙總來說，資訊會缺少一部分。即使在許多情況下預設設定可以滿足分析，但有時最好設定 aggregate=no 來檢查單獨的 SQL 敘述。

- TKPROF 使用參數 insert 產生可以儲存進資料庫的 SQL 腳本。腳本名直接用參數本身指定，比如 insert = load.sql。
- sys 參數指定由 sys 用戶執行的 SQL 敘述（典型情況下，解析操作需要遞迴查詢資料字典）是否要寫入輸出檔。預設值是 yes，但大多數時候我更願意設定成 no 來避免無用的資訊寫入輸出檔。你通常無法控制 sys 用戶遞迴執行 SQL 敘述，因此這是多餘的。
- TKPROF 使用參數 record 產生追蹤檔裡所有非遞迴敘述的 SQL 腳本。腳本名稱直接由參數指定（例如，record = replay.sql）。根據文件，這個特性可以用來手動重播 SQL 敘述，但由於不會處理綁定變數，這通常無法實現。
- waits 確定是否將等待事件資訊加入輸出檔。預設情況下是加入的。就個人而言，輸出檔裡的等待事件非常重要，我認為不應該指定 waits = no。
- sort 指定寫入輸出檔的 SQL 敘述順序。預設情況下，是根據在追蹤檔裡的讀取順序排序的。基本上，你可以根據資源利用（比如呼叫數、CPU 時間和實體讀）或回應時間（即執行時間）來對輸出進行排序。如你所見，對於大多數選項（比如執行時間），每種類型的資料庫呼叫的值都可用來排序：比如，解析游標所花費的時間 prsela，執行游標所花費的時間 exeela，以及從一個游標裡獲取資料所花費的時間 fchela。儘管你可以根據多種選擇和組合來進行排序，但對研究效能問題來說只有一種排序是真正有用的：response time。因此，你應該指定 sort = prsela,exeela,fchela。TKPROF 支援在參數中傳入多個值，只需要用逗號分隔即可，甚至可以傳入不同單位的值。請注意，當追蹤檔裡包含多個對話並且指定了參數 aggregate=no，就會分別對每個對話的 SQL 敘述進行排序。

基於以上資訊，我個人常用的 TKPROF 參數如下：

```
tkprof {input trace file} {output file} sys=no sort=prsela,exeela,fchela
```

現在你知道如何使用 TKPROF 了，讓我們來看看它產生的輸出檔。

2 解釋 TKPROF 輸出

分析的輸出檔根據以下參數產生：

```
tkprof DBM11203_ora_28030.trc DBM11203_ora_28030.txt
       sort=prsela,exeela,fchela print=4 explain=chris/ian aggregate=no
```

請注意，這裡不是建議你根據以上參數這麼做，只是為了向你展示一個詳細的輸出。追蹤檔和輸出檔同本章其他檔一起可供下載。

輸出檔的表頭資訊大部分是靜態的。然而，這裡面也有有用的資訊：追蹤檔名、產生輸出檔時參數 sort 的值以及定位追蹤對話的一行資訊。最後這條資訊只有在指定了參數 aggregate=no 時才會顯示。請注意，當追蹤檔包含多個對話並且指定參數 aggregate=no 時，表頭資訊裡會反復使用分隔符號來區別 SQL 敘述和其他對話。

```
TKPROF: Release 11.2.0.3.0 - Development on Fri Nov 30 23:45:57 2012

Copyright (c) 1982, 2011, Oracle and/or its affiliates.  All rights reserved.
Trace file: DBM11203_ora_28030.trc
Sort options: prsela exeela fchela
********************************************************************************
count    = number of times OCI procedure was executed
cpu      = cpu time in seconds executing
elapsed = elapsed time in seconds executing
disk     = number of physical reads of buffers from disk
query    = number of buffers gotten for consistent read
current = number of buffers gotten in current mode (usually for update)
rows     = number of rows processed by the fetch or execute call
--------------------------------------------------------------------------------

*** SESSION ID: (156.29) 2012-11-30 23:21:45.691
```

任何連線資料庫或者產生執行計畫時的出錯資訊都會寫在表頭資訊之後。

表頭資訊之後就是每條 SQL 敘述的資訊：SQL 敘述的文字、執行統計、解析資訊、執行計畫以及等待事件。僅當執行計畫和等待事件儲存在追蹤檔中時，才會報告執行計畫和等待事件。請記住，在 10.2 版本中，只有當相關游標關閉後，才會將執行計畫寫入追蹤檔。這表明如果應用重用游標而不關閉它們，那麼就不會將這些重用游標的執行計畫寫入追蹤檔。

SQL 敘述的文字在有些情況下是格式化後的。然而並不是所有情況下都能得到正確的顯示格式。比如，在下面的例子中 extract 函數的關鍵字 FROM 就與 SELECT 敘述的 FROM 子句混淆。請注意，SQL ID 只對 11.1.0.6 及以後的版本有效，執行計畫的值僅對 11.1.0.7 及以後的版本有效。

```
SQL ID: 7wd0gdwwgph1r Plan Hash: 961378228

SELECT EXTRACT(YEAR
FROM
 D), ID, PAD FROM T ORDER BY EXTRACT(YEAR FROM D), ID
```

執行統計會根據資料庫呼叫的類型進行彙總並以表格形式顯示。每一項效能指標如下所示。

- count：資料庫呼叫執行的次數。
- cpu：花費在資料庫呼叫上的 CPU 時間總和，單位秒。
- elapsed：花費在資料庫呼叫上的執行時間總和，單位秒。如果此值高於 CPU 時間，那麼在執行統計下面的部分你會找到等待事件，那裡有資源或同步點等待的資訊。
- disk：代表實體讀的區塊數。注意，這不是實體 I/O 數。如果這個值比邏輯讀大（disk>query + current），就代表區塊湧進了臨時表空間。這種情況下你可以看到至少讀取了 33,017（71,499-38,474-8）個區塊。這需要稍後透過 Row Source Operation 的統計和等待事件來確認。
- query：一致性邏輯讀的區塊數。通常查詢會用到這種邏輯讀。
- current：在目前模式下使用邏輯讀讀取的區塊數。通常 INSERT、DELETE、MERGE 和 UPDATE 敘述修改區塊會產生此類邏輯讀。
- rows：處理的行數。對於查詢來說，這是獲取的行數。對於 INSERT、DELETE、MERGE 和 UPDATE 來說這是受影響的行數。在這裡 10,001 次呼叫獲取了 1,000,000 行是沒有任何意義的。這表示平均來看每次呼叫獲取了大約 100 行。注意這裡的 100 是在 PL/SQL 裡設定的預獲取值（第 15 章會介紹關於預獲取值的詳細資訊）。

```
call     count       cpu    elapsed       disk      query    current        rows
------- ------  -------- ---------- ---------- ---------- ----------  ----------
Parse        1      0.00       0.00          0          0          0           0
Execute      1      0.00       0.00          0          0          0           0
Fetch    10001      6.49      11.92      71499      38474          8     1000000
------- ------  -------- ---------- ---------- ---------- ----------  ----------
total    10003      6.49      11.92      71499      38474          8     1000000
```

接下來的幾行是關於解析的基本概括資訊。頭兩個值（Misses in library cache）代表在解析和執行呼叫期間的硬解析數。如果在執行呼叫期間沒有硬解析，那麼這行就不會顯示。接下來是優化器模式和解析此 SQL 敘述的用戶 ID。請注意用戶名（本例裡是 chris），只有指定了參數 explain 時才會顯示，否則只會顯示使用者 ID（這裡是 34）。最後一條資訊是遞迴深度。這條資訊僅是為遞迴 SQL 敘述提供的。直接由應用執行的 SQL 敘述深度為 0。深度 *n*（本例是 1）僅代表另一個深度為 *n*-1 的 SQL 敘述執行了這個 SQL。在這個例子中，深度為 0 的 SQL 敘述是由 SQL*Plus 執行的 PL/SQL 程式碼區塊。

```
Misses in library cache during parse: 1
Misses in library cache during execute: 1
Optimizer mode: ALL_ROWS
Parsing user id: 34    (CHRIS)       (recursive depth: 1)
```

在解析的基本資訊之後就是執行計畫了。實際上，如果指定了參數 explain，可能會看到兩部分資訊。第一部分叫作 Row Source Operation，是由多個伺服器進程寫入追蹤檔的執行計畫。第二部分叫作 Execution Plan，當指定參數 explain 後，由 TKPROF 產生。由於它是後產生的，即使與第一部分不同也沒關係。總之，如果你發現兩部分不同，就以第一部分為準。

第 10 章會介紹如何閱讀執行計畫，這裡只介紹 TKPROF 的細節。對於追蹤檔裡的第一個執行計畫，兩部分執行計畫都會有執行計畫裡每步驟執行回傳的行數（注意，不是處理的行數）。除此之外，11.2.0.2 及更高的版本也提供了所有執行回傳的平均行數和最大行數。執行計畫本身的數量是由 `Number of plan statistics captured` 值提供的。

對於每個 row source operation，還可能會提供以下執行時統計資訊。

- `cr` 是一致性邏輯讀的區塊數。
- `pr` 是實體讀的區塊數。
- `pw` 是實體寫的區塊數。
- `time` 是執行操作執行時間總和，單位微秒。請注意這裡顯示的值並不總是那麼精確。因為為了降低開銷，服務進程會使用採樣來衡量。
- `cost` 是操作的估計成本。這個值自 11.1 版本起開始啟用。
- `size` 是操作回傳的預計資料大小（bytes）。這個值自 11.1 版本起開始啟用。
- `card` 是操作回傳的預估行數。這個值自 11.1 版本起開始啟用。

```
Number of plan statistics captured: 1

Rows (1st)  Rows (avg)  Rows (max)  Row Source Operation
----------  ----------  ----------  ---------------------------------------
   1000000     1000000     1000000  SORT ORDER BY (cr=38474 pr=71499
pw=33035 time=11123996 us
                                                   cost=216750
size=264000000 card=1000000)
   1000000     1000000     1000000   TABLE ACCESS FULL T (cr=38474
pr=38463 pw=0 time=5674541 us
                                                         cost=21
size=264000000 card=1000000)
Rows     Execution Plan
-------  ---------------------------------------------------
      0  SELECT STATEMENT   MODE: ALL_ROWS
1000000   SORT (ORDER BY)
1000000    TABLE ACCESS   MODE: ANALYZED (FULL) OF 'T' (TABLE)
```

請注意，除了查詢最佳化工具的估值，其他的執行時統計資訊都是累加出來的，它包含了 child row source operation 的值。例如，`SORT ORDER BY` 命令從臨時表空間讀取了 33,036（71,499-38,463）個區塊。根據之前的執行資訊（參見關於 disk 行部分的介紹），你應該能夠估算出至少讀取了 33,017 個區塊。同時請注意，雖然在以前的版本中這些值只跟第一次查詢有關，但從 11.2.0.2 版本開始它們變成了所有查詢的平均值；在這種情況下就變得沒有區別了，因為只有一次查詢。

接下來的部分簡要說明了 SQL 敘述等待的等待事件。針對每種類型的等待事件，會提供以下值。

- Times Waited 是等待事件發生的次數。
- Max.Wait 是單個等待事件等待的最大時間，單位秒。
- Toal Waited 是等待事件的總等待時間，單位秒。

```
Elapsed times include waiting on following events:

Event waited on                             Times Waited  Max. Wait Total Waited
----------------------------------------   ------------ ---------- ------------
db file sequential read                               2       0.00         0.00
db file scattered read                              530       0.06         2.79
direct path write temp                            11002       0.00         0.51
direct path read temp                             24015       0.00         2.41
```

理想情況下，所有等待事件的等待時間總和應該與執行統計資訊裡的執行時間與 CPU 時間的差值相等。這個差值稱為**未被計算的時間**。

未被計算的時間

SQL 追蹤會提供每次操作執行時資料庫所花費時間的資訊。理想情況下，計算應該非常精確。但是，幾乎不能在追蹤檔裡找到精確到秒級以下的準確資訊。當真實的執行時間與追蹤檔裡記錄的時間不同時，就存在**未被計算的時間**。

```
unaccounted-for time = real elapsed time - accounted for time
```

出現未被計算的時間最常見的原因如下。

- 最明顯的是追蹤檔裡缺少定時資訊或等待事件。前者是因為初始化參數 timed_statistics 被設定成了 FALSE。後者是因為啟動 SQL 追蹤未包含層級 8。在這兩種情況下，未被計算的時間總是正值。正常情況下，適當開啟擴充的 SQL 追蹤能夠避免這些問題。

- 通常來說，進程有三種狀態：在 CPU 上執行、等待請求（例如，執行磁片 I/O 操作）或在執行佇列等待 CPU 資源。植入程式碼能夠計算出前兩種狀態所花費的時間，但是對在執行佇列等待多久卻無能為力。因此，如果發生了 CPU 匱乏，那麼未被計算的時間（始終為正值）可能會很長。基本上你可以透過兩種方法避免這個問題：增加可用 CPU 的數量或者降低 CPU 使用率。
- 植入程式碼可做出精確的時間測量。然而，由於電腦系統中計時器的影響，每次測量會產生很小的量化誤差。尤其是當有大量的測量時間時，這種量化誤差造成的未被計算的時間會很明顯。由於計時器本身的性質，量化誤差可能會導致未被計算的時間為正值，也可能導致其為負值。遺憾的是，你對此無能為力。在實際應用中，這個問題與大量未被計算的時間無關，因為正誤差往往會與負誤差相抵消。
- 如果你排除了列出的這些方面，那麼原因很可能是檢測程式碼沒有涵蓋整個程式碼。例如，寫入追蹤檔的時間就不會算在內。這通常不會是個問題。但如果追蹤檔寫入一個效能差的設備或需要產生追蹤的資訊量非常大，這時可能會產生大的開銷。在這種情況下，未被計算的時間將始終為正值。為了避免這個問題，你應該把追蹤檔寫入一個可以支撐正常輸送量的設備上。在一些罕見的情況下，你或許會強制把追蹤檔放到 RAM 磁碟上。

由於等待事件的值已經高度彙總，這可以讓你只需要知道你在等待哪類資源。比如，根據之前的資訊，幾乎所有的等待時間都花在了實體讀上，但由於資訊已經彙總，我們看不到具體資訊，比如是從哪個資料檔案讀取的（原始追蹤檔裡有這個資訊）。實際上單區塊讀的等待事件是 `db file sequential read`，而多區塊讀（參見第 9 章）的等待事件是 `db file scattered read`。另外，湧入臨時表空間的等待事件是 `direct path write temp` 和 `direct path read temp`。

在分析等待事件時，關鍵是弄清楚與什麼操作相關。幸運的是，即使等待事件種類有幾百種，經常遇到的也就那麼幾種。在 *Oracle Database Reference* 手冊的附錄中有大部分等待事件的簡介。

我們繼續分析下一個 SQL 敘述。由於這些資訊結構與之前的一樣，因此這裡僅會註釋輸出檔中的新內容或本質的區別。

```
DECLARE
  l_count INTEGER;
BEGIN
```

```
  FOR c IN (SELECT extract(YEAR FROM d), id, pad
            FROM t
            ORDER BY extract(YEAR FROM d), id)
  LOOP
    NULL;
  END LOOP;
  FOR i IN 1..10
  LOOP
    SELECT count(n) INTO l_count
    FROM t
    WHERE id < i*123;
  END LOOP;
END;
```

PL/SQL 程式碼區塊的執行統計資訊是有限的。它缺少實體讀和邏輯讀的資訊，這是因為遞迴 SQL 敘述（比如之前分析過的查詢）使用的資源與父 SQL 敘述無關。這表示你僅能看到 SQL 敘述（或者 PL/SQL 程式碼區塊）本身使用的資源。

```
call     count       cpu    elapsed       disk      query    current     rows
------- ------  -------- ---------- ---------- ---------- ----------  ------
Parse        1      0.00       0.00          0          0          0       0
Execute      1      0.44       0.40          0          0          0       1
Fetch        0      0.00       0.00          0          0          0       0
------- ------  -------- ---------- ---------- ---------- ----------  ------
total        2      0.45       0.41          0          0          0       1
```

由於 PL/SQL 程式碼區塊不是由資料庫遞迴執行的，因此這裡不會顯示遞迴深度（遞迴深度為 0）。同樣，也不會顯示執行計畫。

```
Misses in library cache during parse: 1
Optimizer mode: ALL_ROWS
Parsing user id: 34    (CHRIS)
```

當網路層發送資料給用戶端時（注意，透過網路發送資料的時間不會計算在內），資料庫等待 `SQL*Net message to client`，而資料庫等待用戶端回傳消息時等待 `SQL*Net message from client`。因此，對於每個由 SQL*Net 層完成的往返，你都能看到一對等待事件。請注意，在低層級層實現的往返次數會有些不同。比如，在網路層（比如 IP）由於較小的資料包而完成大量往返的情況並不少見。

```
Elapsed times include waiting on following events:
  Event waited on                             Times Waited  Max. Wait  Total Waited
  ----------------------------------------   ------------  ----------  ------------
  SQL*Net message to client                             1        0.00          0.00
  SQL*Net message from client                           1        0.00          0.00
```

接下來是第二個由 PL/SQL 程式碼區塊執行的 SQL 敘述。結構資訊與之前的一致。需要指出的是，這個查詢被執行了 10 次。對於每次執行，追蹤檔都包含執行統計資訊（啟用了層級 16 的）。因此，plan statistics captured 的值是 10，三行資料中每行都包含了不同的值（122,676 和 1,229），並且行來源層級的執行時統計資訊為平均值（比如，53 的磁片讀除以 10 次執行，平均值為 5）。

```
SQL ID: 7fjjjf0yvd05m Plan Hash: 4270555908

SELECT COUNT(N)
FROM
 T WHERE ID < :B1 *123

call     count       cpu    elapsed       disk      query    current        rows
------- ------  -------- ---------- ---------- ---------- ----------  ----------
Parse        1      0.00       0.00          0          0          0           0
Execute     10      0.00       0.00          0          0          0           0
Fetch       10      0.00       0.02         53        303          0           0
------- ------  -------- ---------- ---------- ---------- ----------  ----------
Total       21      0.01       0.02         53        303          0          10

Misses in library cache during parse: 1
Misses in library cache during execute: 1
Optimizer mode: ALL_ROWS
Parsing user id: 34  (CHRIS)   (recursive depth: 1)
Number of plan statistics captured: 10

Rows (1st)   Rows (avg)   Rows (max)   Row Source Operation
```

```
----------  ----------  ----------  ---------------------------------
         1           1           1  SORT AGGREGATE (cr=30 pr=5 pw=0
time=2607 us)
       122         676        1229   TABLE ACCESS BY INDEX ROWID T
(cr=30 pr=5 pw=0 time=2045 us

cost=8 size=1098 card=122)
       122         676        1229    INDEX RANGE SCAN T_PK (cr=4 pr=0
pw=0 time=872 us cost=3
                                                                size=0
card=122)(object id 20991)
Rows     Execution Plan
-------  ---------------------------------------------------
      0  SELECT STATEMENT MODE: ALL_ROWS
      1   SORT (AGGREGATE)
    122    TABLE ACCESS   MODE: ANALYZED (BY INDEX ROWID) OF 'T' (TABLE)
    122     INDEX   MODE: ANALYZED (RANGE SCAN) OF 'T_PK' (INDEX (UNIQUE)
                )

Elapsed times include waiting on following events:
  Event waited on                  Times Waited   Max. Wait  Total Waited
  -------------------------------- ------------  ----------  ------------
  db file sequential read                    53        0.00          0.02
```

為了獲取被使用的物件資訊（比如物件統計資訊），資料庫引擎遞迴執行最後的 SQL 敘述。此外，查詢最佳化工具會使用此資訊來計算出最有效率的執行計畫。解析這條 SQL 的用戶是 SYS，因此你可以判斷是由資料庫引擎執行的這條 SQL 敘述。根據遞迴深度為 2，可以推斷這條 SQL 敘述需要解析深度為 1 的 SQL，比如在輸出檔中的第一個 SQL 敘述。

```
SQL ID: 96g93hntrzjtr Plan Hash: 2239883476

select /*+ rule */ bucket_cnt, row_cnt, cache_cnt, null_cnt, timestamp#,
  sample_size, minimum, maximum, distcnt, lowval, hival, density, col#,
  spare1, spare2, avgcln
from
```

```
 hist_head$ where obj#=:1 and intcol#=:2


call     count       cpu    elapsed       disk      query    current        rows
------- ------ -------- ---------- ---------- ---------- ---------- ------
Parse        0      0.00       0.00          0          0          0           0
Execute      4      0.00       0.00          0          0          0           0
Fetch        4      0.00       0.01          5         12          0           4
------- ------ -------- ---------- ---------- ---------- ---------- ------
total        8      0.00       0.01          5         12          0           4

Misses in library cache during parse: 0
Optimizer mode: RULE
Parsing user id: SYS   (recursive depth: 2)
```

本例中由於表來源的資訊沒有記錄在追蹤檔裡，且用戶 CHRIS 沒有這條 SQL 敘述涉及的物件使用權限，因此沒有顯示執行計畫（參見第 10 章關於執行 EXPLAIN PLAN 敘述所需許可權的詳細資訊）。輸出部分接下來是等待事件。

```
Elapsed times include waiting on following events:
  Event waited on                             Times Waited  Max. Wait  Total Waited
  ----------------------------------------   ------------  ----------  ------------
  db file sequential read                               5        0.00          0.01
```

在所有 SQL 敘述的報告後，你可以看到執行統計資訊、解析和等待事件的綜合統計。這裡唯一需要注意的就是非遞迴 SQL 從遞迴 SQL 裡分離出來。

```
OVERALL TOTALS FOR ALL NON-RECURSIVE STATEMENTS

call     count       cpu    elapsed       disk      query    current       rows
------- ------ -------- ---------- ---------- ---------- --------- -------
Parse        2      0.00       0.00          0          0          0          0
Execute      3      0.45       0.42         20        226          0          3
Fetch        0      0.00       0.00          0          0          0          0
------- ------ -------- ---------- ---------- ---------- --------- -------
total        5      0.45       0.42         20        226          0          3
```

```
Misses in library cache during parse: 2
Misses in library cache during execute: 1

Elapsed times include waiting on following events:
  Event waited on                             Times Waited  Max. Wait Total Waited
  ------------------------------------------ ------------ ---------- ------------
  SQL*Net message to client                             2       0.00         0.00
  SQL*Net message from client                           2       0.00         0.00

OVERALL TOTALS FOR ALL RECURSIVE STATEMENTS

call     count       cpu    elapsed       disk      query    current     rows
------- ------ -------- ---------- ---------- ---------- ---------- -------
Parse        2     0.00       0.00          0          0          0        0
Execute     29     0.00       0.00          0          0          0        0
Fetch    10037     6.50      11.97      71569      38832          8  1000028
------- ------ -------- ---------- ---------- ---------- ---------- -------
Total    10068     6.50      11.97      71569      38832          8  1000028

Misses in library cache during parse: 2
Misses in library cache during execute: 2

Elapsed times include waiting on following events:
  Event waited on                             Times Waited  Max. Wait Total Waited
  ------------------------------------------ ------------ ---------- ------------
  db file sequential read                              72       0.00         0.04
  db file scattered read                              530       0.06         2.79
  direct path write temp                            11002       0.00         0.51
  direct path read temp                             24015       0.00         2.41
```

接下來的幾行是對目前對話的 SQL 數量進行概括，包括由資料庫引擎遞迴執行的數量和 EXPLIAN PLAN 執行的次數：

```
 5  user SQL statements in session.
13  internal SQL statements in session.
18  SQL statements in session.
 2  statements EXPLAINed in this session.
```

現在，輸出檔已經包含了追蹤檔的所有資訊。首先，你能看到追蹤檔名、其版本和用於分析的參數 sort 的值。接著是所有對話數和 SQL 敘述。在這個例子中，追蹤檔裡少了 14（18-4）行 SQL 敘述是因為指定了參數 print=4。同時也記錄了執行 EXPLAIN PLAN 的表資訊。最後，是所有 SQL 敘述的總執行時間（以秒為單位）。我個人更願意在追蹤檔的表頭看到最後這部分資訊，因為每次我打開 TKPROF 的輸出檔時，總是最先瀏覽最後部分。關鍵是要知道整個追蹤檔花費多少時間，否則你無法判斷一個 SQL 敘述對於總回應時間的影響程度。

```
Trace file: DBM11203_ora_28030.trc
Trace file compatibility: 11.1.0.7
Sort options: prsela    exeela    fchela
       1  session in tracefile.
       5  user SQL statements in trace file.
      13  internal SQL statements in trace file.
      18  SQL statements in trace file.
      18  unique SQL statements in trace file.
       2  SQL statements EXPLAINed using schema:
           CHRIS.prof$plan_table
             Default table was used.
             Table was created.
             Table was dropped.
   46125  lines in trace file.
      12  elapsed seconds in trace file.
```

3.1.6 使用 TVD$XTAT

Trivadis Extended Tracefile Analysis Tool（TVD$XTAT）是命令列工具。與 TKPROF 一樣，TVD$XTAT 的主要功能是輸入原始追蹤檔，產生一個格式化後的檔。輸出檔可以是 HTML 或者文字檔。

最簡單的分析是透過僅指定輸入和輸出檔來執行的。在下面的例子中，輸入檔是 DBM11106_ora_6334.trc，輸出檔是 DBM11106_ora_6334.html：

```
tvdxtat -i DBM11106_ora_6334.trc -o DBM11106_ora_6334.html
```

1 為什麼 TKPROF 不能滿足需要

1999 年末，透過 Oracle Support 文件 *Interpreting Raw SQL_TRACE and DBMS_SUPPORT.START_ TRACE output*（39817.1），我第一次接觸到擴充 SQL 追蹤。從那時開始，我就明白要理解應用連線 Oracle 資料庫後做了什麼，這些資訊是必不可少的。同時，令我非常失望的是，沒有工具能分析擴充的 SQL 追蹤檔以利用它們的內容。我注意到那個時候 TKPROF 還不能提供等待事件資訊。利用命令列工具（比如 awk）手動從原始追蹤檔裡擷取資訊花了我大量的時間，因此我決定自己寫一個分析工具，並將其命名為 TVD$XTAT。

目前，TKRPFO 可以提供等待事件資訊，但仍存在五個主要問題，這些問題已經在 TVD$XTAT 中得到了解決。

- 只要指定了參數 `sort`，那麼 SQL 敘述之間的聯繫就沒有了。
- 資料只能以彙總的形式顯示。因此，遺失了很多有用的資訊。
- 不提供綁定變數的資訊。
- 在 TKPROF 裡，當 SQL 敘述執行時間不計算在 elapsed time 中時，使用空閒等待事件代替（比如 `SQL*Net message from client`）。這樣做的結果就是當 SQL 敘述根據 elapsed time 進行排序時，輸出結果會造成誤導，或者在一些極端情況下，出現大量無法解釋的時間消耗。
- 當追蹤檔裡沒有 SQL 敘述文字（特別是關鍵字 `PARSING IN CURSOR` 和 `END OF STMT` 之間的文字）時，TKPROF 不會記錄關於這些 SQL 敘述的細節資訊；而只是把它記錄到輸出檔最後資源使用率的統計中。請注意，如果開啟 SQL 追蹤是在執行已經開始後，那麼追蹤檔裡就不會記錄 SQL 敘述的文字。

2 安裝

以下是安裝 TVD$XTAT 的步驟。

(1) 從 http://top.antognini.ch 下載（免費軟體）TVD$XTAT。
(2) 將檔案解壓縮到一個空目錄。
(3) 修改用於啟動 TVD$XTAT 的 shell 腳本（根據作業系統不同，要麼是 `tvdxtat.cmd`，要麼是 `tvdxtat.sh`）中的變數 `java_home` 和 `tvdxtat_home`。前者參照的

是 JRE（版本 1.4.2 或以上版本）的安裝目錄。後者參照的是分發檔的解壓縮目錄。

(4) 根據需要更改命令列參數的預設值。你需要更改 config 目錄裡的 tvdxtat.properties 檔案。可以定制預設設定，這樣就不用在每次執行 TVD$XTAT 時指定所有參數。

(5) 也可以根據需要更改日誌設定。為此，你需要更改 config 目錄裡的 logging.properties 檔案。預設情況下，TVD$XTAT 會顯示錯誤和警告資訊。通常沒有必要修改它。

3 TVD$XTAT 參數

如果執行 TVD$XTAT 時未附加任何參數，那麼回傳的是完整的參數列表，其中包含一個簡短描述。請注意，針對每個參數，都有一個短格式（例如 -c）和一個長格式（例如 --cleanup）。

```
usage: tvdxtat [-c no|yes] [-f <int>] [-l <int>] [-r 7|8|9|10|11|12]
               [-s no|yes] [-t <template>] [-w no|yes]
               [-x severe|warning|info|fine|finer] -i <input> -o <output>
 -c,--cleanup    remove temporary XML file (no|yes)
 -f,--feedback   display progress every x lines (integer number >= 0, no
                 progress = 0)
 -h,--help       display this help information and exit
 -i,--input      input trace file name (valid extensions: trc|gz|zip)
 -l,--limit      limit the size of lists (e.g. number of statements) in
                 the output file (integer number >= 0, unlimited = 0)
 -o,--output     output file name (a temporary XML file with the same
                 name but with the extension xml is also created)
 -r,--release    major release of the database engine that generated the
                 input trace file (7|8|9|10|11|12)
 -s,--sys        report information about SYS recursive statements
                 (no|yes)
 -t,--template   name of the XSL template used to generate the output
                 file (html|text)
 -v,--version    print product version and exit
 -w,--wait       report detailed information about wait events (no|yes)
 -x,--logging    logging level (severe|warning|info|fine|finer)
```

各個參數的作用如下。

- input：指定輸入檔。輸入檔必須是包含一個或多個追蹤檔資訊的追蹤檔（末碼名 .trc）或壓縮檔（末碼名 .gz 或 .zip）。但要注意，只會有一個追蹤檔從 .zip 檔中擷取出來。
- output：指定輸出檔。在工具執行時會產生一個與輸出檔同名，但末碼名為 .xml 的臨時 XML 檔。請注意，這會覆蓋其他與輸出檔同名的檔。
- cleanup：指定在工具執行結束後，是否刪除臨時產生的 XML 檔。通常情況下，會設定為 yes。此參數僅在開發階段用於檢查中間結果時，才顯示出其重要性。
- feedback：指定是否顯示進程資訊。在處理非常大的追蹤檔時，該參數可以幫助你得知目前分析的狀態。該參數指定的是新消息產生時顯示的行數。如果設定為 0，就不會顯示進程資訊。
- help：指定是否顯示 明資訊。該參數不能與其他參數一起使用。
- limit：設定輸出檔中列表（比如，SQL 敘述的列表，等待和綁定變數的清單）的最大行數。如果設定成 0，那麼就沒有限制。
- release：指定產生輸入追蹤檔的資料庫主要版本（即 7、8、9、10、11 或 12）。
- sys：指定輸出檔中是否顯示由 sys 使用者執行的遞迴 SQL 敘述資訊。通常設定成 no。
- template：指定產生輸出檔的 XSL 範本名。預設情況下，有兩個範本可用：html.xsl 和 text.xsl。前者產生 HTML 輸出檔，後者產生文字輸出檔。你可以修改預設範本，也可以建立新範本。這樣就可以完全定制輸出檔。範本必須要放在 templates 資料夾中。
- version：指定是否顯示 TVD$XTAT 版本號。該參數不能與其他參數一起使用。
- wait：指定是否顯示等待事件的詳細資訊。開啟此功能（即，設定參數為 yes）可能會在處理時造成很大的開銷。因此，建議首先設成 no，當基礎的等待資訊無法滿足分析時，再把它設定成 yes 重新執行一次。
- logging：控制日誌層級。該參數可設定的值為：severe、warning、info、fine 和 finer。該參數僅在診斷工具執行時有用。

4 解釋 TVD$XTAT 的輸出

這部分使用與 TKPROF 相同的追蹤檔。鑒於 TVD$XTAT 的輸出結構是根據 TKPROF 設計的，這裡我只會介紹 TVD$XTAT 特有的部分。我使用如下命令來產生輸出檔：

```
tvdxtat -i DBM11203_ora_28030.trc -o DBM11203_ora_28030.txt -s no -w yes
-t text
```

注意，追蹤檔以及輸出的 HTML 檔案都隨本章的其他檔案一起可供下載。

輸出檔最開始是輸入追蹤檔的彙總資訊。其中最重要的是追蹤檔裡的 interval 和 transaction 數。

```
Database Version
****************
Oracle Database 11g Enterprise Edition Release 11.2.0.3.0 - 64bit Production
With the Partitioning, Automatic Storage Management, Oracle Label
Security, OLAP,
Data Mining and Real Application Testing options

Analyzed Trace File
*******************
/u00/app/oracle/diag/rdbms/dbm11203/DBM11203/trace/DBM11203_ora_28030.trc

Interval
********
Beginning 30 Nov 2012 23:21:45.691
End       30 Nov 2012 23:21:58.097
Duration  12.407 [s]

Transactions
************
Committed 0
Rollbacked 0
```

分析輸出檔要從彙總資源使用分析開始。這裡的處理用了 12.407 秒。大約 56% 的時間用在了 CPU 執行上，大約 24% 用於讀寫暫存檔案（`direct path read` temp 和 direct path write temp)，23% 用於讀取資料檔案（db file scattered read 和 db file sequential read)。總之就是大部分時間用在 CPU 執行上，剩下的時間用來處理磁片 I/O。請注意，未被計算的時間是明確提供的。

```
Resource Usage Profile
**********************

                               Total          Number of Duration per
Component                Duration [s]      %     Events   Events [s]
--------------------------- ------------ ------- --------- ------------
CPU                             6.969  56.171       n/a          n/a
db file scattered read          2.792  22.502       530        0.005
direct path read temp           2.417  19.479    24,015        0.000
direct path write temp          0.513   4.136    11,002        0.000
db file sequential read         0.041   0.326        72        0.001
SQL*Net message from client     0.001   0.008         2        0.001
SQL*Net message to client       0.000   0.000         2        0.000
unaccounted-for                -0.325  -2.623       n/a          n/a
--------------------------- ------------ -------
Total                          12.407 100.000
```

注意 TVD$XTAT 會根據回應時間對清單進行排序。沒有選項可改變這一行為，因為只有這種排序才對研究效能問題有意義。

透過大致的描述只能知道資料庫引擎花費的時間。為了繼續分析，就需要找出哪些 SQL 敘述消耗了大量的時間。為了達到這個目的，在彙總資源使用分析之後是一個包含所有非遞迴 SQL 敘述的列表。這樣，你就能知道單獨一個 SQL 敘述（實際上是 PL/SQL 程式碼區塊）在整個執行時間中佔用的比例。請注意下面的列表中總和並不是 100%，因為未被計算的時間被省略了。

```
The input file contains 18 distinct statements, 15 of which are recursive.
In the following table, only non-recursive statements are reported.

                           Total          Number of Duration per
```

```
Statement ID Type   Duration [s]      % Executions Execution [s]
------------ ------ ------------ ------- ---------- -------------
#1           PL/SQL       12.724 102.561          1        12.724
#5           PL/SQL        0.006   0.045          1         0.006
#9           PL/SQL        0.002   0.016          1         0.002
------------ ------ ------------ -------
Total                     12.732 102.623
```

下一步通常來說應該找到佔用最多執行時間的 SQL 資訊。為了能更容易找到 SQL，TVD$XTAT 為每個 SQL 產生了一個識別字（上面列表裡的 `Statement ID` 行）。在 HTML 類型的輸出檔中，你可以按一下對應識別字來找到 SQL 敘述的詳細資訊。在文字類型的輸出檔中，你必須手動搜尋字串 "STATEMENT #1"。

接下來的資訊來自每條 SQL 敘述：執行環境的基本資訊、SQL 敘述的執行統計資訊、執行計畫、執行用到的綁定變數和等待事件。只有在追蹤檔裡記錄了執行計畫，綁定變數和等待事件的資訊才會在這裡顯示。

首先，是執行環境的基本資訊和 SQL 敘述文字。請注意，對話屬性資訊僅在設定之後才會顯示。比如，這裡的屬性動作名因為應用沒有設定而不會顯示。另外需要注意的是，從 11.1 版本開始，產生追蹤檔才能使用 SQL ID。

```
Session ID                  156.29
Service Name                SYS$USERS
Module Name                 SQL*Plus
Parsing User                34
Hash Value                  166910891
SQL ID                      15p0p084z5qxb

DECLARE
  l_count INTEGER;
BEGIN
  FOR c IN (SELECT extract(YEAR FROM d), id, pad
            FROM t
            ORDER BY extract(YEAR FROM d), id)
  LOOP
    NULL;
```

```
  END LOOP;
  FOR i IN 1..10
  LOOP
    SELECT count(n) INTO l_count
    FROM t
    WHERE id < i*123;
  END LOOP;
END;
```

執行統計資訊會根據資料庫呼叫類型彙總並以表格形式顯示。由於表結構是根據 TKPROF 產生的，因此各行意義相同。但這裡又新增了兩行：Misses 和 LIO。前者是每類呼叫期間的硬解析數。後者是行 Consistent 和 Current 的總和。同時請注意 TVD$XTAT 提供了兩張表。第一張表包含所有與目前敘述相關的遞迴 SQL 統計資訊。第二張表與 TKPROF 一樣，不包含統計資訊。

```
Database Call Statistics with Recursive Statements
**************************************************


Call     Count Misses   CPU Elapsed    PIO    LIO  Consistent  Current Rows
------- ----- ------ ----- ------- ------ ------  ----------  ------- ----
Parse       1      1 0.005   0.006      7     20          20        0    0
Execute     1      0 6.957  12.387 71,562 38,820      38,812        8    1
Fetch       0      0 0.000   0.000      0      0           0        0    0
------- ----- ------ ----- ------- ------ ------  ----------  ------- ----
Total       2      1 6.962  12.393 71,569 38,840      38,832        8    1

Database Call Statistics without Recursive Statements
*****************************************************
Cal      Count Misses   CPU Elapsed    PIO    LIO Consistent Current Rows
------- ----- ------ ----- ------- ------ ------ ---------- ------- ----
Parse       1      1 0.005   0.004      0      0          0       0    0
Execute     1      0 0.448   0.410      0      0          0       0    1
Fetch       0      0 0.000   0.000      0      0          0       0    0
------- ----- ------ ----- ------- ------ ------ ---------- ------- ----
Total       2      1 0.453    0.414     0        0        0       0    1
```

在這裡，根據執行統計資訊可發現目前 SQL 敘述幾乎沒有花費時間。這點同樣在下面的資源使用分析中得以展現。實際上，這裡顯示大約 96% 的時間用在遞迴 SQL 敘述上。

```
Component                     Duration [s]       % Events Events [s]
----------------------------- ------------ ------- ------ ----------
recursive statements                12.271  96.437    n/a        n/a
CPU                                  0.453   3.560    n/a        n/a
SQL*Net message from client          0.000   0.003      1      0.000
SQL*Net message to client            0.000   0.000      1      0.000
----------------------------- ------------ -------
Total                               12.724 100.000
```

在資源使用分析之後，列出的都是那些遞迴 SQL 敘述。你可以看到 statement 2 的 SQL 敘述，這是一個 `SELECT` 查詢，佔用了 96% 的回應時間。請注意，這裡除了 statement 3 的 SQL 敘述以外，其他都是由資料庫引擎（比如，在解析階段）產生的，因此帶有 `SYS recursive` 標籤。

```
7 recursive statements were executed.

                                                  Total
Statement ID Type                           Duration [s]       %
------------ ---------------------------- ------------ -------
#2           SELECT                             12.234  96.150
#3           SELECT                              0.033   0.263
#7           SELECT (SYS recursive)              0.003   0.022
#11          SELECT (SYS recursive)              0.000   0.001
#12          SELECT (SYS recursive)              0.000   0.001
#14          SELECT (SYS recursive)              0.000   0.001
#16          SELECT (SYS recursive)              0.000   0.000
------------ ---------------------------- ------------ -------
Total                                           12.252  96.286
```

由於 statement 2 的 SQL 佔用了最多的回應時間，因此你需要繼續深入並獲得更多的詳細資訊。它的結構基本上與 statement 1 SQL 一樣，但是還包括附加資訊。在顯示執行環境的部分，你可以看到遞迴層級（記住，應用是在層級 0 執行得 SQL）和父 SQL 的 statement 編號。後者可以保證不會遺失 SQL 敘述之間的聯繫（TKPROF 就沒有這種聯繫）。

```
Session ID             156.29
Service Name           SYS$USERS
Module Name            SQL*Plus
Parsing User           34
Recursive Level        1
Parent Statement ID    1
Hash Value             955957303
SQL ID                 7wd0gdwwgph1r

SELECT EXTRACT(YEAR FROM D), ID, PAD FROM T ORDER BY EXTRACT(YEAR FROM D), ID
```

下一步，如果追蹤檔裡有執行計畫，那麼你應該能找到。它的格式與 TKRPOF 產生的輸出相同：

```
Execution Plan
**************

Optimizer Mode         ALL_ROWS
Hash Value             961378228

     Rows Operation
--------- ------------------------------------------------------------
1,000,000 SORT ORDER BY (cr=38474 pr=71499 pw=33035 time=11123996 us
                         cost=216750 size=264000000 card=1000000)
1,000,000  TABLE ACCESS FULL T (cr=38474 pr=38463 pw=0 time=5674541 us
                                cost=21 size=264000000 card=1000000)
```

通常對於所有 SQL 敘述都是一樣的，執行計畫後面是執行統計資訊、資源使用分析，有可能也有層級 2 的遞迴 SQL 敘述（你目前看到的是層級 1 的 SQL 敘述）。在本例中，遞迴 SQL 只占了不到 1% 的回應時間。換句話說，statement 2 的 SQL 敘述佔用了所有的回應時間：

```
Database Call Statistics with Recursive Statements
**************************************************
```

```
Call               Count Misses   CPU Elapsed    PIO    LIO Consistent Current      Rows
----------------- ------ ------ ----- ------- ------ ------ ---------- ------- ---------
Parse                  1      1 0.004   0.010      7     32         32       0         0
Execute                1      1 0.000   0.000      0      0          0       0         0
Fetch             10,001      0 6.492  11.926 71,499 38,482     38,474       8 1,000,000
----------------- ------ ------ ----- ------- ------ ------ ---------- ------- ---------
Total             10,003      2 6.496  11.936 71,506 38,514     38,506       8 1,000,000
Average (per row)      0      0 0.000   0.000      0      0          0       0         1

Database Call Statistics without Recursive Statements
*****************************************************

Call               Count Misses   CPU Elapsed    PIO    LIO Consistent Current      Rows
----------------- ------ ------ ----- ------- ------ ------ ---------- ------- ---------
Parse                  1      1 0.001   0.001      0      9          9       0         0
Execute                1      1 0.000   0.000      0      0          0       0         0
Fetch             10,001      0 6.492  11.926 71,499 38,482     38,474       8 1,000,000
----------------- ------ ------ ----- ------- ------ ------ ---------- ------- ---------
Total             10,003      2 6.493  11.927 71,499 38,491     38,483       8 1,000,000
Average (per row)      0      0 0.000   0.000      0      0          0       0         1

Resource Usage Profile
**********************

                                Total            Number of Duration per
Component                Duration [s]       %     Events   Events [s]
------------------------ ------------ ------- --------- ------------
CPU                             6.493  53.071       n/a          n/a
db file scattered read          2.792  22.818       530        0.005
direct path read temp           2.417  19.753    24,015        0.000
direct path write temp          0.513   4.194    11,002        0.000
recursive statements            0.020   0.161       n/a          n/a
db file sequential read         0.000   0.002         2        0.000
------------------------ ------------ -------
Total                          12.234 100.000
```

```
6 recursive statements were executed.

                                         Total
Statement ID Type                     Duration [s]       %
------------ ---------------------- ------------ -------
#4           SELECT (SYS recursive)        0.015   0.121
#6           SELECT (SYS recursive)        0.004   0.032
#10          SELECT (SYS recursive)        0.001   0.008
#13          SELECT (SYS recursive)        0.000   0.001
#17          SELECT (SYS recursive)        0.000   0.000
#18          SELECT (SYS recursive)        0.000   0.000
------------ ---------------------- ------------ -------
Total                                      0.006   0.050
```

在以上的資源使用分析裡，等待事件被分組彙總顯示。為了獲得更多資訊，以下顯示的是針對資源使用分析裡每部分的長條圖。在本例中，顯示的資訊與 statement 2 SQL 的等待事件 `db file scattered read` 相關。請注意，等待事件根據區間（行 `Range`）進行分組。例如，你可以看到 52% 的等待事件持續了 4,096~8,192 微秒。由於多區塊讀的等待事件是 `db file scattered read`，查看磁片 I/O 操作（行 `Blocks per Event`）讀取的平均區塊數也能獲取有用的資訊。

```
                             Total         Number of          Duration per        Blocks per
Range [μs]                  Duration     %   Events        %   Event [μs] Blocks      Event
--------------------------- ------- ------- -------- ------- ------------ ------ ---------
256   duration < 512          0.003   0.111        7       1          443     56         8
512   duration < 1024         0.008   0.288        9       2          892     72         8
1024   duration < 2048        0.033   1.191       18       3        1,847    826        46
2048   duration < 4096        0.517  18.525      166      31        3,115 11,627        70
4096   duration < 8192        1.465  52.459      264      50        5,547 20,742        79
8192   duration < 16384       0.579  20.736       60      11        9,648  4,722        79
16384   duration < 32768      0.126   4.496        5       1       25,101    336        67
32768   duration < 65536      0.061   2.195        1       0       61,274     81        81
--------------------------- ------- ------- -------- ------- ------------ ------ ---------
Total                         2.792 100.000      530 100.000        5,267 38,462        73
```

如果開啟了詳細資訊顯示（使用參數 wait），之前的長條圖可能會顯示更多的細節。但這與等待事件類型關係很大。實際上，許多事件沒有附加資訊。磁片 I/O 操作相關的等待事件也只是顯示檔案層級的資訊。例如，以下表格顯示 statement 2 SQL 的等待事件 db file scattered read 的資訊。在這個例子中，在 2.792 秒時間裡磁片 I/O 在 data file 4 上執行了 530 次操作。這代表平均每次磁片 I/O 操作持續了 5.267 毫秒（注意此表單位：毫秒）。

```
File           Total            Number of                                  Duration per
Number  Duration [s]        %   Events         %  Blocks [b]         %    Event [µs]
------- ------------- ------- ------- ------- ----------- ------- ------------
4               2.792 100.000     530 100.000      38,462 100.000        5,267
```

與你預料的一樣，所有 SQL 敘述的結構都是相同的。但是有一區塊資訊在前兩條 SQL 敘述裡不顯示。讓我們參照一部分使用綁定變數的 SQL 敘述的資訊來舉例。正如輸出 statement 3 SQL 顯示的那樣，如果綁定變數資訊已經記錄在追蹤檔裡，那麼 TVD$XTAT 會顯示它們的資料類型和值。另外，如果存在多次執行（本例中是 10 次），綁定變數會用執行次數標記。請看下面的例子。

```
Session ID          156.29
Service Name        SYS$USERS
Module Name         SQL*Plus
Parsing User        34
Recursive Level     1
Parent Statement ID 1
Hash Value          1035370675
SQL ID              7fjjjf0yvd05m

SELECT COUNT(N) FROM T WHERE ID < :B1 *123

Bind Variables
**************

10 bind variable sets were used to execute this statement.

Number of
Execution  Bind  Datatype  Value
```

```
--------- ----- --------- ------
1         1     NUMBER    "1"
2         1     NUMBER    "2"
3         1     NUMBER    "3"
4         1     NUMBER    "4"
5         1     NUMBER    "5"
6         1     NUMBER    "6"
7         1     NUMBER    "7"
8         1     NUMBER    "8"
9         1     NUMBER    "9"
10        1     NUMBER    "10"
```

總之，雖然執行了大量 SQL 敘述（一共是 18 條），statement 2 的 SQL 佔用了大多數的回應時間。因此，為了提高效能，這條 SQL 應該需要優化或者刪除。

3.2 分析 PL/SQL 程式碼

資料庫引擎提供了兩個在 PL/SQL 引擎中整合的分析工具，以便在分析 PL/SQL 程式碼時使用。一個是透過套件 dbms_profiler 進行管理的行層級分析工具。另外一個是透過套件 dbms_hprof 進行管理的呼叫層級分析工具（也稱為**分層分析工具，hierarchical profiler**）。表 3-2 彙總了每種分析工具的主要優勢。

表 3-2　DBMS_HPROF 和 DBMS_PROFILER 的主要優勢

DBMS_HPROF	DBMS_PROFILER
開啟後對開銷影響非常小	提供行層級的資訊
提供呼叫層級的資訊	11.1 版本之前就可以使用
有「self time」和「total time」的概念	所有主要開發工具都支援
並不需要附加的許可權	
支援 native-compiled PL/SQL	

分層分析工具提供的執行時統計資訊不僅要比行層級分析工具更精確，同時也更有用。除非你確實需要行層級的資訊。因此，如果可能，建議使用分層分析工具，除非你有特別的需求，需要使用行層級提供的資訊。

3.2.1 使用 DMBS_HPROF

借助 11.1 版本中匯入的套件 dbms_hprof，你可以在對話層級啟用和禁用分層分析工具。啟用之後，會為執行的每個 PL/SQL 和 SQL 呼叫收集以下資訊：

- 呼叫執行的總次數；
- 處理呼叫花費的時間；
- 處理子呼叫花費的時間；
- 呼叫層次結構資訊。

用戶在對話層級可以執行（有一個限制是，封裝的 PL/SQL 程式碼只允許你收集頂級呼叫的資訊）的所有 PL/SQL 程式碼（比如在套件和觸發器中的程式碼）都會被收集。你只需要對套件 dbms_hprof 有 EXECUTE 許可權就可以啟用分析。

分析期間收集到的資料會儲存到作業系統層級上的某個追蹤檔中。然後，為了分析目的，可以將該資料像圖 3-4 所示的那樣載入到資料庫表中，或者也可以使用 PLSHPROF 實用工具對其進行處理。

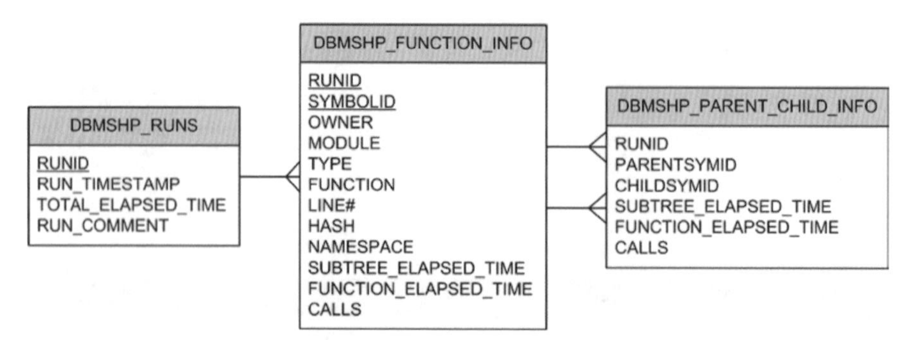

⬆ 圖 3-4　分析工具將收集到的資訊儲存到三個資料庫表中，請注意帶底線的欄位為主鍵

關於已分析對話的資訊會儲存在表 dbmshp_runs 中。為每次運作執行的副程式清單儲存在表 dbmshp_function_info 中。呼叫方與被呼叫方之間的父子關係儲存在表 dbmshp_parent_child_info 中。換句話說，表 dbmshp_parent_child_info 包含用於重構呼叫層次結構的資訊。

1 建立輸出表

套件 dbms_hprof 是以執行它的用戶的許可權來執行的。因此，輸出表並不需要由 sys 使用者建立。要麼由資料庫管理員安裝一次輸出表（透過執行 dbmshptab.sql 腳本），並提供使用這些表的必要同義詞和許可權，要麼由每個用戶在自己的 schema 下安裝。在下面這個例子中，由資料庫管理員安裝一次輸出表：

```
CONNECT / AS SYSDBA
@?/rdbms/admin/dbmshptab.sql

CREATE PUBLIC SYNONYM dbmshp_runs FOR dbmshp_runs;
CREATE PUBLIC SYNONYM dbmshp_function_info FOR dbmshp_function_info;
CREATE PUBLIC SYNONYM dbmshp_parent_child_info FOR dbmshp_parent_child_info;
CREATE PUBLIC SYNONYM dbmshp_runnumber FOR dbmshp_runnumber;

GRANT SELECT, INSERT, UPDATE, DELETE ON dbmshp_runs TO PUBLIC;
GRANT SELECT, INSERT, UPDATE, DELETE ON dbmshp_function_info TO PUBLIC;
GRANT SELECT, INSERT, UPDATE, DELETE ON dbmshp_parent_child_info TO PUBLIC;
GRANT SELECT ON dbmshp_runnumber TO PUBLIC;
```

2 收集分析資料

透過呼叫 start_profiling 過程來啟用分析工具，開始探查分析。該過程支援三個參數。

- location：指定包含分析資料的追蹤檔的存放位置，需要指定作業系統層級的目錄名。
- filename：指定追蹤檔名。如果檔存在，會直接覆蓋。
- max_depth：指定分析資料收集是否受到指定呼叫深度限制。預設情況下（NULL），沒有限制。

啟用分析工具之後，會收集由 PL/SQL 引擎執行的程式碼分析資料。呼叫 stop_profiling 過程可禁用分析。

包含分析資料的追蹤檔可用之後，就立即可以透過呼叫 analyze 函數將追蹤檔載入到輸出表中。呼叫 analyze 函數需要指定兩個參數：location 和 filename。這兩個參數的作用與 start_profiling 過程中的同名參數一模一樣。因此，你應該把它們設定成與 start_profiling 過程相同的值。analyze 函數也支援其他參數，你可以在 *PL/SQL Packages and Types Reference* 手冊中查看這些參數。

下面的例子引自腳本 dbms_hprof.sql 產生的輸出。這個例子為了分析一個匿名 PL/SQL 程式碼區塊而做了一次最小限度的執行。將分析工具資料載入到資料庫中時所選擇的 runid 值，會在下一部分對分析對話的輸出進行分析時使用到。

```
SQL> BEGIN
  2    dbms_hprof.start_profiling(location => 'PLSHPROF_DIR',
  3                               filename => 'dbms_hprof.trc');
  4  END;
  5  /

SQL> DECLARE
  2    l_count INTEGER;
  3  BEGIN
  4   perfect_triangles(1000);
  5   SELECT count(*) INTO l_count
  6   FROM all_objects;
  7  END;
  8  /

SQL> BEGIN
  2    dbms_hprof.stop_profiling;
  3  END;
  4  /

SQL> SELECT dbms_hprof.analyze(location => 'PLSHPROF_DIR',
  2                            filename => 'dbms_hprof.trc') AS runid
  3  FROM dual;

     RUNID
----------
         1
```

一旦將分析資料載入到輸出表中，就該產生報表了。下面幾節會介紹用來產生報表的三種主要方法。

3 手動產生分析資料包表

如本節所示，將分析資料存入輸出表後，就可以進行正常的查詢。下面的例子引自 dbms_hprof.sql 腳本產生的輸出。

第一個查詢把分析資料按照命名空間進行分組。在本例中，你可以看到 PL/SQL 程式碼佔用的回應時間比例（這裡是 45.1%），你只有繼續在分析工具提供的資料裡找到更多的細節，才能找出這代表的意義。另一方面，如果你發現 SQL 佔用了大多數的回應時間，那麼使用 PL/SQL 分析工具就是錯誤的；你可以使用 SQL 追蹤等更好的工具來找出哪些 SQL 執行緩慢。不管哪種方式，第一個查詢提供了有用的資訊，它能 明你瞭解接下來需要關注哪些地方。

下面是第一個查詢輸出的例子：

```
SQL> SELECT sum(function_elapsed_time)/1000 AS total_ms,
  2         100*ratio_to_report(sum(function_elapsed_time)) over () AS
total_percent,
  3         sum(calls) AS calls,
  4         100*ratio_to_report(sum(calls)) over () AS calls_percent,
  5         namespace AS namespace_name
  6  FROM dbmshp_function_info
  7  WHERE runid = 1
  8  GROUP BY namespace
  9  ORDER BY total_ms DESC;

TOTAL [ms]   TOT%      CALLS  CAL%  NAMESPACE_NAME
---------- ------ ---------- ------ ---------------
       565   54.9         89    5.6 SQL
       464   45.1      1,494   94.4 PLSQL
```

第二個查詢與第一個查詢很像，它把分析資料按照模組層層級分組。在這裡，可以看到 perfect_triangles 過程佔用了 PL/SQL 的大部分回應時間（44.9%）。

```
SQL> SELECT sum(function_elapsed_time)/1000 AS total_ms,
  2         100*ratio_to_report(sum(function_elapsed_time)) over () AS total_percent,
  3         sum(calls) AS calls,
  4         100*ratio_to_report(sum(calls)) over () AS calls_percent,
  5         namespace,
  6         nvl(nullif(owner || '.' || module, '.'), function) AS module_name,
  7         type
  8  FROM dbmshp_function_info
  9  WHERE runid = 1
 10  GROUP BY namespace, nvl(nullif(owner || '.' || module, '.'), function), type
 11  ORDER BY total_ms DESC;

TOTAL [ms]  TOT%  CALLS  CAL% NAMESPACE MODULE_NAME                  TYPE
---------- ----- ------ ----- --------- ---------------------------- ------------
       521  50.6      1   0.1 SQL       __static_sql_exec_line5
       462  44.9  1,214  76.7 PLSQL     CHRIS.PERFECT_TRIANGLES      PROCEDURE
        44   4.3     88   5.6 SQL       SYS.XML_SCHEMA_NAME_PRESENT  PACKAGE BODY
         1   0.1     44   2.8 PLSQL     SYS.XML_SCHEMA_NAME_PRESENT  PACKAGE BODY
         1   0.1      3   0.2 PLSQL     __plsql_vm
         0   0.0      3   0.2 PLSQL     __anonymous_block
         0   0.0     46   2.9 PLSQL     __plsql_vm@1
         0   0.0    179  11.3 PLSQL     SYS.DBMS_OUTPUT              PACKAGE BODY
         0   0.0      1   0.1 PLSQL     SYS.DBMS_UTILITY             PACKAGE BODY
         0   0.0      1   0.1 PLSQL     SYS.DBMS_SESSION             PACKAGE BODY
         0   0.0      1   0.1 PLSQL     SYS.DBMS_APPLICATION_INFO    PACKAGE BODY
         0   0.0      1   0.1 PLSQL     SYS.DBMS_APPLICATION_INFO    PACKAGE SPEC
         0   0.0      1   0.1 PLSQL     SYS.DBMS_HPROF               PACKAGE BODY
```

第三個查詢的目的是分層，並在一個更好的層級進行分組（包括所有的 PL/SQL 呼叫），它並不只是簡單地顯示呼叫分層，同時也會顯示呼叫方和被呼叫方花費的時間。例如，你可以看到呼叫 perfect_triangles 花費了 463 毫秒，該過程本身花費了 393 毫秒。被呼叫方 sides_are_unique 和 store_dup_sides 佔用了剩下的 69 毫秒（64+5），它們並沒有出現在之前的查詢中。

```
SQL> SELECT lpad(' ', (level-1) * 2) || nullif(c.owner || '.', '.') ||
  2         CASE WHEN c.module = c.function
  3              THEN c.function
```

```
  4             ELSE nullif(c.module || '.', '.') || c.function END AS function_name,
  5         pc.subtree_elapsed_time/1000 AS total_ms,
  6         pc.function_elapsed_time/1000 AS function_ms,
  7         pc.calls AS calls
  8  FROM dbmshp_parent_child_info pc,
  9       dbmshp_function_info p,
 10       dbmshp_function_info c
 11  START WITH pc.runid = 1
 12  AND p.runid = pc.runid
 13  AND c.runid = pc.runid
 14  AND pc.childsymid = c.symbolid
 15  AND pc.parentsymid = p.symbolid
 16  AND p.symbolid = 1
 17  CONNECT BY pc.runid = prior pc.runid
 18  AND p.runid = pc.runid
 19  AND c.runid = pc.runid
 20  AND pc.childsymid = c.symbolid
 21  AND pc.parentsymid = p.symbolid
 22  AND prior pc.childsymid = pc.parentsymid
 23  ORDER SIBLINGS BY total_ms DESC;

FUNCTION NAME                                           TOTAL[ms] FUNCTION[ms]   CALLS
------------------------------------------------------- --------- ------------ -------
__static_sql_exec_line5                                       566          521       1
  __plsql_vm@1                                                 45            0      46
    SYS.XML_SCHEMA_NAME_PRESENT.IS_SCHEMA_PRESENT              45            1      44
      SYS.XML_SCHEMA_NAME_PRESENT.__dyn_sql_exec_line34        22           22      44
      SYS.XML_SCHEMA_NAME_PRESENT.__dyn_sql_exec_line17        22           22      44
CHRIS.PERFECT_TRIANGLES                                       463          393       1
  CHRIS.PERFECT_TRIANGLES.PERFECT_TRIANGLES.SIDES_ARE_UNIQUE   64           64   1,034
  CHRIS.PERFECT_TRIANGLES.PERFECT_TRIANGLES.STORE_DUP_SIDES     5            5     179
  SYS.DBMS_OUTPUT.PUT_LINE                                      0            0     179
SYS.DBMS_SESSION.IS_ROLE_ENABLED                                0            0       1
  SYS.DBMS_UTILITY.CANONICALIZE                                 0            0       1
SYS.DBMS_APPLICATION_INFO.SET_MODULE                            0            0       1
SYS.DBMS_APPLICATION_INFO.__pkg_init                            0            0       1
SYS.DBMS_HPROF.STOP_PROFILING                                   0            0
```

4 使用 PLSHPROF

可以使用命令列工具 PLSHPROF 來處理由 dbms_hprof 產生的追蹤檔。在工具執行期間會產生一些 HTMP 報告。如果不加任何參數執行 PLSHPROF，那麼回傳的是 PLSHPROF 的完整參數列表，以及各參數的簡短描述。

```
Usage: plshprof [<option>...] <tracefile1> [<tracefile2>]
  Options:
    -trace <symbol>     (no default)    specify function name of tree root
    -skip <count>       (default=0)     skip first <count> invokations
    -collect <count>    (default=1)     collect info for <count> invokations
    -output <filename> (default=<symbol>.html or <tracefile1>.html)
    -summary                            print time only
```

如你所見，可以指定一個或兩個追蹤檔和多個選項。如果只指定了單獨的一個追蹤檔，PLSHPROF 會產生如下報告：

- 根據 8 個不同的條件進行分類的函數已用時間資料；
- 根據 3 個不同的條件進行分類的模組已用時間資料；
- 根據 3 個不同的條件進行分類的命名空間已用時間資料；
- 父層級與子層級的已用時間資料。

例如，以下命令處理追蹤檔 dbms_hprof.trc 並且產生包含一組報告的檔案 dbms_hprof.html：

```
plshprof -output dbms_hprof dbms_hprof.trc
```

請注意，追蹤檔和 HTML 報告都可以在 dbms_hprof.zip 中找到。圖 3-5 顯示了其中一個報告。

當你想對比同一個程式裡的兩個執行結果時，可以指定兩個追蹤檔。例如，可以指定兩個追蹤檔並且對比程式碼的改變對效能產生的影響。如果這兩個追蹤檔不相同，那麼 PLSHPROF 會產生一個報表集合，這些報表與為單個追蹤檔產生的報表相似，但 PLSHPROF 會標明兩次執行之間的增量。

Module	Ind%	Cum%	Calls	Ind%	Module Name
522033	50.7%	50.7%	53	3.3%	
462495	44.9%	95.7%	1214	76.7%	CHRIS.PERFECT_TRIANGLES
44683	4.3%	100%	132	8.3%	SYS.XML_SCHEMA_NAME_PRESENT
25	0.0%	100%	179	11.3%	SYS.DBMS_OUTPUT
23	0.0%	100%	2	0.1%	SYS.DBMS_APPLICATION_INFO
22	0.0%	100%	1	0.1%	SYS.DBMS_UTILITY
21	0.0%	100%	1	0.1%	SYS.DBMS_SESSION
0	0.0%	100%	1	0.1%	SYS.DBMS_HPROF

⬆ 圖 3-5 由 PLSHPROF 產生並按總函數已用時間排序的模組已用時間資料

5 使用圖形介面

除了前面提到的方法外，也可以使用第三方帶有圖形介面的產品。比如 SQL Developer（Oracle）和 Toad（Dell）。通常情況下，這些工具透過勾選核取方塊或按一下按鈕，或者直接分析輸出表內容就可以分析程式碼了。

圖 3-6 至圖 3-8 顯示了 SQL Developer 為在前幾部分中闡述的分析對話提供的部分資訊。

Function Calls | Module | Namespace | Call Hierarchy

Exec Time	Tot%	Calls	Cal%	Namespace
428946 µs	30.2%	1494	94.4%	PLSQL
992989 µs	69.8%	89	5.6%	SQL

⬆ 圖 3-6 SQL Developer 中顯示的命名空間層級的分析資料

Function Calls | Module | Namespace | Call Hierarchy

Exec Time	Tot%	Calls	Cal%	Module
522033 µs	50.7%	53	3.3%	.
462495 µs	44.9%	1214	76.7%	CHRIS.PERFECT_TRIANGLES
44683 µs	4.3%	132	8.3%	SYS.XML_SCHEMA_NAME_PRESENT
25 µs	0.0%	179	11.3%	SYS.DBMS_OUTPUT
23 µs	0.0%	2	0.1%	SYS.DBMS_APPLICATION_INFO
22 µs	0.0%	1	0.1%	SYS.DBMS_UTILITY
21 µs	0.0%	1	0.1%	SYS.DBMS_SESSION
0 µs	0.0%	1	0.1%	SYS.DBMS_HPROF

⬆ 圖 3-7 SQL Developer 中顯示的模組層級的分析資料

Function Calls	Module	Namespace	Call Hierarchy

Callee	Elapsed	Aggregated	Calls#
CHRIS.PERFECT_TRIANGLES	393062 µs	462520	1
CHRIS.PERFECT_TRIANGLES.PERFECT_TRIANGLES.SIDES_ARE_UNIQUE	64279 µs	64279	1034
CHRIS.PERFECT_TRIANGLES.PERFECT_TRIANGLES.STORE_DUP_SIDES	5154 µs	5154	179
SYS.DBMS_OUTPUT.PUT_LINE	25 µs	25	179
SYS.DBMS_APPLICATION_INFO.SET_MODULE	20 µs	20	1
SYS.DBMS_APPLICATION_INFO.__pkg_init	3 µs	3	1
SYS.DBMS_HPROF.STOP_PROFILING	0 µs	0	1
SYS.DBMS_SESSION.IS_ROLE_ENABLED	21 µs	43	1
SYS.DBMS_UTILITY.CANONICALIZE	22 µs	22	1
..__static_sql_exec_line5	520995 µs	565797	1
..__plsql_vm@1	119 µs	44802	46
SYS.XML_SCHEMA_NAME_PRESENT.IS_SCHEMA_PRESENT	750 µs	44683	44
SYS.XML_SCHEMA_NAME_PRESENT.__dyn_sql_exec_line17	21855 µs	21855	44
SYS.XML_SCHEMA_NAME_PRESENT.__dyn_sql_exec_line34	22078 µs	22078	44

⬆ 圖 3-8 SQL Developer 中顯示的呼叫層次結構的分析資料

3.2.2 使用 DBMS_PROFILER

使用套件 dbms_profiler 可以在對話層級啟用和禁用行層級分析工具。啟用分析工具之後，針對每行執行過的程式碼，會收集如下資訊：

- 總執行次數；
- 執行時的總花費時間；
- 執行時花費的最短時間和最長時間。

只要用戶擁有 CREATE 許可權，那麼他在對話層級執行的所有 PL/SQL 程式碼都會被收集，但不包括封裝和本地編譯的程式碼。換句話說，擁有執行一段 PL/SQL 程式碼的許可權並不足以使用分析工具。因此，實際上只有被分析物件的所有者或擁有 CREATE ANY 許可權的用戶才能進行分析。

圖 3-9 顯示了分析資料儲存在資料庫中的表結構。探查分析的資訊存在表 plsql_profiler_runs 中。每次執行的單位清單儲存在表 plsql_profiler_units 中。每行程式碼執行後的分析資料儲存在表 plsql_profiler_data 中。

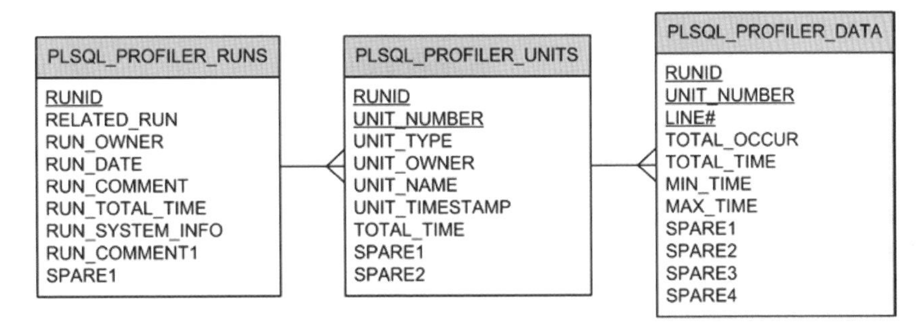

⬆ 圖 3-9 分析工具將收集到的資訊儲存在三個資料庫表中，請注意，帶底線的欄位為主鍵

1 安裝輸出表

套件是以執行它的用戶的許可權執行的。因此，輸出表並不需要由 sys 使用者來建立。要麼由資料庫管理員來安裝一次輸出表（透過執行 dbmshptab.sql 腳本），並提供使用這些輸出表的必要同義詞和許可權，要麼由每個用戶在自己的 schema 下安裝輸出表。

```
CONNECT / AS SYSDBA
@?/rdbms/admin/proftab.sql

CREATE PUBLIC SYNONYM plsql_profiler_runs FOR plsql_profiler_runs;
CREATE PUBLIC SYNONYM plsql_profiler_units FOR plsql_profiler_units;
CREATE PUBLIC SYNONYM plsql_profiler_data FOR plsql_profiler_data;
CREATE PUBLIC SYNONYM plsql_profiler_runnumber FOR plsql_profiler_runnumber;

GRANT SELECT, INSERT, UPDATE, DELETE ON plsql_profiler_runs TO PUBLIC;
GRANT SELECT, INSERT, UPDATE, DELETE ON plsql_profiler_units TO PUBLIC;
GRANT SELECT, INSERT, UPDATE, DELETE ON plsql_profiler_data TO PUBLIC;
GRANT SELECT ON plsql_profiler_runnumber TO PUBLIC;
```

2 收集分析資料

透過呼叫常式 start_profiler，可以在啟用分析工具的情況下開始探查分析。啟用分析工具之後，會為 PL/SQL 引擎所執行的程式碼收集分析資料。除非透過呼叫 flush_data 常式執行顯式更新，否則雖然啟用了分析工具，也不會將任何分析資料儲存到輸出表中。透過呼叫 stop_profiler 常式，可以禁用分析工具，並執行隱式更新。此外，透過呼叫 pause_profiler 和 resume_profiler 常式，可以分別暫停和恢復分析工具。圖 3-10 顯示了分析工具的狀態，以及 dbms_profiler 中可用於觸發狀態更改的常式。

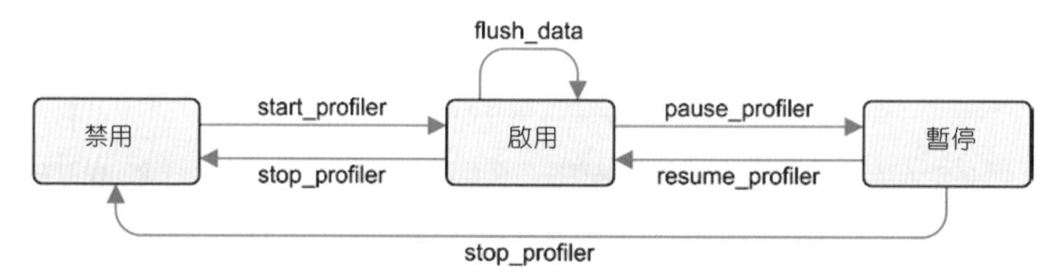

▲ 圖 3-10　分析工具狀態圖。套件 dbms_profiler 提供用於更改分析工具狀態（禁用、啟用或暫停）的常式

針對圖 3-10 中的每一個常式，套件 dbms_profiler 都有對應的函數和過程。函數會回傳執行結果（0= 成功），在出錯時會拋出異常。除了常式 start_profiler 需要使用描述探查分析的兩個註釋作為參數，其他常式都是無參數的。

下面的例子引自腳本 dbms_profiler.sql 產生的輸出。請注意，禁用分析工具時所選擇的 runid 值，會在下一部分參照在輸出表中儲存的分析資料時使用到。

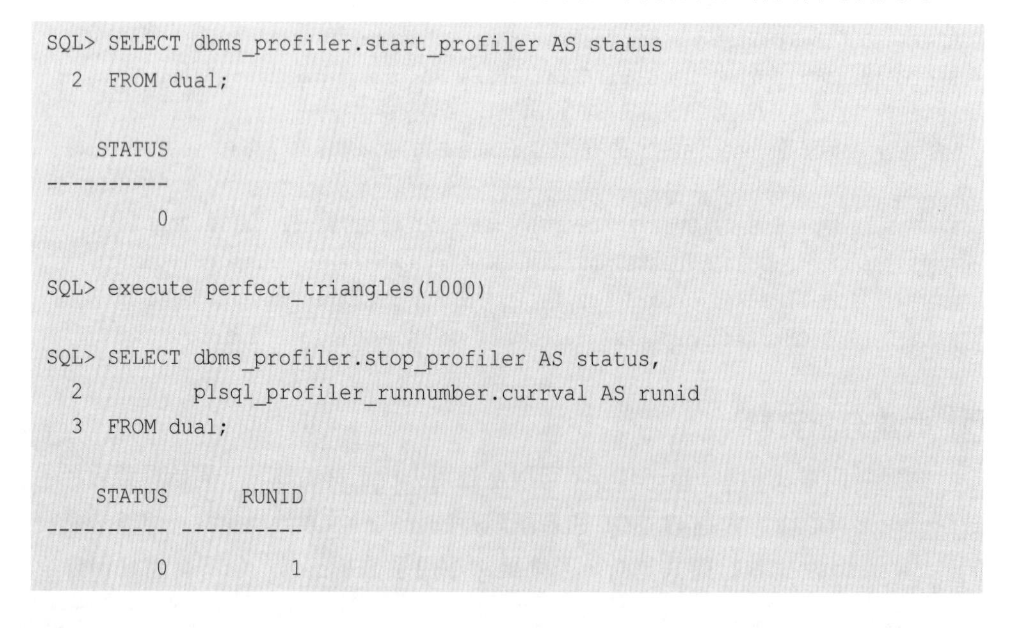

```
SQL> SELECT dbms_profiler.start_profiler AS status
  2  FROM dual;

    STATUS
----------
         0

SQL> execute perfect_triangles(1000)

SQL> SELECT dbms_profiler.stop_profiler AS status,
  2         plsql_profiler_runnumber.currval AS runid
  3  FROM dual;

    STATUS      RUNID
---------- ----------
         0          1
```

分析對話一結束，就應該報告由分析工具產生的資料。接下來的兩部分會介紹兩種主要的報告方法。

3 手動報告分析資料

由於分析資料儲存在輸出表中，所以可以透過正常查詢來獲取資料。以下是由腳本 dbms_profiler.sql 產生的輸出。查詢結果出於兩個原因只提供了回應時間的百分比：首先，我們通常只關心程式碼最慢的部分；其次，定時資訊，尤其當程式碼是 CPU bound 時，非常不可靠。實際上，對於 CPU-bound 處理，分析工具會造成很高的開銷。在本例裡，就是 CPU bound，處理時間從不到 1 秒增加到 7 秒左右。而在這 7 秒中，只有大約 4 秒會為分析工具所用。

```
SQL> SELECT s.line,
  2         round(ratio_to_report(p.total_time) OVER ()*100,1) AS time,
  3         total_occur,
  4         s.text
  5  FROM all_source s,
  6       (SELECT u.unit_owner, u.unit_name, u.unit_type,
  7               d.line#, d.total_time, d.total_occur
  8        FROM plsql_profiler_units u, plsql_profiler_data d
  9        WHERE u.runid = 1
 10        AND d.runid = u.runid
 11        AND d.unit_number = u.unit_number) p
 12  WHERE s.owner = p.unit_owner (+)
 13  AND s.name = p.unit_name (+)
 14  AND s.type = p.unit_type (+)
 15  AND s.line = p.line# (+)
 16  AND s.owner = user
 17  AND s.name = 'PERFECT_TRIANGLES'
 18  AND s.type IN ('PROCEDURE', 'PACKAGE BODY', 'TYPE BODY')
 19  ORDER BY s.line;

LINE#    TIME%     EXEC# CODE
------ -------- ---------- ----------------------------------------------
     1      0.0          1 PROCEDURE perfect_triangles(p_max IN INTEGER) IS
...
```

```
    29     17.7  1,105,793       FOR j IN 1..n
    30                           LOOP
    31     22.3  1,105,614         IF p_long = dup_sides(j).long
    32                                AND
    33                                p_short = dup_sides(j).short
    34                             THEN
    35      0.0        855           RETURN FALSE;
    36                             END IF;
    37                           END LOOP;
...
    44      8.2    501,500       FOR short IN 1..long
    45                           LOOP
    46     21.4    500,500         hyp := sqrt(long*long + short*short);
    47     11.0    500,500         ihyp := floor(hyp);
    48     10.5    500,500         IF hyp-ihyp < 0.01
    49                             THEN
    50      0.2     10,325           IF ihyp*ihyp = long*long + short*short
    51                               THEN
    52      0.1      1,034             IF sides_are_unique(long, short)
    53                                 THEN
    54      0.0        179               m := m+1;
    55      0.0        179               unique_sides(m).long := long;
    56      0.0        179               unique_sides(m).short := short;
    57      0.0        179               store_dup_sides(long, short);
    58                                 END IF;
    59                               END IF;
    60                             END IF;
    61                           END LOOP;
...
    69      0.0          1 END perfect_triangles;
```

Oracle 針對分析資料提供了兩組腳本以及查詢範例。

- 如果安裝了範例檔（預設情況下不安裝），那麼在 `$ORACLE_HOME/plsql/demo/` 目錄下會存在腳本 `profrep.sql`。
- 參見 Oracle Support 文件 *Script to produce HTML report with top consumers out of PL/SQL Profiler DBMS_PROFILER data*（243755.1）。

4 使用圖形介面

上面介紹的手動方法也可以使用第三方工具圖形介面來實現，比如 PL/SQL Developer（Allround Automations）、SQLDetective（Conquest Software Solutions）、Toad 和 SQL Navigator（Dell） 或 者 Rapid Sql（Embarcadero）。 通常，透過在執行測試之前，勾選核取方塊或按一下按鈕，或者透過直接分析輸出表內容，所有這些工具都可以用於分析程式碼。

例如，圖 3-11 顯示了 SQL Developer 為前幾部分中闡述的分析對話提供的資訊。請注意「Total time」行中的圖示，該圖示醒目提示顯示了主要的耗時程式碼行。

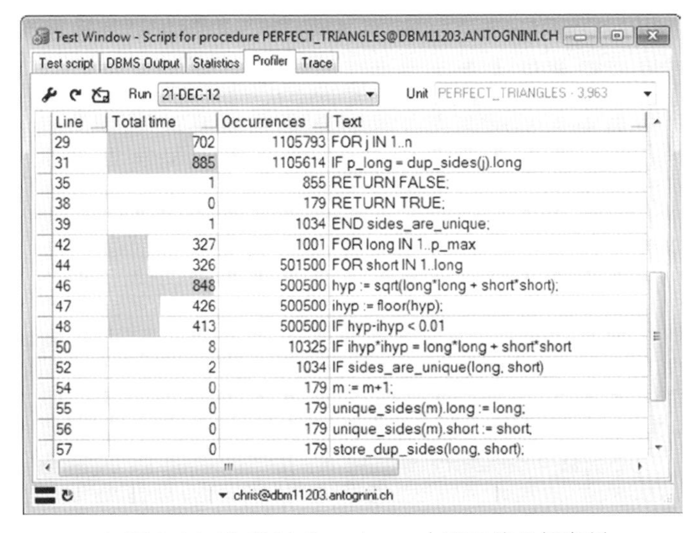

Line	Total time	Occurrences	Text
29	702	1105793	FOR j IN 1..n
31	885	1105614	IF p_long = dup_sides(j).long
35	1	855	RETURN FALSE;
38	0	179	RETURN TRUE;
39	1	1034	END sides_are_unique;
42	327	1001	FOR long IN 1..p_max
44	326	501500	FOR short IN 1..long
46	848	500500	hyp := sqrt(long*long + short*short);
47	426	500500	ihyp := floor(hyp);
48	413	500500	IF hyp-ihyp < 0.01
50	8	10325	IF ihyp*ihyp = long*long + short*short
52	2	1034	IF sides_are_unique(long, short)
54	0	179	m := m+1;
55	0	179	unique_sides(m).long := long;
56	0	179	unique_sides(m).short := short;
57	0	179	store_dup_sides(long, short);

⬆ 圖 3-11 PL/SQL Developer 中顯示的分析資料

3.2.3 觸發分析工具

僅可以從執行要分析的 PL/SQL 程式碼的對話內啟用和禁用這兩個分析工具。如果分析無法手動啟動，也可以像下面這樣透過建立資料庫觸發器來為整個對話自動啟用和禁用分析工具：

```
CREATE TRIGGER start_hprof_profiler AFTER LOGON ON DATABASE
BEGIN
  IF (dbms_session.is_role_enabled('HPROF_PROFILE'))
  THEN
```

```
    dbms_hprof.start_profiling(
      location => 'PLSHPROF_DIR',
      filename => 'dbms_hprof_'||sys_context('userenv','sessionid')||'.trc'
    );
  END IF;
END;
/

CREATE TRIGGER stop_hprof_profiler BEFORE LOGOFF ON DATABASE
BEGIN
  IF (dbms_session.is_role_enabled('HPROF_PROFILE'))
  THEN
    dbms_hprof.stop_profiling();
  END IF;
END;
/
```

以上觸發器針對的是分層分析工具。可以在腳本 dbms_hprof_triggers.sql 和 dbms_profiler_triggers. sql 中找到用於為這兩個分析工具建立觸發器的程式碼。如上面的觸發器所示，為了避免為所有用戶啟用分析工具，我通常建議建立一個角色（本例為 hprof_profile）並且僅向測試需要的使用者臨時賦予許可權。當然，可以只為某個單獨的架構定義觸發器或者設定其他限制條件，比如根據環境變數 userenv。

3.3 小結

本章詳細介紹了 Oracle 資料庫為識別可重現的效能問題而提供的追蹤和分析功能。特別介紹了 SQL 追蹤及其相關工具，以及兩個透過套件 dbms_hprof 和 dbms_profiler 而具體化了的 PL/SQL 分析工具。借助這些工具，當你嘗試診斷由 SQL 敘述或 PL/SQL 程式碼引起的效能下降時，就不會感到手忙腳亂。

當你無法重現問題，或者在問題發生時才不得不分析它時，本章介紹的方法在大多數時候是沒用的。對於這些情形，你可以應用接下來在第 4 章中介紹的功能。

Chapter

04

即時分析不可重現的問題

即時分析效能問題可以從動態效能視圖中獲取關鍵資訊。在眾多視圖中，找到正確的視圖並用合適的排序來查詢，是有效確定效能問題的關鍵。為了能找到正確的動態效能視圖，你需要考慮下面這個關鍵問題：

我能使用 Diagnostics Pack 和 Tuning Pack 選件嗎？

這個問題根本就不是技術問題。然而回答這個問題是很必要的，因為只有在你有對應的許可時，才可以使用某些動態效能視圖和資料庫特性（即時分析的關鍵特性是活動對話歷史和即時監控）。請注意，Diagnostics Pack 選件是 Tuning Pack 選件的先決條件。同時所有的選件只在企業版中可用，標準版並不支援。有關許可的詳細資訊，請參考 *Oracle Database Licensing Information* 手冊。

提示 如果沒有 Diagnostics Pack 選件和 Tuning Pack 選件的許可，從 11.1 版本開始可以設定相應的初始化參數 `control_management_pack_access`。企業版的預設值是 `diagnostic+tuning`。這代表兩個選件都被啟用。其他可用的值有 `diagnostic` 和 `none`。前者僅僅啟用 Diagnostics Pack 選件，而後者禁用兩個選件，並且這也是標準版的預設值。為這個初始化參數設定合適的值有兩個好處。第一，禁止一些特性可以防止不必要的開銷。第二，當使用 Enterprise Manager 時，這兩個選件對應的頁面會無法打開，這樣就不會違反授權合約。

分析的步驟與能否使用這些可選特性無關。讓我們用一張分析路線圖來討論一下。

4.1 分析路線圖

圖 4-1 顯示了效能分析所需要的步驟。首先，你需要檢查資料庫伺服器的負載情況，特別是執行兩個檢查。第一，確定資料庫伺服器是否是 CPU bound。如果是，那麼許多統計資訊會被人為地擴大。因此，首要目標是要找出一種方法來減小 CPU 使用率。第二，檢查消耗大量 CPU 的進程是否與資料庫實例無關。如果是的話，那麼無法找到引起效能問題的原因可能是你的關注點錯了。

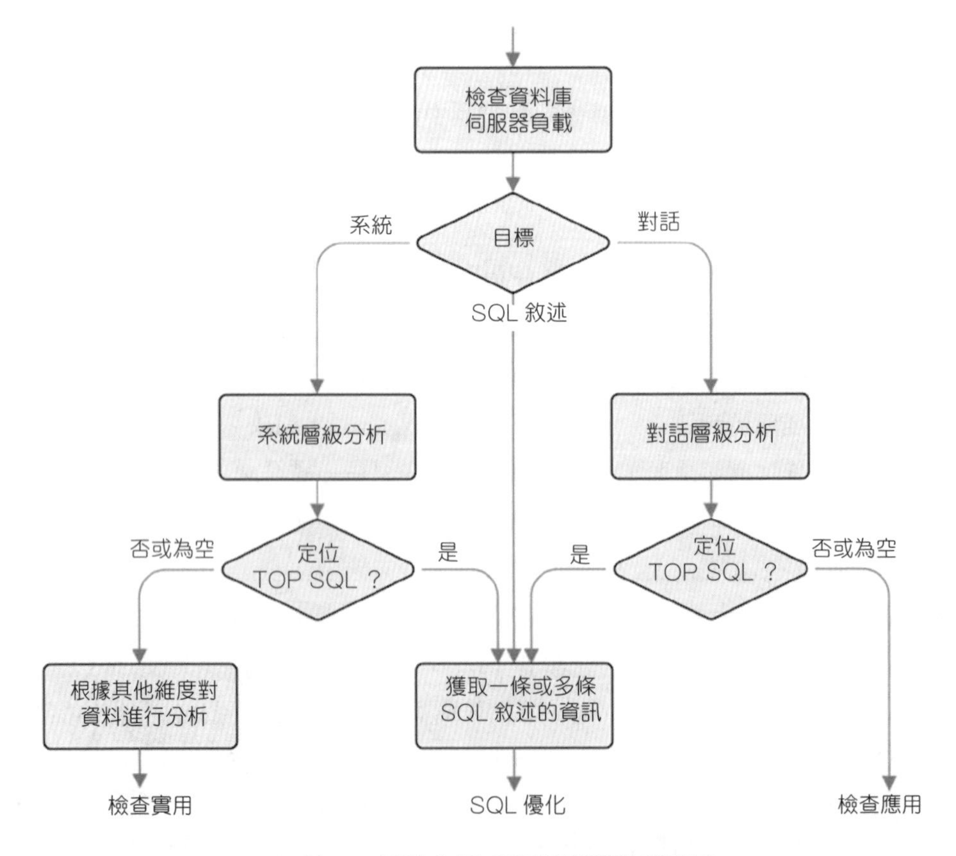

▲ 圖 4-1 即時分析不可重現問題的路線圖

檢查了資料庫伺服器負載後，你有三個選擇。你需要問自己下面這個問題來決定選擇哪個：

我的目標是什麼？是單條 SQL 敘述、單個對話還是整個系統？

你可以有針對性地處理正在經歷效能問題的某條 SQL 敘述或對話。實際上，正如第 1 章所述，你應該盡可能關注具體的問題。然而，當獲取不到關鍵資訊時，你需要繼續在系統層級進行分析。例如，當發生生產環境執行緩慢並且原因未知時，你的目標不再是處理某個業務的效能問題（當然，這始終是你努力的方向），而是想辦法降低系統的負載。

如果你繼續在系統或工作階段層面分析，你的目標應該是找出是否有一小部分 SQL 敘述（比如 12 個）造成了大量的負載。例如，你發現 85% 的負載是由 7 條 SQL 敘述造成的，應該能很清楚定位負載較多的 SQL。然而，如果排名前 10 位的 SQL 敘述只佔用了 25% 的負載，那麼它們就不值得你浪費時間去關注。

你同樣應該檢查是否有一小部分「元件」（比如，對話、模組或者用戶端）佔用了大量的負載。如果是，應該僅針對「元件」進行分析。總之，如果系統層面的分析並沒有找出佔用負載較多的 SQL 敘述，你應該考慮檢查應用是否在有效執行。如果應用程式碼無法進行分析（或者修改），或者檢查後並沒有令人滿意的結果，那麼你能考慮的就只剩下資源管理了。簡單來說，你有兩個選擇：第一，確認應用的哪些部分（比如，一些對話或用戶）使用了比其他部分更多的資源；第二，給應用更多的資源（比如硬體）。當然後者應該是你最後才會去考慮的。

思考這樣一個特別的案例，你分析的系統或對話幾乎是空閒的。這裡的空閒，是指大部分處理時間都不是花費在資料庫系統裡。例如，你看到一個報表執行了 13 分鐘，但資料庫引擎只花了 42 秒來處理相關 SQL 敘述，當然這與處理了多少條 SQL 敘述無關，這時關注資料庫層是沒用的。很明顯，瓶頸並不在資料庫層。這時也需要檢查程式或其他支撐程式的部分。

針對你找到的每條佔用負載較多的 SQL 敘述，都需要收集執行計畫、關鍵執行時統計（比如已處理的行數和 CPU 使用率的數量）以及已經歷的等待事件，這與你關注的是單獨的 SQL 敘述、單個對話還是整個系統無關。下一節將介紹如何找出你需要知道的重要動態效能視圖的基本資訊。然後本章將詳細解釋如何使用動態效能視圖提供的資訊來即時分析效能問題。

4.2 動態效能視圖

Oracle 資料庫利用動態效能視圖來展現一些屬於記憶體或資料庫檔資料結構內容。換句話說，即使它們看起來像普通的表，基礎結構儲存的資料卻完全不同。這些結構以視圖的形式展現出來，方便使用者使用 SQL 敘述獲取資料。

資料庫引擎時常會修改動態效能視圖依賴的資料結構，因此動態效能視圖提供的資料也是即時變化的。請注意並不是每個動態效能視圖都以同樣的方式更新。例如，其中一些視圖持續更新，而其他的視圖每 5 秒才更新一次。

警告 查詢動態效能視圖並不能保證一致讀。因此，不要讓小錯誤或不一致影響你。

我通常會參照 v$ 首碼的視圖來介紹動態效能視圖。如果你使用的是 RAC 環境，請注意，v$ 視圖只會顯示你目前連線實例的資訊。如果需要其他實例的資訊，你需要使用帶 gv$ 首碼的全域視圖。gv$ 視圖的結構與 v$ 視圖相同。通常情況下，唯一不同的是 gv$ 視圖會多出一行（inst_id）用來標識資料庫實例。

一些動態效能視圖提供的統計資訊依賴於初始化參數 timed_statistics，這個參數可以設定成 TRUE 或 FALSE。如果設定成 TRUE，計時資訊生效。如果設定成 FALSE，則看不到這些統計資訊。然而，根據你工作的平台不同，這些資訊也可能存在。timed_statistics 的預設值跟另一個初始化參數有關：statistics_level。如果將 statistics_level 設定成 basic，那麼 timed_statistics 的預設值為 FLASE，否則其預設值為 TRUE。由於這兩個參數的預設值已經很適合，因此不建議在系統層級更改它們。

資料庫裡存在許多動態效能視圖。下面介紹一些處理效能問題時經常會用到的視圖。

4.2.1 作業系統統計資訊

如果你無法存取資料庫伺服器，但又想得到一些作業系統層級的核心效能指標（如 CPU 和記憶體使用率），你可以查詢 v$osstat 獲取你想要的資訊。並且多虧了 comments 行，你可以很清晰地知道每行值的含義。請注意有些行的值是從資料庫實例啟動時開始累積的（比如，所有提供計時資訊的統計資訊），其他則是常數（比如，socket 數、CPU 數和 CPU 核數）或者是目前值（比如，空閒記憶體的總量）。同時要注意，根據資料庫版本和平台的不同，視圖的實際內容也會不同。下面的例子是在 Linux 平台上針對 12.1 版本執行的查詢：

```
SQL> SELECT stat_name, value, comments
  2  FROM v$osstat

STAT_NAME                         VALUE COMMENTS
------------------------ ------------ ---------------------------------------------------
NUM_CPUS                              8 Number of active CPUs
IDLE_TIME                      29648458 Time (centi-secs) that CPUs have been in the idle state
BUSY_TIME                       6348349 Time (centi-secs) that CPUs have been in the busy state
USER_TIME                       4942391 Time (centi-secs) spent in user code
SYS_TIME                        1336523 Time (centi-secs) spent in the kernel
IOWAIT_TIME                     3806135 Time (centi-secs) spent waiting for IO
NICE_TIME                         22373 Time (centi-secs) spend in low-priority user code
RSRC_MGR_CPU_WAIT_TIME            14195 Time (centi-secs) processes spent in the runnable state
                                        waiting
LOAD                                  1 Number of processes running or waiting on the run queue
NUM_CPU_CORES                         8 Number of CPU cores
NUM_CPU_SOCKETS                       2 Number of physical CPU sockets
PHYSICAL_MEMORY_BYTES       12619522048 Physical memory size in bytes
VM_IN_BYTES                           0 Bytes paged in due to virtual memory swapping
VM_OUT_BYTES                          0 Bytes paged out due to virtual memory swapping
FREE_MEMORY_BYTES            1529409536 Physical free memory in bytes
INACTIVE_MEMORY_BYTES        2112192512 Physical inactive memory in bytes
SWAP_FREE_BYTES              8603631616 Swap free in bytes
TCP_SEND_SIZE_MIN                  4096 TCP Send Buffer Min Size
```

```
TCP_SEND_SIZE_DEFAULT          16384 TCP Send Buffer Default Size
TCP_SEND_SIZE_MAX            4194304 TCP Send Buffer Max Size
TCP_RECEIVE_SIZE_MIN            4096 TCP Receive Buffer Min Size
TCP_RECEIVE_SIZE_DEFAULT       87380 TCP Receive Buffer Default Size
TCP_RECEIVE_SIZE_MAX         6291456 TCP Receive Buffer Max Size
GLOBAL_SEND_SIZE_MAX         1048576 Global send size max (net.core.wmem_max)
GLOBAL_RECEIVE_SIZE_MAX      4194304 Global receive size max (net.core.rmem_max)
```

這些資訊對找出資料庫伺服器上是否存在消耗 CPU 資源的其他應用特別有幫助。為達到這個目的，你需要根據時間模組統計資訊中的 `BUSY_TIME` 值來對比 CPU 使用率。如果這兩個值相近，你就可以知道你連線的資料庫實例佔用了大多數 CPU 資源。

4.2.2 時間模型統計資訊

透過查看時間模型統計資訊，你可以知道資料庫引擎代表應用進行哪種類型的處理。時間模型統計資訊的目的是展示執行關鍵操作所花費的時間統計，比如打開新對話、解析 SQL 敘述以及利用資料庫引擎（SQL、PL/SQL、JAVA 和 OLAP）處理呼叫。另外也會提供一些關於幕後處理的圖表。

由兩個獨立的樹狀結構組織而成的一小部分圖表，構成了時間模型統計資訊：其中一個是資料庫實例本身的幕後處理，另外一個是前台處理（應用執行的處理）。圖 4-2 和圖 4-3 不僅顯示幕後處理與前台處理的相關統計資訊，也展示了它們之間的關係。比如，根據圖 4-3，`parse time elapsed` 是 `DB time` 的子節點，也是 `hard parse elapsed time` 的上層節點。每項統計資訊基本上可以根據名字知道其意義。具體的描述請參照 *Oracle Database Reference* 手冊中的「V$SESS_TIME_MODLE」部分。

```
background elapsed time
└background cpu time
  └RMAN cpu time (backup/restore)
```

⬆ 圖 4-2 幕後處理時間模型統計資訊的樹狀結構

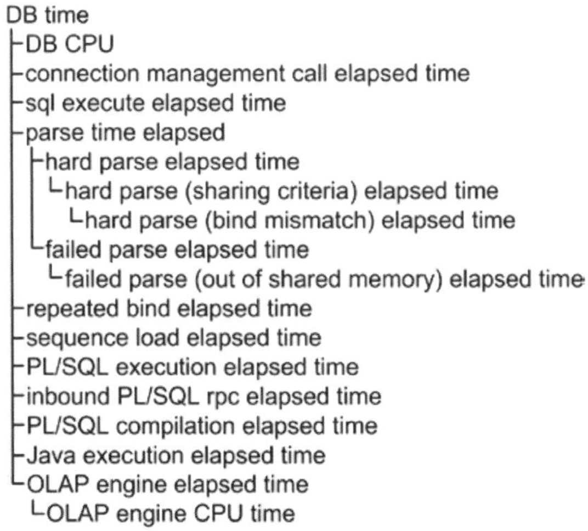

```
DB time
├DB CPU
├connection management call elapsed time
├sql execute elapsed time
├parse time elapsed
│├hard parse elapsed time
││└hard parse (sharing criteria) elapsed time
││  └hard parse (bind mismatch) elapsed time
│└failed parse elapsed time
│  └failed parse (out of shared memory) elapsed time
├repeated bind elapsed time
├sequence load elapsed time
├PL/SQL execution elapsed time
├inbound PL/SQL rpc elapsed time
├PL/SQL compilation elapsed time
├Java execution elapsed time
└OLAP engine elapsed time
  └OLAP engine CPU time
```

▲ 圖 4-3 前台處理時間模型統計資訊的樹狀結構

由於時間模型統計資訊被分成了兩個樹狀結構，所以可以對 DB time 和 background elapsed time 進行求和來統計處理的合計時間。注意，這兩個統計資訊都包含 CPU 使用和除了空閒等待層級等待事件之外的其他所有等待事件的總和（下一節會介紹關於等待層級的詳細資訊）。

樹狀結構中，子節點記錄的時間會包含在父節點中。但這並不代表父節點會記錄所有子節點記錄的時間。實際上，有些操作不會只與單獨的一個子節點相關聯，甚至有些操作都不會歸於任何子節點。

時間模型統計資訊分別由 v$sys_time_model 和 v$sess_time_model 視圖來提供系統層級和所有連線對話的資訊。此外，在 12.1 多租戶環境下，v$con_sys_time_model 視圖會顯示容器層級的統計資訊。在這些動態效能視圖中，有下面兩個關鍵行。

- stat_name 標識統計資訊。
- value 提供對應元件（資料庫實例、進程或容器）從初始化開始累積的總時間（單位：微秒）。

對於對話層級的統計資訊（v$sess_time_model），也有一行（sid）用來標識相關對話。並且在 12.1 多租戶環境下，也同樣存在一行（con_id）用來標識容器。

以下查詢根據 v$sess_time_model 視圖，顯示某進程從啟動開始花費的處理時間（97.3% 的時間用來執行 SQL 敘述）：

```
SQL> WITH
  2    db_time AS (SELECT sid, value
  3                FROM v$sess_time_model
  4                WHERE sid = 42
  5                AND stat_name = 'DB time')
  6  SELECT ses.stat_name AS statistic,
  7         round(ses.value / 1E6, 3) AS seconds,
  8         round(ses.value / nullif(tot.value, 0) * 1E2, 1) AS "%"
  9  FROM v$sess_time_model ses, db_time tot
 10  WHERE ses.sid = tot.sid
 11  AND ses.stat_name <> 'DB time'
 12  AND ses.value > 0
 13  ORDER BY ses.value DESC;

STATISTIC                                SECONDS     %
---------------------------------------- ------- -----
sql execute elapsed time                  99.437  97.3
DB CPU                                      4.46   4.4
parse time elapsed                         0.308   0.3
connection management call elapsed time    0.004   0.0
PL/SQL execution elapsed time              0.000   0.0
repeated bind elapsed time                 0.000   0.0
```

請注意，在本例中，百分比是根據 DB time 的值計算的，這個值是資料庫引擎處理使用者呼叫花費的所有時間。由於 DB time 只計算資料庫處理時間，資料庫引擎等待使用者呼叫的時間花費並不包括在內。因此，僅根據時間模型統計資訊提供的資訊並不能確定問題是在資料庫裡還是資料庫之外。此外，僅根據時間模型統計資訊也無法解釋已用時間和 CPU 時間的區別（比如，上例中只有 4.4% 的時間用在 CPU 上）。要想確切知道到底發生了什麼，就需要等待層級和等待事件（見下一節）的資訊。

平均活動對話數

平均活動對話數（Average Number of Active Session，AAS）是系統層級 DB time 的成長率。比如，如果資料庫實例的 BD time 在 60 秒內成長了 1,860 秒，那麼平均活動對話數為 31（1,860/60）。這表示在 60 秒內，大約有 31 個進程在處理使用者呼叫。

系統層級的平均活動對話數是一個重要指標，因為它能告訴你系統的負載情況。一般來說，當系統幾乎空閒時，這個值要比 CPU 核數低得多。相反，若該值比 CPU 核數高許多，則表示系統非常繁忙。不得不說由於這是個平均值，會有很多資訊看不到。因此當只根據該資訊來診斷時請格外注意，尤其當持續時間不止幾分鐘時。

DB time 的成長率也可以用來計算單獨的對話。那樣的話，它只能是介於 0 和 1 之間的某個值，用來表示對話活動的程度。如果值是 0，代表進程徹底空閒。換句話說，資料庫引擎沒有做處理。如果值為 1，代表進程正忙於處理使用者呼叫。

4.2.3 等待層級和等待事件

根據時間模型統計資訊，不僅可以確定資料庫實例（對話或容器）花費了多少時間處理，也能知道這個處理使用了多少 CPU。當這兩個值相等時，代表資料庫實例並沒有經歷類似磁片 I/O 操作、網路迴路或者鎖的等待。然而，當這兩個值不同時，為了分析效能問題，你需要知道伺服器進程正在等待哪些資源。而這個資訊就來自等待事件。

由於等待事件非常多（在 12.1 版本中有超過 1,500 個），為了簡化分析產品的資源使用，等待事件被分成 13 個等待層級（注意，10.2 版本中是 12 個）。透過查詢 `v$event_name` 視圖可以得知目前版本有哪些等待事件及其等待層級。例如，以下查詢顯示了在 12.1.0.1 版本中存在的等待層級，每個層級包含的等待事件數以及一些等待事件（`Commit`）所屬的等級層級：

```
SQL> SELECT wait_class, count(*)
  2  FROM v$event_name
  3  GROUP BY rollup(wait_class)
  4  ORDER BY wait_class;

WAIT_CLASS     COUNT(*)
-------------- --------
```

```
Administrative          57
Application             17
Cluster                 57
Commit                   4
Concurrency             34
Configuration           26
Idle                   119
Network                 28
Other                 1123
Queueing                 9
Scheduler               10
System I/O              34
User I/O                51
                      1569

SQL> SELECT name
  2  FROM v$event_name
  3  WHERE wait_class = 'Commit';

NAME
----------------------------------
remote log force - commit
log file sync
nologging standby txn commit
enq: BB - 2PC across RAC instances
```

v$system_wait_class 和 v$session_wait_class 視圖分別記錄了系統層級與所有連線對話的等待事件層級。此外，在 12.1 多租戶環境下，v$con_system_wait_class 顯示容器層級的統計資訊。這些動態效能視圖有下面三個關鍵行。

- wait_class 標識等待層級。
- toal_waits 提供對應元件（資料庫實例、對話或容器）從初始化開始累積的等待事件數。
- time_waited 提供對應元件（資料庫實例、對話或容器）從初始化開始累積的總等待時間（單位：百分之一秒）。

當然，對於對話層級的統計資訊（v$session_wait_class），同樣存在行（sid）用來標識對應的對話，並且在 12.1 多租戶環境下，存在行（con_id）用來標識容器。接下來的例子使用與之前例子一樣的對話（在 CPU 上花費 4.4% 的 DB time）。用這個例子說明，如何對對話執行處理以產生一個簡要的資源使用分析。可以在系統層級和容器層級使用類似的查詢。只需要將查詢涉及的動態效能視圖更改為對應的層級即可。

```
SQL> SELECT wait_class,
  2         round(time_waited, 3) AS time_waited,
  3         round(1E2 * ratio_to_report(time_waited) OVER (), 1) AS "%"
  4  FROM (
  5    SELECT sid, wait_class, time_waited / 1E2 AS time_waited
  6    FROM v$session_wait_class
  7    WHERE total_waits > 0
  8    UNION ALL
  9    SELECT sid, 'CPU', value / 1E6
 10    FROM v$sess_time_model
 11    WHERE stat_name = 'DB CPU'
 12  )
 13  WHERE sid = 42
 14  ORDER BY 2 DESC;

WAIT_CLASS     TIME_WAITED     %
-------------- ----------- -----
Idle                154.77  60.2
User I/O             96.99  37.7
CPU                   4.46   1.7
Commit                0.85   0.3
Network               0.04   0.0
Configuration         0.03   0.0
Concurrency           0.02   0.0
Application           0.01   0.0
```

即便已經開始根據等級層級的資源使用分析，大多數時候你仍然需要準確的資訊。你需要等待事件。為此，資料庫引擎分別透過 v$system_event 和 v$session_event 視圖來提供系統層級和所有連線對話的等待事件資訊。此外，在

12.1 多租戶環境下，v$con_system_event 視圖提供容器層級資訊。以下查詢用來說明如何對對話執行處理以產生詳細的資源使用分析（可以在系統層級和容器層級使用類似的查詢。只需要將查詢涉及的動態效能視圖更改為對應的層級），使用的是與前面例子相同的對話。

```
SQL> SELECT event,
  2         round(time_waited, 3) AS time_waited,
  3         round(1E2 * ratio_to_report(time_waited) OVER (), 1) AS "%"
  4  FROM (
  5    SELECT sid, event, time_waited_micro / 1E6 AS time_waited
  6    FROM v$session_event
  7    WHERE total_waits > 0
  8    UNION ALL
  9    SELECT sid, 'CPU', value / 1E6
 10    FROM v$sess_time_model
 11    WHERE stat_name = 'DB CPU'
 12  )
 13  WHERE sid = 42
 14  ORDER BY 2 DESC;

EVENT                          TIME_WAITED     %
------------------------------ ----------- -----
SQL*Net message from client        154.790  60.2
db file sequential read             96.125  37.4
CPU                                  4.461   1.7
log file sync                        0.850   0.3
read by other session                0.734   0.3
db file parallel read                0.135   0.1
SQL*Net message to client            0.044   0.0
cursor: pin S                        0.022   0.0
enq: TX - row lock contention        0.011   0.0
Disk file operations I/O             0.001   0.0
latch: In memory undo latch          0.001   0.0
```

在上面的輸出中，你可以注意到 DB time 只佔用了總執行時間的 39.8%（100-60.2）。實際上，剩下的 60.2% 被空閒等待事件佔用（SQL*Net message from client)。這表示在 60.2% 的時間裡，資料庫引擎在等待應用提交作業。這個資源使用分析提供的另一個重要的資訊是，當資料庫引擎處理使用者呼叫時，它總是單區塊讀來執行磁片 I/O 操作（db file sequential read）。所有其他的等待事件和 CPU 使用率都可忽略不計。

對於一些等待事件，比如與磁片 I/O 操作有關的，你或許想要知道平均延遲的資訊。實際上，如果你有這些資訊，就可以對比目前效能與預期效能（你應該知道用來儲存資料庫的磁片 I/O 子系統的預期效能）。比如，可以根據視圖（比如 v$system_event）執行查詢來計算某一等待事件的平均延遲。

```
SQL> SELECT time_waited_micro/total_waits/1E3 AS avg_wait_ms
  2  FROM v$system_event
  3  WHERE event = 'db file sequential read';

AVG_WAIT_MS
-----------
 9.52927176
```

上面這個查詢計算出來的平均值隱藏了很多資訊，Oracle 資料庫提供了一個視圖，該視圖可以在系統層級為每個等待事件提供長條圖。這個視圖就是 v$event_histogram。它有下面三個關鍵行。

- event 是等待事件的名稱。
- wait_time_milli 代表每個長條圖桶的上限值（不包含在內）。
- wait_count 是與等待事件關聯的長條圖桶數。

比如，接下來的查詢顯示多數（45.7%）等待事件在 4 毫秒和 8 毫秒的桶內，約 24%（3.27+2.75+18.37）在小於 4 毫秒的桶內，約 10%（5.96+2.66+1.34+0.17+0.01）在 16 毫秒以及更大的桶內。

```
SQL> SELECT wait_time_milli, wait_count, 100*ratio_to_report(wait_count)
OVER () AS "%"
  2  FROM v$event_histogram
  3  WHERE event = 'db file sequential read';
```

```
WAIT_TIME_MILLI WAIT_COUNT      %
--------------- ---------- ------
              1     348528   3.27
              2     293508   2.75
              4    1958584  18.37
              8    4871214  45.70
             16    2106649  19.76
             32     635484   5.96
             64     284040   2.66
            128     143030   1.34
            256      18041   0.17
            512        588   0.01
           1024        105   0.00
           2048          1   0.00
```

上面的資訊主要顯示最大值是多少。在本例中，一些磁片 I/O 操作遠遠超出預期（在 64 毫秒的桶與 2 秒的桶之間）。儘管這樣的操作不多，卻能表明要麼磁片 I/O 系統（或其中一個元件）太小，要麼設定或硬體有問題。

4.2.4 系統和對話統計資訊

除了時間模組統計資訊和等待事件，資料庫引擎同樣會記錄數百個（在 12.1 版本中有超過 850 個）附加統計資訊，比如某一操作執行的次數或某一函數處理的資料量。可以分別在 v$sysstat 和 v$sesstat 視圖中查到系統層級和所有連線對話的相關資訊。此外，在 12.1 多租戶環境中，也可以在 v$con_sysstat 視圖中找到容器層級的資訊。

在 v$sysstat 視圖中有下面兩個關鍵行。

- name 標識統計資訊（大部分的簡要描述請參考 *Oracle Database Reference* 手冊）。
- value 提供與統計資訊相關的指標。在大多數情況下，value 顯示的是從資料庫實例啟動開始的累計值，但並不是所有的統計資訊都是這樣。

讓我們來看兩個查詢，這兩個例子會顯示動態效能視圖，比如 v$sysstat 提供的資訊。第一個查詢根據持續增加的計數器回傳統計資訊。在這裡，這些計數器代表 logon 數、commit 數和資料庫實例啟動後在記憶體中的排序數。

```
SQL> SELECT name, value
  2  FROM v$sysstat
  3  WHERE name IN ('logons cumulative', 'user commits', 'sorts (memory)');

NAME                    VALUE
----------------- --------
logons cumulative      1422
user commits        1298103
sorts (memory)       770169
```

第二個查詢回傳的統計資訊顯示磁片 I/O 操作處理的總資料量。

```
SQL> SELECT name, value
  2  FROM v$sysstat
  3  WHERE name LIKE 'physical % total bytes';

NAME                                VALUE
-------------------------- ----------
physical read total bytes   9.1924E+10
physical write total bytes  4.2358E+10
```

v$con_sysstat 視圖與 v$sysstat 視圖的結構一樣。然而，v$sesstat 視圖有很大不同。儘管有行（sid）用來標識統計資訊所屬的對話，但沒有提供 name 行。為了獲得統計資訊的名稱，就必須使用另一個包含所有統計資訊清單的視圖 v$statname 與 v$sesstat 進行聯集查詢。以下查詢展示了如何利用這兩個視圖來獲取目前對話的 PGA 記憶體使用率資訊（會回傳兩個值：目前記憶體使用的總數和對話初始化後分配的最大記憶體數）：

```
SQL> SELECT sn.name, ss.value
  2  FROM v$statname sn, v$sesstat ss
  3  WHERE sn.statistic# = ss.statistic#
  4  AND sn.name LIKE 'session pga memory%'
```

```
  5 AND ss.sid = sys_context('userenv','sid');

NAME                        VALUE
----------------------- --------
session pga memory        1723880
session pga memory max  2313704
```

為了避免根據 sid 行的限制，以上查詢可以使用 v$mystat 視圖。實際上，針對對話查詢，還可以使用提供相同資訊的 v$sesstat。唯一不同的是這個視圖只顯示目前對話的統計資訊。

提示 大多數情況下，要開始分析，首先需要把回應時間分解成 CPU 消耗與等待事件。如果一個對話總是佔用 CPU，沒有任何等待事件，對話統計資訊會有助於瞭解目前對話到底在做什麼。

4.2.5 度量值

前幾節介紹的動態效能視圖裡提供的多數統計資訊值都是累積的。以此為基礎，資料庫引擎計算出一個度量值（根據版本的不同，在 200~300 之間），而這個值對監控特別有用。這些值在 v$metricname 視圖中列出。比如，從 11.2 版本之後，會有一個值用來顯示資料庫伺服器每秒的 CPU 使用（根據 OS 統計資訊）。以下查詢展示這個值在 v$metricname 視圖中的內容：

```
SQL> SELECT metric_id, metric_unit, group_id, group_name
  2  FROM v$metricname
  3  WHERE metric_name = 'Host CPU Usage Per Sec';

METRIC_ID METRIC_UNIT            GROUP_ID GROUP_NAME
--------- ---------------------- -------- ----------------------------
     2155 CentiSeconds Per Second       2 System Metrics Long Duration
     2155 CentiSeconds Per Second       3 System Metrics Short Duration
```

正如你在上面這個查詢輸出中所看到的，一個度量值有一個 ID、一個衡量單位和它所在組的 ID 和名稱（本例它屬於兩個組）。

請注意度量值是根據若干衡量單位計算出來的。其中一些，像上面例子中的，代表使用率或每秒的事件數。其他的則是根據每個事務、請求、呼叫或絕對值的平均值計算出來的。

度量值關聯的組定義了計算間隔和資訊提供的時長。如果一個度量值關聯兩個組，正如上面的例子那樣，這表示資料庫引擎分別計算兩個度量值，並且它們都有各自的間隔和儲存期。v$metricgroup 視圖提供了關於組的資訊。下面這些組存在於 12.1 版本中（其他版本中組的數量可能不同）：

```
SQL> SELECT *
  2  FROM v$metricgroup
  3  ORDER BY group_id;

  GROUP_ID NAME                               INTERVAL_SIZE  MAX_INTERVAL
---------- -------------------------------- -------------  ------------
         0 Event Metrics                             6000             1
         1 Event Class Metrics                       6000            60
         2 System Metrics Long Duration              6000            60
         3 System Metrics Short Duration             1500            12
         4 Session Metrics Long Duration             6000            60
         5 Session Metrics Short Duration            1500             1
         6 Service Metrics                           6000            60
         7 File Metrics Long Duration               60000             6
         9 Tablespace Metrics Long Duration          6000             0
        10 Service Metrics (Short)                    500            24
        11 I/O Stats by Function Metrics             6000            60
        12 Resource Manager Stats                    6000            60
        13 WCR metrics                               6000            60
        14 WLM PC Metrics                             500            24
```

interval_size 行顯示度量值所關聯的組的計算間隔，以百分之一秒為單位。例如，System Metrics Long Duration 組的度量值每 60 秒計算一次。max_interval 行顯示該組間隔保留的最大值。例如，System Metrics Long Duration 組的最大值為 60。因此對於這個組，前一個小時的資訊都是可用的。

度量值本身的值來自若干視圖。實際上，有些視圖是特別針對一些度量值組的。例如，對於組 2 和組 3，v$sysmetric 和 v$sysmetric_history 視圖分別顯示了目前值和歷史值。簡單來說，對於大多數度量值，都可以使用 v$metric 和 v$metric_history 視圖。舉例說明，下面的查詢顯示 Host CPU Usage Per Sec 的目前度量值（注意，第一個度量值計算花費了 60 秒，第二度量值只花費了 15 秒）：

```
SQL> SELECT begin_time, end_time, value, metric_unit
  2  FROM v$metric
  3  WHERE metric_name = 'Host CPU Usage Per Sec';

BEGIN_TIME          END_TIME                 VALUE METRIC_UNIT
------------------- ------------------- ---------- -----------------------
2014-04-28 01:56:00 2014-04-28 01:57:00 168.137173 CentiSeconds Per Second
2014-04-28 01:56:45 2014-04-28 01:57:00 159.786951 CentiSeconds Per Second
```

4.2.6 目前對話狀態

透過 v$session 視圖，不僅可以知道有哪些對話存在，還可以知道它們現在都在做什麼。由於這個動態效能視圖包含了太多行（例如，10.2.0.5 版本中為 82 行，12.1.0.1 版本中為 101 行），這裡不會一一介紹（更多資訊請參考 *Oracle Database Reference* 手冊）。下面列出可以從 v$session 視圖中獲取的最重要的資訊以及這些資訊所在的行。

- 對話的標識（sid、serial#、saddr 和 audsid），對話是屬於 BACKGROUND 對話還是 USER 對話（type），以及對話進行初始化的時間（logon_time）。
- 打開對話的使用者標識（username 和 user#）、目前模式（schemame）和用於連線到資料庫引擎的服務名稱（service_name）。
- 使用對話的應用（program）、啟動對話所在的機器（machine）、對話的進程 ID（process）以及啟動對話的作業系統使用者名稱（osuser）。
- 伺服器端進程的類型（server）（可以是 DEDICATED、SHARED、PSEUDO、POOLED 或 NONE）以及伺服器端進程的位址（paddr）。

- 目前活動事務的位址（taddr）。
- 對話狀態（status）（可以是 ACTIVE、INACTIVE、KILLED、SNIPED 或 CACHED）以及這個狀態持續了多少秒（last_call_et）。處理效能問題時，通常只關注 ACTIVE 的對話。
- 正在執行的 SQL 敘述的類型（command）、與 SQL 敘述相關的游標的標識（sql_address、sql_hash_value、sql_id 和 sql_child_number）、執行的開始時間（sql_exec_start）以及 SQL 敘述的執行 ID（sql_exec_id）。執行 ID 是一個整數值，與 sql_exec_start 一起標識出某個特定執行。由於同樣的游標每秒會被執行多次，這會變得很重要（注意 sql_exec_start 行的資料類型是 DATE）。
- 執行過的前一個游標的標識（prev_sql_address、prev_hash_value、prev_sql_id 和 prev_child_ number）、前一個執行的開始時間（prev_exc_start）以及前一個游標的執行 ID（prev_exec_id）。
- 如果執行的是 PL/SQL 呼叫，那麼該資訊包括，被呼叫的頂層程式與副程式的標識（plsql_entry_object_id 和 plsql_entry_subprogram_id），以及目前正在執行的頂層程式和副程式（plsq_object_id 和 plsql_subprogram_id）。注意，如果對話正在執行某個 SQL 敘述，則會將 plsql_object_id 和 plsql_subprogram_id 設定為 NULL。
- 對話屬性（client_identifier、module、action 和 client_info）（如果使用對話的應用設定這些屬性）。
- 如果對話目前正在等待（這種情況下會將 state 行設定為 WAITING），那麼該資訊包括，對話正在等待的等待事件的名稱（event）、其等待層級（wait_class 和 wait_class#）、關於等待事件的詳細資訊（p1text、p1、p1raw、p2text、p2、p2raw、p3text、p3 和 p3raw），以及對話已經等待該等待事件的時間（seconds_in_wait，自 11.1 版本起為 wait_time_micro）。注意如果 state 行不是 WAITING，那麼表示對話在使用 CPU（如果 status 行等於 ACTIVE）。這種情況下，與等待事件相關的行會包含關於上一次等待的資訊。

- 對話是否被另一個對話所阻止（如果是，則會將 blocking_session_status 設定為 VALID）；如果對話正在等待，那麼是哪個對話正在阻止它（blocking_instance 和 blocking_session）。
- 如果對話目前被阻止，並且正在等待某個特定行（例如，等待某個行鎖定），那麼該資訊是對話目前正在等待的行的標識（row_wait_obj#、row_wait_file#、row_wait_block# 和 row_wait_row#）。如果對話未在等待某個被鎖定的行，那麼 row_wait_obj# 行等於值 -1。

除了 v$session 視圖之外，還有專門提供特定資訊的其他動態效能視圖。比如，v$session_wait 視圖僅提供與等待事件相關的行，而 v$session_blockers 視圖僅提供與被阻止對話相關的行。

4.2.7 活動對話歷史

上一節介紹過，透過 v$session 視圖可以知道所有連線對話的目前狀態。即使這樣的資訊有用，卻也並不足以用來分析效能問題。實際上，想要分析成功，就必須知道一個對話在一段時間內做了什麼，而不是僅僅在某一時刻做了什麼。這就是**活動對話歷史（ASH）**的作用，它可以 明你獲取對話狀態的歷史資訊。

> **注意** Diagnostics Pack 選件必須有許可才能使用 ASH。如果 control_management_pack_access 預設設定為 none，ASH 會被禁用。

與 SQL 追蹤相比，ASH 的主要優勢在於 ASH 總是處於啟用狀態，因此可以在需要時隨時查看。正是由於這個原因，它對於不能重現的效能問題分析非常有用。你僅需要等到系統經歷效能問題後去分析 ASH 的資訊即可。

為了產生 ASH 的歷史資訊，後台進程（MMNL）會在每秒執行以下三個操作。

- 對所有對話狀態取樣（它的執行內容類似查詢 v$session 視圖）。
- 忽略等待空閒等待層級事件的對話資料。
- 把剩下的資料存入 SGA 的記憶體緩衝區中。

圖 4-4 為範例圖解。你可以注意到對話 1 在等待用戶 I/O 層級的事件，而對話 2 在使用 CPU，對話 3 和對話 4 處於空閒狀態。

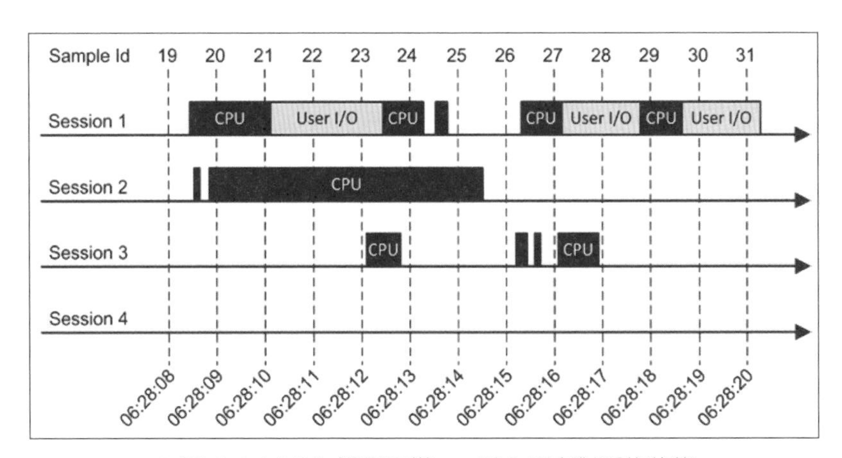

▲ 圖 4-4 MMNL 進程取樣，一秒內所有對話的狀態

如圖 4-4 所示，MMNL 取樣進程產生的資料與表 4-1 的彙總資料類似。這裡需要注意兩點。首先，活動對話歷史裡總是會記錄至少持續一秒的操作。其次，即使對話 3 有過一些活動，也不會記錄在活動對話歷史中。

表 4-1 針對圖 4-4 範例的負載，由 MMNL 產生的範例

範例 ID	時間戳記	對話	SQL ID	活動
20	06:28:09	1	gd90ygn1j4026	CPU
20	06:28:09	2	5m6mu5pd9w028	CPU
21	06:28:10	1	gd90ygn1j4026	CPU
21	06:28:10	2	5m6mu5pd9w028	CPU
22	06:28:11	1	gd90ygn1j4026	User I/O
22	06:28:11	2	5m6mu5pd9w028	CPU
23	06:28:12	1	gd90ygn1j4026	User I/O
23	06:28:12	2	5m6mu5pd9w028	CPU
24	06:28:13	1	7ztv2z24kw0s0	CPU
24	06:28:13	2	5m6mu5pd9w028	CPU
25	06:28:14	2	5m6mu5pd9w028	CPU

範例 ID	時間戳記	對話	SQL ID	活動
27	06:28:16	1	d9gdx5a4gc13y	CPU
28	06:28:17	1	1uaz41wrxw03k	User I/O
29	06:28:18	1	1uaz41wrxw03k	CPU
30	06:28:19	1	1uaz41wrxw03k	User I/O
31	06:28:20	1	1uaz41wrxw03k	User I/O

根據表 4-1 中的資料，可以衍生出以下資訊。

- 對話 1 活動時間占總時間的 83%（12 秒內 10 個取樣），並且至少執行了 4 個不同的 SQL 敘述。CPU 佔用了一半的處理時間（10 秒內 5 個取樣），另一半時間用來執行磁片 I/O 操作。
- 對話 2 活動時間占總時間的 50%（12 秒內 6 個取樣）。這期間 CPU 一直在執行 SQL ID 為 5m6mu5pd9w028 的 SQL。
- 對話 3 和對話 4 處於 100% 空閒狀態（12 秒內 0 個取樣）。

活動對話歷史緩衝區

當資料庫實例啟動時，會在 SGA 中產生一個緩衝區用來存放活動對話歷史。Oracle 的設計目的是在記憶體中儲存一個小時的活動。可以執行以下查詢來獲取緩衝區大小，以及存放了多久的資訊：

```
SQL> SELECT pool, bytes
  2  FROM v$sgastat
  3  WHERE name = 'ASH buffers';

POOL             BYTES
----------- ---------
shared pool   14680064

SQL> SELECT max(sample_time) - min(sample_time) AS interval
  2  FROM v$active_session_history;

INTERVAL
```

```
------------------------
+000000000 02:25:30.293
```

可以透過 v$active_session_history 視圖來查詢儲存在活動對話歷史中的資料。視圖中的許多行與 v$session 視圖的意義相同（詳細資訊請參考 4.2.6 節）。就像 v$session 視圖一樣，v$active_session_history 視圖的行與使用版本有很大關係（比如，10.2.0.5 版本有 50 行，12.1.0.1 版本有 101 行）。與 v$session 視圖相比，v$active_session_history 視圖少了一些行，其中一些行的內容也有所不同，還有一些行僅存在於 v$active_session_history 視圖中。下面列出了僅存在於 v$active_ session_history 視圖中的重要行或內容不同的行（更多資訊請參考 *Oracle Database Reference* 手冊）。

- sample_id 是 MMNL 取樣時的識別字。注意，在活動對話歷史中，它並不用來標識一行。
- sample_time 是 MMNL 取樣時的時間戳記。因此，可以根據此行重現每個對話的活動。
- session_state 是對話的狀態。該行值是 WAITING 或 ON CPU。
- 如果對話在等待，那麼 time_waited 行就是對話等待時間的總微秒數。為了防止一個等待事件會跨越兩個或者更多的取樣，實際等待時間會取自最後一個取樣，對於其他的取樣，time_waited 行將為 0。以下例子顯示對話等待鎖定 7.4 秒：

```
SQL> SELECT sample_time, event, time_waited
  2  FROM v$active_session_history
  3  WHERE session_id = 137
  4  ORDER BY sample_time;

SAMPLE_TIME                EVENT                 TIME_WAITED
-------------------------- --------------------- -----------
...
27-APR-14 03.10.50.245 PM  enq: TM - contention            0
27-APR-14 03.10.51.245 PM  enq: TM - contention            0
27-APR-14 03.10.52.245 PM  enq: TM - contention            0
27-APR-14 03.10.53.245 PM  enq: TM - contention            0
```

```
27-APR-14 03.10.54.245 PM  enq: TM  - contention           0
27-APR-14 03.10.55.245 PM  enq: TM  - contention           0
27-APR-14 03.10.56.245 PM  enq: TM  - contention           0
27-APR-14 03.10.57.245 PM  enq: TM  - contention     7390676
...
```

- 對於執行的 SQL 敘述，若干行提供執行計畫資訊。特別是它的值（sql_plan_hash_value）和活動操作（sql_plan_line_id、sql_plan_operation 和 sql_plan_options）。
- 從 11.1 版本之後，根據時間模型分析定義的分類，若干標記用來指出執行的操作（in_connection_ mgmt、inparse、in_hard_parse、in_sql_execution、in_plsql_execution、in_plsql_rpc、in_plsql_comilation、in_java_execution、in_bind、in_cursor_close 和 11.2 版本之後的 in_sequence_load）。
- 對於並存執行的 SQL 敘述，也有對應平行查詢的資訊（qc_instance_id、qc_session_id 和 11.1 版本之後的 qc_session_serial#）。

有了 v$active_session_history 視圖中的資訊，就可以分析資料庫引擎在處理期間花費的時間。強調一下，之所以是統計分析是因為資料是根據取樣的。因此，更多的取樣才會產生更準確的結果。總之，由於每秒只會取樣一次，並且只儲存一個活動對話，因此準確性比不上不根據取樣的方法（比如 SQL 追蹤）。然而在很多時候，分析能提供足夠的資訊來指出效能問題的成因。

針對 v$active_session_history 視圖的典型查詢包含以下部分。

- 對 sample_time 進行限制來關注某個特定時間段。
- 根據一行或多行的彙總查詢來獲取處理的相關資訊，如對話 ID（session_id），執行游標的 SQL 敘述（sql_id），或者執行處理的應用（program）。
- 取樣的計數。由於每個取樣都是一秒，取樣的數量會接近 DB time。

警告 要對 DB time、CPU 時間或等待事件的總時間估值，需對取樣計數。但請注意，使用 sum(time_waited) 這樣的簡單運算式彙總數是錯的。因為事件被取樣的可能性與事件長度有關。

例如，以下查詢回傳的是五分鐘內，根據它們 DB time 排序的排名前十的 SQL 敘述（注意，比如排名第一的 SQL 敘述執行了 1,008 秒，佔用了 29.9% 的 DB time）。

```
SQL> SELECT activity_pct,
  2         db_time,
  3         sql_id
  4  FROM (
  5    SELECT round(100 * ratio_to_report(count(*)) OVER (), 1) AS
activity_pct,
  6           count(*) AS db_time,
  7           sql_id
  8    FROM v$active_session_history
  9    WHERE sample_time BETWEEN to_timestamp('2014-02-12 22:12:30',
'YYYY-MM-DD HH24:MI:SS')
 10                          AND to_timestamp('2014-02-12 22:17:30',
'YYYY-MM-DD HH24:MI:SS')
 11    AND sql_id IS NOT NULL
 12    GROUP BY sql_id
 13    ORDER BY count(*) DESC
 14  )
 15  WHERE rownum <= 10;

ACTIVITY_PCT    DB_TIME SQL_ID
------------ ---------- -------------
        29.9       1008 c13sma6rkr27c
        11.3        382 0yas01u2p9ch4
        11.2        376 0y1prvxqc2ra9
         9.5        321 7hk2m2702ua0g
         8.2        277 bymb3ujkr3ubk
         7.8        263 8dq0v1mjngj7t
         5.8        196 8z3542ffmp562
         4.2        142 0bzhqhhj9mpaa
         2.8         93 5mddt5kt45rg3
         1.3         44 0w2qpuc6u2zsp
```

如果你使用 Enterprise Manager 12*c*（Cloud Control 或 Express），則可以存取 ASH Analytics 獲取活動對話歷史的資訊。使用 ASH Analytics 可以直接存取 `v$active_session_history` 視圖執行分析，而不用寫 SQL 查詢。可以簡單地在資料庫實例經歷的時間線和負載概況的圖表上，選取一個時間段（如圖 4-5 所示），選出想要彙總的一區塊或多區塊資料（下拉清單允許包含多達 24 個選擇），然後選擇資料顯示的格式。

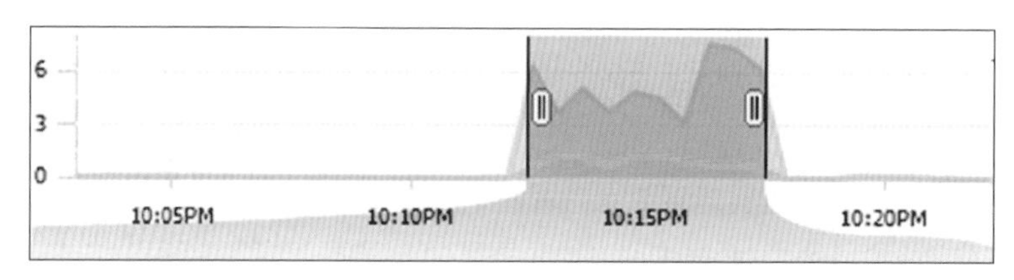

⬆ 圖 4-5 在 ASH Analytics 上選擇分析的時間段

> **注意** 儘管 ASH Analytics 是 Enterprise Manager 的特性，但也需要在資料庫端安裝一些物件。這些物件只在 11.2.0.4 版本之後才會被預設安裝。在之前的版本中是需要手動安裝的。若未安裝這些物件，使用 ASH Analytics 時，Enterprise Manager 會建議你安裝。注意，10.2 版本不支援 ASH Analytics。

可以根據以下三種主要的格式來排列資料。

- activity chart 顯示所選時間段中平均活動對話數的變化。圖 4-6 顯示了在圖 4-5 中選擇的 5 分鐘內排名前十的 SQL 敘述的活動對話數。

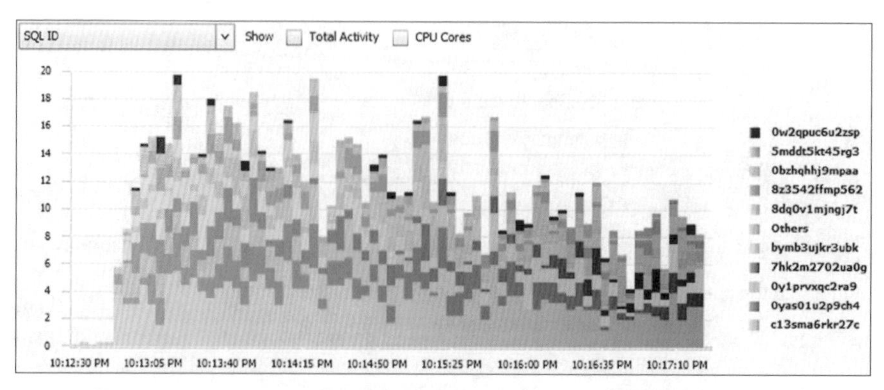

⬆ 圖 4-6 activity chart 顯示圖 4-5 選擇的時間段中排名前十的 SQL 敘述

- top consumer table 顯示選擇的時間段中，消耗最大的平均活動對話數。注意在這裡可以選擇與 activity chart 不同的區域。例如，圖 4-7 顯示了，在圖 4-5 選擇的時間段裡，哪些 SQL 敘述佔用了最多的 DB time。注意，將滑鼠停在 activity 的條上時，也可以看到 SQL 敘述執行的一些活動資訊。例如，在圖 4-7 中，排名第一的 SQL 敘述花費了 29% 的時間，用來等待用戶 I/O 等待層級的事件。

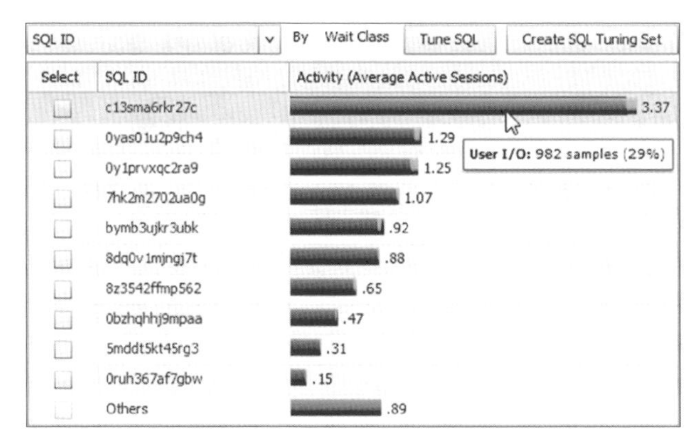

⬆ 圖 4-7 top consumer 表顯示在圖 4-5 選擇的時間段裡排名前十的 SQL 敘述

- load map 顯示的資訊與 top consumer 表很像，不同的是用了 treemap 而非表。例如，圖 4-8 顯示了與圖 4-7 同時間段的資料。同樣，也可以把滑鼠懸停在 load map 的一個矩形上獲取詳細資訊。

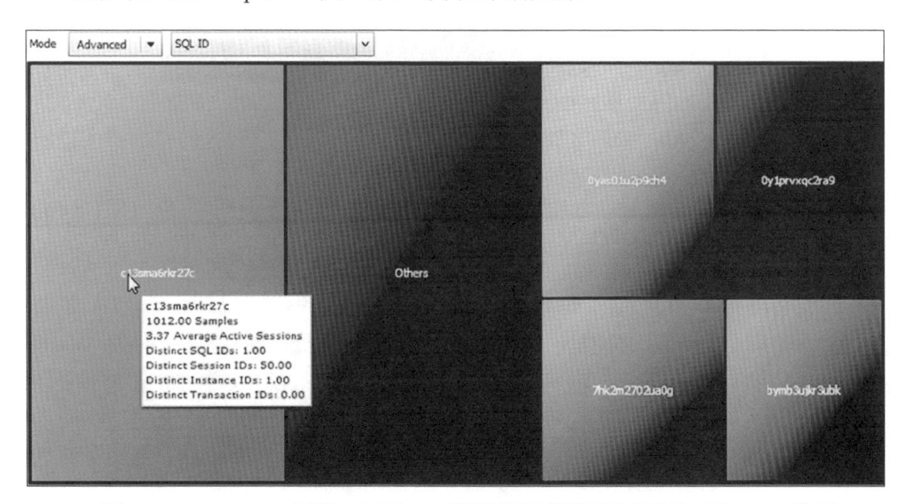

⬆ 圖 4-8 load map 表顯示在圖 4-5 選擇的時間段裡排名前五的 SQL 敘述

儘管 activity chart 和 load map 可用來顯示資料，但在 ASH Analytics 裡，它們扮演著其他重要的角色。實際上，可以透過選擇一個或者多個 top consumer，來限制分析的資料。換句話說，可以利用它們定義篩檢程式來應用到圖表裡。例如，可以執行以下操作：

- 顯示 top SQL 敘述並選擇最耗時的部分（c13sma6rkr27c）；
- 顯示 top wait class 並選擇最耗時的部分（使用者 I/O）；
- 顯示 top wait event 並選擇最耗時的部分（`db file sequential read`）；
- 顯示 top module。

圖 4-9 顯示了這些操作的結果。注意，load map 頂端定義了篩檢程式。根據這個圖，可以推斷出選擇時間段內的全部負載是由單個模組產生的（New Order）。

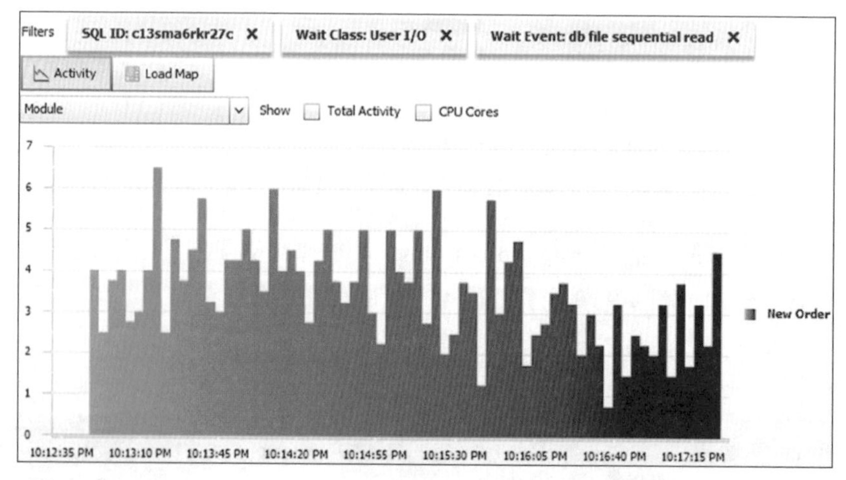

⬆ 圖 4-9 activity chart 顯示了執行特定 SQL 敘述時，經歷了特定等待事件的模組

無論你能否存取 Enterprise Manager，Oracle 都提供了一個稱為 ASH Report 的功能來從 ASH 中擷取資料而不需要寫 SQL 敘述。它的目的是針對選擇的時間段，根據若干維度產生彙總資訊，產生的檔案可以是文字檔或 HTML 檔。此外，也可以選擇性地限制分析特定的對話、SQL 敘述、等待層級、服務、模組、動作、用戶端 ID 或 PL/SQL 存取點。可以使用 Enterprise Manager 或直接在 SQL*Plus 裡執行腳本 `ashrpt.sql` 或 `ashrpti.sql` 來執行 ASH Report，腳本存放在 `$ORACLE_HOME/rdbms/admin` 下。這兩個腳本的區別在於前者輸入較少的參數。特別是在執

行腳本時，你無法限制選擇特定的元件。例如，執行 ashrpt.sql 腳本只會詢問產生報告的類型（文字或 HTML）、要分析的時間段和報告名。

```
SQL> @?/rdbms/admin/ashrpt.sql

Enter 'html' for an HTML report, or 'text' for plain text
Enter value for report_type: text

Enter value for begin_time: 02/12/14 22:12:30

Enter duration in minutes starting from begin time:
Enter value for duration: 5

The default report file name is ashrpt_1_0212_2217.txt. To use this name,
press <return> to continue, otherwise enter an alternative.
Enter value for report_name:
```

下面是上一個執行產生的報告的一小部分摘錄（完整的報告請查看檔案 ashrpt_1_0212_ 2217.txt）。

- 關於報告的一般資訊：

```
        Analysis Begin Time:  12-Feb-14 22:12:30
          Analysis End Time:  12-Feb-14 22:17:30
               Elapsed Time:        5.0 (mins)
          Begin Data Source:  V$ACTIVE_SESSION_HISTORY
            End Data Source:  V$ACTIVE_SESSION_HISTORY
               Sample Count:      4,583
    Average Active Sessions:      15.28
Avg. Active Session per CPU:       3.82
              Report Target:  None specified
```

- top 等待事件：

```
                                                Avg Active
Event                    Event Class    % Event   Sessions
------------------------ ------------- ------- ----------
db file sequential read  User I/O         65.94      10.07
log file sync            Commit           14.42       2.20
```

```
CPU + Wait for          CPU CPU            5.59        0.85
write complete waits    Configuration      1.07        0.16
```

■ 被引擎分解的活動：

```
                                              Avg Active
Phase of Execution              % Activity   Sessions
------------------------------ ---------- ----------
SQL Execution                       72.31      11.05
PLSQL Execution                      1.46       0.22
```

■ top SQL 敘述和 top wait event（這裡只顯示了前兩個，報告裡包含了 5 個）：

```
                                                     Sampled #
             SQL ID               Planhash          of Executions      % Activity
---------------------- ------------------- ------------------- --------------
Event                         % Event Top Row Source                    % RwSrc
------------------------------ ------- --------------------------------- -------
       c13sma6rkr27c            569677903                   1005           21.99
db file sequential read          21.32 TABLE ACCESS - BY INDEX ROWID         15.64
SELECT PRODUCTS.PRODUCT_ID, PRODUCT_NAME, PRODUCT_DESCRIPTION, CATEGORY_ID, WEIG
HT_CLASS, WARRANTY_PERIOD, SUPPLIER_ID, PRODUCT_STATUS, LIST_PRICE, MIN_PRICE, C
ATALOG_URL, QUANTITY_ON_HAND FROM PRODUCTS, INVENTORIES WHERE PRODUCTS.CATEGORY_
ID = :B3 AND INVENTORIES.PRODUCT_ID = PRODUCTS.PRODUCT_ID AND INVENTORIES.WAREHO

       0yas01u2p9ch4                  N/A                    382            8.34
db file sequential read           7.92 ** Row Source Not Available **         7.92
INSERT INTO ORDER_ITEMS(ORDER_ID, LINE_ITEM_ID, PRODUCT_ID, UNIT_PRICE, QUANTITY
) VALUES (:B4 , :B3 , :B2 , :B1 , 1)
```

4.2.8 SQL 敘述統計資訊

在父層級與子層級上，分別可以透過 v$sqlarea 和 v$sql 視圖獲得與 SQL 敘述關聯的游標資訊。此外，父層級的效能統計資料也可以在 v$sqlstats 視圖中查到。儘管 v$sqlarea 和 v$sql 視圖提供了更多的資訊（或者說更多的行），但使用 v$sqlstats 視圖有兩個明顯的好處。首先，它會保留更多的資料，因此即便是從函式庫快取中交換出的游標，也可能會在 v$sqlstats 視圖中查詢到。其次，存取 v$sqlstats 視圖需要更少的資源。由於這些動態效能視圖的行太多（例如，在 10.2.0.5 版本中 v$sql 視圖有 72 行，在 12.1.0.1 版本中該視圖有 91 行），這裡不可能一一列舉（更多資訊請參考 *Oracle Database Reference* 手冊）。以下是可以從 v$sql 視圖中所獲取與效能關係最密切的資訊，及該資訊所在的行。

- 游標的標識（address、hash_value、sql_id 和 child_number）。
- 與游標關聯的 SQL 敘述的類型（command_type）和 SQL 敘述的文字（sql_text 中的前 1,000 個字元和 sql_fulltext 中的全部文字）。
- 用於打開硬解析游標對話的服務（service）、用於硬解析的 schema（parsing_schema_name 和 parsing_schema_id），以及在硬解析期間已到位的對話屬性（module 和 action）。
- 如果 SQL 敘述是從 PL/SQL 執行的，那麼該資訊是，PL/SQL 程式的 ID 和 SQL 敘述所在的行號（program_id 和 program_line#）。
- 已發生的硬解析的數量（loads）、游標失效的次數（invalidations）、發生第一次和最後一次硬解析的時間（first_load_time 和 last_load_time）、儲存的 outline category 的名稱（outline_category）、SQL profile（sql_profile）、SQL patch（sql_patch）、產生執行計畫期間所使用的 SQL plan baseline（sql_plan_baseline），以及與游標相關聯的執行計畫的雜湊值（plan_hash_value）。
- 已經完成的解析、執行和獲取呼叫的數量（parse_calls、executions 和 fetches），以及已處理的行數（rows_processed）。對於查詢來說，該資訊是已獲取所有行的次數（end_of_fetch_count）。
- 用於處理的總 DB time（elapsed_time），花在 CPU 上的時間（cpu_time）或用來等待屬於應用、平行、叢集和用戶 I/O 等待層級事件的時間（application_wait_time、concurrency_wait_time、cluster_wait_time 和 user_io_wait_time），以及 PL/SQL 引擎和 Java 虛擬機器已完成的處理數量（plsql_exec_time 和 java_exec_time）。所有值的單位都是微秒。
- 已經完成的邏輯讀、實體讀、直接寫和排序的數量（buffer_gets、disk_reads、direct_writes 和 sorts）。

4.2.9 即時監控

鑒於上一節介紹的動態效能視圖，只能提供關於游標的累積統計資料，即時監控能提供游標執行期間的資訊。有兩個重要的執行細節需要注意。第一，即時監控提供的是執行期間的資訊。換句話說，你不需要等待執行結束就能看到想要的資訊。第二，即時監控的資訊是根據游標獨立存放的。因此，即使游標已經被刷出函式庫快取，相關資訊可能還可以存取到。在某種程度上，即時監控的目的和 ASH 很像。實際上，ASH 提供的是活動對話狀態的歷史資訊，而即時監控提供的是游標執行的歷史資訊。

注意，要使用即時監控，必須有 Tuning Pack 選件的許可。此外，即時監控只在 11.1 版本之後才開始支援。如果初始化參數 `control_management_pack_access` 沒有設定成 `diagnostic+tuning`，那麼即時監控是無效的。

由於監控所有的執行是無意義的，因此資料庫引擎會預設在以下三種情況下啟用監控。

- CPU 和磁片 I/O 的時間總和超過了 5 秒的執行。
- 使用平行處理的執行。
- 透過指定 `monitor` hint 顯式啟用即時監控的 SQL 敘述（同樣可以使用 `no_monitor` hint 來顯式禁用即時監控）。

警告 在以下兩種情況下，資料庫引擎會對特定執行自動禁用即時監控。第一，執行計畫超過 300 行。第二，監控的數量超過了每顆 CPU 上 20 個並存執行。要想越過這些限制，你可以分別加大未公開的初始化參數 `_sqlmon_max_planlines` 和 `_sqlmon_max_plan` 的預設值。由於加大預設值會導致更高的 CPU 和記憶體消耗，在沒有謹慎測試修改前，不要把它們設定成過高的值。

要查看目前監控的是哪個操作，可以直接查詢 `v$sql_monitor` 視圖或執行 `dbms_sqltune` 套件下的 `report_sql_monitor_list` 函數。對於每個受監控的執行，資料庫引擎都會提供基本資訊，如操作是否仍在執行，與受監控操作相關的 SQL 敘述，以及像 DB time 使用率這樣的關鍵效能指標。圖 4-10 顯示由 Enterprise Manager 提供的部分資訊。

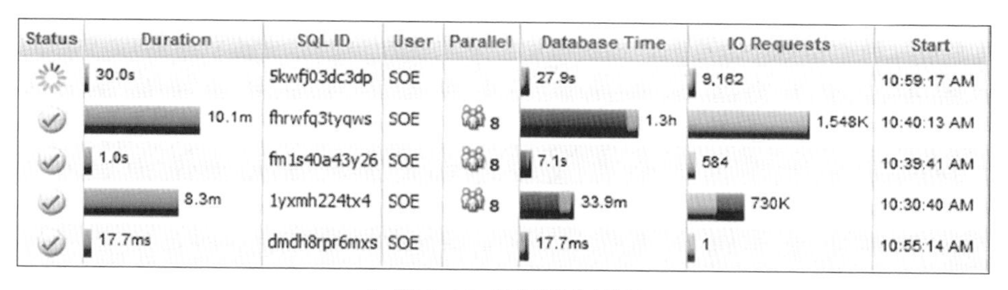

Status	Duration	SQL ID	User	Parallel	Database Time	IO Requests	Start
	30.0s	5kwfj03dc3dp	SOE		27.9s	9,162	10:59:17 AM
	10.1m	fhrwfq3tyqws	SOE	8	1.3h	1,548K	10:40:13 AM
	1.0s	fm1s40a43y26	SOE	8	7.1s	584	10:39:41 AM
	8.3m	1yxmh224tx4	SOE	8	33.9m	730K	10:30:40 AM
	17.7ms	dmdh8rpr6mxs	SOE		17.7ms	1	10:55:14 AM

圖 4-10 監控操作列表

要想查看所有即時監控獲取到的資訊，你需要使用 dbms_sqltune 套件下的 report_sql_monitor 函數產生報告。這樣的操作可以在任何能夠執行 SQL 敘述的工具裡實現，在 Enterprise Manager 的幾個頁面裡也可以實現（例如，Performance 功能表下的 SQL Monitoring 連線）。report_sql_monitor 函數包含若干輸入變數，並輸出一個包含報告的 CLOB。有些輸入變數用來指定監控資訊，還有的用來指定報告的格式和顯示的資料。例如，sql_id 參數用來指定需要顯示的 SQL 敘述資訊（如果指定為 NULL，那麼會顯示最後一次操作），type 參數用來指定產生報告的格式（建議最好用 active；text、html 和 xml 同樣也可以）。以下查詢摘自 report_sql_monitor.sql 腳本，展示如何產生報告。

```
SELECT dbms_sqltune.report_sql_monitor(sql_id => '5kwfj03dc3dp1',
                                       type   => 'active')
FROM dual
```

在大多數情況下，報告包含所有你需要理解的資訊。對於一個活動報告來說（text 和 html 格式的報告提供的資訊較少），會提供如下資訊。

- 執行的基本資訊與關鍵效能指標的摘要（圖 4-11）

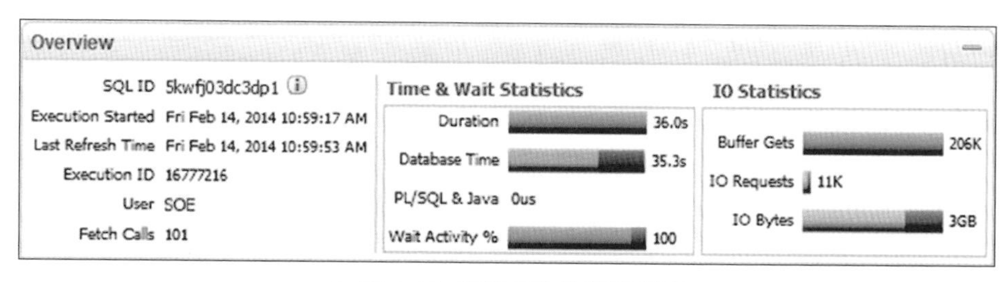

圖 4-11 監控操作的概述資訊

- 執行計畫，包含操作層級的效能指標（圖 4-12）

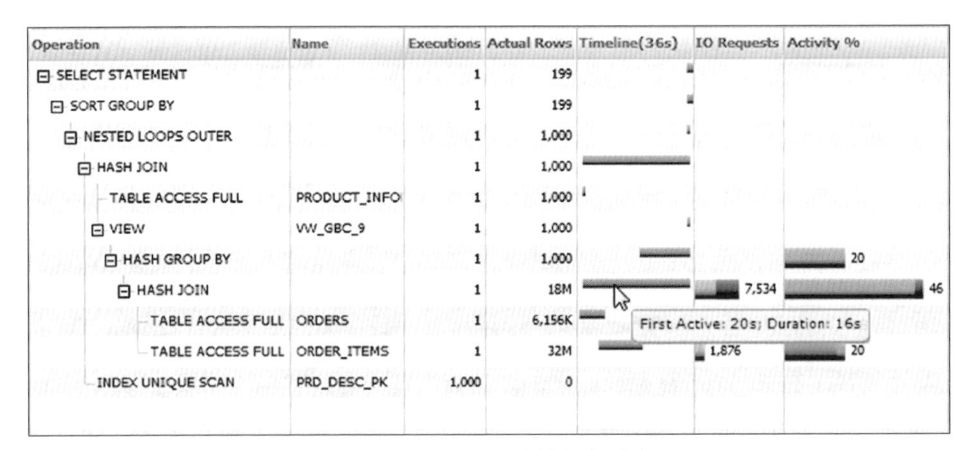

Operation	Name	Executions	Actual Rows	Timeline(36s)	IO Requests	Activity %
⊟ SELECT STATEMENT		1	199			
⊟ SORT GROUP BY		1	199			
⊟ NESTED LOOPS OUTER		1	1,000			
⊟ HASH JOIN		1	1,000			
TABLE ACCESS FULL	PRODUCT_INFO	1	1,000			
⊟ VIEW	VW_GBC_9	1	1,000			
⊟ HASH GROUP BY		1	1,000			20
⊟ HASH JOIN		1	18M		7,534	46
TABLE ACCESS FULL	ORDERS	1	6,156K			
TABLE ACCESS FULL	ORDER_ITEMS	1	32M		1,876	20
INDEX UNIQUE SCAN	PRD_DESC_PK	1,000	0			

⬆ 圖 4-12 監控操作的執行計畫

- 顯示 CPU 使用和執行期間經歷的等待事件的活動示意圖（圖 4-13）

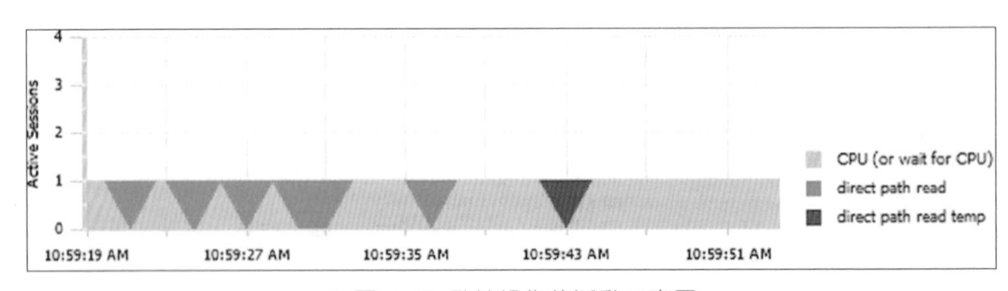

⬆ 圖 4-13 監控操作的活動示意圖

- 顯示執行期間某些度量值改變的若干圖表（圖 4-14）

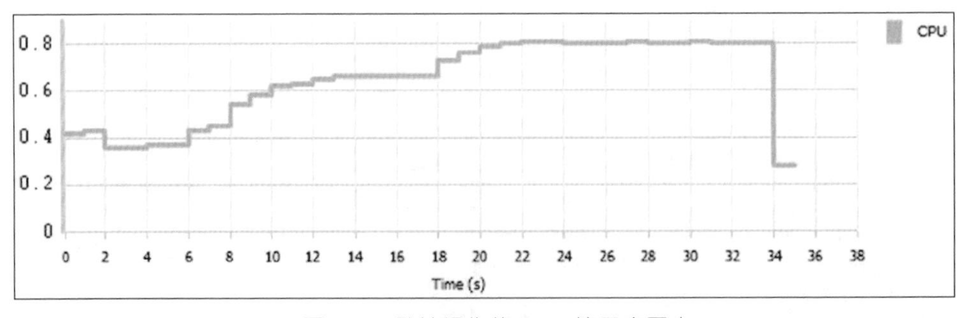

⬆ 圖 4-14 監控操作的 CPU 使用率圖表

要顯示監控操作的相關 SQL 敘述文字，需按一下 SQL ID 旁邊的（i）圖示。之後會快顯視窗顯示 SQL 敘述文字。此外，如果操作裡包含綁定變數，也會顯示綁定變數名、位置、資料類型和綁定變數值。

報告中最有意思的部分是 Plan Statistics 表。有了它，不僅可以看到在操作層級執行計畫的資源彙總，還能看到執行計畫操作完成的時間和回傳的行數。例如，在圖 4-12 中，可以看到從執行開始 20 秒後 `HASH JOIN` 操作（滑鼠醒目提示的那一行）回傳了 1,800 萬行，並持續執行了 16 秒（你可以把滑鼠停在時間線的條上顯示這些資訊）。使用 Enterprise Manager 查看報告時，另一個重要的特性是可以即時追蹤活動操作的執行。

在 Activity 表中針對每個監控操作，都有一個圖表來顯示 CPU 使用率和執行期間的等待事件。例如，圖 4-13 顯示，雖然執行開始時花在 CPU 上的大部分時間，基本等同於直接讀所用的時間，但在執行的最後，該操作全部仰仗 CPU。注意只有平行作業活動對話的值才會大於 1。

Metrics 表顯示如下若干效能指標的圖表：CPU 使用率、磁片 I/O 請求數、磁片 I/O 輸送量、PGA 使用量和臨時表空間使用量。圖 4-14 顯示了 CPU 使用率。注意該圖顯示的內容早已在 activity chart 裡看到過：隨著執行的增加，CPU 使用率上升。

Plan 表顯示包括由查詢最佳化工具估量的所有資訊在內的執行計畫。例如，你可以透過它查詢到哪個執行計畫操作用到了述詞推入。最後，針對平行作業，Parallel 表顯示涉及執行的每個進程的繁忙度。

複合資料庫操作

在 11.1 版本中，即時監控只能監控 SQL 敘述，因此，有時也被叫作即時 SQL 監控。從 11.2 版本開始，此特性也開始支援 PL/SQL 程式碼區塊。最終，從 12.1 版本開始，使用**複合資料庫操作**可以把數個 SQL 敘述或 PL/SQL 程式碼區塊當作一個操作來處理。換句話說，可以把即時監控擴充成對業務有意義的用戶自訂操作。例如，使用複合資料庫操作來定義批次處理任務執行的所有 SQL 敘述，都作為單個操作受到監控。

要定義複合資料庫操作，你需要為監控的任務取名。有以下三種方法可以實現。

- **Generic**：使用 dbms_sql_monitor 套件，具體說是 begin_operation 和 end_operation 函數來確認指定操作的開始和結束。這個方法可以在任何開發語言中使用。
- **Java**：使用 java.sql.Connection 介面的 setClientInfo 方法。這個技術只對 JDBC 4.1 及之後的版本有效。
- **OCI**：使用 OCIAttrSet 函數設定 OCI_ATTR_DBOP 對話屬性。

4.3 使用 Diagnostics Pack 和 Tuning Pack 進行分析

要使用 Diagnostics Pack 做分析，建議使用 Enterprise Manager 的 performance 頁面（無論使用的是 **Database Control**、**Grid Control** 還是 **Cloud Control**）。因此這一部分的結構和例子都根據 Enterprise Manager。注意，該部分的所有例子也都適用於 Cloud Control 12.1.0.3.0 版本的 Enterprise Manager 頁面。萬一你用不了 Enterprise Manager，我也會介紹一些腳本，這些腳本使用動態效能視圖來產生類似的資訊，你可以使用 SQL*Plus 來執行相同的分析。強調一下，如果使用 Enterprise Manager，分析會更簡單一些。不使用 Enterprise Manager 的唯一優勢是可以非常靈活方便地存取到所有可用資料。

4.3.1 資料庫伺服器負載

想要獲得資料庫伺服器的負載情況，可以查看 Performance 首頁的第一個圖表。該圖表會顯示即時或歷史資料。由於本章的目標是即時分析效能問題（或剛發生過的），這裡預設使用即時資料。因此，一小時之內的資料都是可用的。注意圖表顯示的即時資料同樣可以透過 v$metric_history 視圖查到。

當監控資料庫伺服器負載情況時，不僅要查看資料庫伺服器是否是 CPU bound（換句話說，是否所有的 CPU 內核都被充分利用），同時也要關注消耗大量 CPU 時間的進程是否與資料庫實例有關。圖 4-15 是一個 CPU bound 資料庫伺服器的例子，大約持續了 5 分鐘。然而資料庫實例的後台和前台進程經常只使用兩個

CPU 內核。實際上，當資料庫伺服器是 CPU bound 時，大約有 6 個 CPU 內核會被不屬於資料庫實例的進程充分使用。因此在本例中，在五分鐘內，有可能發生由於資料庫伺服器的其他進程造成資料庫引擎經歷效能問題。

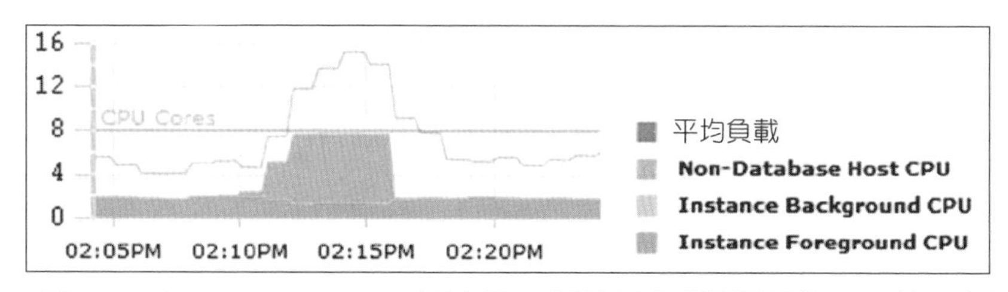

⬆ 圖 4-15 Runnable Processes 圖表顯示了資料庫伺服器層級的 CPU 使用率和平均負載

遺憾的是，直到 11.1 版本（包含 11.1 版本），Runnable Processes 圖表僅能顯示平均負載（在 Linux 資料庫伺服器上，該值與 /process/loadavg 的值相同）。這是因為在之前的版本中，相關值的度量不可用。

警告 當資料庫伺服器設定使用多執行緒平行處理的 CPU 時，初始化參數 cpu_count 和 v$osstat 視圖的 NUM_CPUS 值都會被設成總執行緒數。因此，在 Runnable Process 圖表裡，紅線代表執行緒數，而不是 CPU 內核數（如上所述）。注意，使用執行緒數來評估資料庫是否為 CPU bound 會造成誤導。實際上，100% 使用所有執行緒是不可能的。同時注意虛擬化也有同樣的問題。

如果無法使用 Enterprise Manager，可以使用 host_load_hist.sql 腳本來顯示與圖 4-15 相同的資訊。注意，腳本不需要參數。度量會顯示一個小時內所有可用的資料。以下是腳本輸出的一段節選：

```
SQL> @host_load_hist.sql

BEGIN_TIME DURATION DB_FG_CPU DB_BG_CPU NON_DB_CPU OS_LOAD NUM_CPU
---------- -------- --------- --------- ---------- ------- -------
14:05:00      60.10      1.71      0.03       0.03    4.09       8
14:06:00      60.08      1.62      0.03       0.04    4.13       8
```

```
14:07:00        59.10       1.89       0.03        0.04     4.96          8
14:08:00        60.11       1.93       0.03        0.03     5.29          8
14:09:00        60.09       1.73       0.03        0.59     4.60          8
14:10:00        60.10       1.57       0.02        3.64     7.50          8
14:11:00        60.16       1.15       0.02        6.60    11.82          8
14:12:00        60.11       1.21       0.02        6.60    13.77          8
14:13:00        60.28       1.17       0.02        6.62    15.30          8
14:14:00        59.24       1.19       0.02        6.55    14.06          8
14:15:00        60.09       1.59       0.04        0.18     9.19          8
14:16:00        60.09       1.77       0.03        0.03     7.88          8
14:17:00        60.09       1.72       0.03        0.04     5.45          8
14:18:00        60.11       1.87       0.03        0.03     5.28          8
14:19:00        60.09       1.77       0.03        0.03     5.54          8
14:20:00        60.08       1.72       0.03        0.04     4.83          8
```

4.3.2 系統層級分析

如果繼續系統層級分析，應該從 Top Activity 頁面開始。我不建議使用 Performance 主頁，特別是 Average Active Session 圖表，因為只有在單個等待層級消耗了大部分回應時間時，這個頁面的挖掘功能才能快速定位效能問題。

提示 如果可以使用 ASH Analytics，則應該用它代替 Top Activity 頁面。在某些情況下，更靈活地選取時間段分析、新增篩檢程式以及根據眾多維度彙總資料，可以獲得更簡單詳細的分析。

Top Activity 頁面會顯示即時和歷史資料。由於本章的目標是即時分析效能問題（或剛發生過的），這裡預設使用即時資料。因此，一小時之內的資料都是可用的。請注意，Top Activity 頁面顯示的即時資料同樣可以透過 `v$active_session_history` 視圖查到。

Top Activity 頁面會提供以下三組資料。

- Activity 圖表（圖 4-16）顯示最後一小時的資料。它還會把 DB time 分成 CPU 使用率和等待層級。

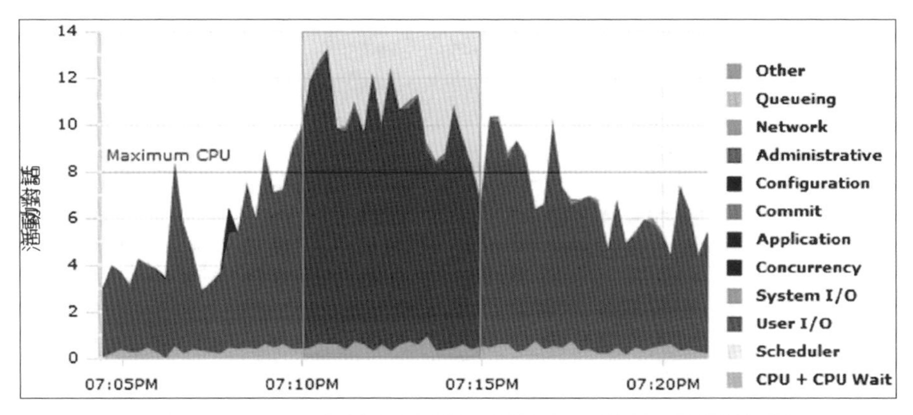

⬆ 圖 4-16 Activity 圖表顯示系統層級的 CPU 使用率和等待層級

- Top SQL 表（圖 4-17），顯示在 activity 圖表中所選擇的五分鐘間隔裡，最耗時的 SQL 敘述。每條 SQL 敘述會顯示其總活動百分比以及 SQL ID。

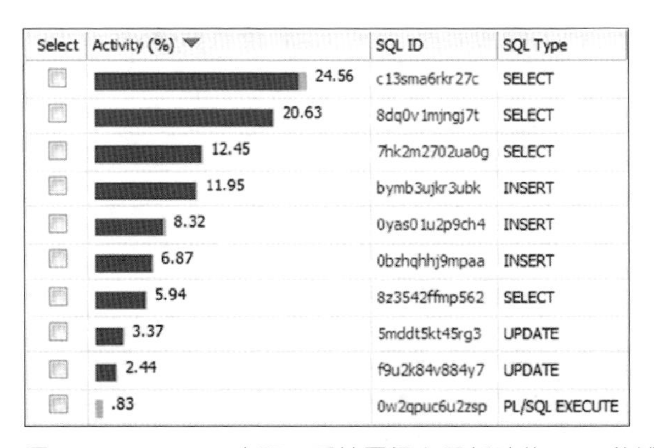

Select	Activity (%)	SQL ID	SQL Type
	24.56	c13sma6rkr27c	SELECT
	20.63	8dq0v1mjngj7t	SELECT
	12.45	7hk2m2702ua0g	SELECT
	11.95	bymb3ujkr3ubk	INSERT
	8.32	0yas01u2p9ch4	INSERT
	6.87	0bzhqhhj9mpaa	INSERT
	5.94	8z3542ffmp562	SELECT
	3.37	5mddt5kt45rg3	UPDATE
	2.44	f9u2k84v884y7	UPDATE
	.83	0w2qpuc6u2zsp	PL/SQL EXECUTE

⬆ 圖 4-17 Top SQL 表顯示系統層級上最耗時的 SQL 敘述

- Top Session 表（圖 4-18），顯示在 activity 圖表中所選擇的五分鐘間隔裡，最耗時的對話。每個對話會顯示其總活動百分比以及對話資訊（ID、用戶名以及打開它的程式）。

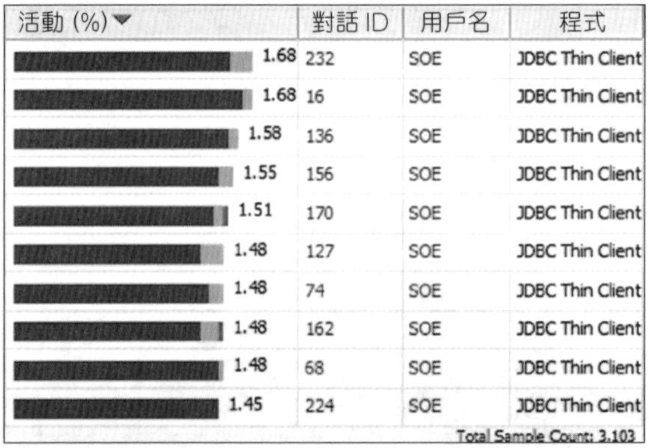

活動 (%)	對話 ID	用戶名	程式
1.68	232	SOE	JDBC Thin Client
1.68	16	SOE	JDBC Thin Client
1.58	136	SOE	JDBC Thin Client
1.55	156	SOE	JDBC Thin Client
1.51	170	SOE	JDBC Thin Client
1.48	127	SOE	JDBC Thin Client
1.48	74	SOE	JDBC Thin Client
1.48	162	SOE	JDBC Thin Client
1.48	68	SOE	JDBC Thin Client
1.45	224	SOE	JDBC Thin Client

Total Sample Count: 3,103

▲ 圖 4-18 Top Sessions 表顯示最耗時的對話

Activity 圖表有兩個目的。首先，它可以讓你從資料庫引擎的角度瞭解發生了什麼。例如，透過圖 4-16，你不僅可以知道平均活動對話數為 3~13（由於 CPU 數為 8，因此資料庫引擎屬於中度負載），還可以知道使用者 I/O 等待層級佔用了大部分 DB time。其次，你可以使用它來顯示五分鐘間隔內，你想要查看的詳細資料庫負載資訊。因此，如果你沒有對某一特定時刻進行分析，通常可以選擇活動對話數最多的那個時間段。換句話說，你應該選擇負載最高的時間段。

如果你無法使用 Enterprise Manager，可以使用 `ash_activity.sql` 腳本來顯示最後一小時的活動率。這個腳本的目的是，顯示平均活動對話數和對應每個等待層級的百分比。下面的例子是根據圖 4-16 顯示的時間段產生的輸出結果（注意，腳本跟著的兩個參數 `all`，代表輸出結果沒有限制到某個對話或某個 SQL 敘述），與圖 4-16 唯一不同的是資料以分鐘為單位彙總。

```
SQL> @ash_activity.sql all all
TIME  AvgActSes   CPU% UsrIO% SysIO% Conc%  Appl% Commit% Config% Admin%  Net% Queue% Other%
----- --------- ------ ------ ------ ------ ------ -------- ------- ------ ------ ------ ------
19:04       3.8    6.2   93.8    0.0    0.0    0.0     0.0     0.0    0.0    0.0    0.0    0.0
19:05       3.6    8.0   92.0    0.0    0.0    0.0     0.0     0.0    0.0    0.0    0.0    0.0
19:06       5.6    4.8   95.2    0.0    0.0    0.0     0.0     0.0    0.0    0.0    0.0    0.0
19:07       3.4    7.9   92.1    0.0    0.0    0.0     0.0     0.0    0.0    0.0    0.0    0.0
19:08       6.0    5.0   92.5    0.0    2.5    0.0     0.0     0.0    0.0    0.0    0.0    0.0
19:09       7.5    6.9   93.1    0.0    0.0    0.0     0.0     0.0    0.0    0.0    0.0    0.0
19:10      11.2    3.7   96.3    0.0    0.0    0.0     0.0     0.0    0.0    0.0    0.0    0.0
```

```
19:11     10.4   4.5  95.5  0.0   0.0   0.0   0.0   0.0   0.0   0.0   0.0   0.0
19:12     10.9   2.9  97.1  0.0   0.0   0.0   0.0   0.0   0.0   0.0   0.0   0.0
19:13      9.8   6.5  93.5  0.0   0.0   0.0   0.0   0.0   0.0   0.0   0.0   0.0
19:14      9.2   3.8  96.2  0.0   0.0   0.0   0.0   0.0   0.0   0.0   0.0   0.0
19:15      8.6   5.2  94.8  0.0   0.0   0.0   0.0   0.0   0.0   0.0   0.0   0.0
19:16      8.0   4.6  95.4  0.0   0.0   0.0   0.0   0.0   0.0   0.0   0.0   0.0
19:17      7.6   5.1  94.9  0.0   0.0   0.0   0.0   0.0   0.0   0.0   0.0   0.0
19:18      6.1   4.4  95.6  0.0   0.0   0.0   0.0   0.0   0.0   0.0   0.0   0.0
19:19      5.7   5.0  95.0  0.0   0.0   0.0   0.0   0.0   0.0   0.0   0.0   0.0
19:20      6.0   7.2  92.8  0.0   0.0   0.0   0.0   0.0   0.0   0.0   0.0   0.0
19:21      4.8   4.5  95.5  0.0   0.0   0.0   0.0   0.0   0.0   0.0   0.0   0.0
19:22      4.9   5.7  94.3  0.0   0.0   0.0   0.0   0.0   0.0   0.0   0.0   0.0
```

一旦選擇了你想要關注的五分鐘間隔，就應該去 Top SQL 頁面查看相應資訊（圖 4-17）。如果顯示少數 SQL 敘述佔用了大百分比的活動率（比如，單個 SQL 敘述的活動率達到了兩位數），就能定位到需要進一步分析的 SQL 敘述。例如，根據圖 4-17，有 7 個查詢佔用了 90% 多的活動率。因此，為了降低系統負載，應該關注這些敘述。

要想不使用 Enterprise Manager 顯示圖 4-17 的資料，可以使用 `ash_top_sqls.sql` 腳本。注意，該腳本需要三個輸入參數。前兩個參數用來指定顯示資料的時間段（本例是開始和結束的時間戳記）。第三個參數指定具體對話（這裡指定 `all`）。以下輸出的資料與圖 4-17 顯示的相同。

```
SQL> @ash_top_sqls.sql 2014-02-04_19:10:02.174 2014-02-04_19:15:02.174 all

Activity% DB Time CPU% UsrIO% Wait% SQL Id        SQL Type
--------- ------- ----- ------ ----- ------------- --------------
     24.6     744   4.2   95.8   0.0 c13sma6rkr27c SELECT
     20.6     625   0.3   99.7   0.0 8dq0v1mjngj7t SELECT
     12.4     377   1.1   98.9   0.0 7hk2m2702ua0g SELECT
     12.0     362   1.9   98.1   0.0 bymb3ujkr3ubk INSERT
      8.3     252   3.6   96.4   0.0 0yas01u2p9ch4 INSERT
      6.9     208   1.4   98.6   0.0 0bzhqhhj9mpaa INSERT
      5.9     180   2.2   97.8   0.0 8z3542ffmp562 SELECT
      3.4     102   5.9   94.1   0.0 5mddt5kt45rg3 UPDATE
```

```
    2.4        74   2.7   97.3    0.0 f9u2k84v884y7 UPDATE
    0.8        25 100.0    0.0    0.0 0w2qpuc6u2zsp PL/SQL EXECUTE
```

如果沒有突出的 SQL 敘述，那麼顯然高活動率是由很多條 SQL 敘述造成的。因此，這表明要想提升效能，應該主要修改應用。遇到類似情況時，建議查看其他維度的活動率彙總。預設情況下，Top Activity 頁面顯示 Top Sessions 表（圖 4-18）。但是在這張表頂部的下拉清單裡，可以選擇以其他維度對資料進行彙總，如 Top Services、Top Modules、Top Actions（圖 4-19）和 Top Clients。有時這對找到造成高負載的應用元件或用戶端很有幫助。請注意，有一些維度只有在分析的應用正確設定了第 2 章介紹的對話屬性後，才會提供有用的資訊。

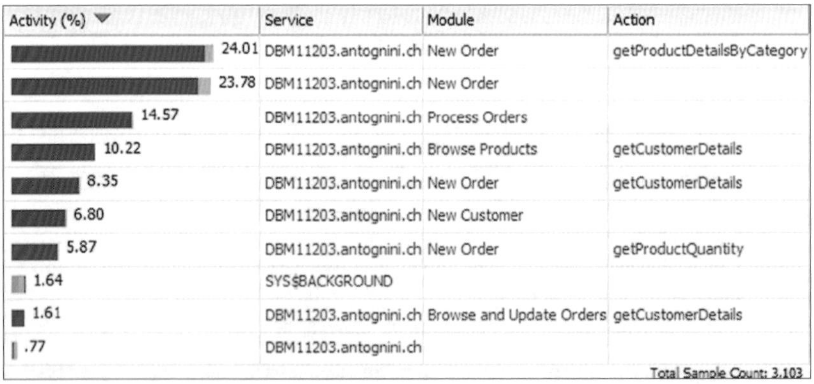

Activity (%)	Service	Module	Action
24.01	DBM11203.antognini.ch	New Order	getProductDetailsByCategory
23.78	DBM11203.antognini.ch	New Order	
14.57	DBM11203.antognini.ch	Process Orders	
10.22	DBM11203.antognini.ch	Browse Products	getCustomerDetails
8.35	DBM11203.antognini.ch	New Order	getCustomerDetails
6.80	DBM11203.antognini.ch	New Customer	
5.87	DBM11203.antognini.ch	New Order	getProductQuantity
1.64	SYS$BACKGROUND		
1.61	DBM11203.antognini.ch	Browse and Update Orders	getCustomerDetails
.77	DBM11203.antognini.ch		

Total Sample Count: 3,103

⬆ 圖 4-19 Top Actions 表顯示根據 service、module 和 action 彙總的最耗時元件資訊

> **注意** Enterprise Manager 顯示的 Total Sample Count 值代表建立圖表時，使用的歷史活動對話取樣數。例如，圖 4-18 使用了 3,103 個取樣。

當考慮到像 Top Sessions 或 Top Actions 表那樣顯示活動率時，同樣需要查找佔用大量活動率的元件。例如，雖然根據圖 4-18 沒有哪個對話的活動率超過 2%，但圖 4-19 顯示少數 modle/action 造成大部分負載，因此除了 Top SQL 表指出的部分外，你或許也應該檢查一下這些 module/action。

要想不使用 Enterprise Manager 來根據特定維度顯示資料彙總，可以使用如下腳本中的一個：`ash_top_sessions.sql`、`ash_top_services.sql`、`ash_top_` modules.sql、ash_top_actions.sql、ash_top_ clients.sql、ash_top_files.sql、ash_top_objects.sql 和 ash_top_plsql.sql。維度資訊已經確認寫在腳本名裡。注意所有腳本都需要兩個輸入參數（開始時間戳記和結束時間戳記）來指定顯示資料的時間段。以下兩個例子顯示的輸出是由 ash_top_sessions.sql 和 ash_top_actions.sql 腳本產生的，分別等同於圖 4-18 和圖 4-19：

```
SQL> @ash_top_sessions.sql 2014-02-04_19:10:02.174 2014-02-04_19:15:02.174

Activity% DB Time CPU% UsrIO% Wait% Session Id User Name Program
--------- ------- ---- ------ ----- ---------- --------- ----------------
      1.7      52  9.6   90.4   0.0        232 SOE       JDBC Thin Client
      1.7      52  3.8   96.2   0.0         16 SOE       JDBC Thin Client
      1.6      49  4.1   95.9   0.0        136 SOE       JDBC Thin Client
      1.5      48  6.3   93.8   0.0        156 SOE       JDBC Thin Client
      1.5      47  4.3   93.6   2.1        170 SOE       JDBC Thin Client
      1.5      46 10.9   89.1   0.0        127 SOE       JDBC Thin Client
      1.5      46  6.5   93.5   0.0         74 SOE       JDBC Thin Client
      1.5      46  8.7   89.1   2.2        162 SOE       JDBC Thin Client
      1.5      46  2.2   97.8   0.0         68 SOE       JDBC Thin Client
      1.5      45  8.9   91.1   0.0         77 SOE       JDBC Thin Client

SQL> @ash_top_actions.sql 2014-02-04_19:10:02.174 2014-02-04_19:15:02.174

Activity% DB Time CPU% UsrIO% Wait% Module                Action
--------- ------- ---- ------ ----- -------------------- ---------------------------
     24.0     745  4.3   95.7   0.0 New Order            getProductDetailsByCategory
     23.8     738  6.0   94.0   0.0 New Order
     14.6     452  1.5   98.5   0.0 Process Orders
     10.2     317  0.0  100.0   0.0 Browse Products      getCustomerDetails
      8.3     259  1.2   98.8   0.0 New Order            getCustomerDetails
      6.8     211  2.8   97.2   0.0 New Customer
      5.9     182  3.3   96.7   0.0 New Order            getProductQuantity
      1.6      51 37.3    3.9  58.8
      1.6      50  0.0  100.0   0.0 Browse and Update    Orders getCustomerDetails
      0.8      24 45.8    0.0  54.2
```

4.3.3 對話層級分析

如果執行對話層級分析，出發點應該根據對話是否還存在。如果對話存在，則可以在 Performance 功能表下的 Search Sessions 功能表中，搜尋到對話資訊。另外，也可以在 Top Activity 頁面，特別是 Top Sessions 表中找到對應的 Session ID 連結。

對話層級的活動率頁面提供以下三組資料。

- Activity 圖表（圖 4-20）顯示 CPU 與等待事件分別佔用的 DB time。它會顯示一個小時的資料。如果活動率為 0，代表對話是空閒狀態。如果活動率達到 100%，則代表對話完全忙於處理用戶呼叫。

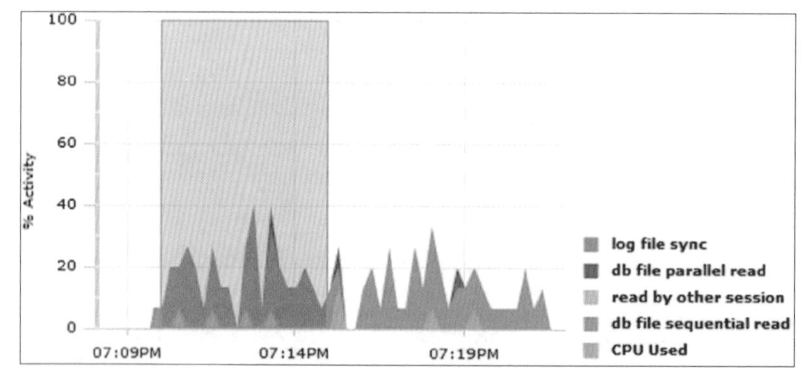

圖 4-20 對話層級活動率圖表顯示單獨對話的 CPU 使用率和等待事件

- Active session history aggregated data（圖 4-21）顯示了在 activity 圖表中所選擇的 5 分鐘間隔裡，最耗時的 SQL 敘述。對於每條敘述，會提供總活動率、SQL ID、執行計畫的雜湊值和一些對話屬性。

Activity (%)	SQL ID	SQL Command	Plan Hash Value	Module
23.08	c13sma6rkr27c	SELECT	2583456710	New Order
13.46	bymb3ujkr3ubk	INSERT	494735477	New Order
13.46	8dq0v1mjngj7t	SELECT	900611645	New Order
11.54	0yas01u2p9ch4	INSERT	0	New Order
9.62	8dq0v1mjngj7t	SELECT	900611645	Browse Products
5.77	8z3542ffmp562	SELECT	1655552467	New Order
3.85	0ruh367af7gbw	SELECT	3322340634	Browse and Update Orders
3.85	f9u2k84v884y7	UPDATE	1628223527	Process Orders
3.85	7hk2m2702ua0g	SELECT	1278617784	Process Orders
3.85	0bzhqhhj9mpaa	INSERT	0	New Customer

圖 4-21 Active session history aggregated data 顯示對話層級上最耗時的 SQL 敘述

- Active session history raw data（圖 4-22）顯示在 activity 圖表中所選擇的五分鐘間隔裡，取樣的詳細資訊。

Sample Time	SQL ID	SQL Type	Plan Hash Value	Wait Event	P1 Value	P2 Value	P3 Value	Time Waited (mhu s)
2/4/14 7:14:54 PM	0y1prvxqc2ra9	SELECT	302912750	CPU				
2/4/14 7:14:45 PM	0bzhqhhj9mpaa	INSERT	0	db file sequential read	5	3652838	1	14859
2/4/14 7:14:44 PM	8z3542ffmp562	SELECT	1655552467	db file sequential read	5	1084446	1	3923
2/4/14 7:14:24 PM	7hk2m2702ua0g	SELECT	1278617784	db file sequential read	5	3426419	1	12010
2/4/14 7:14:22 PM	8z3542ffmp562	SELECT	1655552467	db file sequential read	5	1087383	1	7257
2/4/14 7:14:16 PM	bymb3ujkr3ubk	INSERT	494735477	db file sequential read	5	3427835	1	15603
2/4/14 7:14:03 PM	bymb3ujkr3ubk	INSERT	494735477	db file sequential read	5	234809	1	34997
2/4/14 7:14:01 PM	7hk2m2702ua0g	SELECT	1278617784	db file sequential read	5	10221	1	33044
2/4/14 7:14:00 PM	0yas01u2p9ch4	INSERT	0	db file sequential read	5	3576201	1	78505
2/4/14 7:13:43 PM	0yas01u2p9ch4	INSERT	0	db file sequential read	5	3515548	1	6447
2/4/14 7:13:42 PM	5mddt5kt45rg3	UPDATE	1628223527	db file sequential read	5	3419246	1	6663
2/4/14 7:13:36 PM	0bzhqhhj9mpaa	INSERT	0	db file sequential read	5	3653055	1	6129
2/4/14 7:13:35 PM	8dq0v1mjngj7t	SELECT	900611645	db file sequential read	5	346169	1	20058
2/4/14 7:13:22 PM	c13sma6rkr27c	SELECT	2583456710	db file sequential read	5	1088402	1	7206
2/4/14 7:13:20 PM	c13sma6rkr27c	SELECT	2583456710	db file sequential read	5	1078754	1	29743

圖 4-22 Active session history raw data 顯示取樣的詳細資訊

對話層級分析與上一節介紹的系統層級分析很像。唯一的主要區別是，在對話層級，Enterprise Manager 沒有根據多個維度彙總資料的選項。你關注的是單獨的對話，而且在大多數情況下，只與 top SQL 敘述有關。

如果不能存取 Enterprise Manager，可以分別使用 ash_activity.sql 和 ash_top_sqls.sql 腳本來顯示等同於圖 4-20 和圖 4-21 的資料。請參考上一節中對腳本的簡介。要使用它們，只需要指定要分析的對話 ID 即可。可以查詢 v$active_session_history 視圖來顯示圖 4-22 中的資料。下面舉例說明，如何使用 ash_activity.sql 腳本來顯示與圖 4-20 相似的資料（注意，第一個參數指定對話 ID）。

```
SQL> @ash_activity.sql 232 all

TIME  AvgActSes   CPU% UsrIO% SysIO%  Conc%  Appl% Commit% Config% Admin%   Net% Queue% Other%
----- --------- ------ ------ ------ ------ ------ ------- ------- ------ ------ ------ ------
19:10       0.2   11.1   88.9    0.0    0.0    0.0     0.0     0.0    0.0    0.0    0.0    0.0
19:11       0.2    8.3   91.7    0.0    0.0    0.0     0.0     0.0    0.0    0.0    0.0    0.0
19:12       0.1    0.0  100.0    0.0    0.0    0.0     0.0     0.0    0.0    0.0    0.0    0.0
19:13       0.2    7.1   92.9    0.0    0.0    0.0     0.0     0.0    0.0    0.0    0.0    0.0
19:14       0.2    0.0  100.0    0.0    0.0    0.0     0.0     0.0    0.0    0.0    0.0    0.0
19:15       0.1   33.3   66.7    0.0    0.0    0.0     0.0     0.0    0.0    0.0    0.0    0.0
19:16       0.1    0.0  100.0    0.0    0.0    0.0     0.0     0.0    0.0    0.0    0.0    0.0
19:17       0.2    0.0  100.0    0.0    0.0    0.0     0.0     0.0    0.0    0.0    0.0    0.0
19:18       0.2    0.0  100.0    0.0    0.0    0.0     0.0     0.0    0.0    0.0    0.0    0.0
19:19       0.2   10.0   90.0    0.0    0.0    0.0     0.0     0.0    0.0    0.0    0.0    0.0
19:20       0.1    0.0  100.0    0.0    0.0    0.0     0.0     0.0    0.0    0.0    0.0    0.0
```

4.3.4 SQL 敘述資訊

當你關注某個特定 SQL 敘述時，可以透過以下兩種方式顯示關於該 SQL 敘述的詳細資訊：在顯示排名靠前的 SQL 敘述的其中一個表中，按一下該 SQL 敘述的 SQL ID（例如，圖 4-17 和圖 4-21）；或在 Performance 功能表中，透過 Search SQL 連結進行搜尋。這樣你會進入相關的 SQL Detail 頁面。注意當存在多個執行計畫時，可以在 SQL 敘述文字和標籤之間的 Plan Hash Value 下拉清單中選擇其中一個。除了 SQL 敘述，SQL Detail 頁面還提供如下標籤。

- Statistics 標籤顯示執行該 SQL 敘述的平均活動對話數（圖 4-23）、執行統計資訊（圖 4-24）以及與該 SQL 敘述關聯的游標相關資訊。注意執行統計資訊，是從游標在函式庫快取中初始化時開始計算的累計值。該資訊只有在游標還沒有從函式庫快取中超期時才有效。

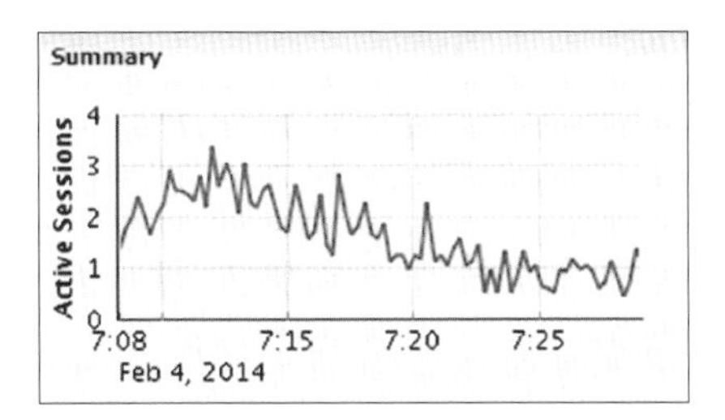

⬆ 圖 4-23 Statistics 標籤的彙總圖表顯示與單個 SQL 敘述相關的平均活動對話

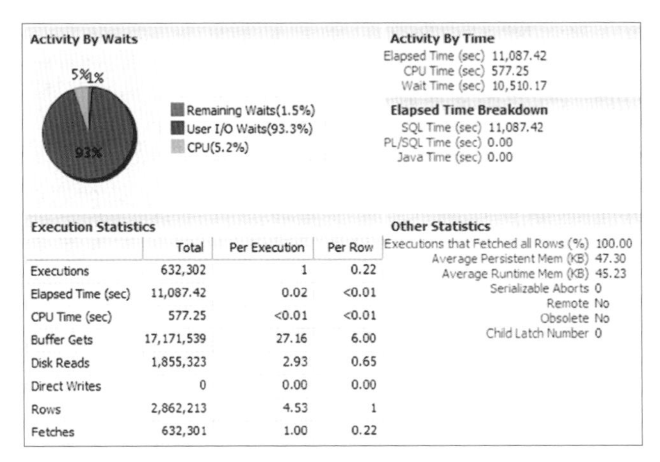

⬆ 圖 4-24 Statistics 標籤的執行統計資訊顯示單個 SQL 敘述的執行時行為資訊

- Activity 標籤（圖 4-25）顯示 CPU 使用率和等待事件佔用的 DB time。這裡顯示一個小時的資料。

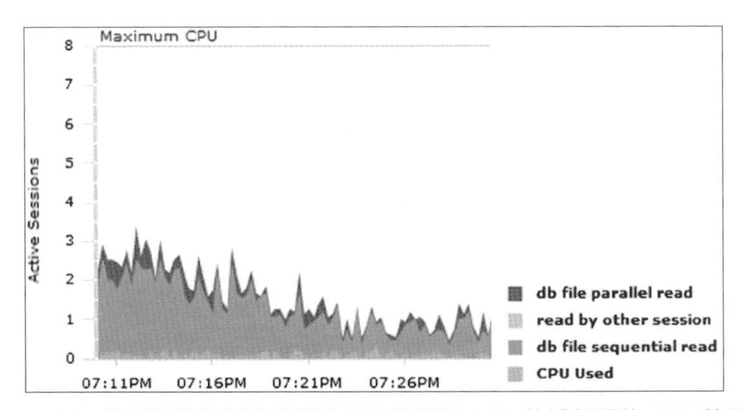

⬆ 圖 4-25 SQL 敘述層級的活動率圖表顯示與單個 SQL 敘述相關的 CPU 使用率和等待事件

- Plan 標籤顯示與 SQL 敘述相關的執行計畫。該資訊只有在執行計畫還沒有從共享池裡超期時才會顯示。第 10 章將會詳細介紹如何閱讀執行計畫和判斷它是否高效。
- Plan Control 標籤顯示與 SQL 敘述相關的物件，如 SQL profile 和 SQL plan baseline。這些物件會在第 11 章介紹。
- Tuning History 標籤顯示由 SQL Tuning advisor（詳見第 11 章）產生的資訊。
- SQL Monitoring 標籤，只從 11.1 版本起才有，顯示即時監控的相關資訊。如果這部分資訊不可用，則無法選中該標籤。

如果使用的是 11.2 及以後的版本，並且擁有 Tuning Pack 選件的授權，那麼也可以從 SQL Detail 頁面產生一份 SQL Details Active 報告。由於報告並沒有比 SQL Detail 頁面提供更多的資訊，因此，只有在想要把看到的資訊儲存為 HTML 檔時才使用報告。這樣可以在以後查閱或發給其他人。如有需要，不用 Enterprise Manager 也能產生同樣的報告。可以使用 dbms_sqltune 套件下的 report_sql_detail 函數。該函數需要幾個輸入參數，並回傳一個包含報告的 CLOB。有些輸入參數可以用來改變報告要顯示的內容，而使用 sql_id 參數可以指定報告要顯示的 SQL 敘述。以下查詢出自 report_sql_detail.sql 腳本，展示了如何產生一份報告：

```
SELECT dbms_sqltune.report_sql_detail(sql_id => 'c13sma6rkr27c')
FROM dual
```

如果不使用 Enterprise Manager 來顯示執行統計資訊（圖 4-24）和 SQL 敘述的一般資訊，可以使用如下腳本中的一個：sqlarea.sql、sql.sql 和 sqlstats.sql。顧名思義，它們分別從 v$sqlarea、v$sql 和 v$sqlstats 中擷取資料。更多資訊請參考 4.4.4 節。

提示 sqlarea.sql、sql.sql 和 sqlstats.sql 提供了一個 Enterprise Manager 所沒有的特性。它們不僅可以與 Enterprise Manager 一樣，顯示自從游標載入後的累積統計資訊，還會記錄最後 *n* 秒的統計資訊。這對瞭解目前執行的統計資訊很有用。實際上，對於在函式庫快取裡停留很長時間的游標，由累積統計資訊提供的資訊或許會造成誤導。

如果不使用 Enterprise Manager 顯示單獨 SQL 敘述的活動率，可以使用 ash_activity.sql 腳本，並指定第一個參數為 all（這代表在對話層級沒有限制），第二個參數指定為 SQL 敘述的 ID。下面的例子與圖 4-25 類似。

```
SQL> @ash_activity.sql all c13sma6rkr27c

TIME AvgActSes CPU% UsrIO% SysIO% Conc% Appl% Commit% Config% Admin% Net% Queue% Other%
----- --------- ---- ------ ------ ----- ----- ------- ------- ------ ---- ------ ------
19:10       2.6  3.2   96.8    0.0   0.0   0.0     0.0     0.0    0.0  0.0    0.0    0.0
19:11       2.4  5.5   94.5    0.0   0.0   0.0     0.0     0.0    0.0  0.0    0.0    0.0
19:12       2.9  2.3   97.7    0.0   0.0   0.0     0.0     0.0    0.0  0.0    0.0    0.0
19:13       2.4  5.6   94.4    0.0   0.0   0.0     0.0     0.0    0.0  0.0    0.0    0.0
19:14       2.4  4.2   95.8    0.0   0.0   0.0     0.0     0.0    0.0  0.0    0.0    0.0
19:15       2.1  6.3   93.7    0.0   0.0   0.0     0.0     0.0    0.0  0.0    0.0    0.0
19:16       1.8  4.7   95.3    0.0   0.0   0.0     0.0     0.0    0.0  0.0    0.0    0.0
19:17       2.1  1.6   98.4    0.0   0.0   0.0     0.0     0.0    0.0  0.0    0.0    0.0
19:18       1.9  5.4   94.6    0.0   0.0   0.0     0.0     0.0    0.0  0.0    0.0    0.0
19:19       1.2  6.8   93.2    0.0   0.0   0.0     0.0     0.0    0.0  0.0    0.0    0.0
19:20       1.5  8.9   91.1    0.0   0.0   0.0     0.0     0.0    0.0  0.0    0.0    0.0
19:21       1.2  2.7   97.3    0.0   0.0   0.0     0.0     0.0    0.0  0.0    0.0    0.0
19:22       1.2  8.2   91.8    0.0   0.0   0.0     0.0     0.0    0.0  0.0    0.0    0.0
19:23       0.8 10.2   89.8    0.0   0.0   0.0     0.0     0.0    0.0  0.0    0.0    0.0
19:24       1.0 15.3   84.7    0.0   0.0   0.0     0.0     0.0    0.0  0.0    0.0    0.0
19:25       0.8 11.1   88.9    0.0   0.0   0.0     0.0     0.0    0.0  0.0    0.0    0.0
19:26       1.0  6.6   93.4    0.0   0.0   0.0     0.0     0.0    0.0  0.0    0.0    0.0
19:27       0.9  9.3   90.7    0.0   0.0   0.0     0.0     0.0    0.0  0.0    0.0    0.0
19:28       0.8 10.0   90.0    0.0   0.0   0.0     0.0     0.0    0.0  0.0    0.0    0.0
```

4.4 不使用 Diagnostics Pack 進行分析

不使用 Diagnostics Pack 選件來分析效能問題的主要操作，同上一節介紹的基本一致。很顯然，執行分析時不使用 Diagnostics Pack 選件授權的動態效能視圖。這裡有兩個要求：第一，不能使用 Enterprise Manager；第二，你能使用的大多數動態效能視圖只提供累積的統計資訊。特別是並不存在活動對話歷史的替代品。

結果就是你無法查看之前的幾分鐘發生了什麼，也無法查詢對話的歷史操作。唯一沒有提供累積統計資訊的動態視圖儲存著度量值。但由於度量值主要關注比率和計數，這對分析效能問題沒什麼幫助。總之，分析就只能使用那些提供累積統計資訊的動態效能視圖了。

要想使用動態效能視圖有效地分析效能問題，需要借助工具對視圖提供的資訊進行取樣。這樣的工具可以是簡單的腳本，或像 Enterprise Manager 一樣複雜的工具。即使很多第三方工具提供了與 Enterprise Manager 類似的特性，但在這部分我們主要關注一組可以自由使用的腳本，這樣就能適用於所有平台。由於大部分腳本都處理累積統計資訊，它們的主要目的是要找出一小段時間內，某統計值的變化率。因此，腳本會反復選擇同一個動態效能視圖，並計算每次選擇間的差量。

4.4.1 資料庫伺服器負載

要評估資料庫的負載，你無法使用歷史度量值（需要 Diagnostics Pack 選件才可以使用）。應該查詢 `v$metric` 視圖來獲取目前度量值。我使用 `host_load.sql` 腳本來獲取目前值。該腳本有一個參數，用來指定顯示資料庫伺服器載入的分鐘數。下面是一段腳本的輸出（注意，資料與圖 4-15 一致）：

```
SQL> @host_load.sql 16

BEGIN_TIME DURATION DB_FG_CPU DB_BG_CPU NON_DB_CPU OS_LOAD NUM_CPU
---------- -------- --------- --------- ---------- ------- -------
14:05:00      60.10      1.71      0.03       0.03    4.09       8
14:06:00      60.08      1.62      0.03       0.04    4.13       8
14:07:00      59.10      1.89      0.03       0.04    4.96       8
14:08:00      60.11      1.93      0.03       0.03    5.29       8
14:09:00      60.09      1.73      0.03       0.59    4.60       8
14:10:00      60.10      1.57      0.02       3.64    7.50       8
14:11:00      60.16      1.15      0.02       6.60   11.82       8
14:12:00      60.11      1.21      0.02       6.60   13.77       8
14:13:00      60.28      1.17      0.02       6.62   15.30       8
14:14:00      59.24      1.19      0.02       6.55   14.06       8
14:15:00      60.09      1.59      0.04       0.18    9.19       8
14:16:00      60.09      1.77      0.03       0.03    7.88       8
```

```
14:17:00      60.09      1.72      0.03      0.04    5.45      8
14:18:00      60.11      1.87      0.03      0.03    5.28      8
14:19:00      60.09      1.77      0.03      0.03    5.54      8
14:20:00      60.08      1.72      0.03      0.04    4.83      8
```

4.4.2 系統層級分析

在系統層級上進行分析時，首先需要檢查整個系統的統計資訊，來確認資料庫實例的負載情況。可以在 v$system_wait_class 視圖中查詢到這些統計資訊。更確切地說，應該使用腳本（或工具）來對 v$system_wait_class 視圖進行取樣，以獲得與圖 4-16 類似的資訊，也就是平均活動對話數和花費在每個等待層級的時間。下面是使用 system_activity_sql 腳本的例子，你需要指定以下兩個參數。

- 第一個參數指定取樣時間間隔。由於資料庫引擎不會即時更新統計資訊，將取樣時間間隔指定為少於 10~15 秒通常沒有意義。
- 第二個參數是樣本的數量。

下面的例子是使用 system_activity_sql 腳本產生的輸出，參數指定了 20 個間隔為 15 秒的樣本（注意資料與圖 4-16 顯示的內容一致）。

```
SQL> @system_activity.sql 15 20

Time     AvgActSess Other% Net% Adm% Conf% Comm% Appl% Conc% SysIO% UsrIO% Sched%  CPU%
-------- ---------- ------ ---- ---- ----- ----- ----- ------ ------ ------ ------ ------
19:10:11        9.7    0.0  0.0  0.0   0.0   0.4   0.0    0.0    0.9   94.8    0.0    3.8
19:10:26       10.0    0.0  0.0  0.0   0.0   0.5   0.0    0.0    1.0   94.6    0.0    3.9
19:10:41       10.0    0.0  0.0  0.0   0.0   0.4   0.0    0.0    1.0   94.8    0.0    3.8
19:10:56        9.9    0.0  0.0  0.0   0.0   0.4   0.0    0.0    1.0   94.6    0.0    4.0
19:11:11        9.8    0.0  0.0  0.0   0.2   1.0   0.0    0.0    1.2   93.7    0.0    4.0
19:11:26        9.5    0.0  0.0  0.0   0.0   0.4   0.0    0.0    0.9   94.8    0.0    3.9
19:11:41        9.6    0.0  0.0  0.0   0.0   0.4   0.0    0.0    0.9   94.8    0.0    3.8
19:11:56        9.8    0.0  0.0  0.0   0.0   0.5   0.0    0.0    1.0   94.6    0.0    3.9
19:12:11        9.7    0.0  0.0  0.0   0.0   0.3   0.0    0.0    0.8   94.8    0.0    4.1
19:12:26        9.5    0.0  0.0  0.0   0.0   0.4   0.0    0.0    1.0   94.5    0.0    4.0
19:12:42        9.9    0.0  0.0  0.0   0.0   0.4   0.0    0.0    0.9   95.1    0.0    3.6
```

```
19:12:57         9.8   0.0  0.0  0.0    0.9  0.4   0.0    0.1    0.9  93.7   0.0    3.9
19:13:12         9.4   0.0  0.0  0.0    0.0  0.4   0.0    0.0    1.0  94.7   0.0    4.0
19:13:27         9.7   0.0  0.0  0.0    0.0  0.4   0.0    0.0    0.9  94.7   0.0    4.0
19:13:42         9.8   0.0  0.0  0.0    0.0  0.4   0.0    0.0    1.1  94.6   0.0    3.9
19:13:57        10.1   0.0  0.0  0.0    0.0  0.4   0.0    0.0    1.0  94.9   0.0    3.7
19:14:12         9.9   0.0  0.0  0.0    0.0  0.4   0.0    0.0    0.9  94.9   0.0    3.7
19:14:27         9.6   0.0  0.0  0.0    0.0  0.4   0.0    0.0    1.0  94.5   0.0    4.0
19:14:42         9.6   0.0  0.0  0.0    0.7  0.4   0.0    0.0    0.9  94.0   0.0    4.0
19:14:57         9.8   0.0  0.0  0.0    0.0  0.4   0.0    0.0    0.8  94.8   0.0    4.0
```

另一個用來檢查全系統負載情況的工具，是時間模型統計資訊，特別是 `v$sys_time_model` 視圖裡的資料。它可以告訴你哪個引擎處理資料最多，萬一處理資料最多的是 SQL 引擎，它也同樣會告知你何種操作會影響效能，比如解析。同樣在這裡，我建議你使用腳本（或工具）來對動態效能視圖的內容取樣。例如，在一段時間內，`time_model.sql` 腳本顯示一段時間內所有時間模型統計資訊的詳細資訊。要使用它必須指定以下兩個參數。

- 第一個參數指定取樣時間間隔。由於資料庫引擎不會即時更新統計資訊，將取樣時間間隔指定為少於 10~15 秒通常沒有意義。
- 第二個參數是樣本的數量。

下面的例子是使用 `time_model.sql` 腳本產生的輸出，參數指定了 2 個間隔為 15 秒的樣本（注意，腳本只顯示取樣間隔期間統計值的變化）。

```
SQL> @time_model.sql 15 2

Time     Statistic                                          AvgActSess Activity%
-------- -------------------------------------------------- ---------- ---------
19:14:49 DB time                                                   9.8      98.6
         .DB CPU                                                   0.3       3.4
         .sql execute elapsed time                                 9.7      97.3
         .PL/SQL execution elapsed time                            0.1       1.2
         background elapsed time                                   0.1       1.4
         .background cpu time                                      0.0       0.4

Time     Statistic                                          AvgActSess Activity%
```

```
-------- -------------------------------------------------- ---------- ---------
19:15:04 DB time                                                   9.8      98.8
         .DB CPU                                                   0.3       3.5
         .sql execute elapsed time                                 9.7      97.8
         .parse time elapsed                                       0.0       0.3
         ..hard parse elapsed time                                 0.0       0.3
         .PL/SQL execution elapsed time                            0.1       1.2
         background elapsed time                                   0.1       1.2
         .background cpu time                                      0.0       0.3
```

你同樣可以使用時間模組統計資訊，來確認觀察到的大部分活動是否由某些對話產生。為此，你需要 v$sess_time_model 視圖提供的對話層級統計資訊。同樣，應該使用腳本（或工具）來對動態效能視圖的內容取樣。我將根據 active_sessions.sql 腳本舉例。腳本的目的是顯示在指定的時間段裡，top session 花費了多少 DB time。要使用此腳本，需要指定以下三個參數。

- 第一個參數指定取樣時間間隔。由於資料庫引擎不會即時更新統計資訊，將取樣時間間隔指定為少於 10~15 秒通常沒有意義。
- 第二個參數是樣本的數量。
- 第三個參數指定輸出的對話數。通常指定少於 10~20 個對話是無意義的。

下面的例子是使用 active_sessions.sql 腳本產生的輸出，參數指定了取樣間隔為 15 秒，收集 10 個對話的資訊（注意，資料與圖 4-18 顯示的內容一致）。

```
SQL> @active_sessions.sql 15 1 10

Time     #Sessions #Logins SessionId       Username             Program          Activity%
-------- --------- ------- --------------- -------------------- ---------------- ---------
19:14:49       117       0 195             SOE                  JDBC Thin Client       1.8
                           224             SOE                  JDBC Thin Client       1.5
                           225             SOE                  JDBC Thin Client       1.5
                           232             SOE                  JDBC Thin Client       1.5
                           7               SOE                  JDBC Thin Client       1.5
                           227             SOE                  JDBC Thin Client       1.4
                           74              SOE                  JDBC Thin Client       1.4
                           16              SOE                  JDBC Thin Client       1.4
```

```
              171         SOE            JDBC Thin Client         1.4
              68          SOE            JDBC Thin Client         1.4
              Top-10 Total                                       14.9
```

注意，之前的輸出也顯示了每個間隔打開的對話和登入數。這個資訊很重要，因為腳本無法發現在取樣間隔期間，終止的對話執行了哪些動作。所以，當你發現對話數在減少，或者登入數很高，但對話數卻沒有按比例增加時，就應該提高警惕了。

根據腳本輸出，如果大部分的活動率是由幾個對話造成的（比如，單個對話的活動率至少是兩位數百分比），你就應該定位對話以對其進行進一步的分析。根據上面的例子，如果沒有突出的對話，就表明對話活動率很平均。因此，或許應該根據對話 ID 以外的維度，對效能統計資料進行彙總。建議你使用 Tanel Põder 開發的腳本來實現。腳本名叫 Snapper[1]（snapper.sql）。它的主要功能是以跟採樣週期成反比的頻率，對 v$session 視圖進行取樣。取樣期間 Snapper 會檢查指定對話的狀態，而對於活動對話，會收集它們活動率的資訊（比如在執行的 SQL 敘述）。由於 Snapper 是一個非常靈活且強大的腳本，可以使用很多參數，因此這裡無法進行完整的介紹。這裡只介紹一些基礎知識，並展示幾個例子。有關更多資訊，請閱讀腳本的標頭。

Snapper 需要四個參數。

- 第一個參數指定需要取樣的動態效能視圖。如果指定常數 ash，則會對 v$session 進行取樣。這樣做的目的是收集與活動對話歷史相似的資料。指定這個參數後，也可以指定 v$session 視圖的相關行來進行彙總。例如，ash=username+sql_id 表示資料會根據 v$session 視圖的 username 和 sql_id 行進行彙總（視圖中的任何行都可以指定）。當指定常數 stats 時，會對 v$sesstat、v$sess_time_model 和 v$session_event 進行取樣。
- 第二個參數指定取樣週期，單位為秒。
- 第三個參數指定樣本數量。

1 可以在 http://blog.tanelpoder.com/files/scripts.snapper.sql 下載到該腳本。

- 第四個參數指定取樣的對話。這裡可以指定單獨對話 ID、多個對話 ID 行表（用逗號分隔），指定常數 all 對所有對話進行取樣，也可以指定查詢回傳的對話 ID，或可用運算式的其中一個（例如，user=chris 表示查詢由指定用戶打開的所有對話。要獲取可用運算式的完整列表，請參閱腳本的標頭）。

第一個使用 Snapper 的例子，顯示如何收集與圖 4-17 相似的資訊。四個參數如下。

- 第一個參數（ash=sql_id）指定查詢 v$session 視圖，並根據 SQL_ID 彙總結果資料。
- 第二個參數（15）指定使用 15 秒取樣間隔。
- 第三個參數（1）指定一個樣本。
- 第四個參數（all）指定對所有對話進行取樣。

```
SQL> @snapper.sql ash=sql_id 15 1 all


-------------------------
Active% | SQL_ID
-------------------------
   196% | c13sma6rkr27c
   186% | 8dq0v1mjngj7t
   122% | bymb3ujkr3ubk
   107% | 7hk2m2702ua0g
    82% | 0yas01u2p9ch4
    63% | 8z3542ffmp562
    62% | 0bzhqhhj9mpaa
    30% | 5mddt5kt45rg3
    26% |
    26% | f9u2k84v884y7
```

請注意，在上面的例子中，Active% 行或許會大於 100%。這在對多個對話進行取樣時會發生。例如上面的輸出，在取樣期間，top SQL 敘述（c13sma6rkr27c）平均被 1.96 個對話執行。

第二個例子顯示如何收集與圖 4-19 相似的資訊。對比上一個例子，只有第一個參數需要修改。它需要根據對話屬性 module 和 action 彙總資料（ash=module+action）。

```
SQL> @snapper.sql ash=module+action 15 1 all
----------------------------------------------------------------
Active% | MODULE                          | ACTION
----------------------------------------------------------------
    97% | New Order                       | getProductDetailsByCatego
    94% | New Order                       |
    86% | Process Orders                  |
    58% | Browse Products                 | getCustomerDetails
    32% | New Order                       | getCustomerDetails
    28% | New Customer                    |
    22% | New Order                       | getProductQuantity
     9% |                                 |
     8% | Browse and Update Orders        | getCustomerDetails
     3% | Browse Products                 | getProductDetails
```

4.4.3 對話層級分析

前面使用 Snapper 的例子，展示如何分析整個系統的活動率（換句話說，所有對話的活動率）。然而 Snapper 同樣可以只針對某個對話。對此，第四個參數就要由 all 改成具體的某個對話的 ID。下面的兩個例子分別展示如何獲得與圖 4-20 和圖 4-21 類似的資訊。

```
SQL> @snapper.sql ash=event 15 1 172

---------------------------------------------
Active% | EVENT
---------------------------------------------
    22% | db file sequential read
     1% | ON CPU
     1% | db file parallel read


SQL> @snapper.sql ash=sql_id+module+action 15 1 172
```

```
--------------------------------------------------------------------------
Active% | SQL_ID        | MODULE                     | ACTION
--------------------------------------------------------------------------
     7% | c13sma6rkr27c | New Order                  |
getProductDetailsByCatego
     3% | 8dq0v1mjngj7t | New Order                  | getCustomerDetails
     3% | 0yas01u2p9ch4 | New Order                  |
     1% | 7hk2m2702ua0g | Process Orders             |
     1% | 8dq0v1mjngj7t | Browse Products            | getCustomerDetails
     1% | 8dq0v1mjngj7t | Browse and Update Orders | getCustomerDetails
     1% | bymb3ujkr3ubk | New Order                  |
     1% | 8z3542ffmp562 | New Order                  | getProductQuantity
     1% | 0bzhqhhj9mpaa | New Customer               |
```

4.4.4 SQL 敘述資訊

定位大活動率的 SQL 敘述之後，可以使用以下腳本中的一個來顯示資訊：`sqlarea.sql`、`sql.sql` 和 `sqlstats.sql`。顧名思義，它們分別從 `v$sqlarea`、`v$sql` 和 `v$sqlstats` 中擷取資料。這三個腳本需要兩個輸入參數。

- 第一個參數指定 SQL 敘述的 ID。
- 第二個參數指定腳本顯示的是，從游標載入進函式庫快取後的累積統計值，還是目前增加的統計值。將該參數設定成大於 0 的數字時，將啟用後一種模式。那樣的話，會根據參數（秒數）指定的間隔時間，查詢兩次統計值。當指定其他值時，將顯示前者。

下例展示如何使用 `sqlstats.sql` 腳本顯示 ID 為 `c13sma6rkr27c` 的 SQL 敘述，最後 15 秒的統計資訊：

```
SQL> @sqlstats.sql c13sma6rkr27c 15

--------------------------------------------------------------------------
Identification
--------------------------------------------------------------------------
```

```
SQL Id                                                          c13sma6rkr27c
Execution Plan Hash Value                                          1640444070
-----------------------------------------------------------------------------
Shared Cursors Statistics
-----------------------------------------------------------------------------
Total Parses                                                                0
Loads / Hard Parses                                                         0
Invalidations                                                               0
Cursor Size / Shared (bytes)                                                0
-----------------------------------------------------------------------------
Activity by Time
-----------------------------------------------------------------------------
Elapsed Time (seconds)                                                 33.559
CPU Time (seconds)                                                      0.568
Wait Time (seconds)                                                    32.991
-----------------------------------------------------------------------------
Activity by Waits
-----------------------------------------------------------------------------
Application Waits (%)                                                   0.000
Concurrency Waits (%)                                                   0.000
Cluster Waits (%)                                                       0.000
User I/O Waits (%)                                                     97.994
Remaining Waits (%)                                                     0.313
CPU (%)                                                                 1.692
-----------------------------------------------------------------------------
Elapsed Time Breakdown
-----------------------------------------------------------------------------
SQL Time (seconds)                                                     33.559
PL/SQL Time (seconds)                                                   0.000
Java Time (seconds)                                                     0.000
-----------------------------------------------------------------------------
Execution Statistics                          Total     Per Execution  Per Row
-----------------------------------------------------------------------------
Elapsed Time (milliseconds)                  33,559                23    5.133
CPU Time (milliseconds)                         568                 0    0.087
Executions                                    1,436                 1    0.220
```

```
Buffer Gets                                 43,305          30        6.624
Disk Reads                                   4,292           3        0.656
Direct Writes                                    0           0        0.000
Rows                                         6,538           5        1.000
Fetches                                      1,440           1        0.220
Average Fetch Size                               5
-------------------------------------------------------------------------
Other Statistics
-------------------------------------------------------------------------
Executions that Fetched All Rows (%)                                    100
Serializable Aborts                                                       0
-------------------------------------------------------------------------
```

4.5 小結

本章介紹了一個發生效能問題時用於定位效能問題的分析路線圖，同時還介紹幾種可以使用的工具和技術。儘管提供的分析路線圖很有幫助，但它也只是冰山一角。總之，找到一種妥善的處理方法來快速成功定位問題才是最重要的。對此，我已經強調過很多次了。

本章介紹了發生效能問題時該如何分析。但如果問題發生在過去呢？你能找出發生了什麼，並且防止其再次發生嗎？第 5 章將介紹如何使用包含歷史效能統計資訊的知識庫，為這些問題找到答案。

Chapter

05 不可重現問題的事後分析

本章將介紹如何分析一個無法重現或監控到的效能問題。換句話說，當問題發生過後，無法使用 SQL 追蹤，也無法查看動態效能視圖，這種情況下該如何分析問題。在這種情況下，能夠在你想要分析的時間段做出可靠分析的唯一方法，就是使用包含效能統計資訊的知識庫。

5.1 知識庫

Oracle 資料庫提供了兩個知識庫，其中儲存的資訊，可以用於分析過去發生過的效能問題：

- Automatic Workload Repository（AWR）
- Statspack

由於 AWR 是 Statspack 的進化版，因此它也根據以下三個同樣的基本概念（這些概念就是隨其提供的實用程式）。

- 在固定的間隔裡（例如 30 分鐘），許多動態效能視圖的內容被匯入一組表中。產生的結果資料被稱為**快照**（**snapshot**），快照透過**快照 ID** 來進行識別。有些動態效能視圖會匯出所有資料，有些則只會匯出一部分資料。例如，SQL 敘述的資訊只會匯出消耗最大的。

- 針對 AWR，可以透過 Oracle 提供的腳本或者工具（例如，Enterprise Manager 或 SQL Developer），找出在兩個快照限定的時間段內，知識庫中統計資訊的變化情況。
- 通常情況下，快照不會無限期地儲存下去，經過一段時間後就會被刪除。指定時間段的快照可以標記成基線（baseline），這樣就不會被刪除。基線可以用來做對比。例如，如果你在系統執行良好的時候，儲存了一段時間的基線，就可以在效能問題發生時，與基線的時間段做對比。

注意，選取快照的間隔長度是非常重要的。實際上，通常更短的間隔要比一小時甚至更長的間隔有用。這主要有兩個原因。首先，對一個很長的時間段計算比率或平均值，會造成很大的誤導。其次，鑒於一些動態效能視圖提供的資訊變化非常快，在獲取快照的時候，有用的資訊或許已經不在了。例如，一條消耗大量資源的 SQL 敘述，可能會在快照捕獲前，從函式庫快取中移除，進而導致快照沒有記錄到它。因此，我通常建議時間間隔為 20 或 30 分鐘。

表 5-1 總結了 AWR 與 Statspack 之間的主要區別。鑒於 AWR 要比 Statspack 強大的多，在有許可的情況下，你更應該使用 AWR。

表 5-1　AWR 與 Statspack 之間的主要區別

Automatic Workload Repository	Statspack
與資料庫緊密整合，並且自動安裝和管理	需要 DBA 手動安裝和管理
根據 ASH 儲存系統層級、SQL 敘述層級以及對話層級的資訊	只儲存系統和 SQL 敘述層級的資訊
Enterprise manager 可以管理其內容	Enterprise Manager 沒有整合
自動診斷效能問題會參考其內容	不會參考其內容
需要 Oracle 診斷套件元件和企業版	所有版本都可使用
不能在唯讀模式的備用資料庫上使用	11.1 之後的版本可以在唯讀模式的備用資料庫上使用

5.2 自動工作負載儲存庫

本節將介紹如何設定 AWR，捕獲快照並管理基線。稍後的 5.4 節將會介紹如何利用儲存在 AWR 中的資訊。此時重要的是要知道 AWR 中儲存的資訊是透過 dba_hist 首碼的資料字典視圖（在 12.1 多租戶環境下，也存在 cdb_hist 首碼的視圖）公開的。

5.2.1 執行設定

AWR 會在每個資料庫上自動安裝並設定。因此從它存在之初，資料庫引擎就會捕獲記錄工作負荷的快照。

警告 當初始化參數 statistics_level 設定成 basic 時，資料庫引擎不會自動捕獲快照。

設定根據以下三個參數。

- **Snapshot interval：**兩個快照之間的時間間隔（單位：分鐘）。最小值和最大值分別是 10 分鐘和 100 年。預設是 1 小時。
- **Retention period：**快照的儲存時間（單位：分鐘）。最小值和最大值分別是 1 天和 100 年。如果指定 0，那麼快照會永久儲存。在 10.2 版本中預設值是 7 天，11.1 版本之後預設值是 8 天。
- **Top SQL statements：**每個快照都會記錄消耗最大的 SQL 敘述數量。鑒於每個快照會記錄多個消耗種類別（例如，top elapsed time、top CPU utilization 和 top parse calls），因此每個快照實際儲存的 SQL 敘述數量要比參數指定的值高。該參數的預設值（DEFAULT）是 30，最大值（MAXIMUM）是 50,000。這裡 DEFAULT 可以是 30 或 100，這要根據捕獲快照的 flush level 來定（參見 5.2.2 節）。

彩色 SQL ID

為了保證指定的 SQL 敘述資訊在每個快照裡都捕獲到（無論它是否為消耗最大的 SQL），從 11.1 版本之後，可以將敘述的 SQL ID 標記為 colored。可以使用 dbms_workload_repository 套件下的 add_colored_sql 和 remove_colored_sql 過程分別標記或者取消標記 SQL ID 的 colored。請注意兩個過程都需要指定操作的 SQL ID。
要知道哪些 SQL 敘述被標記為 colored，可以查詢 dba_hist_colored_sql 視圖，在 12.1 多租戶環境下，可以查詢 cdb_hist_colored_sql 視圖。

下面的查詢展示了如何顯示參數的目前值（注意從 11.1 版本之後這些值是預設值）：

```
SQL> SELECT snap_interval, retention, topnsql
  2  FROM dba_hist_wr_control;

SNAP_INTERVAL        RETENTION          TOPNSQL
------------------ ------------------ -------
+00000 01:00:00.0   +00008 00:00:00.0  DEFAULT
```

可以使用 dbms_workload_repository 套件下的 modify_snapshot_settings 過程來修改預設設定。例如，以下呼叫設定間隔時間為 20 分鐘，儲存 35 天：

```
dbms_workload_repository.modify_snapshot_settings(
  interval  => 20,
  retention => 35*60*24,
  topnsql   => 'DEFAULT'
);
```

AWR 的資料會儲存在 sysaux 表空間中。儲存空間的大小完全取決於這三個參數如何設定。通常情況下，每個快照會至少佔用 1 兆空間。如果你想知道目前使用了多少空間，可以執行以下查詢：

```
SELECT space_usage_kbytes
FROM v$sysaux_occupants
WHERE occupant_name = 'SM/AWR'
```

5.2.2 捕獲快照

快照除了可以由資料庫引擎自動捕獲外，也可以手動捕獲。想要儲存特定時間段的資訊時，快照會很有幫助。要捕獲快照，需要呼叫 dbms_workload_repository 套件下的 create_snapshot 副程式。這個套件下有兩個副程式：一個函數和一個儲存過程。它們都需要一個參數用來指定 flush level（TYPICAL 或 ALL，前者是預設值）。如果使用 TYPICAL，會儲存每個分類別的前 30 個 top SQL 敘述。如果指定 ALL，會儲存前 100 個。函數和儲存過程唯一的不同是函數會回傳快照 ID。以下查詢顯示指定 flush level 為 ALL 的情況下如何捕獲快照並顯示關聯的快照 ID：

```
SQL> SELECT dbms_workload_repository.create_snapshot(flush_level => 'ALL')
AS snap_id
  2  FROM dual;

   SNAP_ID
----------
       738
```

儲存在 AWR 中的快照可以透過 dba_hist_snapshot 視圖查看，在 12.1 多租戶環境下，可以查看 cdb_hist_snapshot 視圖：

```
SQL> SELECT begin_interval_time, end_interval_time,
  2         decode(snap_level, 1, 'TYPICAL', 2, 'ALL', snap_level) AS snap_level
  3  FROM dba_hist_snapshot
  4  WHERE snap_id = 738;

BEGIN_INTERVAL_TIME       END_INTERVAL_TIME         SNAP_LEVEL
------------------------- ------------------------- ----------
22-APR-14 04.00.22.234 PM 22-APR-14 04.06.58.230 PM ALL
```

5.2.3 管理基線

基線是由多個連續的快照組成的。基線有兩種。

- **固定基線（fixed baseline)**：由靜態的開始快照 ID 和靜態的結束快照 ID 限定的一組連續快照。可以根據需要建立多個基線。
- **移動視窗基線（moving window baseline）**：指定時間內（特別是以天為單位）的一組連續快照，並且以最近的快照作為結束。每個資料庫都有一個移動視窗基線作為資料引擎的自我調整閾值（更多資訊請參考 *Performance Tuning Guide* 手冊）。這種基線是從 11.1 版本之後才有的。

1 管理固定基線

dbms_workload_repository 套件提供了多個命名為 create_baseline 的函數和儲存過程用來建立基線。雖然它們在兩個方面有所區別，但都實現同樣的基本功能。首先，基線的起始和結束可以指定兩個 ID 或兩個時間（後者只有在 11.1 版本之後才可用）。其次，函數會回傳新建立的基線 ID。注意所有的副程式都需要參數指定基線的名稱，同時也可使用可選參數指定基線在多少天後自動刪除（預設值為 NULL，指定沒有過期的基線）。例如，以下呼叫展示了如何建立名為 TEST 的基線，並指定基線於 30 天後過期：

```
dbms_workload_repository.create_baseline(
  start_snap_id => 738,
  end_snap_id   => 739,
  baseline_name => 'TEST',
  expiration    => 30
);
```

儲存在 AWR 中的快照可以透過 dba_hist_baseline 視圖查看，在 12.1 多租戶環境下，可以透過 cdb_hist_baseline 視圖查看：

```
SQL> SELECT start_snap_id, start_snap_time, end_snap_id, end_snap_time
  2  FROM dba_hist_baseline
  3  WHERE baseline_name = 'TEST'
  4  AND baseline_type = 'STATIC';

START_SNAP_ID START_SNAP_TIME   END_SNAP_ID END_SNAP_TIME  EXPIRATION
------------------------------ -------------------------- ---------
  738 22-APR-14 04.06.58.230 PM   739 22-APR-14 04.12.50.933 PM   30
```

dbms_workload_repository 套件提供了 select_baseline_metric 函數，用來顯示基線（同樣也對移動視窗基線適用）相關的度量值。以下查詢展示了如何顯示 TEST 基線相關的度量值：

```
SQL> SELECT metric_name, metric_unit, minimum, average, maximum
  2  F ROM table(dbms_workload_repository.select_baseline_metric('TEST'))
  3  ORDER BY metric_name;

METRIC_NAME          METRIC_UNIT                      MINIMUM    AVERAGE    MAXIMUM
------------- ----------------------------- -------- ---------- ----------
Active Parallel Sessions Sessions                        0          0          0
Active Serial Sessions   Sessions                        0  1.42857143          7
Average Active Sessions  Active Sessions                 0  .413742101 3.49426268
...
...
User Transaction Per Sec Transactions Per Second  0 6.98898086 49.2425504
VM in bytes Per Sec      bytes per sec                0          0          0
VM out bytes Per Sec     bytes per sec                0          0          0
```

dbms_workload_repository 套件提供了 rename_baseline 過程來對基線重命名。該過程需要參數指定舊命名與新命名。例如，以下呼叫顯示如何將 TEST 基線改名為 TEST1：

```
dbms_workload_repository.rename_baseline(
  old_baseline_name => 'TEST',
  new_baseline_name => 'TEST1'
);
```

最後，可以使用 dbms_workload_repository 套件下的 drop_baseline 過程來刪除基線。該過程需要指定參數基線名，以及指定是否刪除與基線相關的快照（預設情況下不刪除）的可選參數。例如，以下呼叫展示了如何刪除 TEST1 基線及其相關的快照：

```
dbms_workload_repository.drop_baseline(
  baseline_name => 'TEST1',
  cascade       => TRUE
);
```

2 管理移動視窗基線

移動視窗基線沒有太多需要管理的內容。實際上，我們僅可以呼叫 dbms_workload_repository 套件下的 modify_baseline_window_size 過程來修改視窗大小。參數需要指定新視窗大小的天數。比如，以下呼叫展示了如何將視窗大小設定為 30 天：

```
dbms_workload_repository.modify_baseline_window_size(window_size => 30);
```

呼叫 modify_baseline_window_size 過程唯一需要滿足的要求是，新的視窗大小不能大於使用快照的儲存期。如果沒有滿足要求，資料庫引擎會拋出如下異常：ORA-13541: system moving window baseline size greater than retention。

可以使用以下查詢來顯示目前視窗大小（注意，從 11.1 版本開始這些值為預設值）：

```
SQL> SELECT baseline_name, moving_window_size
  2  FROM dba_hist_baseline
  3  WHERE baseline_type = 'MOVING_WINDOW';

BASELINE_NAME        MOVING_WINDOW_SIZE
-------------------- ------------------
SYSTEM_MOVING_WINDOW                  8
```

5.3 Statspack

本節介紹如何安裝和設定 Statspack、捕獲快照和管理基線。稍後在 5.5 節中將介紹如何利用儲存在 Statspack 知識庫中的資訊。

提示 Oracle 資料庫手冊不再提供關於 Statspack 的資訊。可以在 $ORACLE_HOME/rdbms/admin 目錄下的 spdoc.txt 檔中找到安裝、設定、管理和使用 Statspack（以及其他安裝腳本和工具）的詳細資訊。Oracle Support 檔案 *Installing and Using Standby Statspack in 11g*（454848.1）提供了關於在唯讀模式的備用資料庫上，使用 Statspack 的資訊。

5.3.1 執行安裝

為了安裝 Statspack，需要以 sys 使用者身分連線資料庫，並執行 $ORACLE_HOME/rdbms/admin 目錄下的 spcreate.sql 腳本。該腳本會建立 perfstat 使用者以及使用者下大部分需要執行 Statspack 的物件。此外，它還會建立多個 public 同義詞和 sys 模式下的視圖。執行期間，腳本會詢問 perfstat 使用者的密碼，使用的臨時表空間和存放表和索引的表空間。注意，在執行腳本前，要指定的臨時表空間和表空間就需要建立好。如果不希望建立新的表空間，可以選擇預設的臨時表空間和 sysaux 表空間。

5.3.2 設定儲存庫

Statspack 的設定根據三類別參數，儲存在 perfstat 模式的 stas$statspack_parameter 表下。

- **快照層級（Snapshot level）**：定義捕獲快照時儲存的資料。表 5-2 簡單介紹了可用的快照層級。同樣，在 stats$level_description 表裡，也包含對每個層級的簡介。

表 5-2　Statspack 快照層級

級別	描　述
0	捕獲一般效能統計資訊
5	捕獲一般效能統計資訊（同層級 0），也包括超過閾值的 SQL 敘述統計資訊。這是預設層級
6	除了低層級收集的所有統計資訊外，還包括執行計畫（包括使用統計資訊）
7	除了低層級收集的所有統計資訊外，還包括超過閾值的段層級統計資訊（比如，邏輯讀和實體讀的數量）
10	除了低層級收集的所有統計資訊外，還包括閂的統計資訊

- **SQL 敘述閾值（SQL statement threshold）**：有六個閾值（執行數、解析呼叫數、實體讀數、邏輯讀數、可共享記憶體數和子游標數）用來判斷是否捕獲 SQL 敘述。只有至少超過其中一個閾值時才會捕獲 SQL 敘述。

- **段統計資訊閾值（Segment statistics threshold）**：有七個閾值（邏輯讀數、實體讀數、buffer busy wait 數、row lock wait 數、ITL wait 數、全域快取一致性讀區塊數和全域快取目前區塊數）用來判斷是否捕獲段資訊。只有至少超過其中一個閾值時才會捕獲段資訊。

以下查詢展示了每個參數的實際值（這裡顯示的是安裝過後的預設值）：

```
SQL> SELECT parameter, value
  2  FROM stats$statspack_parameter
  3  UNPIVOT (
  4    value FOR
  5    parameter IN (snap_level, executions_th, parse_calls_th,
disk_reads_th, buffer_gets_th,
  6                  sharable_mem_th, version_count_th, seg_phy_reads_th,
seg_log_reads_th,
  7                  seg_buff_busy_th, seg_rowlock_w_th, seg_itl_waits_th,
seg_cr_bks_rc_th,
  8                  seg_cu_bks_rc_th)
  9  );

PARAMETER          VALUE
---------------- -------
SNAP_LEVEL             5
EXECUTIONS_TH        100
PARSE_CALLS_TH      1000
DISK_READS_TH       1000
BUFFER_GETS_TH     10000
SHARABLE_MEM_TH  1048576
VERSION_COUNT_TH      20
SEG_PHY_READS_TH    1000
SEG_LOG_READS_TH   10000
SEG_BUFF_BUSY_TH     100
SEG_ROWLOCK_W_TH     100
SEG_ITL_WAITS_TH     100
SEG_CR_BKS_RC_TH    1000
SEG_CU_BKS_RC_TH    1000
```

statspack 套件提供了 modify_statspack_parameter 過程來修改參數的值。針對每個參數，儲存過程都有一個輸入參數。比如，以下呼叫將快照層級更改為 6：

```
statspack.modify_statspack_parameter(i_snap_level => 6)
```

5.3.3 捕獲和清除快照

你可以呼叫 statspack 套件下的 snap 副程式來捕獲快照。套件下有兩個副程式：一個函數和一個儲存過程。它們都可以指定前面部分介紹的任意一個設定參數。所有的參數都是可選的，因此可以不指定任何參數而捕獲快照，比如下面這樣：

```
perfstat.statspack.snap();
```

只要不是被定義成基線的快照，都可以使用 statspack 套件下的 purge 副程式來清除。套件下一共有八個副程式。一方面，函數和過程執行著同樣的功能。另一方面，有四種方法可用來指定清除快照：

- 指定起始和結束快照 ID 之間的所有快照（參數 i_begin_snap 和 i_end_snap）；
- 指定開始和結束時間之間的所有快照（參數 i_begin_date 和 i_end_date）；
- 指定某一時間之前的所有快照（參數 i_purge_before_date）；
- 指定超過特定天數的所有快照（參數 i_num_days）。

注意，預設情況下不會清除 SQL 敘述和執行計畫的資料。如果要清除這些資料，需要設定參數 i_extended_purge 為 TRUE 來啟動 extended purge。比如，以下呼叫會清除 2014 年 4 月之前的所有快照（包括 SQL 敘述和執行計畫）：

```
statspack.purge(
  i_purge_before_date => to_date('2014-04-01','YYYY-MM-DD'),
  i_extended_purge    => TRUE
);
```

鑒於快照不能自動捕獲也無法在特定時間後清除，所以需要計畫兩個任務來執行這些操作。請看下面的例子（注意，兩個任務都應由 perfstat 用戶來建立）。

- 每隔 15 分鐘捕獲一次快照。

```
dbms_scheduler.create_job(
  job_name        => 'TAKE_STATSPACK_SNAPSHOT',
  job_type        => 'PLSQL_BLOCK',
  job_action      => 'perfstat.statspack.snap();',
  start_date      => sysdate,
  repeat_interval => 'FREQ = HOURLY; BYMINUTE = 0,15,30,45',
  enabled         => TRUE,
  comments        => 'take STATSPACK shapshot'
);
```

- 清除建立超過 35 天的快照。

```
dbms_scheduler.create_job(
  job_name        => 'PURGE_STATSPACK_SNAPSHOTS',
  job_type        => 'PLSQL_BLOCK',
  job_action      => 'statspack.purge(i_num_days => 35,
                     i_extended_purge => TRUE);',
  start_date      => sysdate,
  repeat_interval => 'FREQ = HOURLY; BYMINUTE = 50',
  enabled         => TRUE,
  comments        => 'purge STATSPACK shapshots'
);
```

可以在 spauto.sql 和 sppurge.sql 腳本中找到 Oracle 提供的其他例子。要獲取這兩個腳本，可查找 $ORACLE_HOME/rdbms/admin 目錄。

> **注意** 在 RAC 環境下，需要在每個資料庫實例上分別計畫任務。

5.3.4 管理基線

為常規快照設定標記，標記上 baseline 的快照是**基線**。因此，它不同於刪除處理。statspack 套件提供了兩組儲存過程和函數來管理這些標記。第一組由 make_baseline 的副程式組成，用來為一個或多個快照設定標記。第二組由 clear_baseline 的副程式組成，用來為一個或多個快照取消標記。statspack 套件提供了同樣功能的函數和儲存過程。唯一的區別是，函數會回傳標記修改的快照數量。可以指定一系列 ID 或一段時間來確定需要修改的快照。例如，以下呼叫會標記兩個指定時間戳記之間的快照為基線：

```
perfstat.statspack.make_baseline(
  i_begin_date => to_date('2014-04-02 17:00:00','YYYY-MM-DD HH24:MI:SS'),
  i_end_date   => to_date('2014-04-02 17:59:59','YYYY-MM-DD HH24:MI:SS')
);
```

根據同樣的方法，以下呼叫會取消兩個指定時間戳記之間的所有快照標記：

```
perfstat.statspack.clear_baseline(
  i_begin_date => to_date('2014-04-02 00:00:00','YYYY-MM-DD HH24:MI:SS'),
  i_end_date   => to_date('2014-04-02 23:59:59','YYYY-MM-DD HH24:MI:SS')
);
```

5.4 使用 Diagnostics Pack 進行分析

要使用 Diagnostics Pack 進行分析，建議使用 Enterprise Manager 的 performance 頁面（這與你使用的是 Database Control、Grid Control 還是 Cloud Control 無關）。正如第 4 章描述的那樣，Performance Home 和 Top Activity 頁面顯示即時和歷史資訊。鑒於本章旨在分析發生過的效能問題，所以會用到歷史資訊。在這種模式下，預設情況下資訊可以保留一週。

歷史資訊分析與即時資料分析基本相同。因此，詳細資訊請參考第 4 章。這裡主要介紹兩者的不同之處。

- 利用歷史資料，顯示在 30 分鐘間隔裡（不是 5 分鐘），資料庫負載的詳細資訊。（想要更靈活，可以使用 ASH Analytics）。
- 由於不是所有即時資料都儲存在 AWR 中，因此資料會缺少詳細資訊，甚至缺失詳細資訊。不過你可以存取到足夠多關於最高負載的資訊。
- 無法搜尋特定的對話。實際上，Performance 功能表裡的 Search Sessions 選項不可用。對話只能透過 Top Sessions 表存取。

除了 Enterprise Manager 整合的部分，AWR 提供了一系列報告，用來評估指定的時間段內的負載情況。下面是三個最常用的報告。

- AWR 報告總結了一段時間內指定的操作。這個報告可以由 Enterprise Manager 產生，也可以執行 `$ORACLE_HOME/rdbms/admin/awrrpt.sql` 腳本來實現。鑒於該報告根據 Statspack 報告，請參考下一部分中關於它的解釋資訊。
- 週期對比報告對比兩個指定的獨立時間段。這對找出資料庫引擎經歷效能問題的時間段與基線時間段之間的區別非常有用。這個報告可以由 Enterprise Manager 產生，也可以透過執行 `$ORACLE_HOME/rdbms/admin/awrddrpt.sql` 腳本來實現。
- SQL 敘述報告提供關於 SQL 敘述的詳細資訊。更多資訊請參考第 10 章，特別是 10.1.3 節。

5.5 不使用 Diagnostics Pack 進行分析

如果不關注單條 SQL 敘述，那麼，借助 Statspack，透過執行 `$ORACLE_HOME/rdbms/admin/spreport.sql` 腳本，可開始對效能問題的分析。腳本在詢問產生報告的時間段（我建議選擇兩個連續的快照）之後，會把報告寫入一個輸出檔中。儘管這部分的目標是介紹如何閱讀報告，但是要做到面面俱到也是不可行的。實際上，報告不僅非常長（一般有 2,000~3,000 行），並且可能包含許多大部分時間都不需要去關注的內容。很多內容只是為了以備不時之需。

提示 AWR 是 Statspack 的進化版，因此對 Statspack 報告的解釋閱讀也同樣適用於 AWR 報告。

分析從報告的最初部分開始（大約 100 行）。這部分資訊排列得不是特別好，也不是很有趣。然而，由於報告的最初部分不是很長，卻也值得去閱讀。

Statspack 報告首先介紹了實例和承載伺服器的自述資訊。

```
Database      DB Id    Instance      Inst Num Startup Time    Release     RAC
~~~~~~~~ ----------- ------------ -------- --------------- ----------- ---
          2532911053 DBM11203            1 23-Apr-14 16:33 11.2.0.3.0  NO

Host Name             Platform                CPUs Cores Sockets Memory (G)
~~~~ ---------------- ---------------------- ----- ----- ------- ------------
     helicon           Linux x86 64-bit          8     8       2          7.8
```

對於上面的摘要，請記住資料庫伺服器的 CPU 核數。稍後，這一資訊會用來評估資料庫引擎是否是 CPU bound。

警告 當資料庫伺服器設定同步多執行緒 CPU 時，v$osstat 視圖的 NUM_CPUS 的值（也是 Statspack 報告中的 CPUs 行的值）會被設成執行緒總數。注意使用執行緒數來評估資料庫是否為 CPU bound 會造成誤導。實際上，100% 使用所有執行緒是不可能的。即使根據 CPU 核數的檢查會被認為太過保守，卻也可以放心地使用（假如你無法在虛擬化環境下這麼做）。

報告接下來提供了指定時間段（開始、結束和持續時間）的資訊，開始時間段和結束時間段內的對話數，在 11.1 版本之後還會有 DB time（106.55）和 CPU 使用率（28.35）。在這一部分，需要仔細查看需要分析的時間段內的報告。注意：平均活動對話數（7.1）只在 11.1.0.7 及以後的版本中存在，它是 DB time 除以 elapsed time 的值。

```
Snapshot       Snap Id     Snap Time      Sessions Curs/Sess Comment
~~~~~~~~    ---------- ------------------ -------- --------- -------------
```

```
Begin Snap:        548 23-Apr-14 18:30:40        57        1.6
  End Snap:        549 23-Apr-14 18:45:40        59        1.5
   Elapsed:      15.00 (mins) Av Act Sess:      7.1
   DB time:     106.55 (mins) DB CPU:         28.35 (mins)
```

報告接下來提供了最重要的 SGA 元件的大小。注意緩衝區快取（buffer cache）或共享池在觀測的時間段內是否發生改變，如果發生了改變，那麼結束時間的值也會顯示。否則，就像下面的例子這樣，只會顯示開始時間的值：

```
Cache Sizes                 Begin        End
~~~~~~~~~~~            ---------- ----------
    Buffer Cache:           728M               Std Block Size:        8K
     Shared Pool:           260M                   Log Buffer:    7,992K
```

接下來會看到大量的度量值，包括每秒處理、每個交易處理以及每次執行和呼叫的度量值：

```
Load Profile                  Per Second   Per Transaction   Per Exec   Per all
~~~~~~~~~~~~~            --------------- ----------------- ---------- --------
      DB time(s):                    7.1               0.0       0.01     0.00
       DB CPU(s):                    1.9               0.0       0.00     0.00
       Redo size:              392,163.4           1,928.3
   Logical reads:              406,805.1           2,000.3
   Block changes:                2,822.9              13.9
  Physical reads:                  579.7               2.9
 Physical writes:                  377.8               1.9
      User calls:                2,895.2              14.2
          Parses:                    0.6               0.0
     Hard parses:                    0.0               0.0
W/A MB processed:                    0.1               0.0
          Logons:                    0.0               0.0
        Executes:                1,364.1               6.7
       Rollbacks:                    0.0               0.0
    Transactions:                  203.4
```

上面大多數的度量值無法直接用於評估資料庫實例是否存在效能問題。它們的主要目的有兩個。第一，讓我們對負載有個大體瞭解。例如，在上面的例子中，我們看到每秒事務量為 203.4，並且平均每個事務發生了 6.7 次執行。因此可以知道系統正在執行某些操作。第二，可以用來判斷系統做的工作是否超過預期，並且更重要的是，可以用這些值與基線進行對比。不過，有兩個度量值可以用來直接判斷資料庫實例負載（不過，這兩個值在 10.2 版本中不存在）。

- DB time Per Second（7.1）與平均活動對話數相等。根據第 4 章介紹的經驗法則，若平均活動對話數與 CPU 內核個數（8）相等，可以認為系統相當繁忙。
- DB CPU per second（1.9）告訴你實例是否是 CPU bound。實際上，可以將它與 CPU 內核個數（8）作對比，進而判斷 CPU 的平均使用率。本例資料庫實例僅僅消耗了 24%（1.9/8×100）的 CPU。因此，如果伺服器上沒有其他資料庫實例或應用，那麼 CPU 完全可以滿足負載。

報告接下來是一組有限的使用率。唯一明智的做法就是用其與基線對比來判斷是否有值改變：

```
Instance Efficiency Indicators
~~~~~~~~~~~~~~~~~~~~~~~~~~~~~~
            Buffer Nowait %: 100.00      Redo NoWait %:  99.98
            Buffer  Hit   %:  99.86 Optimal W/A Exec %: 100.00
            Library Hit   %: 100.01       Soft Parse %:  98.99
         Execute to Parse %:  99.96        Latch Hit %:  99.96
Parse CPU to Parse   Elapsd %: 103.03    % Non-Parse CPU:  98.84

 Shared Pool Statistics        Begin   End
                               ------  ------
             Memory Usage %:   66.47   66.55
    % SQL with executions>1:   71.80   71.85
  % Memory for SQL w/exec>1:   72.70   72.88
```

接下來的部分顯示 top 5 事件的資源使用分析（包括 CPU 使用率）。簡單來說，在這張表裡，DB time 被拆分以顯示時間是如何花費的。例如，根據以下的摘錄，71.6% 的時間花在了單區塊讀上：

```
Top 5 Timed Events                                                Avg %Total
~~~~~~~~~~~~~~~~~~                                               wait   Call
Event                                         Waits    Time (s)   (ms)   Time
---------------------------------------- ---------- --------- ----- ------
db file sequential read                      520,240      4,567     9   71.6
CPU time                                                  1,620          25.4
log file sync                               182,275         94     1    1.5
log file parallel write                     178,406         39     0     .6
read by other session                         2,693         27    10     .4
```

與 AWR 報告相反，top 5 事件的清單不會顯示等待層級（例如，`User I/O`、`System I/O`、`Commit` 或 `Concurrency`）。如果看到一個事件屬於選擇忽略的等待層級，可以執行以下查詢來找到它：

```
SQL> SELECT wait_class
  2  FROM v$event_name
  3  WHERE name = 'db file parallel read';

WAIT_CLASS
----------
User I/O
```

報告接下來提供作業系統層級的 CPU 使用率資訊（注意，直到 11.1.0.6 版本，`Instance CPU` 部分只提供百分比值並且使用不同的標籤）：

```
Host CPU (CPUs: 8 Cores: 8 Sockets: 2)
~~~~~~~~          Load Average
                  Begin     End      User   System     Idle      WIO     WCPU
                ------- -------  ------- -------- ------- ------- -------
                   5.98    7.09     23.83     0.89   74.75   21.86
Instance CPU
~~~~~~~~~~~~                                          % Time (seconds)
                                                   -------- --------------
                    Host: Total time (s):                        7,001.7
                 Host: Busy CPU time (s):                        1,768.2
                  % of time Host is Busy:             25.3
           Instance: Total CPU time (s):                         1,739.9
```

```
     % of Busy CPU used for Instance:          98.4
    Instance: Total Database time (s):                      6,500.3
%DB time waiting for CPU (Resource Mgr):        0.0
```

上面的摘錄有以下兩個目的。

- 確認主機（不是資料庫實例）是否是 CPU bound。`% of time Host is Busy` 值提供了你需要的資訊。如果這個值低（比如本例），那就沒問題。如果該值高（接近 100%，前提是 CPU 沒有使用同步多執行緒），那麼 top 5 事件的資源使用分析和其他等待事件的統計資訊會造成誤導。實際上，在 CPU 不足的案例中，許多統計值會被人為提高。因此，首要目標是找出方法來降低 CPU 使用率。
- 確認作業系統層級的 CPU 使用率，是否主要源於所分析的資料庫實例。當伺服器上執行多個資料庫實例或其他應用時，這是一個重要資訊。最需要檢查的值是 `% of Busy CPU used for Instance`，該值顯示總 CPU 使用率中，有多少是由於你正在查找的資料庫實例所導致的。如果該值低於 80%~90%，表示有其他應用佔用了過多的 CPU。例如，在之前的摘要中，資料庫實例幾乎使用了所有的 CPU（98.4%）。這代表這台伺服器上沒有其他應用在佔用過多的 CPU。

作業系統層級的 CPU 使用率資訊之後，是作業系統層級的記憶體使用率資訊。透過它可以知道在主機上有多少記憶體可用（8 GB），以及資料庫實例分配給 SGA 和 PGA 的百分比（15.1%）。

```
Memory Statistics                           Begin          End
~~~~~~~~~~~~~~~~~~                   ------------ ------------
                  Host Mem (MB):          7,974.6      7,974.6
                   SGA use (MB):          1,019.4      1,019.4
                   PGA use (MB):            175.1        183.1
    % Host Mem used for SGA+PGA:             15.0         15.1
```

前 100 行最後提供的是時間模型統計資訊。正如第 4 章討論過的那樣，根據這些資料，可以知道資料庫引擎處理關鍵操作花費的總時間。在接下來的例子中，統計資訊顯示大部分時間（95.5%）是用來執行 SQL 敘述。

```
Statistic                                        Time (s) % DB time
----------------------------------- ------------------- ---------
sql execute elapsed time                          6,103.6      95.5
DB CPU                                            1,701.1      26.6
parse time elapsed                                   26.8        .4
sequence load elapsed time                            0.1        .0
PL/SQL execution elapsed time                         0.0        .0
repeated bind elapsed time                            0.0        .0
DB time                                           6,392.9
background elapsed time                             107.5
background cpu time                                  38.8
```

根據報告前 100 行提供的資訊，應該可以對目前資料庫有一個相對清晰的瞭解，比如，系統載入的範圍和執行的主要操作。下一步是找出 top SQL 敘述。出於此目的，報告會包含多個按不同條件（CPU、elapsed time、邏輯讀數、實體讀數、執行數和解析呼叫數）排序的列表。鑒於在大多數情況下，elapsed time 是最重要的指標，所以建議根據 `SQL ordered by Elapsed time` 部分繼續分析。

在查看清單之前，需要確認捕捉到的 SQL 敘述是否佔用 DB time。如果像下面參照的部分一樣，捕捉到的 SQL 敘述佔用了大部分的 DB time（95.4%），那麼這個清單就包含有用資訊：

```
-> Total DB Time (s):          6,393
-> Captured SQL accounts for  95.4% of Total DB Time
-> SQL reported below exceeded 1.0% of Total DB Time
```

然而，萬一捕捉到的 SQL 敘述只占了 DB time 的很小百分比（比如，10%~20%），那麼這個列表用處就不大了。實際上，要麼佔用大量 DB time 的 SQL 敘述在快照捕獲前被清出了函式庫快取，要麼就是不存在佔用大量 DB time 的 SQL 敘述。如果是前者，那麼知識庫沒有包含足夠的資訊來完成分析。如果是後者，那麼沒有單獨哪條 SQL 敘述佔用了過高的 DB time。因此，正如 4.1 節所述，關注 top SQL 敘述是沒有意義的。

如接下來的參照所示，對於每條 SQL 敘述，不僅可以看到總計和平均的 elapsed time，也可以看到 CPU 使用率和實體讀：

```
   Elapsed                  Elap per            CPU                       Old
  Time (s)   Executions   Exec (s) %Total   Time (s)  Physical Reads Hash Value
---------- ---------- --------- ------ --------- ------------- ----------
   1861.91     124,585       0.01   29.1     32.06           194,485 3739063178
Module: Swingbench User Thread
select customer_id, cust_first_name ,cust_last_name ,nls_languag
e ,nls_territory ,credit_limit ,cust_email ,account_mgr_id  from
 customers where customer_id = :1
   1354.48       7,087       0.19   21.2   1241.76             7,834 1481390170
Module: Swingbench User Thread
SELECT /*+ first_rows index(customers, customers_pk) index(orde
rs, order_status_ix) */ o.order_id, line_item_id, product_id, u
nit_price, quantity, order_mode, order_status, order_total, sale
s_rep_id, promotion_id, c.customer_id, cust_first_name, cust_las

    648.93      36,705       0.02   10.2     20.58            70,411 3476971243
Module: Swingbench User Thread
insert into orders(ORDER_ID, ORDER_DATE, CUSTOMER_ID, WAREHOUSE_
ID) values (:1 , :2 , :3 , :4 )
```

如果正如上面的參照那樣，一小部分 SQL 敘述佔用了大量的 DB time（前三個 SQL 敘述佔用了超過 60% 的 DB time），那麼就需要找到這些 SQL 敘述。然後根據雜湊值，使用 `sprepsql.sql` 腳本來獲取 SQL 敘述的所有可用資訊（請參考第 10 章，特別是 10.1.3 節）。

報告的其他部分可以用來獲取特定的行為或系統組態的更多詳細資訊。例如，在這部分介紹的一個場景中，系統是 disk I/O bound，針對每個磁片 I/O 操作相關的 top event，應該檢查 `Wait Event Histogram` 部分的長條圖。根據長條圖和 I/O 子系統的設定，就能夠判斷磁片 I/O 操作是否與預期一致。根據以下參照，可以發現日誌寫入總少於 1 毫秒，而讀取速度卻慢得不止一個數量級。

```
                          Total ----------------- % of Waits ----------------
Event                     Waits  <1ms  <2ms  <4ms  <8ms <16ms <32ms  <=1s  >1s
-------------------------- ----- ----- ----- ----- ----- ----- ----- ---- ---
db file sequential read      520K   2.1   2.9  19.8  49.1  18.2   4.4  3.4
log file parallel write      178K  98.7    .3    .3    .2    .3    .2   .0
```

5.6 小結

本章介紹了 Oracle 資料庫為了分析發生過的效能問題所提供的兩種知識庫 AWR 和 Statspack，以及其安裝、設定和管理。此外，還概括介紹了如何閱讀 Statspack 報告（與 AWR 報告十分相似）。這些是本章你應該掌握的主要內容。

通常情況下，我們的目的不是調查效能問題，而是在第一時間避免它。根據我的經驗，效能問題主要有兩種起因：設計資料或應用時沒有考慮效能問題，以及糟糕的查詢最佳化工具設定。而後者尤為關鍵，因為資料庫引擎執行的每條 SQL 敘述都會經過查詢最佳化工具。因此，第三部分不僅會解釋查詢最佳化工具的工作原理，還會介紹如何正確設定查詢最佳化工具。

第三部分
查詢最佳化工具

盡人事，聽天命。

——愛比克泰德[1]（Epictetus）

發送到資料庫的每個 SQL 敘述在由 SQL 引擎處理之前，都要轉化成執行計畫。事實上，應用程式只是透過 SQL 敘述，指定了什麼樣的資料必須處理，而未指定如何處理。查詢最佳化工具的目標不僅是提供執行計畫來描述如何處理資料，同時最重要的是，交付高效的執行計畫。如果做不到這一點，可能會導致糟糕的效能。也正因如此，有關資料庫效能的書必須涉及查詢最佳化工具。

但是，這部分的目標並不是講述查詢最佳化工具的內部工作機制。相反，這裡會呈現一個非常實際的方法，針對你必須瞭解的查詢最佳化工具的基本特徵進行講述。第 6 章介紹查詢最佳化工具的基本概念和體系結構。第 7、8 章討論查詢最佳化工具使用的統計資訊。第 9 章描述影響查詢最佳化工具行為的初始化參數以及如何設定它們。最後，第 10 章概述獲取執行計畫的不同方法，同時也介紹如何閱讀它們，並識別出低效的計畫。

1 http://www.quotationspage.com/quote/2525.html。

在 Oracle 資料庫中，提供兩個主要的查詢最佳化工具：根據規則的優化器（RBO）和根據成本的優化器（CBO）。從 Oracle Database 10g 開始，已經不再支援根據規則的優化器，所以我們不會涵蓋這部分內容。在本書中，談到查詢最佳化工具這個術語時，始終指的是根據成本的優化器。

本部分內容

Chapter

06

查詢最佳化工具簡介

查詢最佳化工具是 SQL 引擎的構成元件之一。它的用途是及時提供高效的查詢計畫。時間約束至關重要，因為大多數情況下在優化階段花費過多時間都是不明智的。「過多時間」是什麼意思？一般而言，包含查詢最佳化工具執行工作的解析階段，應該要比執行階段時間更短。在解析階段比執行階段花費更長時間的眾多情形中，唯一可以接受的是當一個游標可以被多次執行重用時。正如在第 2 章中所討論的，在 SGA 中快取與某個游標關聯的共享 SQL 區的能力，也是出於同樣的目的而匯入的。

本章的目的是概述查詢最佳化工具執行工作所用的資訊，描述 SQL 引擎的體系結構，並且解釋其內部元件是如何互動來處理 SQL 敘述的。同時也提供了查詢最佳化工具中查詢轉換實施過程的資訊。

6.1 基礎知識

要選擇一個執行計畫，查詢最佳化工具需要回答下列問題。

- 從 SQL 敘述參照的每張表中擷取資料的最優存取路徑是什麼？
- 要掃描即將處理的參照表的資料，哪一種連線方法以及連線順序是最優的？
- 在 SQL 敘述執行過程中，應該何時去處理聚集或排序操作？
- 使用平行處理是否有益？

然而在實踐中查詢最佳化工具並不會直接回答這些問題。它會探索所謂的搜尋空間來尋求最優的執行計畫，搜尋空間由所有潛在可行的執行計畫組成。為了找出哪個執行計畫是最優的，查詢最佳化工具會估算若干執行計畫的成本，並從中選擇成本最低的那一個。舉例來說，以下查詢的搜尋空間包含一百多種可能的執行計畫。透過 search_space.sql 這個腳本能夠重現其中的 157 種。它們的成本從 20 一直到 100,000 多。

```
SELECT *
FROM t1 JOIN t2 ON t1.id = t2.t1_id
WHERE t1.n = 1 AND t2.n = 2
```

因為查詢最佳化工具的目標是盡可能迅速地找出成本最低的執行計畫，除了最簡單的 SQL 敘述，查詢最佳化工具並不會評估所有的執行計畫，這一點至關重要。換句話說，查詢最佳化工具只探索搜尋空間的一部分。簡而言之就是根據啟發式的選擇，查詢最佳化工具從評估最有希望的執行計畫開始，然後考慮其他的執行計畫直到成本最低的那個出現，或者探查到太多可供選擇的執行計畫。它實現了一個叫作**分支定界（branch-and-bound）**的演算法。一個**分支**就是一個可供選擇的執行計畫（例如，一條存取路徑或者一個連線方法），而**邊界**則是到目前為止找到的最佳執行計畫的成本，一旦發現目前分支的成本比邊界高，查詢最佳化工具就會儘快丟棄它（並很可能連帶丟棄其所有子分支）。

圖 6-1 展示了如何估算一個執行計畫的成本，查詢最佳化工具不僅要考慮所要優化的 SQL 敘述，還要考慮其他若干輸入資訊。其中有些輸入資訊儲存在資料字典中，而且幾乎很少改變，或者說在執行時不期望其經常改變。當應用程式執行時可以認為它們是靜態的環境變數。而另外的一些輸入項不僅可能會經常改變，甚至每次執行時都會改變，還可能直到執行時之前都不知道是否會改變。正因為這些輸入項，對於一條指定的 SQL 敘述，查詢最佳化工具可能在每次處理時，都產生一個新的執行計畫。

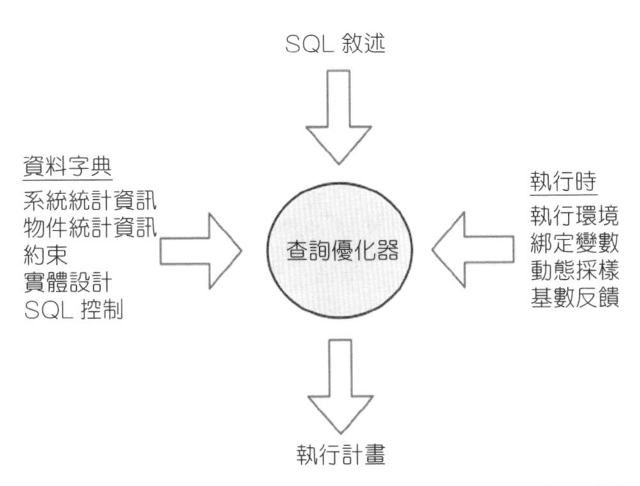

圖 6-1 查詢最佳化工具參考若干輸入項來產生執行計畫

圖 6-1 中的一些輸入項是用來判定哪些選項是可用的。其他的用來估算潛在執行計畫的成本。下面的列表簡要描述了這些輸入項，並指出了本書的哪些部分提供關於它們的詳細資訊。

- **系統統計資訊：**查詢最佳化工具必須知道它所執行的系統的能力，才能提供精確的估算。為此，系統統計資訊既描述執行資料庫引擎的機器，同時也提供儲存子系統的效能指標。第 7 章介紹了有哪些系統統計資訊可用，如何管理它們，以及查詢最佳化工具如何利用它們來改進估算。

- **物件統計資訊：**表、索引以及行統計資訊，這些儲存在資料字典中的資訊很關鍵，因為它們描述了儲存在資料庫中的資料情況。例如，僅僅知道將要處理的 SQL 敘述和參照物件的結構，查詢最佳化工具無法提供高效的執行計畫。為了產生高效的執行計畫，查詢最佳化工具必須能夠量化所要處理的資料總量，還要知道透過各種不同的可選項對資料進行處理的成本。第 8 章描述了有哪些物件統計資訊可以使用，以及如何管理它們。

- **約束：**查詢最佳化工具利用非空約束、唯一鍵約束、主鍵約束、外鍵約束以及一些檢查約束。本章稍後會講述，約束對於評估應用特定的查詢轉換是否有可能或者是否合理也很關鍵。此外，因為這些原因，在定義儲存在資料庫中的物件時，要建立所有已知的約束，這樣做是很明智的。

- **實體設計：**有三個主要的實體設計領域對查詢最佳化工具有影響。第一，Oracle 資料庫提供了五種儲存資料的策略：堆組織表（預設表類型）、索引組織表、外部表、索引叢集和雜湊叢集。另外，堆組織表和索引叢集可以進行分區。每種策略都有一條或多條存取路徑與之關聯。第 13 章會詳細介紹這些存取路徑。第二，對於除了外部表以外的每種策略，Oracle 資料庫都可以處理多種類型的索引。每種索引類型（參見第 13 章）都會增加具體的存取路徑。此外，所有的儲存策略都支援實體化視圖，以便透過查詢重寫給予查詢最佳化工具額外的途徑來優化查詢。這個主題會在第 15 章中進行討論。第三，即使行順序並不影響存取路徑，但是會影響查詢最佳化工具的一些成本的計算。這背後的原因可以在第 7 章和第 16 章中找到答案。

- **SQL 控制：**大多數情形下，查詢最佳化工具能夠產生最優的執行計畫。但也有查詢最佳化工具做不到的例外情況，Oracle 提供了一些特性來改善這些情況出現時帶來的麻煩。第 11 章會詳細討論這些特性。目前重要的是，要知道類似儲存基線、SQL 概要和 SQL 計畫基線這樣的特性允許你將它們存入資料字典資訊中，進而在查詢最佳化工具產生執行計畫時影響它的某些決定。

- **執行環境：**有一組初始化參數控制著查詢最佳化工具的行為。這些參數透過資料庫引擎的初始值或者伺服器參數檔 `SPFILE` 設定在系統層級。如果有需要，這些參數可以透過在對話層級發出 `ALTER SESSION` 敘述來覆蓋之前的值。第 11 章會講到其中的一部分甚至可以在 SQL 敘述層級進行更改。有些參數可以在作業系統層級將其設定在伺服器端，也可以設定在用戶端。國家語言支援（NLS）參數就是這樣的一個例子，它們可以設定在連線的兩端。實際上，NLS 參數也可以透過作業系統環境變數來設定，或者在 Windows 上透過註冊表設定。特別是在用戶端設定時，你必須很小心：對於用戶端 / 伺服器端的應用，有一些用戶端的環境變數會對查詢最佳化工具產生影響，這一點經常被忽略。第 9 章會討論控制查詢最佳化工具行為的最重要的初始化參數。在第 13 章中會涉及一部分 NLS 參數。

- **綁定變數：**綁定變數已經在第 2 章進行了完整的介紹。除了值以外，綁定變數的定義（也就是資料類型），也會對查詢最佳化工具產生執行計畫造成強烈影響。

- **動態採樣：**根據儲存在資料字典中的物件統計資訊，查詢最佳化工具並不總是能夠精確地估算出某個操作或者述詞的成本。當查詢最佳化工具識別出這樣的案例，在某些情形下它能夠在執行查詢優化期間動態採集額外的統計資訊。要這樣做，查詢最佳化工具會針對待優化 SQL 敘述參照的物件執行遞迴查詢。這一特性會在第 9 章中進行介紹。

- **基數回饋（也稱為統計資訊回饋）：**不管是因為複雜的述詞還是缺少輸入資訊，查詢最佳化工具並不總是能夠進行精確的估算。當查詢最佳化工具意識到它正在為一個 SQL 敘述進行低品質的估算，那麼產生的執行計畫會帶有註解。在 SQL 敘述執行完畢後會對估算的準確性進行檢查。如果實際值和估算值差異明顯，正確值的資訊就會被儲存，並在 SQL 敘述下次執行時強制再優化。注意再優化會強制查詢最佳化工具利用第一次執行時獲得的資訊，進而增加了產生最優執行計畫的機會。這個特性僅從 11.2 版本起可用。

使用的 Oracle 資料庫軟體的版本，也會決定哪些查詢最佳化工具的特性可用。要清楚認識到，即便知道了 Oracle 資料庫版本的五位元數字，對於完全瞭解哪些特性可用也是不夠的。還需要知道正在使用的版本是企業版還是標準版。此外，注意，某些補丁也會控制特定查詢最佳化工具特性的可用性以及其的行為。

6.2 體系結構

查詢最佳化工具可以分解為**邏輯優化器**和**實體優化器**，它只是 SQL 引擎的一個構成模組。

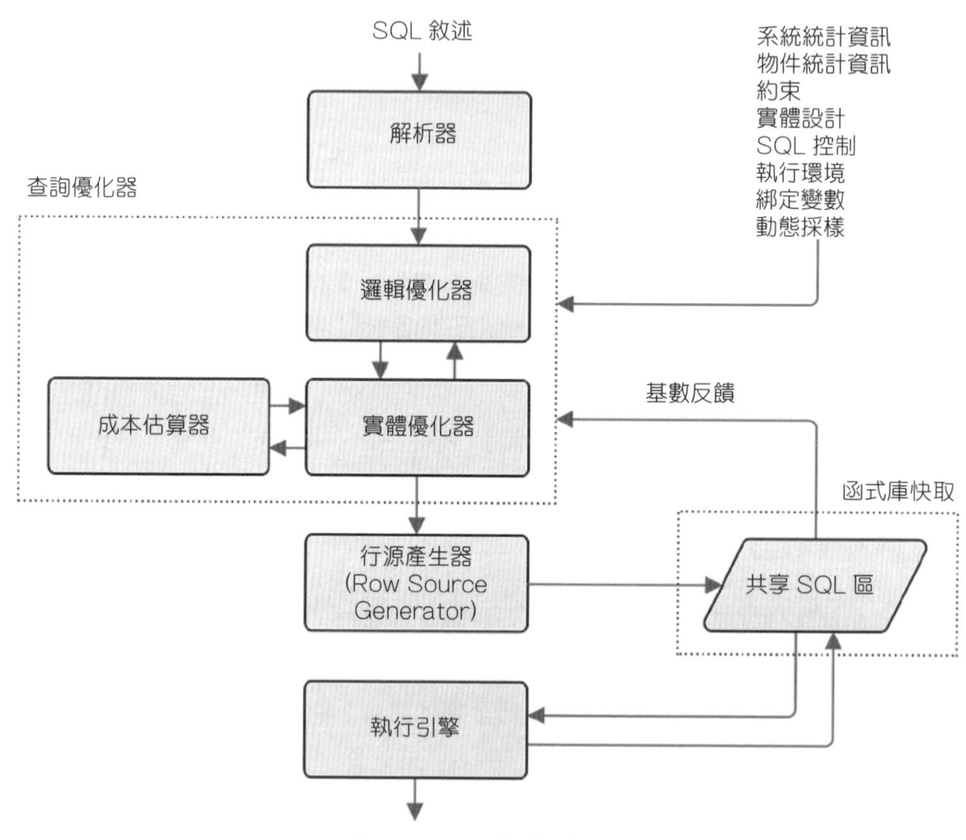

▲ 圖 6-2 SQL 引擎的體系結構

如圖 6-2 所示，以下是 SQL 引擎的關鍵元件。

- **解析器：**這是與 SQL 執行有關的第一個元件。它的用途是向查詢最佳化工具傳遞 SQL 敘述解析後的形式。關於解析器執行工作的更多資訊已經在第 2 章，尤其是 2.4 節，中介紹過。
- **邏輯優化器：**在邏輯優化階段，查詢最佳化工具透過應用不同的查詢轉換技術，產生新的語意相等的 SQL 敘述。邏輯優化器的目的是選擇出查詢轉換的最佳組合。在這種情況下，搜尋空間增加了，執行計畫可以被探索，而不會被認為沒有經過這樣的查詢轉換。6.3 節會提供關於這個元件執行工作的額外資訊。

- **實體優化器：**在實體優化階段，執行了幾項操作。一開始，針對由邏輯優化產生的每個 SQL 敘述，產生了幾個執行計畫。然後每一個執行計畫都發送給成本估算器，讓其計算出一個成本。最後，擁有最低成本的那個執行計畫就被選中了。簡單地說，實體優化器探索搜尋空間來找出最有效率的執行計畫。
- **成本估算器：**根據圖 6-1 中介紹的輸入項，成本估算器計算由實體優化器提交的執行計畫的成本。
- **行源產生器 (Row Source Generator)：**查詢最佳化工具產生的執行計畫不能直接由執行引擎執行。它必須轉化成行源操作樹以儲存在函式庫快取中。
- **執行引擎：**這個元件執行由行源產生器產生的行源操作。如果基數回饋的監控是啟動的，執行引擎（執行完畢後）會校驗實際值和估算值的差異是否明顯。如果找到了明顯差異，關於正確值的資訊就會儲存到共享 SQL 區中，並且在下一次執行中，再優化是強制進行的。

6.3 查詢轉換

查詢最佳化工具使用大量的查詢轉換來產生新的語意相等的 SQL 敘述。在那些查詢轉換中，根據用於決定是否應用它們的方法，可以分為兩種途徑。

- **根據啟發式的查詢轉換（Heuristic-based query transformations）**是在滿足特定條件時應用的 。在大多數情況下它們預計都會引出更好的執行計畫。
- **根據成本的查詢轉換（Cost-based query transformations）**是根據成本估算器計算的成本而應用的，它們會引出與原始敘述相比成本更低的執行計畫。

下面的章節介紹了二十幾種查詢轉換並提供了相應的使用案例。目的不是對這些轉換高談闊論，而是為你提供一些頭緒去瞭解在邏輯優化階段，引擎內部都發生了什麼。因此，沒有提供關於先決條件或限制性的詳細資訊。同時注意一些查詢轉換實際上可能會更加強大，或只有在最近的版本中才可用。所以，並非本章描述的每種查詢轉換在早前的版本中都可用，比如在版本 10.2 和 11.1 中。

注意 我試圖讓接下來的例子盡可能簡單。結果就是，乍看之下，某些查詢轉換似乎只有在處理劣質的 SQL 敘述時才可能用得到。劣質的意思是指包含多餘或衝突操作的 SQL 敘述。但你必須考慮到查詢最佳化工具不得不去處理比範例中要複雜得多的 SQL 敘述。試想一下，一個查詢參照了幾個視圖，而這些視圖又參照了其他視圖的情況，或者由通用用途的工具和專門的查詢工具產生的查詢敘述。當查詢最佳化工具把所有的東西放在一起，出現多餘或衝突操作的情況會屢見不鮮。此外，查詢最佳化工具能識別奇怪的情況並避免執行不必要的處理。還有，一些查詢轉換允許你按最自然、可讀的方式書寫 SQL 敘述，而不用為效能犧牲清晰性。 實際上，一些查詢轉換是非常常見的 SQL 優化技術，當手動應用時，會產生不易讀的 SQL 敘述。

6.3.1 計數轉換

計數轉換（Count Transformation）的目的是將 count（行）運算式轉化為 count(*)。匯入這個查詢轉換是因為相比 count（行），處理 count(*) 時在索引使用方面有更多的選擇空間。第 13 章會詳細討論這方面的內容。計數轉換根據啟發式的查詢轉換，可以在 count 函數參照的行中關聯 NOT NULL 約束時進行應用（但是檢查約束時不能用於此用途）。注意計數轉換也會將 count(1) 這樣的運算式轉化為 count(*)。

下面的例子根據 count_transformation.sql 腳本，闡明了這種查詢轉換。注意原始的查詢包含 count(n2) 這個運算式：

```
SELECT count(n2)
FROM t
```

如果有一個 NOT NULL 約束定義在 n2 行上，計數轉換就會將 count(n2) 轉換為 count(*) 並產生以下查詢：

```
SELECT count(*)
FROM t
```

6.3.2 公共子運算式消除

公共子運算式消除（**common sub-expression elimination**）的目的是移除重複的述詞，進而避免多次處理同一個操作。這是一種根據啟發式的查詢轉換。

下面的例子來自 `common_subexpr_elimination.sql` 這個腳本，注意兩個分隔的述詞是如何重疊的。實際上，所有滿足第一個條件的資料行都滿足第二個條件：

```
SELECT *
FROM t
WHERE (n1 = 1 AND n2 = 2) OR (n1 = 1)
```

公共子運算式消除可移除冗餘的述詞，並產生以下查詢：

```
SELECT *
FROM t
WHERE n1 = 1
```

你是不是對留下的述詞感到驚訝？如果仔細考慮一下，會發現 `n1=1` 足以滿足這個查詢了，而 `n2=2` 卻仍然需要考慮 `n1=1` 的情況。

6.3.3 「或」擴張

「或」擴張（**or expansion**）的目的是將查詢的 `WHERE` 條件中包含分隔述詞的敘述，轉化為使用一個或多個 `UNION ALL` 集合運算子的複合查詢。通常情況下，每個分隔的述詞被轉化成為一個元件查詢。這裡應用的是一個根據成本的查詢轉換，大多數時候是為了啟用額外的索引存取路徑。實際上，分隔的述詞和索引在一起搭配時，並不總是進展順利（參見第 13 章）。還要注意僅從 11.2.0.2 版本起，這種查詢轉換才開始支援函數式索引。

> **注意** 即使「或」擴張是根據成本的查詢轉換，查詢最佳化工具也會在嘗試使用它之前檢查一些啟發式查詢轉換。如果查詢轉換不被允許，可能會錯失一個擁有更低成本的執行計畫。

接下來的例子根據 or_expansion.sql 這個腳本，注意，WHERE 條件包含兩個分隔的述詞。因為這些原因，查詢最佳化工具會評估一次根據資料表掃描的成本，是否高於兩次單獨的根據索引掃描的成本：

```
SELECT pad
FROM t
WHERE n1 = 1 OR n2 = 2
```

如果兩次索引掃描的成本更低，「或」擴張就會產生以下查詢。注意，新增 lnnvl(n1 = 1) 這個述詞是為了避免多重記錄。lnnvl 函數在作為參數傳遞的條件為 FALSE 或 NULL 時回傳 TRUE。因此，第二個元件查詢只會在第一個元件查詢未回傳某條記錄的情況下，才回傳這條記錄：

```
SELECT pad
FROM t
WHERE n1 = 1
UNION ALL
SELECT pad
FROM t
WHERE n2 = 2 AND lnnvl(n1 = 1)
```

一些分隔的述詞永遠不會被顯式地用「或」擴張轉換。下面的查詢就展示了這樣一個例子。所有的述詞都參照了一個叫作 n1 的行，使得 WHERE 條件的內容能夠像 IN 條件那樣處理：

```
SELECT *
FROM t
WHERE n1 = 1 OR n1 = 2 OR n1 = 3 OR n1 = 4
```

6.3.4 視圖合併

視圖合併（View Merging）的目的是透過合併敘述中一部分視圖和內聯視圖，以便減少由它們產生的查詢區塊的數量。匯入這個查詢轉換的原因是，如果沒有它，查詢最佳化工具就會分別處理每一個查詢區塊。當分別處理每個查詢區塊時，查詢最佳化工具無法保證每次都為整體 SQL 敘述產生最優的執行計畫。此外，由視圖合併產生的查詢區塊可能會進一步引導啟用其他的查詢轉換。

查詢區塊

簡單地說，最頂級的 SQL 敘述以及一個 SQL 敘述中，擁有自己的 SELECT 子句的每個擴充部分都是查詢區塊。簡單的 SQL 敘述只有一個單獨的查詢區塊。而一旦使用了視圖或者像子查詢、內聯視圖以及集合運算子這樣的結構，多重的查詢區塊就出現了。例如，下面的查詢有兩個查詢區塊（為了闡明問題，我用子查詢分解子句代替定義一個真正的視圖）。第一個查詢區塊是頂層查詢，就是參照 dept 表的那個查詢。第二個查詢區塊是使用 WITH 子句定義的查詢，它參照的是 emp 表：

```
WITH emps AS (SELECT deptno, count(*) AS cnt
              FROM emp
              GROUP BY deptno)
SELECT dept.dname, emps.cnt
FROM dept, emps
WHERE dept.deptno = emps.deptno
```

視圖合併有兩個子範疇。

- **簡單視圖合併（Simple view merging）**用於合併簡單的選擇 - 投影 - 連線查詢區塊[1]。因為它所處理情況的簡單性，簡單視圖合併是一種根據啟發式的查詢轉換。它無法應用於包含類似彙總、集合運算子、層次查詢、MODEL 子句或者 SELECT 列表中含有子查詢這樣的視圖或內聯視圖。
- **複雜視圖合併（Complex view merging）**用於合併包含彙總的查詢區塊。這是一種根據成本的查詢轉換，無法應用於有層次查詢出現或者包含 GROUPING SETS、ROLLUP、PIVOT 或者 MODEL 子句的視圖或內聯視圖。

注意，因為應用複雜視圖合併不一定能夠帶來好處，所以它是根據成本的查詢轉換。實際上，應用它時，實體化視圖或者內聯視圖中出現的彙總就被推後了，因此可能導致 SQL 在一個很大的結果集上執行。

1 選擇 - 投影 - 連線查詢區塊由三個基本操作組成：一個選擇操作用於擷取滿足指定述詞的記錄，一個投影操作從參照的表中擷取指定的行，還有一個連線操作將不同表中擷取的資料放在一起。篩檢和連線述詞根據類似等號這樣的簡單運算子。例如：SELECT t1.id, t2.n FROM t1 JOIN t2 ON t1.id = t2.id WHERE t1.n = 42。

視圖合併可能會帶來安全問題。為了預防這些問題，就提出了安全視圖合併的概念，並由初始化參數 optimizer_secure_view_merging 控制其是否可用。第 9 章會詳細討論這個特性。

1 簡單視圖合併

在下面這個來自 simple_view_merging.sql 腳本的例子中，查詢由三個查詢區塊構成：頂層查詢和兩個內聯視圖。注意，這兩個內聯視圖是簡單的選擇－投影－連線查詢區塊：

```
SELECT *
FROM (SELECT t1.*
      FROM t1, t2
      WHERE t1.id = t2.t1_id) t12,
     (SELECT *
      FROM t3
      WHERE id > 6) t3
WHERE t12.id = t3.t1_id
```

因為內聯視圖可以進行合併，簡單視圖合併產生了以下查詢：

```
SELECT t1.*, t3.*
FROM t1, t2, t3
WHERE t1.id = t3.t1_id AND t1.id = t2.t1_id AND t3.id > 6
```

當涉及外連結時，簡單視圖合併就不一定每次都能執行了。例如，在之前的查詢中，如果把頂層查詢的述詞改成 t12.id = t3.t1_id(+)，視圖合併仍可以執行，但是如果將述詞改成 t12.id(+) = t3.t1_id 就沒法執行視圖合併了。

2 複雜視圖合併

下面的例子來自 complex_view_merging.sql 腳本，展示了一個帶有 GROUP BY 子句的內聯視圖。這樣的查詢按以下方式執行：存取內聯視圖中參照的表，評估 GROUP BY 子句和 sum 函數，最後將內聯視圖的結果集與頂層查詢參照的表進行連線：

```
SELECT t1.id, t1.n, t1.pad, t2.sum_n
FROM t1, (SELECT n, sum(n) AS sum_n
          FROM t2
          GROUP BY n) t2
WHERE t1.n = t2.n
```

將 GROUP BY 子句的評估推遲直到連線完畢之後有利時，複雜視圖合併產生以下查詢：

```
SELECT t1.id, t1.n, t1.pad, sum(n) AS sum_n
FROM t1, t2
WHERE t1.n = t2.n
GROUP BY t1.id, t1.n, t1.pad, t1.rowid, t2.n
```

6.3.5 選擇列表裁剪

選擇清單裁剪（Select List Pruning）的目的是移除不必要的行或者移除來自子查詢、內聯視圖以及普通視圖的 SELECT 子句的運算式。這種類型的查詢轉換不會考慮頂層查詢的 SELECT 子句。當一個行或者運算式沒有在除參照或定義它的 SELECT 子句以外的地方被參照時，就會被認為是沒有必要的。這是一種根據啟發式的查詢轉換。

在下面這個來自 select_list_pruning.sql 腳本的例子中，注意，子查詢參照的兩個行（n2 和 n3）沒有被外層的主查詢參照：

```
SELECT n1
FROM (SELECT n1, n2, n3
      FROM t)
```

因為 n2 和 n3 這兩個行是沒有必要的，選擇列表裁剪會移除它們，並產生以下查詢：

```
SELECT n1
FROM (SELECT n1
      FROM t)
```

使用視圖合併，可以進一步簡化查詢。於是產生了下面這樣的查詢：

```
SELECT n1
FROM t
```

6.3.6 述詞下推

述詞下推（Predicate Push Down）的目的是將述詞下推到無法合併的視圖或內聯視圖的內部。能夠進行下推的述詞必須包含在擁有不可合併的視圖或內聯視圖的查詢區塊的內部。應用這種類型的查詢轉換有三個主要的原因：

- 為了啟用額外的存取路徑（典型的是索引掃描）；
- 為了啟用額外的連線方法以及連線順序；
- 為了確保能夠盡可能快地應用述詞，進而避免不必要的處理操作。

述詞下推有兩個子範疇：篩檢述詞下推和連線述詞下推。兩種變換的不同是由它們操作的述詞的類型決定的。

1 篩檢述詞下推

篩檢述詞下推（Filter Push Down）的目的是將限制條件（篩檢條件）下推到不可合併的視圖或者內聯視圖的內部。這是一種根據啟發式的查詢轉換。注意，這種查詢轉換不下推連線條件。下推連線條件是由下一節呈現的查詢轉換完成的。

下面的例子來自 filter_push_down.sql 腳本。UNION 集合運算子用來防止內聯視圖與頂層查詢合併：

```
SELECT *
FROM (SELECT *
      FROM t1
      UNION
      SELECT *
      FROM t2)
WHERE id = 1
```

篩檢述詞下推將限制條件（id=1）下推到內聯視圖的內部，並產生了下面的查詢。現在，這兩張表不僅可以透過索引來存取，同時也保證了 UNION 集合運算子需要的排序操作所處理的記錄盡可能少：

```
SELECT *
FROM (SELECT *
      FROM t1
      WHERE id = 1
      UNION
      SELECT *
      FROM t2
      WHERE id = 1)
```

此外簡單視圖合併還消除了頂層查詢區塊。

2 連線述詞下推

連線述詞下推（Join Predicate Push Down）的目的是將連線述詞下推到無法合併的視圖或內聯視圖的內部。這是一種根據成本的查詢轉換。

下面的例子來自 join_predicate_push_down.sql 腳本。UNION 集合運算子用來防止內聯視圖與頂層查詢合併。注意，內聯視圖與上一節例子中所用的是一樣的（儘管表的名稱不一樣）。只不過在本例中，內聯視圖與另外一張表進行連線：

```
SELECT *
FROM t1, (SELECT *
          FROM t2
          UNION
          SELECT *
          FROM t3) t23
WHERE t1.id = t23.id
```

連線述詞下推將連線條件（t1.id = t23.id）下推到內聯視圖的內部，並產生以下查詢。這個查詢享有與上一小節描述的查詢相同的好處（啟用了索引存取，減少了需要排序的資料總量）。在這個例子中，額外的存取路徑也允許查詢最佳化工具自由選擇所有可用的連線方法和連線順序：

```
SELECT *
FROM t1, (SELECT *
          FROM t2
          WHERE t2.id = t1.id
          UNION
          SELECT *
          FROM t3
          WHERE t3.id = t1.id) t23
```

儘管前面的 SQL 敘述並不是有效的（t1.id 行在內聯視圖內部並不可見），但是 SQL 引擎可以處理與它類似的一些情況。為了支援這樣的查詢，從 12.1 版本開始可以使用側向內聯視圖。例如，下面的查詢在 12.1 版本中是合法的：

```
SELECT *
FROM t1, lateral(SELECT *
                 FROM t2
                 WHERE t2.id = t1.id
                 UNION
                 SELECT *
                 FROM t3
                 WHERE t3.id = t1.id) t23
```

6.3.7 述詞移動

述詞移動（**Predicate Move Around**）的目的是將限制條件（篩檢條件）擷取、跨越、下推到無法合併的視圖或內聯視圖的內部。儘管這有點類似述詞下推，這個查詢轉換還能將述詞在彼此不包含的查詢區塊之間移動。應用這種根據啟發式的查詢轉換的主要原因是啟用額外的存取路徑（一般來說是索引掃描），並確保述詞能夠盡可能快地應用。

下面例子中的兩個內聯視圖來自 redicate_move_around.sql 腳本，因為 DISTINCT 運算子的原因不能與頂層查詢合併。第一個內聯視圖在用於兩個內聯視圖連線條件（t1.n = t2.n）的行（n）上有一個限制條件：

```
SELECT t1.pad, t2.pad
FROM (SELECT DISTINCT n, pad
```

```
        FROM t1
        WHERE n = 1) t1,
       (SELECT DISTINCT n, pad
        FROM t2) t2
WHERE t1.n = t2.n
```

在本例中，述詞移動執行以下三個主要步驟。

(1) 將限制條件（n = 1）從第一個內聯視圖中，擷取到頂層查詢中。
(2) 在限制條件（t1.n = 1）與連線條件（t1.n = t2.n）之間應用傳遞特性，進而產生新的述詞（t2.n = 1）。
(3) 將新的述詞下推到第二個內聯視圖內部。

結果就是述詞移動產生了接下來的查詢敘述。將述詞新增到第二個內聯視圖內部，不僅允許透過索引存取 t2 表，而且也相對地減少了 DISTINCT 運算子需要處理的資料總量：

```
SELECT t1.pad, t2.pad
FROM (SELECT DISTINCT n, pad
        FROM t1
        WHERE n = 1) t1,
       (SELECT DISTINCT n, pad
        FROM t2
        WHERE n = 1) t2
WHERE t1.n = t2.n
```

6.3.8 非重複放置

非重複放置（Distinct Placement）的目的是儘快消除重複。這種根據成本的查詢轉換僅從 11.2 版本開始起才可用。

DISTINCT 運算子的作用是從結果集中去除重複。當它在查詢中與其他一個或多個聯結一同被指定時，從概念上講，資料庫引擎應該在聯結處理完畢後，再處理 DISTINCT 運算子。然而，要達到最佳效能，在某些情況下需要在處理聯結之前消除重複。更早消除重複可以保證中間結果集盡可能小，這樣需要聯結處理的資料也隨之減少了。

下面的例子來自 distinct_placement.sql 腳本，在兩張表中存在著父－子關係。進一步來說，你可以假設子表（t2）比父表（t1）包含更多的記錄：

```
SELECT DISTINCT t1.n, t2.n
FROM t1, t2
WHERE t1.id = t2.t1_id
```

當 t2.n 的不同值的數量遠遠少於子表中儲存的數量時，非重複放置就產生了下面的查詢。注意額外增加的 DISTINCT 運算子，它應用於子表的資料，在聯結父表之前就消除了重複：

```
SELECT DISTINCT t1.n, vw_dtp.n
FROM t1, (SELECT DISTINCT t2.t1_id, t2.n
          FROM t2) vw_dtp
WHERE t1.id = vw_dtp.t1_id
```

6.3.9 非重複消除

從 10.2.0.4 版本開始可用的**非重複消除（Distinct Elimination）**的目的，是移除對於保證結果集不包含重復資料來說不需要的 DISTINCT 運算子。這是一種根據啟發式的查詢轉換，可以在 SELECT 子句涉及以下情況時使用，在不修改要查詢的行的情況下，查詢所有的主鍵行、所有非空的唯一鍵行或 rowid。

下面的例子來自 distinct_elimination.sql 腳本。注意，表的主鍵定義在名為 id 的行上：

```
SELECT DISTINCT id, n
FROM t
```

由於 id 行的出現，也就是表的主鍵，在 SELECT 子句中就足以保證資料行的唯一性。於是，非重複消除產生了以下查詢：

```
SELECT id, n
FROM t
```

6.3.10 Group-by 放置

Group-by 放置（**Group-by Placement**）的目的基本上與**非重複放置**一樣。唯一明顯的差別是，它們應用的查詢類型不同。前者適用於包含 GROUP BY 子句的查詢，後者適用於包含 DISTINCT 運算子的查詢。Group-by 放置是根據成本的查詢轉換，從 11.1 版本開始起才可用。

在下面這個來自 group_by_placement.sql 腳本的例子中，在兩張表中存在父 - 子關係，且子表（t2）包含的記錄數比父表（t1）更多：

```
SELECT t1.n, t2.n, count(*)
FROM t1, t2
WHERE t1.id = t2.t1_id
GROUP BY t1.n, t2.n
```

當 t2.n 中不同值的數量遠遠小於子表中儲存的資料行的數量時，group-by 放置就產生了下面的查詢。一個額外的 GROUP BY 子句被應用於子表的資料上，以便在連線父表之前消除重複。還要注意，在頂層查詢的 SELECT 子句中，count 函數被 sum 函數替換了：

```
SELECT t1.n, vw_gb.n, sum(vw_gb.cnt)
FROM t1, (SELECT t2.t1_id, t2.n, count(*) AS cnt
          FROM t2
          GROUP BY t2.t1_id, t2.n) vw_gb
WHERE t1.id = vw_gb.t1_id
GROUP BY t1.n, vw_gb.n
```

6.3.11 Order-By 消除

Order-By 消除（**Order-By Elimination**）的目的是從子查詢、內聯視圖以及常規視圖中移除不必要的 ORDER BY 子句。很顯然這種根據啟發式的查詢轉換不會考慮頂層 SELECT 子句。當一個 ORDER BY 後面跟隨一個不保證會按順序回傳資料的操作時，或者跟隨一個會按照不同順序回傳資料的操作時，就可以認為這個 ORDER BY 子句是沒有必要的；例如，後面跟隨另一個 ORDER BY 或者彙總。

在下面這個來自 order_by_elimination.sql 腳本的例子中，不僅內聯視圖中有一個 ORDER BY，而且頂層查詢區塊中還有一個 GROUP BY：

```
SELECT n2, count(*)
FROM (SELECT n1, n2
      FROM t
      ORDER BY n1)
GROUP BY n2
```

因為頂層查詢區塊中的 GROUP BY 並不保證按順序回傳資料，所以 order-by 消除就會移除 ORDER BY 並產生以下查詢：

```
SELECT n2, count(*)
FROM (SELECT n1, n2
      FROM t)
GROUP BY n2
```

查詢最佳化工具使用選擇列表裁剪和簡單視圖合併，進一步將查詢轉化成以下形式：

```
SELECT n2, count(*)
FROM t
GROUP BY n2
```

6.3.12 子查詢展開

子查詢展開（Subquery Unnesting）的目的是將半連線（IN, EXISTS）、反連線（NOT IN, NOT EXISTS）以及純量（scalar）子查詢注入到查詢區塊包含的 FROM 子句中去，並將它們轉化為內聯視圖。一些展開是由根據啟發式的查詢轉換執行的，另外一些則是由根據成本的查詢轉換實施的。應用這種查詢轉換的主要原因是，啟用所有可能的連線方法。事實上，如果沒有子查詢展開，子查詢可能就不得不在包含它的查詢區塊每回傳一行資料時，都執行一遍（詳見第 10 章）。然而子查詢展開也並非總能執行。例如，如果子查詢中包含某種類型的彙總或者包含 rownum 偽行，展開都不可能執行。當半連線和反連線子查詢中含有集合運算子時，只有從 11.2 版本開始才可以展開。此外，從 12.1 版本開始，純量子查詢展開改進為在 SELECT 子句中處理純量子查詢。

下面的例子來自 subquery_unnesting.sql 腳本，展示了這種查詢轉換是如何工作的：

```
SELECT *
FROM t1
WHERE EXISTS (SELECT 1
              FROM t2
              WHERE t2.id = t1.id
              AND t2.pad IS NOT NULL)
```

子查詢展開可以歸納為兩個步驟。第一步，如下面的查詢所示，重寫子查詢為內聯視圖。注意，下面展示的並不是合法的 SQL 敘述，因為實現半連線的運算子（s=）在 SQL 語法中並不可用（只在 SQL 引擎內部使用）：

```
SELECT *
FROM t1, (SELECT id
          FROM t2
          WHERE pad IS NOT NULL) sq
WHERE t1.id s= sq.id
```

第二步，正如此處展示的，將內聯視圖重寫為正常的連線：

```
SELECT t1.*
FROM t1, t2
WHERE t1.id s= t2.id AND t2.pad IS NOT NULL
```

儘管前面的例子是根據半連線的，這個查詢轉換同樣適用於反連線。唯一的區別是使用反連線運算子（a=），而不是半連線運算子（s=）。這是另外一個 SQL 引擎僅在內部使用的運算子。

6.3.13 子查詢合併

子查詢合併（Subquery Coalescing）的目的是將等價的半連線以及反連線子查詢組合到同一個查詢區塊中。應用這種自 11.2 版本起可用的根據啟發式的查詢變換，其主要目的是減少表存取的數量，進而減少連線的數量。

下面的例子來自 subquery_coalescing.sql 腳本，展示了這種查詢轉換是如何工作的。注意，兩個相互關聯的子查詢處理相同的資料，只是限制條件有所區別：

```
SELECT *
FROM t1
WHERE EXISTS (SELECT 1
              FROM t2
              WHERE t2.id = t1.id AND t2.n > 10)
OR EXISTS (SELECT 1
           FROM t2
           WHERE t2.id = t1.id AND t2.n < 100)
```

子查詢合併組合兩個子查詢並產生以下查詢：

```
SELECT *
FROM t1
WHERE EXISTS (SELECT 1
              FROM t2
              WHERE t2.id = t1.id AND (t2.n > 10 OR t2.n < 100))
```

透過子查詢展開，可以將查詢進一步轉化成以下形式。注意，正如在上一節中所解釋的，下面的查詢使用一個特殊的運算子（s=）來實現半連線。這個運算子僅可以在 SQL 引擎內部使用，並非那種可以在書寫 SQL 敘述時，指定的語法的一部分：

```
SELECT t1.*
FROM t1, t2
WHERE t1.id s= t2.id AND (t2.n > 10 OR t2.n < 100)
```

6.3.14 使用視窗函數移除子查詢

使用視窗函數移除子查詢（Subquery Removal Using Window Function）的目的是使用視窗函數替換包含彙總函式（aggregate functions）的子查詢。這是一種根據啟發式的查詢轉換，可以在一個查詢區塊包含所有出現在一個子查詢中的表和述詞時應用。

下面的例子根據 subquery_removal.sql 腳本，展示了這種查詢轉換是如何工作的。注意，在頂層查詢和子查詢中都參照了 t2 表：

```
SELECT t1.id, t1.n, t2.id, t2.n
FROM t1, t2
WHERE t1.id = t2.t1_id
AND t2.n = (SELECT max(n)
            FROM t2
            WHERE t2.t1_id = t1.id)
```

查詢轉換移除子查詢，並產生接下來的查詢。注意 CASE 運算式是如何用來產生某種旗標的。這種旗標用來識別那些滿足在原始查詢中，由子查詢指定的限制條件的記錄：

```
SELECT t1_id, t1_n, t2_id, t2_n
FROM (SELECT t1.id AS t1_id, t1.n AS t1_n, t2.id AS t2_id, t2.n AS t2_n,
             CASE t2.n
              WHEN max(t2.n) OVER (PARTITION BY t2.t1_id) THEN 1
            END AS max
      FROM t2, t1
      WHERE t1.id = t2.t1_id) vw_wif
WHERE max IS NOT NULL
```

6.3.15 聯結消除

聯結消除（Join Elimination）的目的是移除冗餘的聯結，換句話說，是為了在即使 SQL 敘述確認要求的情況下，也能夠避免執行聯結。對於查詢最佳化工具來講，決定實現這種查詢轉換是否合理的關鍵資訊，是外鍵的可用性是強制的，還是被標記為 RELY 的。此外，從 11.2 版本開始，還會將根據主鍵的自聯結納入考慮範圍之內。這種根據啟發式的查詢轉換，在使用包含聯結的視圖時尤其有用。注意，無論如何，聯結消除也可以應用於沒有視圖的 SQL 敘述。

來看下面這個根據 join_elimination.sql 腳本的例子。下面的 SQL 敘述定義了一個視圖。注意，在這兩張表之間存在著父 - 子關係。實際上是 t2 表用它的 t1_id 行參照了 t1 表的主鍵：

```
CREATE VIEW v AS
SELECT t1.id AS t1_id, t1.n AS t1_n, t2.id AS t2_id, t2.n AS t2_n
FROM t1, t2
WHERE t1.id = t2.t1_id
```

當執行簡單的 SELECT * FROM v 敘述時，可以執行簡單視圖合併，然後這個查詢就會轉化如下：

```
SELECT t1.id AS t1_id, t1.n AS t1_n, t2.id AS t2_id, t2.n AS t2_n
FROM t1, t2
WHERE t1.id = t2.t1_id
```

但是，如下一個例子所展示的，僅當參照在子表中定義的行時（例如，SELECT t2_id, t2_n FROM v），查詢最佳化工具才能消除與父表的聯結。這種轉換能夠實現是因為，外鍵約束保證 t2 表中所有的記錄，一定參照 t1 表中的一條記錄，且只參照一條：

```
SELECT t2.id AS t2_id, t2.n AS t2_n
FROM t2
```

6.3.16 聯結因式分解

這種自 11.2 版本開始可用的**聯結因式分解**（**Join Factorization**）的目的，是識別出正在處理的聯集查詢的一部分，是否可以在各個組成查詢中共享，進而避免重複的資料存取和聯結。實際上，沒有這種查詢轉換，所有的元件查詢在應用集合運算子之前都得單獨執行。這是一種根據成本的查詢轉換，查詢最佳化工具只有在根據 UNION ALL 集合運算子的聯集查詢中會應用它。

下面的例子來自 join_factorization.sql 腳本。注意這兩個元件查詢不僅是存取同一張表，它們還都在相同的表（t2）中施加了一個限制條件。沒有這種查詢轉換，兩個元件查詢都會單獨執行，兩個查詢中的表都會被存取兩次：

```
SELECT *
FROM t1, t2
WHERE t1.id = t2.id AND t2.id < 10
UNION ALL
```

```
SELECT *
FROM t1, t2
WHERE t1.id = t2.id AND t2.id > 990
```

為避免重複處理存取每張表兩次的工作，聯結因式分解可以轉換這個查詢，如下面的例子所示。因為表 t1 被因式分解了，所以它只需存取一次。根據表的大小以及所選擇的用於從中擷取資料的存取路徑的不同，在 I/O 和 CPU 使用方面節省的成本可能會非常顯著：

```
SELECT t1.*, vw_jf.*
FROM t1, (SELECT *
          FROM t2
          WHERE id < 10
          UNION ALL
          SELECT *
          FROM t2
          WHERE id > 990) vw_jf
WHERE t1.id = vw_jf.id
```

6.3.17 外聯結轉內聯結

外聯結轉內聯結（**Outer Join to Inner Join**）的目的是將不必要的外聯結轉化為內聯結。這樣做是因為外聯結可能會阻止查詢最佳化工具，選擇某種特定的聯結方法或聯結順序。這是一種根據啟發式的查詢轉換。

下面的例子根據 outer_to_inner.sql 腳本，展示了這種查詢轉換。注意，限制條件（t2.id IS NOT NULL）與外聯結條件（t1.id = t2.t1_id(+)）有衝突：

```
SELECT *
FROM t1, t2
WHERE t1.id = t2.t1_id(+) AND t2.id IS NOT NULL
```

查詢轉換移除了外聯結運算子以及多餘的述詞，並產生了以下查詢：

```
SELECT *
FROM t1, t2
WHERE t1.id = t2.t1_id
```

6.3.18 完全外聯結

完全外聯結（**Full Outer Join**）是一種根據啟發式的查詢轉換，其目的是將完全外聯結，轉換為一個使用 UNION ALL 集合運算子的複合查詢，進而組合由外聯結和反聯結回傳的記錄。此外，如果 ON 子句指定的述詞參照了非空行，並且行上定義了強制的或標記為 RELY 的外鍵約束，查詢轉換甚至能夠將完全外聯結轉換成一個會在執行時，作為左外聯結執行的查詢敘述。

> **注意**　儘管完全外聯結的語法從 9.0 版本開始就可用，但是在 11.1 版本之前，SQL 引擎沒有能力執行原生的完全外聯結。因此，會將包含完全外聯結的查詢，轉換成某種 SQL 引擎能夠工作的變體。自 11.1 版本開始，隨著原生完全外聯結的匯入，這種情況就不存在了。

下面的例子來自 full_outer_join.sql 腳本，展示了這種查詢轉換是如何工作的。注意，這個查詢在 FROM 子句中使用了 FULL OUTER JOIN 語法：

```
SELECT *
FROM t1 FULL OUTER JOIN t2 ON t1.n = t2.n
```

查詢轉換產生了下面的查詢。注意，在內聯視圖中定義的兩個聯結中，只有第一個是外聯結。第二個聯結使用之前在 6.3.12 節中解釋的特殊運算子（a=）來實現反聯結：

```
SELECT id1 AS id, n1 AS n, pad1 AS pad, id, t1_id, n, pad
FROM (SELECT t1.id AS id1, t1.n AS n1, t1.pad AS pad1, t2.id, t2.t1_id,
t2.n, t2.pad
      FROM t1, t2
      WHERE t1.n = t2.n(+)
      UNION ALL
      SELECT NULL, NULL, NULL, t2.id, t2.t1_id, t2.n, t2.pad
      FROM t1, t2
      WHERE t1.n a= t2.n) vw_foj
```

6.3.19 表擴張

自 11.2 版本開始，可用的**表擴張（Table Expansion）**的目的是透過利用部分不可用的索引，盡可能多地利用索引掃描。最關鍵的是要認識到，這種根據成本的查詢轉換只有滿足以下三個基本條件才會考慮應用：

- 涉及了一個分區表；
- 這張分區表有部分分區不可用的本地索引，或者從 12.1 開始，有一個局部索引；
- 要進行優化的 SQL 敘述，不得不同時處理可用和不可用索引分區所涵蓋的資料。

在 11.2 版本之前遇到這種情況時，根據部分不可用的索引的索引掃描是不可能的，所以整個索引會被完全忽略掉，進而不得不使用全資料表掃描。但是透過表擴張，當可用的索引分區出現時，查詢最佳化工具能夠利用它們，並且在遇到不可用索引分區時，會回退（fall back）到全分區掃描。

在下面這個來自 table_expansion.sql 腳本的例子中，有一個範圍分區表，該表將 2014 年的每個季度作為一個分區。注意，它建立的本地索引是不可用的。稍後會為一個單獨的表分區建立一個可用的索引分區。

```
CREATE TABLE t (
  id NUMBER PRIMARY KEY,
  d DATE NOT NULL,
  n NUMBER NOT NULL,
  pad VARCHAR2(4000) NOT NULL
)
PARTITION BY RANGE (d) (
  PARTITION t_q1_2014 VALUES LESS THAN (to_date('2014-04-01','yyyy-mm-dd')),
  PARTITION t_q2_2014 VALUES LESS THAN (to_date('2014-07-01','yyyy-mm-dd')),
  PARTITION t_q3_2014 VALUES LESS THAN (to_date('2014-10-01','yyyy-mm-dd')),
  PARTITION t_q4_2014 VALUES LESS THAN (to_date('2015-01-01','yyyy-mm-dd'))
);
```

```
CREATE INDEX i ON t (n) LOCAL UNUSABLE;

ALTER INDEX i REBUILD PARTITION t_q4_2014;
```

在 11.2 版本之前，優化下面這樣的查詢時，會完全避開索引掃描。即使限制條件是根據索引行的，也並非所有需要的索引分區都是可用的。於是，即使有可用索引的表分區，也不會執行索引掃描。

```
SELECT *
FROM t
WHERE n = 8
```

自 11.2 版本開始，為了能夠利用可用的索引分區，會將查詢轉換成一個聯集查詢，其中一個元件查詢存取，帶有可用索引的分區，另一個元件查詢存取，帶有不可用索引的分區。注意這種轉換是如何透過向兩個元件查詢都加入根據分區鍵的述詞來實現的：

```
SELECT *
FROM (SELECT *
      FROM t
      WHERE n = 8
      AND d < to_date('2014-10-01','yyyy-mm-dd')
      UNION ALL
      SELECT *
      FROM t
      WHERE n = 8
      AND d >= to_date('2014-10-01','yyyy-mm-dd')
      AND d < to_date('2015-01-01','yyyy-mm-dd')) vw_te
```

6.3.20 集合操作聯結轉變

集合操作聯結轉變（Set to Join Conversion）的目的是在涉及 INTERSECT 和 MINUS 的聯集查詢中，避免排序操作。這種查詢轉換還為這樣的查詢，將消除重複推遲到處理工作的最後。

根據 INTERSECT 和 MINUS 集合運算子的聯集查詢，基本上按以下兩個步驟執行。

(1) 每個元件查詢獨立執行，然後將結果集排序，並消除重複記錄。

(2) 接下來執行集合運算子，然後最終結果集就確定了。

這種涉及 INTERSECT 或 MINUS 運算的查詢方式，並非總是高效的。舉例來說，當元件查詢回傳大量資料，但這些資料中的大部分被集合運算子所消除時，大部分後來被消除的資料，最後都進行了不必要的排序。透過將查詢轉換為一種允許在排序之前就丟棄冗餘資料的方式，**集合操作聯結轉變**可以避免這種低效運算。此外，因為集合運算子被聯結取代了，也啟用了額外的存取路徑。這是一種根據啟發式的的查詢轉換，預設情況下並未啟用[2]。為了利用這種轉換必須使用 hint set_to_join。

下面的例子來自 set_to_join.sql 腳本。這個聯集查詢根據 INTERSECT 集合運算子：

```
SELECT *
FROM t1
WHERE n > 500
INTERSECT
SELECT *
FROM t2
WHERE t2.pad LIKE 'A%'
```

查詢轉換將集合運算子轉化成一個聯結。此外，為確保僅回傳需要的記錄，查詢轉換還新增了幾個述詞和一個 DISTINCT 運算子。下面是集合操作聯結轉變完成以後最終的查詢敘述：

```
SELECT DISTINCT t1.*
FROM t1, t2
WHERE t1.id = t2.id AND t1.n = t2.n AND t1.pad = t2.pad
```

---

2 初始化參數 _convert_set_to_join 預設設定為 FALSE。

```
AND t1.n > 500 AND t1.pad LIKE 'A%'
AND t2.n > 500 AND t2.pad LIKE 'A%'
```

6.3.21 星型轉換

星型轉換（**Star Transformation**）是一種根據成本的查詢轉換，用於從星型模型中擷取資料的查詢。第 14 章將介紹關於星型模型和針對這種模型的查詢優化的詳細資訊。

6.3.22 實體化視圖查詢重寫

實體化視圖查詢重寫（**Query Rewrite with Materialized View**）是一種優化技術。該技術允許資料庫引擎在即使待優化的查詢並未直接參照實體化視圖的情況下，也能存取在實體化視圖中儲存的資料。第 15 章詳細討論了這種類型的查詢轉換。

6.4 小結

本章描述了關於查詢最佳化工具的基礎知識。你已經瞭解了查詢最佳化工具用於產生執行計畫的輸入項的內容，也學習了構成 SQL 引擎的關鍵元件，以及它們彼此之間是如何相互作用的，同時學習了關於查詢轉換的內容，以及如何應用它們來增加為某個指定 SQL 敘述找尋更好執行計畫的機會。

系統統計資訊是本章介紹的輸入項中的一種。它們的用途是描述執行資料庫引擎的系統，以及儲存子系統在執行時的表現。第 7 章將詳細描述什麼是系統統計資訊，如何管理它們，以及查詢最佳化工具如何利用它們增強估算能力。

Chapter

07 系統統計資訊

查詢最佳化工具曾根據執行 SQL 敘述需要的實體讀的數量進行成本估算。這一方法稱為 **I/O 成本模型**。該方法的主要缺陷是，單區塊實體讀和多區塊實體讀在成本上是等價的[1]。結果，類似全資料表掃描這樣的多區塊讀操作受到了青睞。在匯入系統統計資訊之前，尤其是在 OLTP 系統上，`optimizer_index_caching` 和 `optimizer_index_cost_adj` 這兩個初始化參數曾用於解決這個問題（詳見第 9 章）。事實上，這兩個參數的預設值過去只適合報表系統和資料倉庫。如今，一種新的成本計算方法，即 CPU 成本模型，用於糾正這一缺陷。要使用 CPU 成本模型，必須將系統統計資訊（即，關於資料庫引擎執行所在系統的效能的額外資訊）提供給查詢最佳化工具。從本質上講，系統統計資訊提供以下資訊：

- 磁片 I/O 子系統的效能
- CPU 的效能

儘管其名稱如此，CPU 成本模型同樣考慮到了實體讀。而且也考慮到了磁片 I/O 子系統的效能表現，而不是僅僅把 I/O 成本建立在實體讀數值的基礎上。不要讓名稱誤導你。

通常總是有一組預設的系統統計資訊可供使用。因此，預設情況下 CPU 成本模型是啟用的。實際上，使用 I/O 成本模型的唯一途徑，是在 SQL 敘述層級指定

1 一般來說，讀單個區塊比讀多個區塊要快些。但說來奇怪，在現實中並非總是這樣的。在任何情況下，重要的是，要記住這兩者之間確實有所區別。

no_cpu_costing 這個 hint，或者設定一個未公開的初始化參數。在其他所有情況下，查詢最佳化工具都使用 CPU 成本模型。

7.1 dbms_stats 套件

dbms_stats 套件提供一組全面的儲存過程，來管理系統統計資訊。預設情況下，這個套件直接修改資料字典。儘管如此，套件中大部分儲存過程，都可以使用一張儲存在資料字典之外的使用者自訂表進行運轉。這張表就是我所說的備份表。該表主要用於以下兩種情形。

- 在不必將統計資訊儲存在資料字典中的情況下，收集系統統計資訊，因此也就無需在收集完畢後，使它們立即對查詢最佳化工具可見。
- 為了在兩個資料庫之間移動系統統計資訊。

在兩個資料庫之間移動系統統計資訊就是，將系統統計資訊匯出到來源端資料庫的一張備份表中，將這張備份表移動到另一個資料庫，然後將表中的內容匯入到目標資料字典中。在資料庫之間移動系統統計資訊，是一種確保所有與某一指定的應用程式（例如，開發、測試和生產環境）有關的資料庫都使用相同的系統統計資訊方法。

注意 系統統計資訊的收集，不會使儲存在函式庫快取中的游標失效。因此，新的系統統計資訊只會作用於即將需要進行硬解析的 SQL 敘述。

dbms_stats 套件提供以下子程式（見圖 7-1）：

- gather_system_stats 收集系統統計資訊，並將它們儲存在資料字典或備份表中；
- delete_system_stats 刪除儲存在資料字典或備份表中的系統統計資訊；
- restore_system_stats 將系統統計資訊還原到資料字典中；
- export_system_stats 將系統統計資訊從資料字典移動到備份表中；

- import_system_stats 將系統統計資訊從備份表移動到資料字典中；
- get_system_stats 擷取儲存在資料字典或備份表中的系統統計資訊；
- set_system_stats 修改儲存在資料字典或備份表中的系統統計資訊。

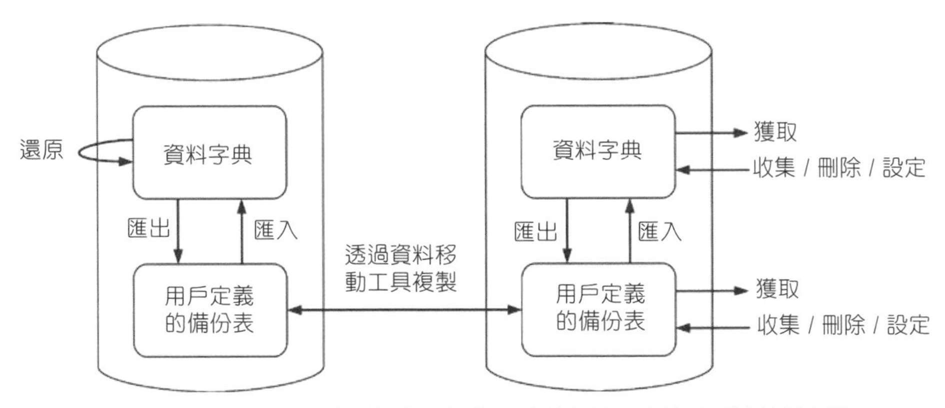

圖 7-1 dbms_stats 套件提供一組全面的儲存過程來管理系統統計資訊

預設情況下，執行 dbms_stats 套件的許可權是授予 public 的。這就意味著每個使用者都可以收集系統統計資訊。儘管如此，只有那些持有 gather_system_statistics 角色所提供許可權的使用者，才能將系統統計資訊儲存到資料字典中。沒有授權的使用者只能將它們儲存到備份表中。預設情況下，gather_system_statistics 角色是透過 dba 角色提供的。

7.2 有哪些系統統計資訊可用

有兩種類型的系統統計資訊：**無負載統計資訊**和**工作負載統計資訊**。這兩種統計資訊的主要區別就是用於測量磁片 I/O 子系統的的方法不同。前者執行複合基準測試，而後者使用應用基準測試。兩種情況下 CPU 的效能都是透過複合基準測試計算的。在深入討論這兩種方法的區別之前，我們先來看看系統統計資訊在資料字典中是如何儲存的。

應用基準測試與複合基準測試

應用基準測試，也稱為**真實基準測試**，它根據真實應用程式的日常操作產生的負載。儘管它通常可以非常精確地提供關於執行應用的系統的真實效能資料，但由於其本身的特性，以可控的方式應用它並非總是可行的。

複合基準測試是由不執行真實工作的程式所產生的工作負載。總體想法是它應該透過執行類似的操作類比應用程式的負載。儘管這種方法可以很容易透過可控的方式進行應用，但是通常它不會產生與應用基準測試一樣精確的效能指標。雖然如此，它在對比不同系統方面仍非常有用。

系統統計資訊儲存在字典表 aux_stats$[2] 中。然而，沒有一個資料字典視圖能夠使其具體化。在這張表中，由下面三組透過 sname 行的不同值來區分的資料集合來記錄。

- 值為 SYSSTATS_INFO 的記錄是包含系統統計資訊狀態，以及對應收集時間的資料集合。如果正確收集了這些資訊，則會將 STATUS 行設定為 COMPLETED。如果在收集統計資訊過程中出現了問題，則會將 STATUS 行設定為 BADSTATS，也就是說，查詢最佳化工具不會使用系統統計資訊。在收集工作負載統計資訊時，可能還會看見另外兩個值：MANUALGATHERING 和 AUTOGATHERING。名為 FLAGS 的屬性接受以下三個值：0 代表系統統計資訊透過呼叫 delete_system_stats 儲存過程設定為預設值；1 代表系統統計資訊是正常收集或設定的；128 表示系統統計資訊透過呼叫 restore_system_ stats 儲存過程進行還原。

```
SQL> SELECT pname, pval1, pval2
  2  FROM sys.aux_stats$
  3  WHERE sname = 'SYSSTATS_INFO';

PNAME     PVAL1 PVAL2
------- ------ -----------------
DSTART         10-25-2013 23:26
DSTOP          10-25-2013 23:28
```

2 如果無法直接存取字典表 awx_stats$，可轉而使用 get_system_stats 程式。

```
FLAGS          1
STATUS              COMPLETED
```

- 值為 SYSSTATS_MAIN 的記錄是包含系統統計資訊本身的資料集合。詳細資訊會在下節中介紹。

```
SQL> SELECT pname, pval1
  2  FROM sys.aux_stats$
  3  WHERE sname = 'SYSSTATS_MAIN';

PNAME                  PVAL1
----------- ------------
CPUSPEEDNW        1991.0
IOSEEKTIM           10.0
IOTFRSPEED        4096.0
SREADTIM             1.6
MREADTIM             7.8
CPUSPEED          1992.0
MBRC                21.0
MAXTHR       659158016.0
SLAVETHR      34201600.0
```

- 值為 SYSSTATS_TEMP 的記錄是包含用於計算系統統計資訊的值的資料集合。只在收集工作負載統計資訊時可見。

7.3 收集系統統計資訊

正如剛剛所描述的，資料庫引擎支援兩種類型的系統統計資訊：無負載統計資訊和工作負載統計資訊。本節不僅會介紹它們是如何收集的，而且還會説明它們向查詢最佳化工具提供什麼樣的資訊，並會説明如何決定應該採用無負載統計資訊還是工作負載統計資訊。

因為對於單個資料庫來講，只存在一組單獨的統計資訊，所以 RAC 系統中的所有實例都使用相同的系統統計資訊。因此，如果各個節點大小或負載不均衡，就必須仔細判斷，應該收集哪個節點的系統統計資訊。

7.3.1 無工作負載統計資訊

無工作負載統計資訊總是可用的。如果顯式刪除它們，那麼它們會在資料庫下次啟動過程中自動收集。因為資料庫引擎採用了複合基準來產生用於測量系統效能的負載，所以可以在空閒的系統上收集無工作負載統計資訊。為了測量 CPU 的速度，很可能會迴圈執行某種標準化的操作。為了測量磁片 I/O 效能，會在資料庫的幾個資料檔案上，執行一些不同大小的讀操作。

要收集無工作負載統計資訊，需要將 gather_system_stats 儲存過程的 gathering_mode 參數設定為 noworkload，如下例所示：

```
dbms_stats.gather_system_stats(gathering_mode => 'noworkload')
```

此外，為了更好地支援擁有更高磁片 I/O 輸送量的系統（例如 Exadata），從 11.2.0.4 版本（或者是安裝了與 bug 0248538 相關的增強補丁）開始，有了另外一種收集無工作負載統計資訊的方法：將 gathering_mode 參數的值設定為 exadata，如下所示：

```
dbms_stats.gather_system_stats(gathering_mode => 'exadata')
```

這兩種情況下，收集過程通常持續幾分鐘，然後就會計算出表 7-1 所列舉的統計資訊。奇怪的是，有時候需要重複收集統計資訊的過程；否則，就會使用表 7-1 中的預設值。這是因為測量出來的統計資訊，在儲存之前必須透過合理性檢查。如果它們無法通過合理性檢查，就會被丟棄並被預設的統計資訊替換掉。然而，進行這些檢查時沒有可以提供給你的資訊。

表 7-1　儲存在資料詞典中的無工作負載統計資訊

名　稱	描　述
CPUSPEEDNW	CPU 每秒鐘能夠處理的運算元量（單位為百萬次）。因為 CPUSPEEDNW 總是根據用來評估 CPU 速度的複合基準的結果，所以沒有預設值
IOSEEKTIM	定位磁片資料所需平均時間（單位為毫秒，平均尋道時間）。預設值是 10
IOTFRSPEED	每毫秒能夠從磁片傳輸的平均位元組數。預設值是 4,096
MBRC	多區塊讀操作每次讀的區塊數量。該統計資訊只能在 exadata 模式下設定（即，將 gathering_mode 設定為 exadata）。MBRC 沒有預設值，因為它總是與 db_file_multiblock_read_count 初始化參數一致

普通無工作負載統計資訊與 exadata 無工作負載統計資訊的唯一區別，就是後者的 mbrc 統計資訊也被設定了。更確切地說，它被設定成 db_file_multiblock_read_count 初始化參數的取值。其目的是告知查詢最佳化工具資料庫引擎，能夠高效地執行大型的磁片 I/O 操作，因此可以降低全資料表掃描的成本。只有在 db_file_multiblock_read_count 初始化參數沒有確認設定的情況下，才有必要使用 exadata 收集模式。沒有設定這個參數時，查詢最佳化工具會使用 8 這個值來計算全資料表掃描的成本（詳見第 9 章）。使用這樣的值，全資料表掃描的成本通常會比預期成本要高出許多。使用 exadata 模式時，情況就完全不一樣了。實際上，大多數系統上都會將 mbrc 設定為 128，因此全資料表掃描的成本要低出許多。在擁有很高的磁片 I/O 輸送量的系統（例如 Exadata）上，使用 exadata 模式尤為明智。

7.3.2 工作負載統計資訊

只有進行了確認的收集操作，工作負載統計資訊才可使用。你不能使用一個空閒的系統來收集它們，因為資料庫引擎需要利用日常資料庫負載來衡量磁片 I/O 子系統的效能。另一方面，用於無負載統計資訊的方法，可用來衡量 CPU 的速度。如圖 7-2 所示，收集工作負載統計資訊是一個三步操作的活動。收集的想法是要計算一個操作花費的平均時間，因此，有必要知道這個操作執行過多少次，以及有多少時間花費在執行這個操作上面。例如，使用下面的 SQL 敘述，我能夠計算出測試資料庫的平均單區塊讀的時間（6.2 毫秒），這與 dbms_stats 套件的執行方式一樣：

```
SQL> SELECT sum(singleblkrds) AS count, sum(singleblkrdtim)*10 AS time_ms
  2  FROM v$filestat;

     COUNT    TIME_MS
---------- ----------
     22893      36760

SQL> REMARK run a benchmark to generate some disk I/O operations...

SQL> SELECT sum(singleblkrds) AS count, sum(singleblkrdtim)*10 AS time_ms
  2  FROM v$filestat;
```

```
     COUNT    TIME_MS
---------- ----------
     54956     236430

SQL> SELECT round((236430-36760)/(54956-22893),1) AS avg_tim_singleblkrd
  2  FROM dual;

AVG_TIM_SINGLEBLKRD
-------------------
                6.2
```

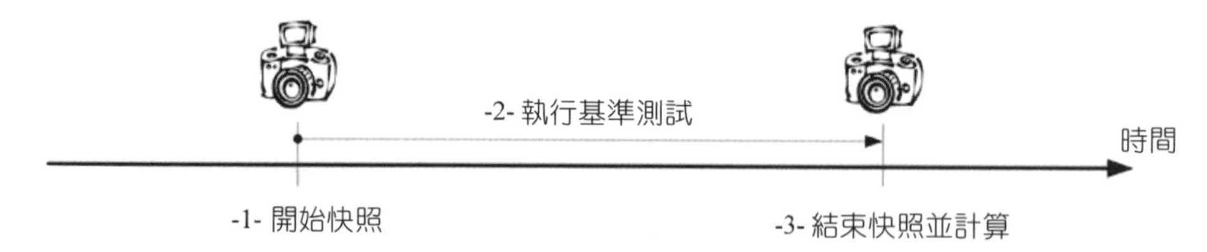

⬆ 圖 7-2 為收集（計算）系統統計資訊，使用了一些效能指標的兩個快照

圖 7-2 中列舉的步驟如下。

(1) 一個含有若干效能資料的快照被捕獲下來，並儲存在 aux_stats$ 資料字典表中（對於這些資料，sname 行的值被設定為 SYSSTATS_TEMP）。這個步驟是透過將 gather_system_stats 儲存過程的 gathering_mode 參數設定為 start 來執行的，如下面的命令所示：

```
dbms_stats.gather_system_stats(gathering_mode => 'start')
```

(2) 資料庫引擎並不控制資料庫的負載。這樣會導致在下一次捕獲快照之前，必須等待足夠長的時間才能涵蓋一個有代表性的負載。很難提供關於等待時間的通用建議，但是一般情況下至少應該等待 5~10 分鐘。

(3) 捕獲第二個快照。這一步驟是透過將 gather_system_stats 儲存過程的 gathering_mode 參數設定為 stop 來實現的，如下面的命令所示：

```
dbms_stats.gather_system_stats(gathering_mode => 'stop')
```

(4) 根據兩次快照的效能統計資料，計算表 7-2 中所列的系統統計資訊。如果其中的一個磁片 I/O 統計資訊無法計算，那麼就會將這個統計資訊設定為 NULL。如果工作負載沒有使用單區塊讀、多區塊讀或者平行處理中的一種，那麼可能會出現無法計算某種統計資訊的情況。例如，如果工作負載沒有執行任何的多區塊讀，則會將 mbrc 和 mreadtim 設定為 NULL。

表 7-2　儲存在資料字典中的工作負載統計資訊

行名	描　述
CPUSPEED	一個 CPU 每秒鐘能夠處理的運算元量（單位為百萬次）
SREADTIM	執行一個單區塊讀操作所需的平均時間（單位為毫秒）
MREADTIM	執行一個多區塊讀操作所需的平均時間（單位為毫秒）
MBRC	多區塊讀操作過程中讀取的平均區塊數量
MAXTHR	整個系統的最大磁片 I/O 吞吐率（以位元組每秒為單位）
SLAVETHR	一個單獨的平行處理子進程的平均磁片 I/O 吞吐率（以位元組每秒為單位）

為避免手動捕獲結束的快照，也可以將 gather_system_stats 儲存過程的參數 gathering_mode 設定為 interval。使用此參數的情況下，起始的快照會立即進行捕獲，而結束的快照會安排在第二個名為 interval 的參數指定的分鐘數之後執行捕獲。下面的命令指定收集統計資訊的過程持續 10 分鐘：

```
dbms_stats.gather_system_stats(gathering_mode => 'interval',
                               interval       => 10)
```

注意，上面命令的執行並不會花費 10 分鐘。它只是捕獲起始的快照，並安排一個在 10 分鐘後捕獲結束快照的任務 。可以透過查詢看見這個任務，例如 user_scheduler_jobs 視圖。

警告　因為 bug 9842771，工作負載系統統計資訊，尤其是 sreadtim 和 mreadtim 的值，在 11.2.0.1 版本和 11.2.0.2 版本中是有缺陷的。要修復這個問題，你可以安裝補丁 9842771。如果無法安裝這個補丁，那麼可以採用的解決方案是，手動設定 sreadtim 和 mreadtim 的值（稍後的程式碼範例中會介紹如何設定這些值）。

收集工作負載統計資訊的主要問題是，選擇合適的收集時長。事實上，大多數的系統都經歷著除了恒定負載以外的各式各樣的負載，因此，工作負載統計資訊演變為除了 cpuspeed 以外，其他都是不恒定的。圖 7-3 展示了我在一個生產系統上測量的工作負載統計資訊的演變。為了產生這些圖表，我以 1 小時為間隔、持續 4 天來收集工作負載統計資訊。為此所寫的 SQL 敘述的例子請參閱 system_stats_history.sql 和 system_stats_history_job.sql 腳本。

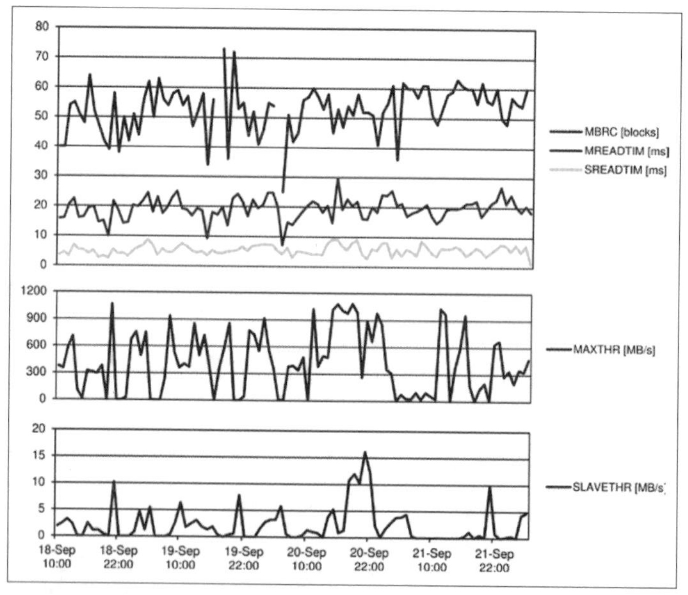

⬆ 圖 7-3 在大多數系統上，工作負載統計資訊的演變表現為除了恒定之外的各種形式

要避免在無法提供有代表性負載的時間段內，收集工作負載統計資訊，在我看來只有兩種途徑。要麼透過持續幾天的時間來收集工作負載統計資訊，要麼根據更短的時間段（例如，10 分鐘）來產生圖表，以獲取合理的值（如圖 7-3）。我通常建議使用後面的方法，因為當工作負載在同一時間段內變換非常頻繁的時候，透過幾天時間計算出來的結果，可能會非常具有誤導性。另外，使用更短的時間間隔，你也可以在相同的時間獲取有用的系統效能的視圖。

使用根據較短間隔的方法收集資訊的另一個好處是，它迫使你不立刻更改資料字典中的系統統計資訊。事實上，當收集系統統計資訊時，更好的做法是把它們收集在一張備份表中並檢查其一致性。然後，如果這些統計資訊沒問題，再將它們匯入到資料字典中。

舉例來講，根據圖 7-3，我建議為 mbrc、mreadtim 和 sreadtim 使用平均值，為 maxthr 和 slavethr 使用最大值。類似下面的 PL/SQL 程式碼區塊，可能會用於手動設定工作負載統計資訊。注意在使用 set_system_stats 儲存過程設定工作負載統計資訊之前，會透過使用 delete_system_stats 儲存過程刪除掉舊的系統統計資訊：

```
BEGIN
  dbms_stats.delete_system_stats();
  dbms_stats.set_system_stats(pname => 'CPUSPEED', pvalue => 772);
  dbms_stats.set_system_stats(pname => 'SREADTIM', pvalue => 5.5);
  dbms_stats.set_system_stats(pname => 'MREADTIM', pvalue => 19.4);
  dbms_stats.set_system_stats(pname => 'MBRC',     pvalue => 53);
  dbms_stats.set_system_stats(pname => 'MAXTHR',   pvalue => 1136136192);
  dbms_stats.set_system_stats(pname => 'SLAVETHR', pvalue => 16870400);
END;
```

當出現一天或一週中的不同時段需要不同的工作負載統計資訊集合的情況時，手動設定系統統計資訊的方法也適用。不過，必須指出，我從沒遇到過需要一組以上工作負載統計資訊的情形。

7.3.3 在無工作負載統計資訊和工作負載統計資訊之間進行選擇

在兩種可用的系統統計資訊之間進行選擇，其實是在簡單性和可控性之間進行選擇。如果簡單性是問題關鍵，你或許會選擇無工作負載統計資訊。這是因為，正如在之前的章節中所描述的，無工作負載統計資訊更加容易收集。

> **注意** 最簡單的方法是使用預設統計資訊，你可以透過呼叫 delete_system_stats 來實現。對於某些資料庫，這些預設的統計資訊可能就是你所需要的全部。

然而，透過選擇使用無工作負載統計資訊的簡單方法，你失去了對以下兩個具體特性的控制。

- 當使用無工作負載統計資訊時，初始化參數 db_file_multiblock_read_count 的值可能會影響由查詢最佳化工具執行的估算。第 9 章中會講到，這是不理想的。而在工作負載統計資訊中，這個參數的角色被統計資訊 mbrc 取代。
- 只有使用工作負載統計資訊，憑藉 maxthr 和 slavethr 統計資訊，你才可以控制平行作業的成本。

這兩個特性只有在使用工作負載統計資訊時才可用。根據這個原因，我認為工作負載統計資訊優先順序更高，且通常會推薦它們。你收集工作負載統計資訊時的額外投入，會在長期內獲得回報。

7.4 還原系統統計資訊

每當透過 dbms_stats 套件更改了系統統計資訊，都會將目前的統計資訊儲存到另一張資料字典表（wri$_optstat_aux_history），而非簡單地使用新的統計資訊覆蓋舊的，這張表保留著所有在保留期內出現的變化。其用途是，萬一新的統計資訊導致低效率的執行計畫，能夠還原舊的統計資訊。

出於還原舊統計資訊的目的，dbms_stats 套件提供了 restore_system_stats 儲存過程。這個儲存過程只接受一個單獨的參數：用於指定目標時間的一個 timestamp 類型的值。統計資訊被還原為在指定時間點使用的那些值。例如，下面的 PL/SQL 程式碼區塊會將系統統計資訊還原為一天以前的樣子：

```
BEGIN
  dbms_stats.delete_system_stats();
  dbms_stats.restore_system_stats(as_of_timestamp => systimestamp -
INTERVAL '1' DAY);
END;
```

警告 為確保能夠精確地還原指定的時間點所使用的系統統計資訊，你必須在還原之前刪除目前的系統統計資訊。否則，還原的統計資訊實際上是與目前所使用的所有統計資訊合併的結果。

系統統計資訊（物件統計資訊也一樣，因為它們是由相同的基礎功能維護的）在歷史表中儲存一段由保留期指定的時間間隔。預設值是 31 天。你可以透過呼叫 dbms_stats 套件中的 get_stats_history_ retention 函數來顯示目前值，如下所示：

```
SELECT dbms_stats.get_stats_history_retention() AS retention FROM dual
```

為了修改此保留期，dbms_stats 套件提供了 alter_stats_history_retention 儲存過程。下面是一個呼叫將保留期設定為 14 天的例子：

```
dbms_stats.alter_stats_history_retention(retention => 14)
```

注意，使用 alter_stats_history_retention 儲存過程時，下面的值具有特殊含義：

- NULL 設定保留期為預設值；
- 0 禁用歷史記錄；
- -1 禁用歷史記錄的清除。

將 statistics_level 初始化參數設定為 typical（即預設值）或 all 時，會自動清除比保留期指定的時間更舊的統計資訊。一旦有必要進行手動清除時，dbms_stats 提供了 purge_stats 儲存過程。下面的呼叫清除了歷史表中所有超過 14 天的統計資訊：

```
dbms_stats.purge_stats(before_timestamp => systimestamp - INTERVAL '14' DAY)
```

要執行 alter_stats_history_retention 和 purge_stats 儲存過程，你需要 analyze any 和 analyze any dictionary 系統許可權。

7.5 使用備份表

用來管理系統統計資訊的大部分 dbms_stats 儲存過程都能夠使用資料字典或者備份表進行工作。但是有一個儲存過程只能使用資料字典進行工作：restore_system_stats 儲存過程。

儘管預設情況下所有操作都是針對資料字典執行的，但是如果您想要改而使用備份表，那麼支援備份表的儲存過程會為你提供三個參數。這三個參數如下所示。

- stattab 指定資料字典之外的一張表的名稱用於儲存統計資訊。預設值是 NULL。
- statown 指定由 stattab 參數指定的表所有者。預設值是 NULL，此時使用的值是目前用戶。
- statid 是一個可選的識別字，用來識別儲存在備份表中的多組統計資訊，即由 stattab 和 statown 參數指定的那些。只有當 Oracle identifier[3] 受支援時才可用。

舉例來說，下面的呼叫收集無負載統計資訊，並將其儲存在名為 mystats 的備份表中，這張表的所有者是 system 用戶：

```
dbms_stats.gather_system_stats(gathering_mode => 'noworkload',
                               statown        => 'system',
                               stattab        => 'mystats')
```

要建立一張備份表，可以借助 dbms_stats 套件中的 create_stat_table 儲存過程。建立的關鍵是指定備份表的所有者（透過 ownname 參數）和表名（透過 stattab 參數）。此外，可選的 tblspace 參數指定將表建立在哪個表空間中。如果沒有指定 tblspace 參數，則最終會在用戶的預設表空間中建立表。下面是一個例子：

```
dbms_stats.create_stat_table(ownname  => user,
                             stattab  => 'mystats',
                             tblspace => 'users')
```

3 參考 Oracle 官方檔案 SQL Language Reference 中關於 identifier 的定義。

dbms_stats 套件提供了 drop_stat_table 儲存過程來刪除一張備份表。也可以使用正常的 DROP TABLE 敘述來刪除備份表。例如：

```
dbms_stats.drop_stat_table(ownname => user,
                           stattab => 'mystats')
```

7.6 管理操作的日誌記錄

除了 restore_system_stats 之外，所有用於管理系統統計資訊的 dbms_stats 過程，都會將一些關於它們的活動的資訊記錄到資料字典中。這一資訊可以透過 dba_optstat_operations 視圖具體化，並且從 12.1 版本開始也可以透過 dba_optstat_operation_tasks 視圖查看。注意，在多租戶環境下，cdb 的視圖同樣可用。下面這段來自 system_stats_logging.sql 腳本輸出的摘錄展示了查詢該視圖的一個例子。透過查詢該視圖，可以發現執行了哪些操作，它們是什麼時候開始的，以及花費了多長時間：

```
SQL> VARIABLE now VARCHAR2(14)

SQL> BEGIN
  2    SELECT to_char(sysdate,'YYYYMMDDHH24MISS') INTO :now FROM dual;
  3    dbms_stats.delete_system_stats();
  4    dbms_stats.gather_system_stats('noworkload');
  5  END;
  6  /

SQL> SELECT operation, start_time,
  2         (end_time-start_time) DAY(1) TO SECOND(0) AS duration
  3  FROM dba_optstat_operations
  4  WHERE start_time > to_date(:now,'YYYYMMDDHH24MISS')
  5  ORDER BY start_time;

OPERATION            START_TIME                          DURATION
-------------------- ----------------------------------- -----------
delete_system_stats  25-SEP-13 16.59.47.679829 +02:00    +0 00:00:00
gather_system_stats  25-SEP-13 16.59.47.688208 +02:00    +0 00:00:02
```

另外，自 12.1 版本起，可以看見操作執行時使用的參數。下面的查詢證明了這一點：

```
SQL> SELECT x.*
  2  FROM dba_optstat_operations o,
  3       XMLTable('/params/param'
  4                PASSING XMLType(notes)
  5                COLUMNS name VARCHAR2(20) PATH '@name',
  6                        value VARCHAR2(20) PATH '@val') x
  7  WHERE start_time > to_date(:now,'YYYYMMDDHH24MISS')
  8  AND operation = 'gather_system_stats';

NAME                 VALUE
-------------------- ----------
gathering_mode       noworkload
interval             60
statid
statown
stattab
```

在 12.1 版本中，也可以透過 dbms_stats 套件的 report_single_stats_operation 函數。擷取出某一操作的細節。輸出支援不同的格式（文字、HTML 以及 XML）。下面的查詢展示了如何產生一個文字報告：

```
SQL> SELECT dbms_stats.report_single_stats_operation(opid         => id,
  2                                                   detail_level => 'all',
  3                                                   format       => 'text')
  4  FROM dba_optstat_operations
  5  WHERE operation = 'gather_system_stats'
  6  AND start_time > to_date(:now,'YYYYMMDDHH24MISS');

------------------------------------------------------------------------------------------
| Operation | Operation           | Start Time         | End Time           | Additional Info  |
| Id        |                     |                    |                    |                  |
------------------------------------------------------------------------------------------
| 4928      | gather_system_stats | 25-SEP-13          | 25-SEP-13          | Parameters:      |
|           |                     | 16.28.35.528238    | 16.28.37.105673    | [gathering_mode: |
```

```
|        |                   | +02:00         | +02:00          | noworkload]    |
|        |                   |                |                 | [interval: 60] |
|        |                   |                |                 | [statid: ]     |
|        |                   |                |                 | [statown: ]    |
|        |                   |                |                 | [stattab: ]    |
--------------------------------------------------------------------------------
```

同時要注意，日誌資訊會被與之前描述的統計資訊歷史相同的機制清除掉。因此兩者具有相同的保留期。

7.7 對查詢最佳化工具的影響

系統統計資訊對查詢最佳化工具估算的成本有直接影響。大部分統計資訊只要可用就會被一直使用。然而，有些統計資訊只有在查詢最佳化工具估算某些特別的執行計畫時才會使用。具體來說，mbrc 只有涉及多區塊讀時才會被使用；maxthr 和 slavethr 只有當 SQL 敘述被認為會以平行方式執行時才會使用。

本節會舉例說明一些用法。其他用法會在第 9 章中討論查詢最佳化工具如何估算全資料表掃描的成本時介紹。

警告 本節提供的公式都沒有被 Oracle 公開，但有一個例外。一些測試表明這些公式能夠描述查詢最佳化工具是如何估算指定操作的成本的。不管怎樣，都不能證明它們在所有的情形中都是精確或正確的。提供這些公式的目的是給你一個關於系統統計資訊是如何影響查詢最佳化工具的想法。

本章描述的系統統計資訊僅從 10.1 版本開始才可用。如果將初始化參數 optimizer_features_enable 設定為 9.2.0.8，查詢最佳化工具的行為並不總是與這裡描述的一樣。因為這樣的設定根本不常見，因此不再提供該條件下不同行為的更多資訊。關於 optimizer_features_enable 的資訊請參考第 9 章。

當系統統計資訊可用時，查詢最佳化工具計算兩個成本：I/O 和 CPU。第 9 章將描述對於大部分重要的存取路徑，I/O 成本是如何計算的。關於 CPU 成本的計

算只有很少的資訊可供存取。儘管如此，我們仍能夠推測，就 CPU 而言，查詢最佳化工具使其每個操作都關聯一個成本。 例如，公式 7-1 是用來計算存取一個行的 CPU 成本的。

公式 7-1 存取一個行的估算 CPU 成本依賴於這個行在表中的位置。這個公式提供了存取一行資料的成本。如果存取了多行，則 CPU 的成本會按比例增加。第 16 章詳細介紹了 CPU 的成本為什麼會與行的位置有關

$$cpu\_cost = column\_position \cdot 20$$

接下來的例子根據 cpu_cost_column_access.sql 腳本，進一步闡明了公式 7-1。首先建立出一個擁有 9 個行的表，插入一行資料，然後透過 EXPLAIN PLAN 敘述，將存取 9 個行各自的 CPU 成本分別顯示出來。參見第 10 章中關於此 SQL 敘述的詳細資訊。注意一開始有 35,757 的初始 CPU 成本用於存取表，然後接下來的每個行，CPU 的成本都遞增 20。而在同一時刻，I/O 的成本是恒定的。因為所有行都儲存在相同的資料庫區塊中，所以這是合理的，因此讀取它們所需要的實體讀的數量對於所有的查詢都是一致的：

```
SQL> CREATE TABLE t (c1 NUMBER, c2 NUMBER, c3 NUMBER,
  2                  c4 NUMBER, c5 NUMBER, c6 NUMBER,
  3                  c7 NUMBER, c8 NUMBER, c9 NUMBER);

SQL> INSERT INTO t VALUES (1, 2, 3, 4, 5, 6, 7, 8, 9);

SQL> EXPLAIN PLAN SET STATEMENT_ID 'c1' FOR SELECT c1 FROM t;
SQL> EXPLAIN PLAN SET STATEMENT_ID 'c2' FOR SELECT c2 FROM t;
SQL> EXPLAIN PLAN SET STATEMENT_ID 'c3' FOR SELECT c3 FROM t;
SQL> EXPLAIN PLAN SET STATEMENT_ID 'c4' FOR SELECT c4 FROM t;
SQL> EXPLAIN PLAN SET STATEMENT_ID 'c5' FOR SELECT c5 FROM t;
SQL> EXPLAIN PLAN SET STATEMENT_ID 'c6' FOR SELECT c6 FROM t;
SQL> EXPLAIN PLAN SET STATEMENT_ID 'c7' FOR SELECT c7 FROM t;
SQL> EXPLAIN PLAN SET STATEMENT_ID 'c8' FOR SELECT c8 FROM t;
SQL> EXPLAIN PLAN SET STATEMENT_ID 'c9' FOR SELECT c9 FROM t;

SQL> SELECT statement_id, cpu_cost AS total_cpu_cost,
```

```
  2         cpu_cost-lag(cpu_cost) OVER (ORDER BY statement_id) AS cpu_
cost_1_coll,
  3         io_cost
  4  FROM plan_table
  5  WHERE id = 0
  6  ORDER BY statement_id;

STATEMENT_ID TOTAL_CPU_COST CPU_COST_1_COLL IO_COST
------------ -------------- --------------- -------
c1                    35757                       3
c2                    35777              20       3
c3                    35797              20       3
c4                    35817              20       3
c5                    35837              20       3
c6                    35857              20       3
c7                    35877              20       3
c8                    35897              20       3
c9                    35917              20       3
```

I/O 和 CPU 成本是按照不同的測量單位來表示的。很顯然，一個 SQL 敘述的總體成本不能簡單地將這些成本累加計算。為了解決這個問題，查詢最佳化工具將使用匯入了工作負載統計資訊的公式 7-2。簡單來說，CPU 成本除以 cpuspeed 來獲取估計的消耗時間，然後除以 sreadtim 以使用與 io_cost 一樣的測量單位來表示成本。

公式 7-2 總體成本根據 I/O 成本和 CPU 成本

$$cost \approx io\_cost + \frac{cpu\_cost}{cpuspeed \cdot sreadtim \cdot 1000}$$

為了使用無負載統計資訊計算整體成本，在公式 7-2 中 cpuspeed 被 cpuspeednw 替換，還有 sreadtim 的值由公式 7-3 計算出來。簡單來講，為計算 sreadtim，公式 7-3 將定位磁片上一個資料區塊所需的時間，與將這個區塊傳遞至資料庫引擎所需的時間相加。

公式 7-3 如有必要，sreadtim 會根據無負載統計資訊和資料庫預設的區塊大小進行計算

$$sreadtim \approx ioseektim + \frac{db\_block\_size}{iotfrspeed}$$

一般而言，如果工作負載統計資訊是可用的，查詢最佳化工具就會使用它們，而忽略無負載統計資訊。應該清楚的是，查詢最佳化工具會執行一些健全性檢查，這些檢查可能禁用工作負載統計資訊，或者部分替換工作負載統計資訊。可以透過腳本 system_stats_sanity_checks.sql 觀察到這種行為。下面是一些觀察的項目。

- 當 mbrc 不可用或者設定為 0 時，查詢最佳化工具會忽略工作負載統計資訊，使用無負載統計資訊。
- 當 sreadtim 不可用或者設定為 0 時，查詢最佳化工具會使用公式 7-3 和公式 7-4，分別重新計算 sreadtim 和 mreadtim 的值。
- 當 mreadtim 不可用時，或者當它沒有 sreadtim 的值大時，查詢最佳化工具會使用公式 7-3 和公式 7-4，分別重新計算 sreadtim 和 mreadtim 的值。

公式 7-4 mreadtim 的計算根據無負載統計資訊以及資料庫的預設區塊大小

$$mreadtim \approx ioseektim + \frac{mbrc \cdot db\_block\_size}{iotfrspeed}$$

僅當在 exadata 模式下收集的無負載統計資訊可用時，才會出現使用公式 7-3 和公式 7-4 的特例。事實上，伴隨著這種類型的統計資訊，所有的估算都是根據 mbrc、ioseektim 以及 iotfrspeed 的。

在被認為是並存執行的 SQL 敘述的估算中，slavethr 和 maxthr 又起到什麼作用呢？簡單而言，前者可以增加並存執行的成本，後者可以透過高平行度降低並存執行的成本。接下來會詳細討論一下這兩組統計資訊的影響。

如果沒有設定 slavethr 和 maxthr，那麼查詢最佳化工具會認為，一個操作並存執行的成本與用於執行的平行度成反比，如公式 7-5 所示。因此，查詢最佳化工具認為無論平行度是多少，每個平行執行的從屬進程，都能夠支撐公式 7-6 計算出來的吞吐率。

公式 7-5 平行 I/O 成本與平行度成反比。注意，常數 0.9 是一個假想的因數，可能是考慮了平行處理過程中不可避免的競爭因素。

$$parallel\_io\_cost \approx \frac{serial\_io\_cost}{dop \cdot 0.9}$$

公式 7-6 單個服務進程的預期吞吐率（以位元組每秒為單位）的計算，建立在工作負載統計資訊和資料庫預設區塊大小的基礎上

$$mreadthr \approx \frac{mbrc \cdot db\_block\_size}{mreadtim} \cdot 1000$$

為了防止查詢最佳化工具在估算平行作業時過於樂觀，可以透過 slavethr 增加估算的成本。要達到這個目的，可以將 slavethr 設定為一個低於 mreadthr 的值，後者的值是透過公式 7-6 計算出來的。換句話說，就是通知查詢最佳化工具，每個從屬進程的吞吐率要低於預設值。請注意，反之，透過給 slavethr 設定一個高於 mreadthr 的值來降低成本是不可能的。事實上，當 slavethr 和 mreadthr 的比例大於 0.9（公式 7-5 使用的假想因數），則對查詢最佳化工具的成本估算沒有影響。圖 7-4 展示了對於一次全資料表掃描，將 slavethr 的值設定為 mreadthr 的一半時的影響。

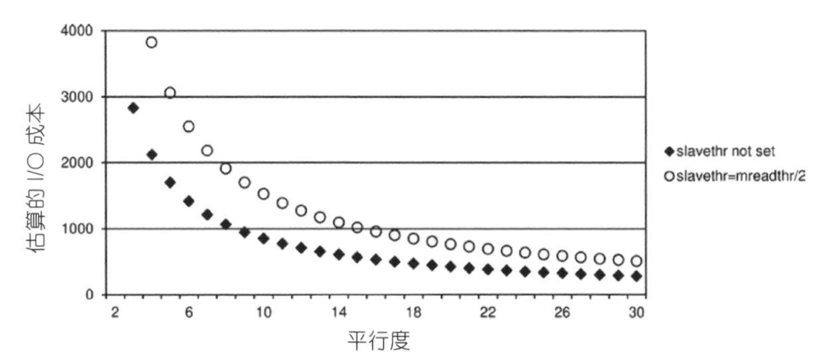

▲ 圖 7-4 使用 slavethr 和不使用 slavethr 估算的 I/O 成本對比（由 parallel_fts_costing.sql 腳本產生的資料）

應給予 slavethr 如公式 7-7 中所示的調整。注意它與公式 7-5 的區別：假想因數（0.9）只有在其大於 slavethr 和 mreadthr 的比例時，才會被使用。

公式 7-7 當 slavethr 和 mreadthr 的比例小於 0.9 時（關於 k 的定義參見該公式註解），發生的平行 I/O 成本的調整（增加）

$$parallel\_io\_cost \approx \frac{serial\_io\_cost}{dop \cdot \text{least}\left(0.9, \dfrac{slavethr \cdot k}{mreadthr}\right)}$$

> **注意** 在公式 7-7 和公式 7-8 中，因數 *k* 依賴於資料庫的版本。直到 11.2.0.3 版本為止，它的值都是 1,000。從 11.2.0.4 版本開始，它的值變成了 1。因此，在 11.2.0.3 版本中，slavethr 和 mreadthr 的比值，僅對查詢最佳化工具估算的值有非常小的影響。根據這個原因，實際上在 11.2.0.3 版本中，大多數時候觀察不到其影響。

如公式 7-7 確認顯示的，成本和平行度成反比，因此 slavethr 只能用來增加成本，不能用於降低成本。實際上，真實的資源消耗並不總是與平行度成反比。事實上，因為資料庫服務不會無限擴充，對於高平行度操作估算的成本太低。這恰恰是為什麼 maxthr 可用的原因。圖 7-5 展示了對於與圖 7-4 所列舉的案例同樣的案例，設定 maxthr 對於預防成本降至某一特定界限之下的影響。注意儘管最低的成本與 slavethr 無關，降低成本在不同的平行度都有發生。

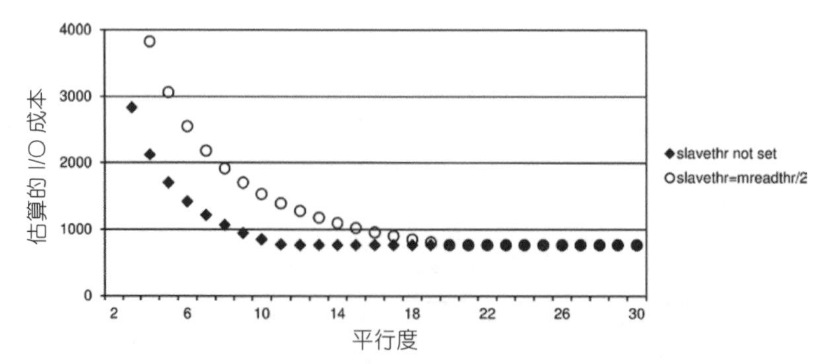

⬆ 圖 7-5 設定 maxthr 的情況下，估算的 I/O 成本對照（由 parallel_fts_costing.sql 腳本產生的資料）

如圖 7-5 所示，maxthr 的值隨著平行度變得太高而停止降低成本。簡單來說，查詢最佳化工具根據公式 7-8 計算，成本不能低於某一特定的值。

公式 7-8 預期的單個服務進程吞吐率與整個系統的最大磁片 I/O 吞吐率的比例限制平行 I/O 的成本（注意前面 *k* 的定義）

$$minimum\_parallel\_io\_cost \approx serial\_io\_cost \cdot \frac{mreadthr}{maxthr \cdot k}$$

正如本節中所討論的，系統統計資訊使得查詢最佳化工具能夠瞭解資料庫引擎所執行的系統。這意味著，對於一個成功的設定，它們是基本要素。建議為了產生執行計畫的穩定性而凍結它們。換言之，我把它們看成初始化參數。

當然，萬一主要硬體或者軟體發生了變化，系統統計資訊就應該重新計算，因此應該檢查整個設定情況。出於檢查的目的，也應該定期把它們收集到備份表中（也就是說，使用帶有 `statown` 和 `stattab` 參數的 `gather_system_stats` 儲存過程），並且驗證目前值與資料字典中儲存的值，是否有重大差別。

7.8 小結

本章描述了什麼是系統統計資訊，以及為何查詢最佳化工具需要它們。簡單來說，它們提供關於 CPU 和磁片 I/O 子系統的效能資訊。本章還涉及如何使用 `dbms_stats` 套件來管理系統統計資訊，以及在資料字典中如何找到它們。

然而系統統計資訊並不完全足以描述查詢最佳化工具執行的環境。查詢最佳化工具還需要深入瞭解儲存在資料庫中的資料。出於這個目的，可以使用另一種類型的統計資訊：物件統計資訊。下一章將提供該類型的統計資訊的完整描述。

Chapter

08

物件統計資訊

物件統計資訊描述在資料庫中儲存的資料。例如，它們告訴查詢最佳化工具表中儲存了多少條資料。沒有這些特定資訊，查詢最佳化工具永遠無法做出正確的決定，例如為小表或者大表（或結果集）找出正確的聯結方法。為了說明這一點，可以參考下面的例子。比如我問你從一個地方到家最快的交通方式是什麼。是乘坐汽車、火車還是飛機？為什麼不騎自行車呢？問題的關鍵是，如果不考慮我的實際位置以及我的家在哪，你沒法得到有效答案。沒有物件統計資訊，查詢最佳化工具也會存在相同的問題。它完全沒法產生最優的執行計畫。

本章首先介紹了哪些物件統計資訊可供使用，以及在資料字典中如何找到它們。隨之呈現的是 dbms_stats 套件，該套件用於收集、還原、鎖定、對比和刪除統計資訊。最後，介紹一些用來管理物件統計資訊的策略，充分利用可用的特性。至於查詢最佳化工具拿物件統計資訊做什麼，在這裡只會進行簡單介紹。大部分統計資訊的用途將會在第 9 章中介紹。因為查詢最佳化工具會同時使用統計資訊和初始化參數，所以在同一章中一起描述它們再合適不過了。

注意 透過 ASSOCIATE STATISTICS 敘述，資料庫引擎可以將使用者定義的統計資訊與行、函數、套件、類型、應用域索引以及索引類型相關聯。在需要時，這個 SQL 敘述的功能非常強大，儘管在實踐中這項技術很少會用到。根據這個原因，ASSOCIATE STATISTICS 在這裡就不多講了。要查看相關資訊，請參考 *Oracle Database Data Cartridge Developer's Guide* 手冊以及 *Expert Oracle Practices*（Apress，2010）的第 7 章。

8.1 dbms_stats 套件

過去，物件統計資訊是由 ANALYZE 敘述收集的。現在已經不這樣做了。對於收集物件統計資訊，ANALYZE 敘述仍然可用，但只是用於向後相容性的目的。自從 Oracle9 起，推薦使用 dbms_stats 套件替代。實際上，dbms_stats 套件不僅提供更多的新特性，在某些情形下它還能提供更好的統計資訊。舉例來說，ANALYZE 敘述對統計資訊收集提供的控制更少，不支援外部表，並且對於分區的物件，只會對每個 segment 分別收集統計資訊，然後在表 / 索引層級擷取出統計資訊（通常少得可憐）。根據以上原因，本章將不涉及 ANALYZE 敘述。

認識到這一點很重要：dbms_stats 套件提供一組全面的、用於管理物件統計資訊的儲存過程和函數。因為資料庫中有許多物件，透過不同的細微性，來管理它們的統計資訊就顯得非常重要。可以選擇為整個資料庫、資料字典、單個模式、單張表、單個索引或者是單獨的表或索引分區來管理物件統計資訊。

預設情況下，dbms_stats 套件直接修改資料字典中的資料。不過，它的許多儲存過程和函數，也能使用儲存在資料字典之外的使用者定義的表進行工作。我將其稱為**備份表**。

因為管理統計資訊比單純收集統計資訊更為複雜，dbms_stats 套件提供以下關鍵特性（見圖 8-1）。

- 收集統計資訊，並且可以選擇在覆蓋目前統計資訊之前，將它們儲存到一張備份表中。
- 鎖定和解鎖儲存在資料字典中的物件統計資訊。
- 將物件統計資訊從一個分區或子分區，複製到另外一個分區或子分區。
- 還原資料字典中的物件統計資訊。
- 刪除儲存在資料字典或備份表中的物件統計資訊。
- 將物件統計資訊從資料字典匯出到備份表中。
- 將物件統計資訊從備份表匯入到資料字典中。
- 獲取（擷取）儲存在資料字典或備份表中的物件統計資訊。
- 設定（修改）儲存在資料字典或備份表中的物件統計資訊。

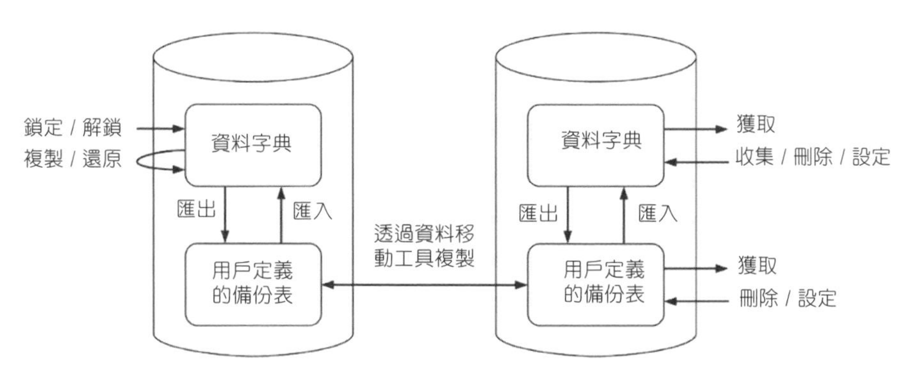

圖 8-1 dbms_stats 套件提供一組全面的用於管理物件統計資訊的功能

注意，在資料庫之間移動統計資訊是借助通用的資料移轉工具 [例如，資料泵（Data Pump）] 來完成的，並非是使用 dbms_stats 套件本身。

隨著細微性和執行操作的不同，表 8-1 列出了 dbms_stats 套件提供的不同的儲存過程和函數。舉例來講，如果想在一個單獨的模式下執行，dbms_stats 提供了 gather_schema_stats、delete_schema_stats、lock_schema_stats、unlock_schema_stats、restore_schema_stats、export_schema_stats 以及 import_schema_stats。

表 8-1 dbms_stats 套件提供的功能

特　性	資料庫	資料字典	模　式	表*	索　引*
收集 / 刪除	√	√	√	√	√
鎖定 / 解鎖			√	√	
複製				√	
還原	√	√	√	√	
匯出 / 匯入	√	√	√	√	√
獲取 / 設定				√	√

* 對於分區物件，將處理限制到單個分區是可能的。

8.2 有哪些物件統計資訊可用

物件統計資訊分為三種類型：表統計資訊、行統計資訊以及索引統計資訊。對於每種類型，又分為多達三種子類型：表/索引層級統計資訊、分區層級統計資訊以及子分區層級統計資訊。顯而易見，分區和子分區統計資訊只有當物件分別進行了分區和劃分了子分區時才可用。

物件統計資訊透過表 8-2 中列舉的資料字典視圖來顯示。當然，對於每一個視圖都有 dba、all，在 12.1 多租戶環境下還有 cdb 版本可用，例如 dba_tab_statistics、all_tab_statistics 和 cdb_tab_ statistics。

表 8-2　顯示物件統計資訊的資料字典視圖關係表

物件	表/索引層級統計資訊	分區層級統計資訊	子分區層級統計資訊
表	user_tab_statistics	user_tab_statistics	user_tab_statistics
行	user_tab_col_statistics user_tab_histograms	user_part_col_statistics user_part_histograms	user_subpart_col_statistics user_subpart_histograms
索引	user_ind_statistics	user_ind_statistics	user_ind_statistics

本節的剩餘部分描述在資料字典中可存取的最重要的物件統計資訊。出於這一目的，我使用下面的 SQL 敘述建立了一張測試表。這些 SQL 敘述，與本節中所有其他的查詢一樣，都可以在腳本 object_statistics.sql 中找到：

```
CREATE TABLE t
AS
SELECT rownum AS id,
       50+round(dbms_random.normal*4) AS val1,
       100+round(ln(rownum/3.25+2)) AS val2,
       100+round(ln(rownum/3.25+2)) AS val3,
       dbms_random.string('p',250) AS pad
FROM dual
CONNECT BY level <= 1000
ORDER BY dbms_random.value;

UPDATE t SET val1 = NULL WHERE val1 < 0;
```

```
ALTER TABLE t ADD CONSTRAINT t_pk PRIMARY KEY (id);

CREATE INDEX t_val1_i ON t (val1);

CREATE INDEX t_val2_i ON t (val2);

BEGIN
  dbms_stats.gather_table_stats(
    ownname          => user,
    tabname          => 'T',
    estimate_percent => 100,
    method_opt       => 'for columns size skewonly id, val1 size 15, val2,
val3 size 5, pad',
    cascade          => TRUE
  );
END;
/
```

8.2.1 表統計資訊

接下來的查詢展示了如何獲取對於一張表來說最重要的表統計資訊：

```
SQL> SELECT num_rows, blocks, empty_blocks, avg_space, chain_cnt, avg_row_len
  2  FROM user_tab_statistics
  3  WHERE table_name = 'T';

NUM_ROWS BLOCKS EMPTY_BLOCKS AVG_SPACE CHAIN_CNT AVG_ROW_LEN
-------- ------ ------------ --------- --------- -----------
    1000     44            0         0         0         266
```

下面是對於查詢回傳的表統計資訊的說明。

- num_rows 是表中的資料行數量。
- blocks 是表中高水位線以下資料區塊的數量。
- empty_blocks 是表中高水位線以上資料區塊的數量。dbms_stats 套件不會將這個值計算在內。這個值會被設定為 0（除非有另外一個值已經存在於資料字典中）。

- avg_space 是表的資料區塊中的平均空閒空間（按位元組表示）。dbms_stats 套件不會將這個值計算在內。這個值會被設定為 0（除非有另外一個值已經存在於資料字典中）。
- chain_cnt 是表中連結和移動到另一個區塊的資料行的總數（詳見第 16 章）。即使查詢最佳化工具使用這個值，dbms_stats 套件也不會將其計算在內。它會被設定為 0（除非有另外一個值已經存在於資料字典中）。
- avg_row_len 是表中資料行的平均大小（按位元組表示）。

高水位線

高水位線是段（segment）中已使用空間和未使用空間的分界線。已使用的區塊位於高水位線以下，未使用的區塊位於高水位線以上。高水位線以上的區塊從未被使用過或者初始化過。

通常情況下，請求空間的操作（例如，INSERT 敘述），只有當高水位線以下沒有更多的空閒空間時，才會提高高水位線。這裡有一個常見的例外是在直接路徑插入期間，因為它們專門使用高水位線以上的區塊（參考第 15 章）。

釋放空間的操作（例如 DELETE 敘述），並不會降低高水位線。它們只是使空間對其他操作可用。如果釋放空閒空間的速率等於或低於重用空間的速率，那麼使用高水位線以下的資料區塊應該是最理想的。否則，高水位線以下的空閒空間會穩步成長。從長遠來看，這樣不僅會造成段大小的不必要增大，同時也會導致效能不理想。實際上，全資料表掃描會存取高水位線以下的所有區塊。即使這些區塊是空的也會掃描。應該透過重構段來解決這個問題。

8.2.2 行統計資訊

下面的查詢展示了如何獲得對於一張表來說最重要的行統計資訊：

```
SQL> SELECT column_name AS "NAME",
  2         num_distinct AS "#DST",
  3         low_value,
  4         high_value,
  5         density AS "DENS",
  6         num_nulls AS "#NULL",
  7         avg_col_len AS "AVGLEN",
  8         histogram,
```

```
  9        num_buckets AS "#BKT"
 10  FROM user_tab_col_statistics
 11  WHERE table_name = 'T';

NAME  #DST LOW_VALUE            HIGH_VALUE            DENS #NULL AVGLEN HISTOGRAM     #BKT
---- ----- -------------------- -------------------- ------ ----- ------ ------------- ----
ID    1000 C102                 C20B                 .00100     0      4 NONE             1
VAL1    22 C128                 C140                 .03884     0      3 HYBRID          15
VAL2     6 C20202               C20207               .00050     0      4 FREQUENCY        6
VAL3     6 C20202               C20207               .00050     0      4 TOP-FREQUENCY    5
PAD   1000 202623436F294373342  7E79514A202D4946493  .00100     0    251 HYBRID         254
           37B426574336E4A5B30  66C744E253F36264C69
           2E4F4B53236932303A2  27557A57737C6D4B225
           1215F462B7667457032  9414C442D2544364130
           694174782F7749393B6  612F5B3447405A4E714
           5735646366D20736939  A403B6237592B3D7B67
           335D712B233B3F       7D4D594E766B57
```

下面是對這個查詢回傳的行統計資訊的說明。

- num_distinct 是這個行非重複值的數量。
- low_value 是這個行的最小值。它是透過內部形式顯示的。注意，對於字串列（在本例中是 pad 行），只有前 32 個位元組（在 12.1 版本中是前 64 個位元組）會被使用。
- high_value 是這個行的最大值。它是透過內部形式顯示的。注意，對於字串列（在本例中是 pad 行），只有前 32 個位元組（在 12.1 版本中是前 64 個位元組）會被使用。

LOW_VALUE 和 HIGH_VALUE 格式

遺憾的是，行 low_value 和 high_value 並不容易去判讀。實際上，它們使用資料庫引擎儲存資料所使用的二進位內部形式來顯示。要將它們轉換為可讀的值，有兩種方式可行。

第一種方式，使用 utl_raw 套件提供的函數 cast_to_binary_double、cast_to_binary_float、cast_to_binary_integer、cast_to_number、cast_to_nvarchar2、cast_to_raw，以及 cast_to_varchar2。正如這些函數的名稱所暗示的，對於每一種資

料類型，都有對應的函數用於將內部值轉化為實際值。比如，要獲取 `val1` 行的最小值和最大值，可以使用以下查詢：

```
SQL> SELECT utl_raw.cast_to_number(low_value) AS low_value,
  2         utl_raw.cast_to_number(high_value) AS high_value
  3  FROM user_tab_col_statistics
  4  WHERE table_name = 'T'
  5  AND column_name = 'VAL1';

LOW_VALUE HIGH_VALUE
--------- ----------
       39         63
```

第二種方式，使用 `dbms_stats` 套件提供的儲存過程 `convert_raw_value`（重載了幾次）、`convert_raw_value_nvarchar` 以及 `convert_raw_value_rowid`。注意，為避免使用 PL/SQL 程式碼區塊，下面的查詢使用了版本 12.1，使用該版本有可能在 `WITH` 子句中，聲明 PL/SQL 函數和過程。這個查詢的用途與之前的查詢（在腳本 `object_statistics.sql` 中，可以找到這個查詢的變體支援的所有最常見的資料類型）是一樣的：

```
SQL> WITH
  2    FUNCTION convert_raw_value(p_value IN RAW) RETURN NUMBER IS
  3      l_ret NUMBER;
  4    BEGIN
  5     dbms_stats.convert_raw_value(p_value, l_ret);
  6     RETURN l_ret;
  7    END;
  8  SELECT convert_raw_value(low_value) AS low_value,
  9         convert_raw_value(high_value) AS high_value
 10  FROM user_tab_col_statistics
 11  WHERE table_name = 'T'
 12  AND column_name = 'VAL1'
 13  /

LOW_VALUE HIGH_VALUE
--------- ----------
       39         63
```

- density 是一個 0 到 1 之間的小數。值接近 0 表示在這個行上的限制條件會篩檢掉大部分記錄。值接近 1 表示在這個行上的限制條件幾乎不會篩檢掉任何記錄。如果沒有出現長條圖，則 density 值為 1/num_distinct。如果有長條圖出現，則其值的計算方式會不同，且依賴於長條圖的類型。不管怎樣，從 10.2.0.4 版本起，對於有長條圖的行，這個值僅用於在 optimizer_features_enable 初始化參數設定為更舊的版本時，保持向後相容性。
- num_nulls 是儲存在這個行上的 NULL 值的數量。
- avg_col_len 是以位元組表示的平均行大小。
- histogram 表明這個行上是否有長條圖可供使用，以及當長條圖可用時長條圖的類型是什麼。有效的值包括 NONE（即沒有長條圖）、FREQUENCY、HEIGHT BALANCED，還有自 12.1 版本開始可用的 TOP-FREQUENCY 和 HYBRID。
- num_buckets 是長條圖中桶的數量。一個桶，或者在統計資訊裡稱之為類別（category），是具有相同類型的一組值。正如在下一節中所描述的，長條圖由至少一個桶組成。如果沒有長條圖，這個值設定為 1。到 11.2 版本為止，桶的最大數量為 254，而從 12.1 版本開始起，桶的最大數量為 2,048。

8.2.3 長條圖

查詢最佳化工具以「資料是均勻分布的」這一原則為出發點。貫穿前面部分的測試表儲存在 ID 行上的資料，正是一個均勻分布的資料集的例子。實際上，它將 1~1,000 之間的每個整數正好儲存一次。在這種情形下，要產生根據該行上的述詞條件（例如 id BETWEEN 6 AND 19）篩檢掉的記錄數的合理估算，查詢最佳化工具僅需要描述述詞部分的物件統計資訊：最小值、最大值以及非重複值的數量。

如果資料並非均勻分布的，那麼查詢最佳化工具在沒有額外資訊的情況下就無法計算合理的估算。舉例來說，對於儲存在 val2 行上的已知資料集合（見下面查詢的輸出部分），查詢最佳化工具如何對像 val2=105 這樣的述詞，做出有意義的估算？答案是不能，因為查詢最佳化工具絲毫不知道有大概 50% 的記錄滿足這個述詞條件：

```
SQL> SELECT val2, count(*)
  2  FROM t
  3  GROUP BY val2
  4  ORDER BY val2;

      VAL2   COUNT(*)
---------- ----------
       101          8
       102         25
       103         68
       104        185
       105        502
       106        212
```

查詢最佳化工具需要的關於非均勻分布資料的額外資訊被稱作**長條圖（histogram）**。在 12.1 版本之前，有兩種類型的長條圖可用：**頻率長條圖（frequency histogram）**和**高度均衡長條圖（height-balanced histogram）**。Oracle Database 12.1 匯入了兩種額外的長條圖來取代高度均衡長條圖：**高頻率長條圖（top frequency histogram）**和**混合長條圖（hybrid histogram）**。

警告 只有當收集物件統計資訊時使用 dbms_stats.auto_sample_size（在本章稍後的 8.3.2 節會介紹這個主題）作為採樣頻率時，dbms_stats 套件才會建立高頻率長條圖和混合長條圖。

---

1 頻率長條圖

頻率長條圖就是大多數人對**長條圖**這一概念的理解。圖 8-2 是頻率長條圖的一個例子，也是對之前查詢回傳資料的一個直觀圖示。

儲存在資料字典中的頻率長條圖與這個圖示很像。主要的區別是字典中不是使用頻率，而是使用累積頻率。下面的查詢透過計算兩個相鄰桶的值（注意，endpoint_number 即是累計頻率）之間的差來將累計頻率轉化為頻率：

```
SQL> SELECT endpoint_value, endpoint_number,
  2         endpoint_number - lag(endpoint_number,1,0)
```

```
  3                              OVER (ORDER BY endpoint_number) AS frequency
  4  FROM user_tab_histograms
  5  WHERE table_name = 'T'
  6  AND column_name = 'VAL2'
  7  ORDER BY endpoint_number;

ENDPOINT_VALUE ENDPOINT_NUMBER FREQUENCY
-------------- --------------- ---------
           101               8         8
           102              33        25
           103             101        68
           104             286       185
           105             788       502
           106            1000       212
```

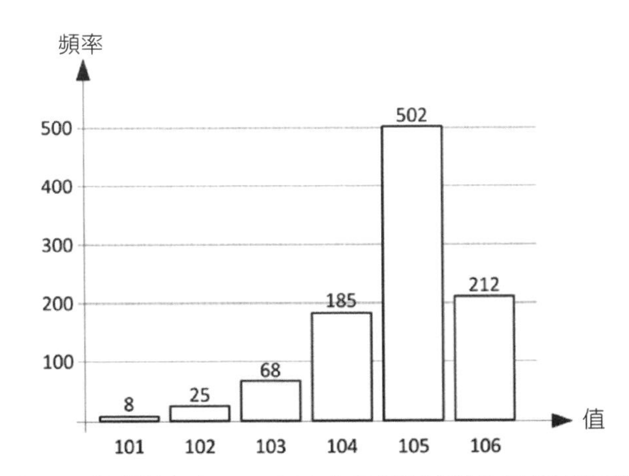

⬆ 圖 8-2 根據儲存在 val2 行中的資料集繪製的頻率長條圖的圖示

頻率長條圖的核心特性如下所述。

- 桶的數量（換句話說，類別的數量）與不重複值的數量一致。在像 user_tab_histograms 這樣的視圖中，每個桶都有一條對應的記錄可用。
- endpoint_value 行提供其本身值的一個數值形式表示。因此，對於非數值形式的資料類型，必須將其實際值編碼為一個數字。根據資料、資料類型以及版本的不同，實際值可能在 endpoint_actual_value 行（在之前的輸出中並沒有顯示）中可見。 要非常清楚地瞭解儲存在長條圖中的值，只能根據前面 32 個位元組（在 12.1 版本中是 64 個位元組）來區分。結果就是擁有較長固定首碼的值，可能會危及長條圖的有效性。尤其是當使用每個字元可能佔用四個位元組的多位元組字元集時，更是如此。

- endpoint_number 行提供值的累積頻率。要獲得真正的頻率，必須減去前一條記錄的 endpoint_ number 行的值。

警告 假如動態採樣用於建構長條圖，則頻率資訊應根據採樣大小按比例決定。要知道比例因數，請用採樣大小（sample_size）除以記錄的數量（num_rows）。這兩個行都是由類似 user_tab_statistics 這樣的視圖提供的。

接下來的例子展示了查詢最佳化工具如何利用頻率長條圖來精確估算一個在 val2 行（有關 EXPLAIN PLAN 敘述的詳細資訊，請參見第 10 章）上，使用了述詞的查詢回傳的記錄數量（cardinality）：

```
SQL> EXPLAIN PLAN SET STATEMENT_ID '101' FOR SELECT * FROM t WHERE val2 = 101;
SQL> EXPLAIN PLAN SET STATEMENT_ID '102' FOR SELECT * FROM t WHERE val2 = 102;
SQL> EXPLAIN PLAN SET STATEMENT_ID '103' FOR SELECT * FROM t WHERE val2 = 103;
SQL> EXPLAIN PLAN SET STATEMENT_ID '104' FOR SELECT * FROM t WHERE val2 = 104;
SQL> EXPLAIN PLAN SET STATEMENT_ID '105' FOR SELECT * FROM t WHERE val2 = 105;
SQL> EXPLAIN PLAN SET STATEMENT_ID '106' FOR SELECT * FROM t WHERE val2 = 106;

SQL> SELECT statement_id, cardinality
  2  FROM plan_table
  3  WHERE id = 0;

STATEMENT_ID CARDINALITY
------------ -----------
101                    8
102                   25
103                   68
104                  185
105                  502
106                  212
```

在上面的例子中，所有的述詞僅參照了長條圖中展現的值。當使用其他值時，又會發生什麼呢？直到 10.2.0.3 版本（包括 10.2.0.3 版本在內）為止，查詢最佳化工具都使用 1 作為頻率。從 10.2.0.4 版本起開始，有兩種不同的情況需要考慮。第一，如果使用的值在最小值和最大值之間，查詢最佳化工具取長條圖中展現的所有值中，最低的頻率並將其除以 2。第二，如果使用的值超出了長條圖的涵蓋範圍，則頻率依賴於到最小值或最大值的距離。下面的例子證明了這一點：

```
SQL> EXPLAIN PLAN SET STATEMENT_ID '096' FOR SELECT * FROM t WHERE val2 = 96;
SQL> EXPLAIN PLAN SET STATEMENT_ID '098' FOR SELECT * FROM t WHERE val2 = 98;
SQL> EXPLAIN PLAN SET STATEMENT_ID '100' FOR SELECT * FROM t WHERE val2 = 100;
SQL> EXPLAIN PLAN SET STATEMENT_ID '103.5' FOR SELECT * FROM t WHERE val2 = 103.5;
SQL> EXPLAIN PLAN SET STATEMENT_ID '107' FOR SELECT * FROM t WHERE val2 = 107;
SQL> EXPLAIN PLAN SET STATEMENT_ID '109' FOR SELECT * FROM t WHERE val2 = 109;
SQL> EXPLAIN PLAN SET STATEMENT_ID '111' FOR SELECT * FROM t WHERE val2 = 111;

SQL> SELECT statement_id, cardinality
  2  FROM plan_table
  3  WHERE id = 0
  4  ORDER BY statement_id;

STATEMENT_ID CARDINALITY
------------ -----------
096                    1
098                    2
100                    3
103.5                  4
107                    3
109                    2
111                    1
```

2 高度均衡長條圖

當不重複值的數量大於允許的桶的最大數量（使用 dbms_stats 套件時，會有一個硬性限制，甚至有可能會指定一個更低的值）時，你就無法使用頻率長條圖，因為每個桶只支援一個單獨的值。此時就該高度均衡長條圖施展身手了。

要建立一個高度均衡長條圖，考慮一下接下來的過程。首先，建立出一個頻率長條圖。然後，如圖 8-3 所示，頻率長條圖的值被堆積成一「堆」。最後，這個「堆」再被分成幾個具有相同高度的桶。例如，在圖 8-3 中，「堆」被分到了五個桶中。

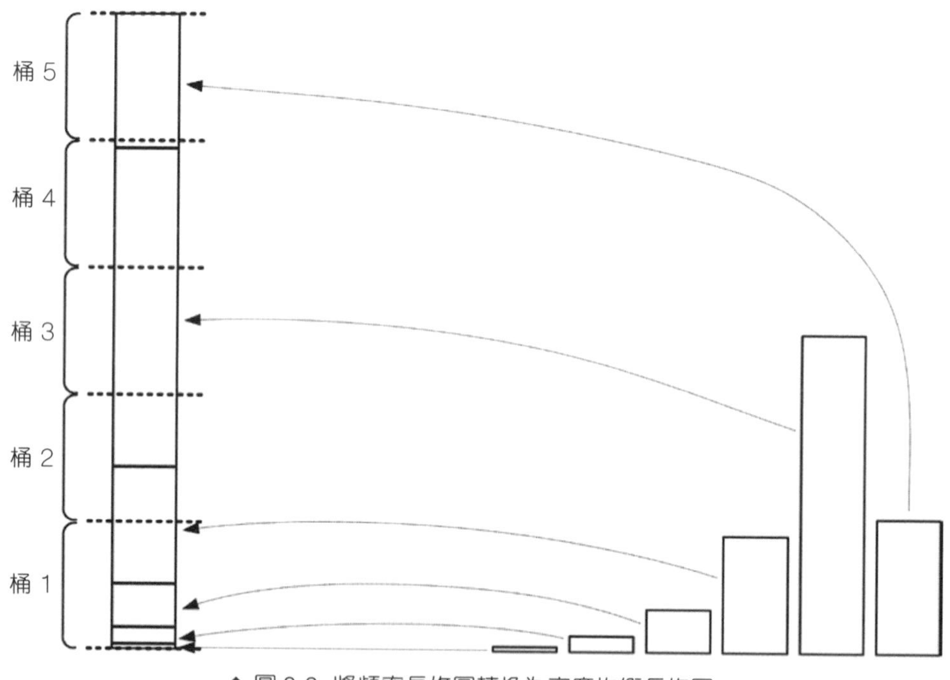

⬆ 圖 8-3 將頻率長條圖轉換為高度均衡長條圖

下面的查詢是一個如何為 val2 行產生一個高度均衡長條圖的例子。圖 8-4 展示了這個查詢回傳資料的一個圖示。注意每個桶的端點值正是拆分資料出現的點。此外，桶 0 被新增進來用以儲存最小值：

```
SQL> SELECT count(*), max(val2) AS endpoint_value, endpoint_number
  2  FROM (
  3    SELECT val2, ntile(5) OVER (ORDER BY val2) AS endpoint_number
  4    FROM t
  5  )
  6  GROUP BY endpoint_number
  7  ORDER BY endpoint_number;
```

```
COUNT(*) ENDPOINT_VALUE ENDPOINT_NUMBER
---------- -------------- ---------------
       200            104               1
       200            105               2
       200            105               3
       200            106               4
       200            106               5
```

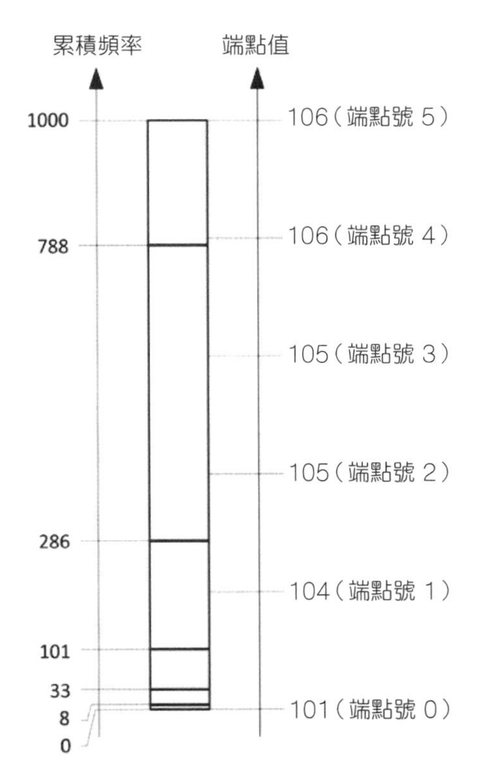

圖 8-4 根據儲存在 val2 行上的資料集建立的高度均衡長條圖

針對圖 8-4 中的案例，接下來的查詢展示了儲存在資料字典中的高度均衡長條圖。有趣的是，並沒有儲存所有的桶。之所以沒有儲存所有的桶是因為，幾個擁有相同端點值的相鄰桶沒有多大用處。實際上，從顯示出來的資料可以推斷出，桶 2 的端點值是 105，而桶 4 的端點值為 106。查詢結果有點濃縮的意思。在長條圖中出現多次的值被稱為常見值，並且會被查詢最佳化工具特殊處理：

```
SQL> SELECT endpoint_value, endpoint_number
  2  FROM user_tab_histograms
  3  WHERE table_name = 'T'
  4  AND column_name = 'VAL2'
  5  ORDER BY endpoint_number;

ENDPOINT_VALUE ENDPOINT_NUMBER
-------------- ---------------
           101               0
           104               1
           105               3
           106               5
```

下面是高度均衡長條圖的主要特性。

- 桶的數量少於不重複值的數量。對於每一個桶，除非它們進行了壓縮，否則都在像 user_tab_ histograms 這樣的視圖中，有一條帶有端點號的記錄與之對應。此外，端點號 0 表明是最小值。
- endpoint_value 行提供關於值本身的數字表示形式。關於這個行的更多資訊，請參考「頻率長條圖」一節中的描述。
- endpoint_number 行提供桶的編號。
- 長條圖不儲存值的頻率。

下面的例子展示了當存在合適的高度均衡長條圖時，查詢最佳化工具所作的估算。注意與頻率長條圖相比相對較低的精確度：

```
SQL> EXPLAIN PLAN SET STATEMENT_ID '101' FOR SELECT * FROM t WHERE val2 = 101;
SQL> EXPLAIN PLAN SET STATEMENT_ID '102' FOR SELECT * FROM t WHERE val2 = 102;
SQL> EXPLAIN PLAN SET STATEMENT_ID '103' FOR SELECT * FROM t WHERE val2 = 103;
SQL> EXPLAIN PLAN SET STATEMENT_ID '104' FOR SELECT * FROM t WHERE val2 = 104;
SQL> EXPLAIN PLAN SET STATEMENT_ID '105' FOR SELECT * FROM t WHERE val2 = 105;
SQL> EXPLAIN PLAN SET STATEMENT_ID '106' FOR SELECT * FROM t WHERE val2 = 106;

SQL> SELECT statement_id, cardinality
  2  FROM plan_table
  3  WHERE id = 0;
```

```
STATEMENT_ID CARDINALITY
------------ -----------
101                   50
102                   50
103                   50
104                   50
105                  400
106                  300
```

注意 你可能認為關於值 105 和 106 的基數估算完全一樣（400，因為這兩個高頻率值都占了桶數量的 2/5）。但是對於值 106，卻不是這樣。這是因為，查詢最佳化工具在出現一個常見值，同時也是長條圖的最大值時，調整了估算的結果。

同樣對於這種類型的長條圖，我們來看一下，當使用了長條圖中沒有展現的值時會發生什麼。此時需要考慮兩種完全不同的情況。第一，如果值在最小值和最大值之間，查詢最佳化工具會使用與其他非常見值一樣的頻率。第二，如果值在長條圖涵蓋的值範圍之外，則頻率依賴於其到最小值或最大值的距離。下面的例子證明了這一點：

```
SQL> EXPLAIN PLAN SET STATEMENT_ID '096' FOR SELECT * FROM t WHERE val2 = 96;
SQL> EXPLAIN PLAN SET STATEMENT_ID '098' FOR SELECT * FROM t WHERE val2 = 98;
SQL> EXPLAIN PLAN SET STATEMENT_ID '100' FOR SELECT * FROM t WHERE val2 = 100;
SQL> EXPLAIN PLAN SET STATEMENT_ID '103.5' FOR SELECT * FROM t WHERE val2 = 103.5;
SQL> EXPLAIN PLAN SET STATEMENT_ID '107' FOR SELECT * FROM t WHERE val2 = 107;
SQL> EXPLAIN PLAN SET STATEMENT_ID '109' FOR SELECT * FROM t WHERE val2 = 109;
SQL> EXPLAIN PLAN SET STATEMENT_ID '111' FOR SELECT * FROM t WHERE val2 = 111;

SQL> SELECT statement_id, cardinality
  2  FROM plan_table
  3  WHERE id = 0
  4  ORDER BY statement_id;
```

```
STATEMENT_ID CARDINALITY
------------ -----------
096                    1
098                   20
100                   40
103.5                 50
107                   40
109                   20
111                    1
```

就這兩種類型長條圖的這些關鍵特性而論，很明顯，頻率長條圖要比高度均衡長條圖更加精確。高度均衡長條圖的主要問題不僅僅是精確度更低，而且有時候可能會意外導致一個值被當做常見值。例如，在圖 8-4 所示的長條圖中，桶 4 和桶 5 之間的拆分點非常接近於值從 105 變為 106 的點上。

因此，即使是資料分布非常微小的變化，也可能導致一個不同的長條圖以及不同的估算結果。在下面的例子中，只有 20 條記錄被更新（約占總記錄數的 2%），就展示了這樣的一種情況：

```
SQL> UPDATE t SET val2 = 105 WHERE val2 = 106 AND rownum <= 20;

SQL> REMARK at this point object statistics are gathered

SQL> SELECT endpoint_value, endpoint_number
  2  FROM user_tab_histograms
  3  WHERE table_name = 'T'
  4  AND column_name = 'VAL2'
  5  ORDER BY endpoint_number;

ENDPOINT_VALUE ENDPOINT_NUMBER
-------------- ---------------
           101               0
           104               1
           105               4
           106               5

SQL> EXPLAIN PLAN SET STATEMENT_ID '101' FOR SELECT * FROM t WHERE val2 = 101;
```

```
SQL> EXPLAIN PLAN SET STATEMENT_ID '102' FOR SELECT * FROM t WHERE val2 = 102;
SQL> EXPLAIN PLAN SET STATEMENT_ID '103' FOR SELECT * FROM t WHERE val2 = 103;
SQL> EXPLAIN PLAN SET STATEMENT_ID '104' FOR SELECT * FROM t WHERE val2 = 104;
SQL> EXPLAIN PLAN SET STATEMENT_ID '105' FOR SELECT * FROM t WHERE val2 = 105;
SQL> EXPLAIN PLAN SET STATEMENT_ID '106' FOR SELECT * FROM t WHERE val2 = 106;

SQL> SELECT statement_id, cardinality
  2  FROM plan_table
  3  WHERE id = 0;

STATEMENT_ID CARDINALITY
------------ -----------
101                   80
102                   80
103                   80
104                   80
105                  600
106                   80
```

因此，在實踐中，高度均衡長條圖可能不僅會令人誤解，同時也會導致查詢最佳化工具估算的不穩定性。為了不再使用它們，自 12.1 版本開始，高頻率長條圖和混合長條圖，替代了高度均衡長條圖。

3 高頻率長條圖

頻率長條圖的一個關鍵特徵是，每個值都在長條圖中展現出來。儘管這使得這些頻率非常精確，但是因為桶的數量的限制，有時無法建立頻率長條圖。高頻率長條圖概念的真實意圖，就是假使存在某些代表占比很小的資料的值，這些值可以被安全丟棄，因為它們在統計上無關緊要。而且如果能夠丟棄足夠多的值，來避免超出桶的數量限制，那麼就可能會建立出根據 top-*n* 值建構的高頻率長條圖。

為了確定使用 *n* 個桶的長條圖是否足夠精確，資料庫引擎檢查這 *n* 個值，是否至少代表了百分比為 *p* 的資料量，而 *p* 是由公式 8-1 計算出來的。例如，類似 `val3` 行上建立的這個高頻率長條圖，它有 5 個桶，必須得代表至少 80%（100-100/5）的資料量。

公式 8-1 top-n 值需要代表的資料量的最小百分比

$$p = 100 - \frac{100}{n}$$

在 val3 行的案例中，五個桶就足夠了，因為從下面查詢的輸出來看，top-3 的值已經占到行資料量的 80% 多：

```
SQL> SELECT val3, count(*) AS frequency, ratio_to_report(count(*)) OVER ()*
100 AS percent
  2 FROM t
  3 GROUP BY val3
  4 ORDER BY val3;

      VAL3 FREQUENCY    PERCENT
---------- --------- ----------
       101         8        0.8
       102        25        2.5
       103        68        6.8
       104       185       18.5
       105       502       50.2
       106       212       21.2
```

接下來是儲存在資料字典中關於 val3 行的長條圖：

```
SQL> SELECT endpoint_value, endpoint_number,
  2         endpoint_number - lag(endpoint_number,1,0)
  3                           OVER (ORDER BY endpoint_number) AS frequency
  4 FROM user_tab_histograms
  5 WHERE table_name = 'T'
  6 AND column_name = 'VAL3'
  7 ORDER BY endpoint_number;

ENDPOINT_VALUE ENDPOINT_NUMBER FREQUENCY
-------------- --------------- ---------
           101               1         1
           103              69        68
```

```
        104              254         185
        105              756         502
        106              968         212
```

對比 val2 行的頻率長條圖，有兩點不同。首先，代表值 102 的桶並不存在。並且，這還是在值 102 的頻率比值 101 的頻率高的情況下。換句話說，這個長條圖並不代表 top-5 的值。其次，代表值 101 的桶，儘管等於這個值的資料只有 8 條，但是其端點值 endpoint_number 卻等於 1。事實是，任何一個長條圖必須總是包含最小值和最大值。如果是像本例這樣，兩個值中有一個因為不是 top-*n* 值的一部分而被丟棄時，除最小值、最大值以外的值就被丟棄了（擁有最低頻率的那一個），然後最小值 / 最大值的頻率被設定為 1。注意，在經過這樣的操作之後，必須重新評估根據公式 8-1 的規則。

接下來的例子展示了這一點，正如你所期待的，查詢最佳化工具使用高頻率長條圖執行的估算，與使用頻率長條圖進行的估算之間的區別，僅在於沒有頻率資訊的值（101 和 102）上：

```
SQL> EXPLAIN PLAN SET STATEMENT_ID '101' FOR SELECT * FROM t WHERE val3 = 101;
SQL> EXPLAIN PLAN SET STATEMENT_ID '102' FOR SELECT * FROM t WHERE val3 = 102;
SQL> EXPLAIN PLAN SET STATEMENT_ID '103' FOR SELECT * FROM t WHERE val3 = 103;
SQL> EXPLAIN PLAN SET STATEMENT_ID '104' FOR SELECT * FROM t WHERE val3 = 104;
SQL> EXPLAIN PLAN SET STATEMENT_ID '105' FOR SELECT * FROM t WHERE val3 = 105;
SQL> EXPLAIN PLAN SET STATEMENT_ID '106' FOR SELECT * FROM t WHERE val3 = 106;

SQL> SELECT statement_id, cardinality
  2  FROM plan_table
  3  WHERE id = 0
  4  ORDER BY statement_id;

STATEMENT_ID CARDINALITY
------------ -----------
101                   32
102                   32
103                   68
104                  185
```

```
105                     502
106                     212
```

注意，對於值 101 和 102，其頻率是長條圖顯示的所有值中，最低的頻率除以 2 得到的。注意，結果是 32，可能並非你期待的 34（68/2），因為並非所有的值都在長條圖中展現了。

我們來看一下，如果使用了長條圖中沒有展現的值會發生什麼。簡單來說，與頻率長條圖一樣。下面的例子證實了這一點：

```
SQL> EXPLAIN PLAN SET STATEMENT_ID '096' FOR SELECT * FROM t WHERE val3 = 96;
SQL> EXPLAIN PLAN SET STATEMENT_ID '098' FOR SELECT * FROM t WHERE val3 = 98;
SQL> EXPLAIN PLAN SET STATEMENT_ID '100' FOR SELECT * FROM t WHERE val3 = 100;
SQL> EXPLAIN PLAN SET STATEMENT_ID '103.5' FOR SELECT * FROM t WHERE val3 = 103.5;
SQL> EXPLAIN PLAN SET STATEMENT_ID '107' FOR SELECT * FROM t WHERE val3 = 107;
SQL> EXPLAIN PLAN SET STATEMENT_ID '109' FOR SELECT * FROM t WHERE val3 = 109;
SQL> EXPLAIN PLAN SET STATEMENT_ID '111' FOR SELECT * FROM t WHERE val3 = 111;

SQL> SELECT statement_id, cardinality
  2  FROM plan_table
  3  WHERE id = 0
  4  ORDER BY statement_id;

STATEMENT_ID CARDINALITY
------------ -----------
096                    1
098                   13
100                   26
103.5                 32
107                   26
109                   13
111                    1
```

如果不滿足根據公式 8-1 的規則，也就無法建立頻率長條圖和高頻率長條圖中的任何一種，資料庫引擎會建立一個混合長條圖。

4 混合長條圖

混合長條圖綜合了頻率長條圖和高度均衡長條圖的一些特徵。建立混合長條圖與建立高度均衡長條圖，都是以同樣的方法開始的。隨後進行了以下兩項重要的改進。

- 每個不重複值都關聯到一個單獨的桶（換句話說，為高度均衡長條圖定義的常見值的概念不復存在）。根據該目的，桶的限制被轉移了。結果，每個桶可能會根據不同數量的記錄來建立。
- 頻率被加入到每個桶的端點值中。因此，對於端點值，而且僅對於端點值而言，就有了某種頻率長條圖可用。

測試表有兩個混合長條圖。例如，我們看一下為 val1 行（注意，該行擁有 22 個不同的值）建立的那個混合長條圖。下面查詢的輸出顯示了該混合長條圖包含的資料集：

```
SQL> SELECT val1, count(*), ratio_to_report(count(*)) OVER ()*100 AS percent
  2  FROM t
  3  GROUP BY val1
  4  ORDER BY val1;

      VAL1   COUNT(*) PERCENT
---------- ---------- -------
        39          2     0.2
        41          4     0.4
        42         13     1.3
        43         21     2.1
        44         26     2.6
        45         54     5.4
        46         66     6.6
        47         86     8.6
        48         81     8.1
        49         97     9.7
        50        102    10.2
        51        103    10.3
        52         80     8.0
```

```
        53          64     6.4
        54          76     7.6
        55          50     5.0
        56          30     3.0
        57          21     2.1
        58          12     1.2
        59           6     0.6
        60           5     0.5
        63           1     0.1
```

如果資料庫引擎被要求建立有 10 個桶的長條圖，那麼不管是頻率長條圖還是高頻率長條圖，都無法應用。前者不適用是因為桶的數量小於不重複值的數量，後者是因為 top-10 的值僅代表約 80% 的記錄（根據公式 8-1 需要代表 90% 的值；90 = 100-100/10）。因此，就有了提供以下資訊的混合長條圖：

```
SQL> SELECT endpoint_value, endpoint_number,
  2         endpoint_number - lag(endpoint_number,1,0)
  3                           OVER (ORDER BY endpoint_number) AS count,
  4         endpoint_repeat_count
  5  FROM user_tab_histograms
  6  WHERE table_name = 'T'
  7  AND column_name = 'VAL1'
  8  ORDER BY endpoint_number;

ENDPOINT_VALUE ENDPOINT_NUMBER      COUNT ENDPOINT_REPEAT_COUNT
-------------- --------------- ---------- ---------------------
            39               2          2                     2
            44              66         64                    26
            45             120         54                    54
            46             186         66                    66
            47             272         86                    86
            48             353         81                    81
            49             450         97                    97
            50             552        102                   102
            51             655        103                   103
            52             735         80                    80
```

```
          53         799         64                  64
          54         875         76                  76
          56         955         80                  30
          59         994         39                   6
          63        1000          6                   1
```

請注意，在上面的輸出中，一方面，endpoint_number 行提供關於每個桶上關聯的記錄數量的資訊，而另一方面，endpoint_repeat_count 行提供端點值的頻率資訊。根據這個資訊，由查詢最佳化工具執行的關於端點值的估算，就可以做到精確。下面是一個例子：

```
SQL> EXPLAIN PLAN SET STATEMENT_ID '44' FOR SELECT * FROM t WHERE val1 = 44;
SQL> EXPLAIN PLAN SET STATEMENT_ID '50' FOR SELECT * FROM t WHERE val1 = 50;
SQL> EXPLAIN PLAN SET STATEMENT_ID '56' FOR SELECT * FROM t WHERE val1 = 56;

SQL> SELECT statement_id, cardinality
  2  FROM plan_table
  3  WHERE id = 0
  4  ORDER BY statement_id;

STATEMENT_ID CARDINALITY
------------ -----------
44                    26
50                   102
56                    30
```

提示 混合長條圖提供的資訊，要比高度均衡長條圖提供的資訊好得多。根據這個原因，從 12.1 版本開始，就可以並且也應該完全忽略掉高度均衡長條圖了。

5 無長條圖

請注意，user_tab_histograms 視圖為每個沒有長條圖的行顯示了兩行資料，這非常有意義。這是因為最小值和最大值分別儲存在端點號 0 和 1 上。舉例來說，對於 id 行的內容，沒有長條圖可用，就會顯示為下面的樣子：

```
SQL> SELECT endpoint_value, endpoint_number
  2  FROM user_tab_histograms
  3  WHERE table_name = 'T'
  4  AND column_name = 'ID';

ENDPOINT_VALUE ENDPOINT_NUMBER
-------------- ---------------
             1               0
          1000               1
```

8.2.4 擴充統計資訊

只有當述詞條件中，使用了未經修改的行值時，上一節中描述的行統計資訊和長條圖才會起作用。例如，如果使用了述詞 country='Switzerland'，透過 country 行上適當的行統計資訊和長條圖，查詢最佳化工具應該能夠正確估算它的選擇率。這是因為行統計資訊和長條圖描述的是 country 行本身的值。另一方面，如果使用了述詞 upper(country)='SWITZERLAND'，查詢最佳化工具就不再能夠直接從物件統計資訊和長條圖中推斷出選擇率了。當一個述詞條件參照了多個行時，也會出現類似的問題。舉個例子，如果將述詞條件 country='Denmark' AND language='Danish' 應用到一張包含全世界人口資訊的表上，則很可能這兩個限制條件，都應用到了表中大多數記錄的相同記錄上了。實際上，大多數講丹麥語的人生活在丹麥，生活在丹麥的大多數人講丹麥語。換句話說，這兩個限制條件幾乎是冗餘的。這樣的行通常稱作**關聯行**（**correlated column**），且它們會對查詢最佳化工具造成挑戰。這是因為沒有任何物件統計資訊，或者長條圖描述這樣互相依賴的資料，或者換句話說，查詢最佳化工具實際上是假設儲存在不同行中的資料，沒有相互依賴關係。

自 11.1 版本開始，就可以做到根據運算式或者一組行來收集物件統計資訊和長條圖，來解決這樣的問題。這些新的統計資訊稱作擴充統計資訊。這背後其實主要就是根據一個運算式或者一組行來建立一個叫作**擴充資訊**的隱藏行。然後就在這個隱藏行上收集物件統計資訊和長條圖。

這個概念透過 dbms_stats 套件的 create_extended_stats 函數來實現。例如，透過接下來的查詢建立兩個運算式。第一個是在 upper(pad) 上，第二個是由行 val2 和 val3 組成的一個行組。在測試表中，這些行包含完全一樣的值；換句話說，這些行是高度關聯的（實際上是完全關聯的）。根據定義，如下面要展示的，運算式或這組行必須包含在一對圓括號中。注意，這個函數回傳的，是由系統產生的擴充資訊名稱（一個由 SYS_STU 開頭的 30 個位元組的名稱）：

```
SQL> SELECT dbms_stats.create_extended_stats(ownname => user,
  2                                          tabname => 'T',
  3                                          extension => '(upper(pad))')
AS ext1,
  4         dbms_stats.create_extended_stats(ownname => user,
  5                                          tabname => 'T',
  6                                          extension => '(val2,val3)')
AS ext2
  7  FROM dual;

EXT1                           EXT2
------------------------------ ------------------------------
SYS_STU0KSQX64#I01CKJ5FPGFK3W9 SYS_STUPS77EFBJCOTDFMHM8CHP7Q1
```

注意 產生擴充資訊的這組行不能參照運算式或虛擬行。

顯然，一旦擴充資訊[1]建立完畢，資料字典就可以提供關於它們的資訊。下面的查詢根據 user_stat_extensions 視圖，顯示了已經存在的測試表的擴充資訊。視圖同時還有 dba、all 以及在 12.1 多租戶環境下的 cdb 版本：

```
SQL> SELECT extension_name, extension
  2  FROM user_stat_extensions
  3  WHERE table_name = 'T';

EXTENSION_NAME                 EXTENSION
```

1 無法建立超過 20 條擴充資訊。如果你想建立超過 20 擴充資訊，那麼就會出現如下錯誤：ORA-20008：Number of extensions in table<talble>already reaches the upper limit (20)。

```
------------------------------ ---------------
SYS_STU0KSQX64#I01CKJ5FPGFK3W9 (UPPER(“PAD”))
SYS_STUPS77EFBJCOTDFMHM8CHP7Q1 (“VAL2”,” VAL3”)
```

如同在接下來的查詢輸出中所示，隱藏行和擴充資訊的名稱相同。還要注意擴充資訊的定義是如何新增到行上的：

```
SQL> SELECT column_name, data_type, hidden_column, data_default
  2  FROM user_tab_cols
  3  WHERE table_name = 'T'
  4  ORDER BY column_id;

COLUMN_NAME                    DATA_TYPE HIDDEN DATA_DEFAULT
------------------------------ --------- ------ --------------------------
ID                             NUMBER    NO
VAL1                           NUMBER    NO
VAL2                           NUMBER    NO
VAL3                           NUMBER    NO
PAD                            VARCHAR2  NO
SYS_STU0KSQX64#I01CKJ5FPGFK3W9 VARCHAR2  YES    UPPER(“PAD”)
SYS_STUPS77EFBJCOTDFMHM8CHP7Q1 NUMBER    YES    SYS_OP_COMBINED_HASH
(“VAL2”,” VAL3”)
```

警告 因為一組行的擴充統計資訊來自一個雜湊函數（sys_op_combined_hash），所以這些統計資訊只能夠應用於等價述詞上。換句話說，如果使用了根據類似 BETWEEN 以及 < 或 > 這樣的運算子的述詞條件，則查詢最佳化工具無法利用擴充統計資訊。一組行的擴充統計資訊也可以用於估算 GROUP BY 條件的基數，並且從 11.2.0.3 版本開始，也可以用於 DISTINCT 運算子和 SELECT 子句。

要刪除一個擴充資訊，dbms_stats 套件提供了 drop_extended_stats 儲存過程。在接下來的例子中，PL/SQL 程式碼區塊刪除了之前建立的兩個擴充資訊：

```
BEGIN
  dbms_stats.drop_extended_stats(ownname    => user,
                                 tabname    => 'T',
```

```
                                extension => '(upper(pad))');
  dbms_stats.drop_extended_stats(ownname   => user,
                                tabname   => 'T',
                                extension => '(val2,val3)');
END;
```

完全沒有必要因為一件小事就決定哪一組行適合在上面建立擴充資訊。下面的方法可以用於 11.2.0.2 之後的版本中（在腳本 seed_col_usage.sql 中有完整的例子可供存取）。

(1) 呼叫 dbms_stats 套件的 seed_col_usage 儲存過程，來指示查詢最佳化工具記錄以下資訊：WHERE 子句中指定的關於述詞的資訊，GROUP BY 子句中參照的關於行的資訊，以及從 11.2.0.3 版本開始起，SELECT 子句中關於 DISTINCT 運算子的資訊。做該記錄要麼是為了 sqlset_name 和 owner_name 參數中，指定的 SQL 調校集的所有 SQL 敘述，要麼是為了由 time_limit 參數指定的，以秒為單位的一段時間內進行了硬解析（不需要執行，因此使用 EXPLAIN PLAN 敘述就足夠了）的所有 SQL 敘述：

```
SQL> BEGIN
  2    dbms_stats.seed_col_usage(sqlset_name => NULL,
  3                              owner_name => NULL,
  4                              time_limit => 30);
  5  END;
  6  /
```

(2) 一旦記錄過程完畢，就會呼叫 dbms_stats 套件的 report_col_usage 函數來報告行的使用情況。每個行的使用模式都被報告出來。例如，在下面的輸出中，val1 和 val2 行都是一個根據等值條件的單表述詞的一部分：

```
SQL> SELECT dbms_stats.report_col_usage(ownname => user, tabname => 't')
  2  FROM dual;

DBMS_STATS.REPORT_COL_USAGE(OWNNAME=>USER,TABNAME=>'T')
--------------------------------------------------------------------------------
LEGEND:
```

```
.......

EQ         : Used in single table EQuality predicate
RANGE      : Used in single table RANGE predicate
LIKE       : Used in single table LIKE predicate
NULL       : Used in single table is (not) NULL predicate
EQ_JOIN    : Used in EQuality JOIN predicate
NONEQ_JOIN : Used in NON EQuality JOIN predicate
FILTER     : Used in single table FILTER predicate
JOIN       : Used in JOIN predicate
GROUP_BY   : Used in GROUP BY expression
...............................................................................

###############################################################################

COLUMN USAGE REPORT FOR CHRIS.T
...............................

1. VAL1                                : EQ
2. VAL2                                : EQ
3. VAL3                                : EQ
4. (VAL1, VAL2)                        : FILTER
5. (VAL1, VAL3)                        : FILTER
6. (VAL2, VAL3)                        : GROUP_BY
###############################################################################
```

(3) 使用 dbms_stats 套件的 create_extended_stats 儲存過程來建立擴充資訊。注意擴充資訊本身的定義如果不是作為參數來傳遞，那麼定義就從記錄過程中儲存的資訊中獲得。因此，只需要模式和表名兩個參數。請注意，在下面的例子中如何呼叫一次 create_extended_stats 函數就建立三個擴充：

```
SQL> SELECT dbms_stats.create_extended_stats(ownname => user, tabname => 't')
  2  FROM dual;

DBMS_STATS.CREATE_EXTENDED_STATS(OWNNAME=>USER,TABNAME=>'T')
--------------------------------------------------------------------------------
```

```
###############################################################################

EXTENSIONS FOR CHRIS.T
......................

1. (VAL1, VAL2)                   : SYS_STU4K1K3JNH1Z9#_L_V93K3DT4 created
2. (VAL1, VAL3)                   : SYS_STUS574STTDWYBF6PGQN#XHGGJ created
3. (VAL2, VAL3)                   : SYS_STUPS77EFBJCOTDFMHM8CHP7Q1 created
###############################################################################
```

(4) 在建立完擴充資訊後，重新收集修正過的表的物件統計資訊。

在 12.1 版本中，擴充資訊也可以由資料庫引擎自動建立。實際上，對於利用統計資訊回饋的 SQL 敘述，查詢最佳化工具可以建立一個，用於通知資料庫引擎建立擴充資訊的 SQL 計畫指令（SQL plan directive）。這樣，就可以避免將來在統計資訊回饋過程中的重新優化。完整的例子可以在腳本 seed_col_usage.sql 中找到。這裡有兩個關鍵點需要瞭解。第一，擴充資訊可以建立並且會自動建立。第二，擴充資訊只有在物件統計資訊已經收集的情況下才可建立。換句話說，建立 SQL 計畫指令和建立擴充資訊之間的時間間隔依賴於物件統計資訊收集的頻率。

有意思的是，要注意擴充統計資訊以另一個特性為基礎，這個特性是在 11.1 版本中匯入的，被稱作**虛擬行（virtual column）**。虛擬行是不儲存資料而只簡單地透過根據其他行的運算式來產生其內容的行。這在應用程式頻繁使用某個指定的運算式時非常有用。典型的例子是，在一個 VARCHAR2 行上應用 upper 函數，或者在一個 DATE 行上應用 trunc 函數。如果這些運算式的使用非常頻繁，那麼像下面這樣，直接在表上定義這些運算式就非常合理了：

```
SQL> CREATE TABLE persons (
  2     name VARCHAR2(100),
  3     name_upper AS (upper(name))
  4  );

SQL> INSERT INTO persons (name) VALUES ('Michelle');

SQL> SELECT name
```

```
  2  FROM persons
  3  WHERE name_upper = 'MICHELLE';

NAME
----------
Michelle
```

在第 13 章中會看到虛擬行上同樣可以建立索引。

虛擬行的主要問題是，與擴充統計資訊相比，它們會改變某些 SQL 敘述的行為（例如，SELECT * 敘述和沒有行清單的 INSERT 敘述），除非它們被定義成不可見的（虛擬行的可見性自 12.1 版本起可設定）。換句話說，因為擴充統計資訊是根據隱藏行的，它們對於應用程式來說是完全透明的。

無論虛擬行是如何定義的（不管是透過用戶顯式定義，還是透過擴充統計資訊隱式定義），關於它們的物件統計資訊和長條圖都會正常收集，認識到這一點非常重要。這樣一來，查詢最佳化工具就獲得了關於資料的額外統計資訊。

SQL 計畫指令

SQL 計畫指令是在 12.1 版本中匯入的新概念。它們的用途是，幫助查詢最佳化工具應對錯誤的估算。要達到這個目的，SQL 計畫指令將引起錯誤估算的運算式資訊，儲存在資料字典中。因為它們並不與具體的 SQL 敘述相關聯，所以不僅多個 SQL 計畫指令，可以同時應用於一個單獨的 SQL 敘述，而且一個單獨的 SQL 計畫指令，也可以應用於多個 SQL 敘述。

在某些情況下，SQL 計畫指令通知資料庫引擎自動建立擴充統計資訊（確認地說，行組）。如果無法建立擴充統計資訊，則會通知查詢最佳化工具使用動態採樣。

當初始化參數 optimizer_adaptive_features 的值為 TRUE（即預設值）時，會啟用 SQL 計畫指令。啟動 SQL 計畫指令時，資料庫引擎會自動維護（例如，建立和清除）SQL 計畫指令。一些管理操作也可以透過 dbms_spd 套件手動執行。

可用的 SQL 計畫指令資訊可以透過 dba_sql_plan_directives 和 dba_sql_plan_dir_objects 視圖來查詢（這些視圖的 cdb 版本也可以使用）。

8.2.5 索引統計資訊

在介紹索引統計資訊之前，我們來根據圖 8-5 簡要回顧一下索引的結構。處於頂端的資料區塊稱為**根區塊**（**root block**）。這個區塊就是每次查詢的起始區塊。根區塊又參照**分支區塊**（**branch block**）。注意，也可以將根區塊看作一個分支區塊。每個分支區塊，又相應地參照另一層級的分支區塊，或者如圖 8-5 所示，參照**葉子區塊**（**leaf block**）。葉子區塊儲存鍵值（在本例中，鍵值是在 6 到 89 之間的一些數字），並儲存參照資料的 rowid。對於任何一個指定的索引，根區塊和每個葉子區塊之間的分支區塊的數量，永遠是相同的。換句話說，索引永遠是平衡的。注意，為支援高效率的範圍值查找（例如，在 25 和 45 之間的所有值），葉子區塊都互相連結起來。

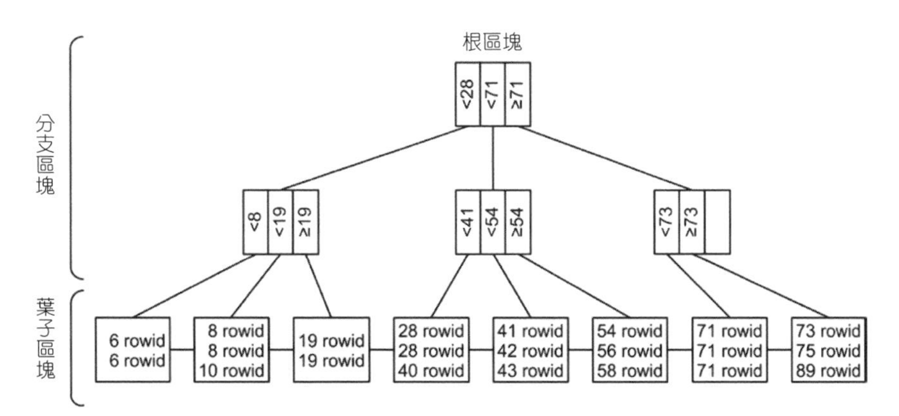

⬆ 圖 8-5 根據 B^+-tree 的索引結構

並非所有索引都具有這三種類型的區塊。實際上，分支區塊只有在根區塊無法儲存參照的所有葉子區塊時，才會出現。此外，如果索引非常小，那麼它會由一個單獨的區塊組成，並包含通常由根區塊和葉子區塊儲存的所有資料。

下面的查詢展示了如何獲取一張表最重要的索引統計資訊：

```
SQL> SELECT index_name AS name,
  2         blevel,
  3         leaf_blocks AS leaf_blks,
  4         distinct_keys AS dst_keys,
  5         num_rows,
```

```
  6         clustering_factor AS clust_fact,
  7         avg_leaf_blocks_per_key AS leaf_per_key,
  8         avg_data_blocks_per_key AS data_per_key
  9  FROM user_ind_statistics
 10  WHERE table_name = 'T';

NAME      BLEVEL LEAF_BLKS DST_KEYS NUM_ROWS CLUST_FACT LEAF_PER_KEY DATA_PER_KEY
--------- ------ --------- -------- -------- ---------- ------------ ------------
T_PK           1         2     1000     1000        979            1            1
T_VAL1_I       1         2      431      497        478            1            1
T_VAL2_I       1         3        6     1000        175            1           29
```

這個查詢回傳的索引統計資訊如下所示。

- blevel 是為了存取葉子區塊，而需要讀取的分支區塊的數量，包含根區塊在內。
- leaf_blocks 是索引的葉子區塊數量。
- distinct_keys 是索引中不重複按鍵值的數量。
- num_rows 是索引中鍵值的數量。對於主鍵，這個值與 distinct_keys 相等。
- clustering_factor 表明有多少相鄰的索引項目，沒有指向表中相同的資料區塊。如果表和索引儲存資料的順序相類似，則群集因數（clustering factor）較低。其最小值是表中非空資料區塊的數量。如果表和索引儲存資料的順序不同，則群集因數較高。其最大值是索引中鍵值的數量。我會在第 13 章中詳細討論這個值的計算方式，以及它對效能的影響。有必要提一下，對於 bitmap 索引，不會計算實際意義上的群集因數。實際上，會將其值設定為索引的鍵值數量。
- avg_leaf_blocks_per_key 是儲存一個單獨的鍵值所需的平均葉子區塊數量。這個值是使用公式 8-2 透過其他的統計資訊計算得來的。

公式 8-2 計算儲存一個單獨的鍵值所需葉子區塊的平均數量

$$avg\_leaf\_blocks\_per\_key \approx \frac{leag\_blocks}{distinct\_keys}$$

- avg_data_blocks_per_key 是在表中某個單獨的鍵值所參照的資料區塊平均數量。這個值是使用公式 8-3 透過其他的統計資訊計算得來的。

公式 8-3 計算某個單獨的鍵值所參照的資料區塊平均數量

$$avg\_data\_blocks\_per\_key \approx \frac{clustering\_factor}{distinct\_keys}$$

8.2.6 分區物件統計資訊

分區物件是由段的集合組成的邏輯概念。舉例來說，下面的 SQL 敘述建立一張擁有 16 個段的分區表，如圖 8-6 所示。這 16 個段是在表空間中實際儲存資料的物件，四個分區和表僅是中繼資料物件。它們只存在於資料字典中：

```
CREATE TABLE t (id NUMBER, tstamp DATE, pad VARCHAR2(1000))
PARTITION BY RANGE (tstamp)
SUBPARTITION BY HASH (id)
SUBPARTITION TEMPLATE
(
  SUBPARTITION sp1,
  SUBPARTITION sp2,
  SUBPARTITION sp3,
  SUBPARTITION sp4
)
(
  PARTITION q1 VALUES LESS THAN (to_date('2014-04-01','YYYY-MM-DD')),
  PARTITION q2 VALUES LESS THAN (to_date('2014-07-01','YYYY-MM-DD')),
  PARTITION q3 VALUES LESS THAN (to_date('2014-10-01','YYYY-MM-DD')),
  PARTITION q4 VALUES LESS THAN (to_date('2015-01-01','YYYY-MM-DD'))
)
```

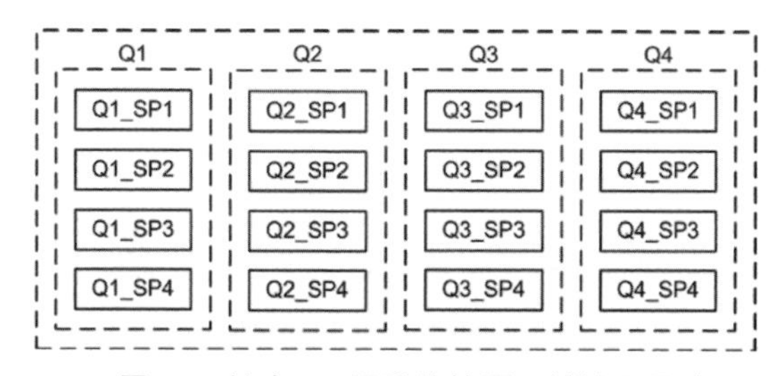

⬆ 圖 8-6 擁有 16 個段的範圍－雜湊分區表

對於分區的物件，資料庫引擎分別能夠在表 / 索引層級上及分區和子分區層級上，處理前面章節討論的所有物件統計資訊（換句話說，表統計資訊、行統計資訊、長條圖和索引統計資訊）。在所有層級上擁有統計資訊是有必要的，因為根據所處理的 SQL 敘述，查詢最佳化工具著重存取最能夠描述段的物件統計資訊。簡言之，僅在解析階段查詢最佳化工具可以確定是否存取某個特定的分區或者子分區時，查詢最佳化工具才使用分區和子分區統計資訊。否則，查詢最佳化工具通常會使用表 / 索引層級統計資訊。（但在某些情況下，查詢最佳化工具在同一時刻，既使用表 / 索引層級統計資訊，也使用分區和子分區層級統計資訊。）

8.3 收集物件統計資訊

為收集物件統計資訊，dbms_stats 包含有多個儲存過程。使用多個儲存過程是因為，根據不同的情形，收集物件統計資訊的處理過程應該發生在整個資料庫、資料字典、模式或者單獨的表層級上。

- gather_database_stats 為整個資料庫收集物件統計資訊。
- gather_dictionary_stats 為資料字典收集物件統計資訊。注意，資料字典不僅是由儲存在 sys 模式下的物件組成，同時也包括由 Oracle 為可選元件安裝的其他模式下的物件。
- gather_fixed_objects_stats 為稱作**固定表**（又稱為 **x$ 表**）和固定索引的特殊物件收集物件統計資訊，它們是資料字典的組成部分。固定表，通常用於動態效能視圖中，是僅存在於記憶體中的結構。根據這個原因，需要對它們進行特殊處理。要想知道這個過程與哪些表有關係，可以使用下面的查詢。注意，並沒有為所有的固定表收集物件統計資訊：

```
SELECT name
FROM v$fixed_table
WHERE type = 'TABLE'
```

- gather_schema_stats 為整個模式收集物件統計資訊。
- gather_table_stats 為表收集包括行在內的物件統計資訊，還可以為其索引收集統計資訊。

- gather_index_stats 為索引收集物件統計資訊。

> **注意** dbms_stats 套件並不是收集物件統計資訊的唯一特性。實際上，CREATE INDEX 和 ALTER INDEX 敘述在建立索引時，會自動收集物件統計資訊。此外，從 12.1 版本開始，CTAS 敘述和將資料插入到空表中的直接路徑插入，也會自動收集物件統計資訊。要知道由 dbms_stats 套件計算的物件統計資訊要優先於自動收集的統計資訊。因此，不能在任何情況下都總是依賴自動收集統計資訊。

dbms_stats 套件提供的儲存過程接受的不同參數可以分為三種主要的類型。透過第一組參數可以指定目標物件，透過第二組可以指定收集的選項，而透過第三組，可以指定是否在覆蓋目前統計資訊之前備份它們。表 8-3 總結了在各個儲存過程中可用的不同參數。接下來的三個小節將詳細描述每個參數的使用範圍和用法。

表 8-3 用於收集物件統計資訊的儲存過程的參數

參數	資料庫	資料字典	固定物件	模式	表	索引
目標物件						
ownname				√	√	√
indname						√
tabname					√	
partname					√	√
comp_id		√				
granularity	√	√		√	√	√
cascade	√	√		√	√	
gather_fixed	√			√		
gather_sys	√					
gather_temp	√			√		
options	√	√		√	√*	
objlist	√	√		√		
force				√	√	√

參數	資料庫	資料字典	固定物件	模式	表	索引
obj_filter_list	√	√		√		
收集選項						
estimate_percent	√	√		√	√	√
block_sample	√	√		√	√	
method_opt	√	√		√	√	
degree	√	√		√	√	√
no_invalidate	√	√	√	√	√	√
備份表						
stattab	√	√	√	√	√	√
statid	√	√	√	√	√	√
statown	√	√	√	√	√	√

* 表示從 12.1 版本起開始可用。

8.3.1 目標物件

目標物件參數指定要為哪些物件收集物件統計資訊。

- ownname 指定要處理的模式的名稱。這個參數是強制參數。
- indname 指定要處理的索引的名稱。這個參數是強制參數。
- tabname 指定要處理的表的名稱。這個參數是強制參數。
- partname 指定要處理的分區或者子分區的名稱。如果沒有指定任何值，則可能會收集所有分區和子分區的物件統計資訊，具體取決於 granularity 參數（見下面）的取值。預設值為 NULL。
- comp_id 指定要處理的元件的 ID。因為元件的 ID 無法用於收集統計資訊，所以會在內部將它轉換成一組模式的清單。要想知道對於一個指定的元件都處理了哪些模式，可以使用下面的查詢[2]。注意這個查詢的輸出受多個因素的影響，比如版本和實際安裝的元件等。sys 和 system 模式獨立於

2 遺憾的是，Oracle 並不會使所有必需的資訊都在資料字典中可見。所以，這個查詢是根據內部表的。系統許可權 select any dictionary 能夠提供對必要的表的存取權限。

此參數，總是會被處理。如果指定了非法值，則不會回傳錯誤資訊，並且 sys 和 system 模式會正常進行處理。透過使用預設值 NULL，所有的元件都會被處理：

```
SQL> SELECT u.username AS schema_name, r.cid AS comp_id, r.cname AS comp_name
  2  FROM dba_users u,
  3       (SELECT schema#, cid, cname
  4        FROM sys.registry$
  5        WHERE status IN (1, 3, 5)
  6        AND namespace = 'SERVER'
  7        UNION ALL
  8        SELECT s.schema#, s.cid, cname
  9        FROM sys.registry$ r, sys.registry$schemas s
 10        WHERE r.status IN (1,3,5)
 11        AND r.namespace = 'SERVER'
 12        AND r.cid = s.cid) r
 13  WHERE u.user_id = r.schema#
 14  ORDER BY r.cid, u.username;

SCHEMA_NAME        COMP_ID COMP_NAME
------------------ ------- -----------------------------------
SYS                APS     OLAP Analytic Workspace
SYS                CATALOG Oracle Database Catalog Views
SYS                CATJAVA Oracle Database Java Packages
APPQOSSYS          CATPROC Oracle Database Packages and Types
DBSNMP             CATPROC Oracle Database Packages and Types
DIP                CATPROC Oracle Database Packages and Types
GSMADMIN_INTERNAL  CATPROC Oracle Database Packages and Types
ORACLE_OCM         CATPROC Oracle Database Packages and Types
OUTLN              CATPROC Oracle Database Packages and Types
SYS                CATPROC Oracle Database Packages and Types
SYSTEM             CATPROC Oracle Database Packages and Types
CTXSYS             CONTEXT Oracle Text
SYS                JAVAVM  JServer JAVA Virtual Machine
LBACSYS            OLS     Oracle Label Security
MDSYS              ORDIM   Oracle Multimedia
```

```
ORDDATA            ORDIM   Oracle Multimedia
ORDPLUGINS         ORDIM   Oracle Multimedia
ORDSYS             ORDIM   Oracle Multimedia
SI_INFORMTN_SCHEMA ORDIM   Oracle Multimedia
WMSYS              OWM     Oracle Workspace Manager
MDSYS              SDO     Spatial
ANONYMOUS          XDB     Oracle XML Database
XDB                XDB     Oracle XML Database
XS$NULL            XDB     Oracle XML Database
SYS                XML     Oracle XDK
SYS                XOQ     Oracle OLAP API
```

- granularity 指定會在哪個層級處理已分區物件的統計資訊。這個參數接受表 8-4 中的值。預設值是 auto（預設值可以修改，參見 8.4 節）。關於管理已分區物件的物件統計資訊的詳細資訊，請參考 8.7 節。

表 8-4　granularity 參數接受的參數

值	含　義
all	收集表 / 索引、分區以及子分區的統計資訊
auto	收集表 / 索引和分區的統計資訊。只有當表使用列表或範圍分區時，才會收集子分區的統計資訊
global	只收集表 / 索引的統計資訊
global and partition	收集表 / 索引和分區的統計資訊
approx_global and partition	與 global and partition 類似，但是在表 / 索引層級使用擷取的統計資訊。在 10.2.0.5 版本以及 11.1.0.7 之後的版本中可用
partition	只收集分區的統計資訊
subpartition	只收集子分區的統計資訊

- cascade 指定是否處理索引的資料。這個參數接受的值為 TRUE、FLASE 以及 dbms_stats.auto_ cascade。後者是一個設定為 NULL 的常數值，讓資料庫引擎來決定是否收集索引統計資訊。預設值是 dbms_stats.auto_cascade（預設值可以修改，參見 8.4 節）。

- gather_fixed 指定是否為固定表收集物件統計資訊。這個參數接受的值為 TRUE 和 FALSE。預設值是 FALSE。
- gather_sys 指定是否收集 sys 模式下的資料。這個參數接受的值為 TRUE 和 FALSE。預設值是 FALSE。
- gather_temp 指定是否收集臨時表的資料。這個參數接受的值為 TRUE 和 FALSE。預設值是 FALSE。參見 8.5 節以獲取更多詳細資訊。
- options 指定有哪些物件以及是否收集它們。這個參數接受的值在表 8-5 中列出。但是，當這個參數與 gather_table_stats 儲存過程一起使用時，只有 gather 和 gather auto 受支援。預設值是 gather。

表 8-5 options 參數接受的值

值	含義
gather	處理所有物件
gather auto	讓儲存過程不僅決定要處理哪些物件，而且還要決定如何去處理這些物件。當在 gather_table_stats 儲存過程中使用參數的值為 not 時，除了 ownname、objlist、stattab、statid 以及 statown 以外的所有參數，都會被忽略
gather stale	只有包含過期物件統計資訊的物件會被處理。注意，不會將沒有物件統計資訊的物件視為過期的
gather empty	只有沒有物件統計資訊的物件才會被處理
list auto	對於所列舉的物件會按照 gather auto 選項進行處理
list stale	對於所列舉的物件會按照 gather stale 選項進行處理
list empty	對於所列舉的物件會按照 gather empty 選項進行處理

物件統計資訊的過期

為識別出物件統計資訊是否過期，資料庫引擎對每張表上透過 SQL 敘述修改的資料行的數量進行計數（約計）。計數的結果可以透過資料字典視圖 all_tab_modifications、dba_tab_modifications（這個視圖僅從 11.2 版本開始才可用）、user_tab_modifications 來查看，還可以透過 12.1 的多租戶環境下的 cdb_tab_modifications 視圖來查看。下面的查詢是一個範例：

```
SQL> SELECT inserts, updates, deletes, truncated
  2  FROM user_tab_modifications
  3  WHERE table_name = 'T';

INSERTS UPDATES DELETES TRUNCATED
------- ------- ------- ---------
    775   14200      66 NO
```

根據這個資訊，dbms_stats 套件能夠確定與某個物件關聯的物件統計資訊是否過期。在 10.2 版本中，必須有至少 10% 的資料行被修改了，才會認為物件統計資訊過期。從 11.1 版本開始，可以透過 stale_percent 首選項來設定這個閾值。預設值是 10%。8.5 節中會介紹如何修改這個值。

要小心，因為在 10.2.0.5、11.2.0.1 以及 11.2.0.2 版本中，透過 Data Pump 匯入到一張空表中的資料的計數，和正常插入的資料相比是不正確的。因此，在匯入之後，會認為物件統計資訊過期。

計數是由資料庫端的初始化參數 statistics_level 控制的。如果這個參數設定為 typical（也就是預設值）或者 all，那麼計數為啟用狀態。

- objlist 根據 options 參數取值的不同，回傳已經處理過的或者即將要處理的物件的清單。這是一個根據 dbms_stats 套件中定義的類型的輸出參數。舉個例子，下面的 PL/SQL 程式碼區塊展示了如何顯示處理過的物件清單：

```
SQL> DECLARE
  2    l_objlist dbms_stats.objecttab;
  3    l_index PLS_INTEGER;
  4  BEGIN
  5    dbms_stats.gather_schema_stats(ownname => 'HR',
  6                                   objlist => l_objlist);
  7    l_index := l_objlist.FIRST;
  8    WHILE l_index IS NOT NULL
  9    LOOP
 10      dbms_output.put(l_objlist(l_index).ownname || '.');
 11      dbms_output.put_line(l_objlist(l_index).objname);
 12      l_index := l_objlist.next(l_index);
 13    END LOOP;
```

```
 14  END;
 15  /
HR.COUNTRIES
HR.DEPARTMENTS
HR.EMPLOYEES
HR.JOBS
HR.JOB_HISTORY
HR.LOCATIONS
HR.REGIONS
```

- force 指定是否覆蓋已鎖定的統計資訊。如果將這個參數設定為 FALSE，而一個用來處理一張單獨的表或者索引的儲存過程正在處理鎖定的統計資訊，那麼就會引發一個錯誤（ORA-20005）。這個參數接受的值為 TRUE 和 FALSE。可以在 8.10 節中找到更多關於鎖定的統計資訊的內容。
- obj_filter_list 用於指定只為那些至少滿足作為參數傳遞的其中一個篩檢條件的物件收集統計資訊。它根據 dbms_stats 套件本身中定義的 objecttab 類型，並且只在 11.1 及以後的版本中才可用。下面的 PL/SQL 程式碼區塊展示了如何為 HR 模式下的所有表，和 SH 模式下的所有表，以及使用字母 C 開頭的物件收集統計資訊：

```
DECLARE
  l_filter dbms_stats.objecttab := dbms_stats.objecttab();
BEGIN
  l_filter.extend(2);
  l_filter(1).ownname := 'HR';
  l_filter(2).ownname := 'SH';
  l_filter(2).objname := 'C%';
  dbms_stats.gather_database_stats(obj_filter_list => l_filter,
                                   options         => 'gather');
END;
```

8.3.2 收集選項

在表 8-2 中列出的收集選項參數指定了收集統計資訊的過程如何進行，收集哪些類型的行統計資訊，以及是否使從屬 SQL 游標失效。各個選項如下所示。

- estimate_percent 指定收集統計資訊時是否使用採樣。有效值為 0.000001 到 100 之間的十進位數字。當值為 100 時，其含義與 NULL 一樣，意味著不進行採樣。常數 dbms_stats.auto_sample_size，也就是預設值（這個預設值可以修改，參見 8.4 節），會讓儲存過程來決定採樣大小。從 11.1 版本開始，推薦使用這個值。實際上，在大多數情況下，使用這個預設值，不僅使收集的統計資訊比使用類似 10% 的取樣速率進行收集要更加精確，而且也更加快速。這是因為在 11.1 版本中匯入了一種全新的演算法，而且這種演算法只能在指定參數值為 dbms_stats.auto_sample_size 時才可以使用。同時也要指出，因為這個新的演算法需要對收集統計資訊的表執行全資料表掃描，這在磁片 I/O 子系統相對緩慢的系統上，可能會花費很長時間。還要注意，某些特性（高頻率長條圖、混合長條圖，還有增量統計資訊）要求指定 dbms_stats.auto_sample_size。有一點很重要，將一個十進位數字作為參數傳遞進來時，由參數 estimate_percent 指定的值，只不過是用於收集統計資訊的最小百分比。事實上，正如下例所示，如果 dbms_stats 套件認為由 estimate_percent 指定的值過小，那麼套裝程式可能會自動增大這個值。假如不使用 dbms_stats.auto_sample_size 進行收集，可以使用較小的百分比來加速物件統計資訊的收集；一般來說，小於 10 個百分點就比較合適。對於特大的表，0.5 個百分點、0.1 個百分點，或者更小的值也不會有問題。實際上的最佳值取決於資料分布情況。如果不確定該選什麼，乾脆就嘗試不同的估算百分比，然後比較收集的統計資訊。這樣，你可能會在效能和精確度之間找到一個最佳折衷點。注意，使用小的估算百分比可能不會產生穩定的統計資訊。因為如果收集統計資訊是在資料庫或模式層級上執行，則過小的值會被自動增大，估算的百分比應該按最大的那張表來選擇。順便提一下，在外部表上採樣是不受支援的：

```
SQL> BEGIN
  2    dbms_stats.gather_schema_stats(ownname          => user,
  3                                   estimate_percent => 0.5);
  4  END;
  5  /

SQL> SELECT table_name, sample_size, num_rows,
  2         round(sample_size/num_rows*100,1) AS "%"
```

```
  3  FROM user_tables
  4  WHERE num_rows > 0
  5  ORDER BY table_name;

TABLE_NAME               SAMPLE_SIZE NUM_ROWS      %
------------------------ ----------- -------- ------
CAL_MONTH_SALES_MV                48       48  100.0
CHANNELS                           5        5  100.0
COSTS                           4975    81391    6.1
COUNTRIES                         23       23  100.0
CUSTOMERS                       5435    55002    9.9
FWEEK_PSCAT_SALES_MV            4742    11001   43.1
PRODUCTS                          72       72  100.0
PROMOTIONS                       503      503  100.0
SALES                           4639   927800    0.5
SALES_TRANSACTIONS_EXT        916039   916039  100.0
TIMES                           1826     1826  100.0
```

- block_sample 指定是將行級採樣還是區塊級採樣用於統計資訊的收集過程。儘管行級採樣更加精確，但是區塊級採樣更加迅速。因此，只有確定資料是隨機分布時，才應該使用區塊級採樣。這個參數接受的值為 TRUE 和 FALSE。預設值是 FALSE。自 11.1 版本開始，這個參數只有在 estimate_ percent 參數的值沒有設定為 dbms_stats.auto_sample_size 時才會出現。
- method_opt 指定是否收集行統計資訊和長條圖，以及如何收集它們。下面是三種典型的使用案例[3]。
  - 為所有行[4]收集行統計資訊和長條圖。所有長條圖都按照相同的 size_clause

3 為簡單起見，我不會描述所有的可能性，因為其中許多要麼是冗餘的，要麼是在實踐中應用受限的。

4 實際上，透過選項 indexed 和 hidden，可以限制僅為索引行和隱藏行收集統計資訊。一般來說，物件統計資訊應該對所有行都可用。根據這個原因，應該避免使用這兩個選項（因此在圖 8-7 中它們被標記為灰色）。如果對於某些行來說不需要物件統計資訊，則應該轉而使用圖 8-8 中描述的語法。使用 hidden 選項確實有一個合理的理由，那就是為某個作為擴充，而剛剛加入到表中的虛擬行收集統計資訊。

參數值建立。如果指定的值為 1，則不會建立任何長條圖。語法如圖 8-7 所示。舉個例子，透過使用值 `for all columns size 254`，會為每個行建立一個擁有最高 254 個桶的長條圖。

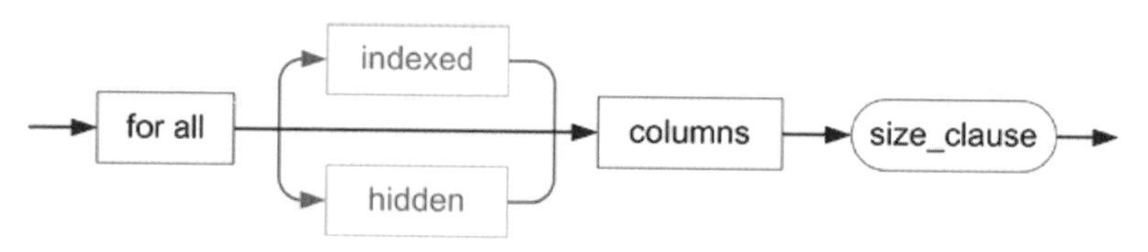

⬆ 圖 8-7　使用具有單一取值的 size_clause 參數為所有行收集行統計資訊和長條圖（見表 8-5）

- 在所有行上收集行統計資訊並在一部分行上收集長條圖。所有長條圖都按照相同的 size_clause 參數值建立。語法為圖 8-7 和圖 8-8 的一個組合：前者指定行統計資訊的收集，後者指定長條圖的收集。舉個例子，指定「for all columns size 1 for columns size 254 col1」會使得系統在每個行上收集行統計資訊，並只在 col1 行上收集一個最多具有 254 個桶的長條圖。

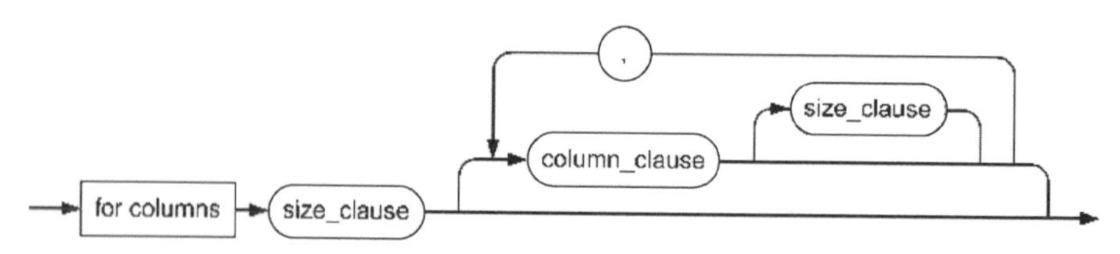

⬆ 圖 8-8　只為一部分行收集行統計資訊和長條圖，但為 size_clause 參數使用不同的值（見表 8-6）。對於沒有確認指明 size_clause 參數的行，使用預設的 size_clause 參數（即本圖中左邊的那個）。如果沒有指定行，則不會收集任何行統計資訊。column_clause 參數可以是一個行名、一個副檔名或者一個擴充資訊。如果指定了一個不存在的擴充資訊，就會自動建立新的擴充資訊。這個語法只能在呼叫 gather_table_stats 儲存過程時才有效

表 8-6　size_clause 參數接受的值

值	含　義
size n	指明最大的桶數量。如果指定了 size 1，則不會建立長條圖。但無論怎樣，行統計資訊都是正常收集的
size skewonly	只為含有歪斜資料的行收集長條圖。桶的數量由系統自動確定

值	含　義
size auto	只為含有歪斜資料的行收集長條圖，就像 skewonly 一樣，此外，還為那些在 WHERE 條件中被參照的行收集長條圖。第二個條件根據行使用的歷史資訊。桶的數量由系統自動確定
size repeat	更新可用的長條圖

- 只為一部分行收集行統計資訊和長條圖，並且為 size_clause 參數使用不同的值。語法如圖 8-8 所示。舉例來說，指定 for columns size 1 id, col1 size 100, col2 size 5, col3 會使得系統在四個行上收集行統計資訊，但是只會在行 col1 和 col2 上，分別收集最多有 100 個桶和 5 個桶的長條圖。

這個參數的預設值是 for all columns size auto（預設值可以修改，參見 8.4 節）。為簡單起見，使用 size skewonly 或者 size auto。如果執行得太慢或者選擇的桶數不合理（或者所需要的長條圖根本沒有建立），那麼就手動指定行的列表。如果指定了 NULL，則會使用 for all columns size 1。

行使用歷史

dbms_stats 套件依賴於行使用歷史來決定哪些行的長條圖是有幫助的。為收集歷史，當產生一個新的執行計畫時，查詢最佳化工具會追蹤哪些行被 WHERE 子句參照了，並會儲存它在 SGA 中找到的資訊。然後，每隔一定時間，資料庫引擎會將這些資訊，儲存在資料字典表 col_usage$ 中。透過執行類似下面這樣根據內部資料字典表的查詢（該查詢可以在 col_usage.sql 腳本中找到），就可以知道哪些行被 WHERE 子句參照了，以及使用的是哪種類型的述詞。timestamp 行表明最近使用的時間。其他行為硬解析次數（實際上，提供相同資訊並接連不斷執行的硬解析不包括在內）的計數。從未被 WHERE 子句參照過的行不會出現在 col_usage$ 表中，所以，在輸出中除了 name 之外，其他行值都為空。

```
SQL> SELECT c.name, cu.timestamp,
  2         cu.equality_preds AS equality, cu.equijoin_preds AS equijoin,
  3         cu.nonequijoin_preds AS noneequijoin, cu.range_preds AS range,
  4         cu.like_preds AS "LIKE", cu.null_preds AS "NULL"
  5  FROM sys.col$ c, sys.col_usage$ cu, sys.obj$ o, dba_users u
  6  WHERE c.obj# = cu.obj# (+)
```

```
  7  AND c.intcol# = cu.intcol# (+)
  8  AND c.obj# = o.obj#
  9  AND o.owner# = u.user_id
 10  AND o.name = 'T'
 11  AND u.username = user
 12  ORDER BY c.col#;

NAME TIMESTAMP EQUALITY EQUIJOIN NONEEQUIJOIN RANGE  LIKE  NULL
---- --------- -------- -------- ------------ ----- ----- -----
ID   27-MAY-14        1        1            0     0     0     0
VAL1 27-MAY-14        1        0            0     0     0     0
VAL2
VAL3 27-MAY-14        1        1            0     0     0     0
PAD  27-MAY-14        0        0            0     1     0     0
```

自 11.2.0.2 版本開始，dbms_stats 套件的 report_col_usage 函數使得對 col_usage$ 資訊的選擇變得更加容易了。注意，這是在 8.2.4 節中討論過的相同函數。但是要知道，如果沒有使用 seed_col_usage 函數，report_col_usage 函數回傳的報告不會包含關於潛在行組的資訊。下面的查詢展示了一個例子，並截取了一段輸出：

```
SQL> SELECT dbms_stats.report_col_usage(ownname => user, tabname => 't')
  2  FROM dual;

COLUMN USAGE REPORT FOR CHRIS.T
...............................

1. ID                                    : EQ EQ_JOIN
2. PAD                                   : RANGE
3. VAL1                                  : EQ
4. VAL3                                  : EQ EQ_JOIN
```

此外，從 11.2.0.2 版本開始，dbms_stats 套件還提供了一種重設 col_usage$ 表內容的方法。可以透過使用 reset_col_usage 儲存過程來達到此目的。

- degree 指定為一個單獨物件收集統計資訊所使用的平行度。要使用在表 / 索引層級定義的平行度，請將這個值指定為 NULL。要讓儲存過程自行決定平行度，指定這個值為常數 dbms_stats.default_degree。其預設值為 NULL（這個預設值可以修改，參見 8.4 節）。注意處理多個物件時是串列執行的，除非使用了平行統計資訊收集。這意味著平行化只對加速大型物件統計資訊的收集起作用。要在同時處理多個物件時使用平行化，則有必要進行手動平行化（也就是說，同時開啟多個任務）。參考第 15 章獲取更多關於平行處理的詳細資訊。平行收集物件統計資訊只在企業版中可用。

平行統計資訊收集

預設情況下，dbms_stats 套件只會平行化在表或者分區層級（根據 degree 參數）的收集過程。也就是說，在任意指定的時間點，只會處理一個單獨的表或分區。如果資料庫伺服器擁有大量空閒資源，而且需要處理的表或分區很多，這種情況下同時處理它們或許比較合理。根據這個目的，自 11.2.0.2 版本開始，Oracle Database 提供了一種稱為**平行統計資訊收集（concurrent statistics gathering）**的新的收集模式。

平行統計資訊收集是在 gather_*_stats 儲存過程中實現的。要控制它，可以使用 concurrent 首選項。根據你所執行的版本，可以將它設定為下列值。

- 11.2：設定為 FALSE 會禁用這個特性（這是預設值），反之，設定為 TRUE 會啟用這個特性。
- 12.1：設定為 OFF 會禁用這個特性（這是預設值），設定為 MANUAL 則只為手動統計資訊收集啟用這個特性，設定為 AUTOMATIC 只為自動統計資訊收集啟用這個特性，而設定為 ALL 會為所有類型的統計資訊收集啟用這個特性。
- 要想利用平行統計資訊收集，必須滿足以下要求。
- 初始化參數 job_queue_processes 的值至少應設定為 4。這是因為同時處理多個表或者分區時，dbms_stats 套件會向 Scheduler 提交一定數量的任務。
- Resource Manager 應該是啟用狀態。因為 dbms_stats 套件並不會控制同時執行多少個平行任務，所以，如果沒有 Resource Manager，系統的負載可能會超出控制範圍。實際上，平行統計資訊收集依賴於 Scheduler 和 Resource Manager 來產生最佳負載。
- 提交收集任務的用戶必須擁有 dba 角色或者擁有以下許可權：CREATE JOB、MANAGE SCHEDULER 以及 MANAGE ANY QUEUE。

- no_invalidate 指定是否使依賴於所處理物件的游標失效，並進而指定是否禁止這些游標在未來繼續使用。這個參數接受的值為 TRUE、FALSE 以及 dbms_ stats.auto_invalidate。將這個參數設定為 TRUE 時，依賴於更改的物件統計資訊的游標不會失效，因此在未來的執行中仍然可以繼續使用這些游標。而另一方面，如果將它設定為 FALSE，所有相關的游標會立即失效。如果使用值 dbms_stats.auto_invalidate（也就是一個等於 NULL 的常數），那麼相關的游標會在一段時間後失效。最後一種選項有利於避免重新解析的集中出現。預設值是 dbms_stats.auto_ invalidate（這個預設值可以修改，參見 8.4 節）。

使用了 dbms_stats.auto_invalidate 時，dbms_stats 套件會將所有依賴於變更的統計資訊的游標，標記為延遲失效狀態。套裝程式會在游標層級設定一個時間戳記，指明這個游標何時不應該再使用了。注意這個時間戳記對於每個游標都是不同的，它根據一個從游標被標記的那一刻開始，最長五個小時的隨機值來設定。真實的失效動作是由伺服器進程來執行的，該進程嘗試重用標記為延遲失效的游標。因此，如果一個標記為延遲失效的游標，從來沒有被重新解析過，那麼它永遠不會失效。唯一的例外是關聯到平行 SQL 敘述的游標。這樣的游標會透過 dbms_stats 套件立即失效。

8.3.3 備份表

用於收集物件統計資訊的所有儲存過程，都支援表 8-2 中列出的備份表參數。這些參數指示 dbms_stats 套件在使用資料字典中新的統計資訊覆蓋舊的統計資訊之前，將現有的統計資訊備份到一張備份表中。這些參數如下所示。

- stattab 指定在資料字典之外的一張備份表用於儲存統計資訊。如果指定了 NULL（預設值），則不會使用備份表。
- statid 是一個可選 ID，用於識別儲存在 stattab 參數所指定的備份表中的多組不同物件統計資訊。只有合法的 Oracle 識別字[5]才受支援。如果指定了 NULL（預設值），則不會有 ID 和物件統計資訊關聯。
- statown 指定由 stattab 參數指定的表的所有者。預設值是 NULL，此時會使用目前用戶作為所有者。

---

5 參考 Oracle 官方檔案的 SQL Language Reference 手冊中關於識別字的定義。

要建立備份表，可以使用 dbms_stats 套件提供的 create_stat_table 儲存過程。如下例所示，建立備份表就是指定所有者（使用 ownname 參數）和備份表名稱（使用 stattab 參數）的問題。此外，可選的 tblspace 參數指定將表建立在哪個表空間上。如果 tblspace 參數沒有指定，預設情況下，備份表最終會建立在用戶的預設表空間中：

```
dbms_stats.create_stat_table(ownname   => user,
                             stattab   => 'MYSTATS',
                             tblspace => 'USERS')
```

因為備份表用來儲存各種不同的資訊，它的大部分行是通用的。舉例來說，在 11.2 版本中有 12 個行用於儲存數字值（命名為 n1...n12），5 個行用於儲存字串值（命名為 c1...c5），2 個行用於儲存位元串值（命名為 r1 和 r2），還有 1 個行儲存日期時間值（命名為 d1）。

請注意，這麼多年以來，備份表的結構已經發生了改變。因此，你需要在升級到一個新版本的資料庫後，或在不同的資料庫版本之間移動備份表時，也升級你的備份表。否則，可能無法使用備份表。根據這個目的，dbms_stats 套件提供了 upgrade_stat_table 儲存過程。要使用它，你需要指定所有者（透過 ownname 參數）和備份表的名稱（透過 stattab 參數）。例如：

```
dbms_stats.upgrade_stat_table(ownname => user,
                              stattab => 'MYSTATS')
```

要刪除備份表，可使用 dbms_stats 套件提供的 drop_stat_table 儲存過程：

```
dbms_stats.drop_stat_table(ownname => user,
                           stattab => 'MYSTATS')
```

也可以透過常規 DROP TABLE 敘述來刪除備份表。

8.4 設定 dbms_stats 套件

dbms_stats 套件提供了兩組副程式，用來設定在之前章節中描述的某些參數的預設值。第一組僅應在 10.2 版本中使用。實際上，第一組副程式在 11.1 版本中已廢棄。因此，從 11.1 版本開始，應該使用由第二組副程式提供的副程式。

8.4.1 傳統方式

在 10.2 版本中，你可以更改 cascade、estimate_percent、degree、method_opt、no_invalidate 和 granularity 參數的全域預設值。這些預設值能進行修改是因為它們不是寫死在儲存過程中的，而是在執行時，從資料字典中擷取出來的。dbms_stats 套件的 set_param 儲存過程可以用來設定預設值。要執行這個過程，需要 analyze any dictionary 和 analyze any 系統許可權。dbms_stats 套件的 get_param 函數可以用來獲取預設值。下面的例子展示了如何使用它們。注意，pname 是參數的名稱，而 pval 是參數的值：

```
SQL> execute dbms_output.put_line(dbms_stats.get_param(pname => 'CASCADE'))

DBMS_STATS.AUTO_CASCADE

SQL> execute dbms_stats.set_param(pname => 'CASCADE', pval =>'TRUE')

SQL> execute dbms_output.put_line(dbms_stats.get_param(pname => 'CASCADE'))

TRUE
```

另一個可以使用這種方法設定的參數是 autostats_target。這個參數的唯一用途是，gather_stats_job 任務可以使用該參數，決定應該處理哪些物件的統計資訊收集。表 8-7 列出了可選的值。其預設值是 auto。

表 8-7　autostats_target 參數接受的值

值	含　義
all	處理所有的物件。直到 11.2 版本（包括在內），固定表都被排除在外。但是，從 12.1 版本開始，固定表都被包括在內
auto	由任務來決定應該處理哪些物件
oracle	只有屬於資料字典的物件會被處理，固定表除外

要想無需多次執行 get_param 函數就獲取所有參數的預設值，可以使用以下查詢 [6]：

```
SQL> SELECT sname AS parameter, nvl(spare4,sval1) AS default_value
  2  FROM sys.optstat_hist_control$
  3  WHERE sname IN ('CASCADE','ESTIMATE_PERCENT','DEGREE','METHOD_OPT',
  4                  'NO_INVALIDATE','GRANULARITY','AUTOSTATS_TARGET');

PARAMETER        DEFAULT_VALUE
---------------- ---------------------------
CASCADE          DBMS_STATS.AUTO_CASCADE
ESTIMATE_PERCENT DBMS_STATS.AUTO_SAMPLE_SIZE
DEGREE           NULL
METHOD_OPT       FOR ALL COLUMNS SIZE AUTO
NO_INVALIDATE    DBMS_STATS.AUTO_INVALIDATE
GRANULARITY      AUTO
AUTOSTATS_TARGET AUTO
```

要還原原來設定的預設值，可以使用 dbms_stats 套件提供的 reset_param_defaults 儲存過程。

6　遺憾的是，Oracle 並不會透過一張資料字典視圖顯示這個資訊，也就是說，這個查詢是根據內部表的。存取這張表需要 select any dictionary 系統許可權。

8.4.2 現代方式

自 11.1 版本開始，為參數設定預設值的概念，被稱作首選項，與 10.2 版本相比，該功能有了極大的增強。實際上，你不僅可以設定全域預設值，也可以在表層級設定預設值。這些增強的一個結果就是，上一節中描述的 get_param 函數、set_param 過程和 reset_param_defaults 過程都被淘汰了。

可以為參數 autostats_target、cascade、concurrent、estimate_percent、degree、method_opt、no_invalidate、granularity、publish、incremental、stale_percent、table_cached_blocks（從 11.2.0.4 版本開始），以及從 12.1 版本開始出現的參數 global_temp_table_stats、incremental_staleness 和 incremental_level 等設定預設值。要修改它們，可以使用 dbms_stats 套件提供的以下儲存過程。

- set_global_prefs 設定全域首選項。它取代了 set_param 儲存過程。
- set_database_prefs 設定資料庫級首選項。全域首選項和資料庫層級首選項的區別是，後者不用作資料字典物件。換句話說，資料庫層級首選項只作用於使用者定義的物件。
- set_schema_prefs 為某個特定的模式設定首選項。
- set_table_prefs 為某個特定表設定首選項。

注意參數 autostats_target 和 concurrent 只能透過 set_global_prefs 儲存過程來修改。

警告 儲存過程 set_database_prefs 和 set_schema_prefs，不會直接將首選項資訊儲存到資料字典中，而是會將它們轉變成為呼叫儲存過程時，**即刻**在資料庫中或模式中，可用的所有物件的表層級首選項。換句話說，真正存在的只有全域首選項或者表層級首選項。儲存過程 set_database_prefs 和 set_schema_prefs 只是對儲存過程 set_table_prefs 的簡單套件裝。這意味著對於呼叫完這兩個儲存過程後建立的新表，將會使用全域首選項。

下面的 PL/SQL 程式碼區塊展示了如何為 cascade 參數設定不同的值。注意，pname 指參數名稱，pvalue 指參數值，ownname 指所有者，而 tabname 指表名。再強調一次，要非常小心，因為在這樣的 PL/SQL 程式碼區塊中呼叫的順序十分關鍵。實際上，每一次呼叫都會覆蓋上一次呼叫完成的一些定義：

```
BEGIN
  dbms_stats.set_database_prefs(pname  => 'CASCADE',
                                pvalue => 'DBMS_STATS.AUTO_CASCADE');
  dbms_stats.set_schema_prefs(ownname => 'SCOTT',
                              pname   => 'CASCADE',
                              pvalue  => 'FALSE');
  dbms_stats.set_table_prefs(ownname => 'SCOTT',
                             tabname => 'EMP',
                             pname   => 'CASCADE',
                             pvalue  => 'TRUE');
END;
```

為獲取目前的設定，可以使用 get_prefs 函數來取代 get_param 函數。下面的查詢用來展示在上面的 PL/SQL 程式碼區塊中所執行設定的效果。注意，pname 是參數名稱，ownname 是所有者名稱，而 tabname 是表名。正如你所看到的，依賴於所指定的參數，該函數會回傳指定層級的值。這次對於首選項的搜尋按照圖 8-9 所示的方式進行：

```
SQL> SELECT dbms_stats.get_prefs(pname   => 'cascade') AS global,
  2         dbms_stats.get_prefs(pname   => 'cascade',
  3                              ownname => 'SCOTT',
  4                              tabname =>'DEPT') AS dept,
  5         dbms_stats.get_prefs(pname   => 'cascade',
  6                             ownname  => 'SCOTT',
  7                             tabname  =>'EMP') AS emp
  8  FROM dual;

GLOBAL                  DEPT  EMP
----------------------- ----- ----
DBMS_STATS.AUTO_CASCADE FALSE TRUE
```

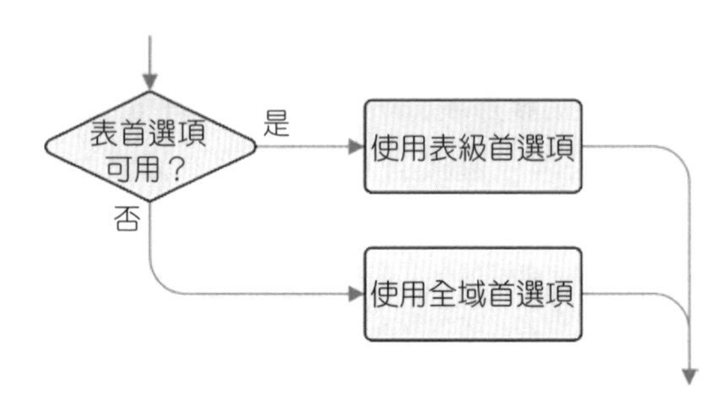

⬆ 圖 8-9　在搜尋首選項時，表層級設定優先於全域設定

如果希望不用多次執行 get_param 函數，就可以獲取多個全域首選項，正如上一節中描述的那樣，可以查詢內部資料字典表 optstat_hist_control$。要獲取表的首選項，也可以執行接下來的查詢。注意，即便之前的 PL/SQL 程式碼區塊設定是在模式層級，dba_tab_stat_prefs 視圖仍顯示了其設定結果：

```
SQL> SELECT table_name, preference_name, preference_value
  2  FROM dba_tab_stat_prefs
  3  WHERE owner = 'SCOTT'
  4  AND table_name IN ('EMP', 'DEPT')
  5  ORDER BY table_name, preference_name;

TABLE_NAME PREFERENCE_NAME PREFERENCE_VALUE
---------- --------------- ----------------
DEPT       CASCADE         FALSE
EMP        CASCADE         TRUE
```

要刪除首選項，dbms_stats 套件提供了以下儲存過程。

- reset_global_pref_defaults 將全域首選項重設為預設值。
- delete_database_prefs 在資料庫層級刪除首選項設定。
- delete_schema_prefs 在模式層級刪除首選項設定。
- delete_table_prefs 在表層級刪除首選項設定。

下面的呼叫展示了如何刪除目前 scott 用戶下，包含的所有表中與 cascade 參數相關的首選項：

```
dbms_stats.delete_schema_prefs(ownname => 'SCOTT', pname => 'CASCADE')
```

要在全域層級和資料庫層級執行這些儲存過程，需要有 analyze any dictionary 和 analyze any 系統許可權。要在模式層級或表層級執行這些儲存過程，需要以所有者身分連線到資料庫，或者擁有 analyze any 系統許可權。

8.5 處理全域臨時表

直到 11.2 版本為止（包括 11.2 版本在內），對於全域臨時表，dbms_stats 套件僅對 gather_database_ stats 和 gather_schema_stats 儲存過程，提供 gather_temp 參數的支援。透過這個參數，僅能夠控制是否處理全域臨時表。收集的執行過程與「普通」表沒有區別。結果，在大多數時間裡，拋開物件統計資訊是如何被收集的不說，全域臨時表上沒有可以使用的物件統計資訊。原因有兩個。第一，dbms_stats 在處理過程開始會執行一個 COMMIT 操作，因此，透過 on commit delete rows（也就是預設選項）選項建立的臨時表永遠是空的。第二，如果收集過程與往常一樣，發生在一個像預設收集任務這樣的任務中，全域臨時表也是空的。總之，獲取有意義的物件統計資訊的唯一方式，就是手動設定它們。但是，即使你手動設定了它們，也沒有辦法找到一組適合所有人的物件統計資訊。實際上，每個對話都有可能在這些表中，儲存一組不同數量的資料。

最終，12.1 版本匯入了一個新特性來正確地處理全域臨時表。其想法是你可以在共享統計資訊（在 11.2 及之前的版本中，唯一可用的選項）和對話統計資訊之間進行選擇。如果使用了對話統計資訊（全域臨時表的預設選項），每個對話都可以單獨收集一組對其他對話並不可見的物件統計資訊。收集的過程本身與往常一樣，透過 dbms_stats 套件的 gather_table_stats 儲存過程來執行。這意味著要想從這個特性中獲益，應用程式必須進行修改，以在全域臨時表資料載入完畢後，立刻執行對 gather_table_stats 過程的呼叫。注意，為了使這個特性發揮作用，dbms_stats 套件處理流程開始的 COMMIT 操作被移除了。下面的例子（來自於 gtt.sql 腳本）說明了這個特性是如何運作的：

```
SQL> CREATE GLOBAL TEMPORARY TABLE t (id NUMBER, pad VARCHAR2(1000));

SQL> INSERT INTO t SELECT rownum, rpad('*',1000,'*') FROM dual CONNECT BY
```

```
level <= 1000;

SQL> execute dbms_stats.gather_table_stats(ownname => user, tabname => 't')

SQL> SELECT num_rows, blocks, avg_row_len, scope
  2  FROM user_tab_statistics
  3  WHERE table_name = 'T';

NUM_ROWS     BLOCKS AVG_ROW_LEN SCOPE
-------- ---------- ----------- -------
                                SHARED
    1000        147        1005 SESSION

SQL> SELECT count(*)
  2  FROM t
  3  WHERE id BETWEEN 10 AND 100;

  COUNT(*)
----------
        91

SQL> SELECT * FROM table(dbms_xplan.display_cursor);

---------------------------------------------------------------------------
| Id  | Operation          | Name | Rows  | Bytes | Cost (%CPU)| Time     |
---------------------------------------------------------------------------
|   0 | SELECT STATEMENT   |      |       |       |    42 (100)|          |
|   1 |  SORT AGGREGATE    |      |     1 |     4 |            |          |
|*  2 |   TABLE ACCESS FULL| T    |    92 |   368 |    42   (0)| 00:00:01 |
---------------------------------------------------------------------------
Predicate Information (identified by operation id):
---------------------------------------------------


   2 - filter(( "ID" <=100 AND "ID" >=10))
Note
-----
   - Global temporary table session private statistics used
```

要控制是，使用共享統計資訊還是使用對話統計資訊，可以設定 global_temp_table_stats 首選項。受支援的值有兩個：shared 和 session。預設值是 session。

8.6 處理待定的物件統計資訊

通常，一旦收集過程結束，就會將物件統計資訊發布到查詢最佳化工具（也就是說，使其可存取）。這意味著無法在不覆蓋目前物件統計資訊的情況下（例如，根據測試目的），收集統計資訊。當然了，用於測試用途的應該是測試資料庫，但有時候測試環境並不總是那麼理想；你可能想在生產環境中做這樣的測試。測試資料庫中儲存的資料，與生產資料庫中儲存的資料不一致，就是這樣的一個例子。

自 11.1 版本起，就可以將收集統計資訊與發布它們的過程分隔開來，這樣便可以使用未發布的物件統計資訊，也就是所說的待定的統計資訊（pending statistics），將其用作測試用途。下面是處理過程（完整的例子在 pending_object_statistics.sql 腳本中提供）。

(1) 透過將 publish 首選項設定為 FALSE 來禁用自動發布（預設值是 TRUE）。正如上一節所描述的，你可以透過全域、資料庫、模式或者表層級來完成設定。下面的例子展示了如何為屬於目前用戶的一張表設定該首選項：

```
dbms_stats.set_table_prefs(ownname => user,
                           tabname => 'T',
                           pname   => 'PUBLISH',
                           pvalue  => 'FALSE')
```

(2) 收集物件統計資訊。因為這張表的 publish 首選項被設定成 FALSE，最近收集的物件統計資訊沒有被發布，而是建立了一組待定的統計資訊。這意味著查詢最佳化工具，仍然使用此次收集之前可用的統計資訊。同時，依賴於這張表的游標並沒有失效：

```
dbms_stats.gather_table_stats(ownname => user, tabname => 'T')
```

(3) 要測試待定的統計資訊，對一個應用程式或者一組 SQL 敘述的影響，既可以透過在對話層級將初始化參數 optimizer_use_pending_statistics 設定為 TRUE，也可以透過在 SQL 敘述層級使用 opt_param('optimizer_use_pending_statistics' 'true') 這個 hint。

(4) 如果測試成功，可以透過呼叫 publish_pending_stats 儲存過程來發布待定的統計資訊（換句話説，使其對所有對話可用）。下面的例子會展示如何為單張表發布待定的統計資訊。如果將 tabname 參數設定為 NULL，指定模式下，所有待定的統計資訊都將被發布。這個過程還有兩個額外的參數。如前所述，第三個參數 no_invalidate 控制依賴於修改的物件統計資訊的游標是否失效。第四個參數 force 用於解開物件統計資訊上潛在的鎖（詳見 8.10 節）。其預設值為 FALSE，意思是對鎖的處理遵守預設值：

```
dbms_stats.publish_pending_stats(ownname => user, tabname => 'T')
```

(5) 如果測試不成功，可以透過呼叫 delete_pending_stats 儲存過程，刪除待定的統計資訊。如果沒有指定 tabname 參數的值或將其設定為 NULL，透過 ownname 參數指定的整個模式下，待定的統計資訊都會被刪除：

```
dbms_stats.delete_pending_stats(ownname => user, tabname => 'T')
```

(6) 透過將 publish 首選項設定為 TRUE 來啟用自動發布。需要執行這一步來恢復第 1 步中執行的更改：

```
dbms_stats.set_table_prefs(ownname => user,
                           tabname => 'T',
                           pname   => 'PUBLISH',
                           pvalue  => 'TRUE')
```

要執行儲存過程 publish_pending_stats 和 delete_pending_stats，需要以所有者身分連線，或者具有 analyze any 系統許可權。

如果你有興趣瞭解這些待定的統計資訊的值，下面的資料字典視圖提供了所有必要的資訊。對於每個視圖，都有 dba、all，以及在 12.1 多租戶環境下的 cdb 版本。

- user_tab_pending_stats 顯示待定的表統計資訊。
- user_ind_pending_stats 顯示待定的索引統計資訊。
- user_col_pending_stats 顯示待定的行統計資訊。
- user_tab_histgrm_pending_stats 顯示待定的長條圖。

這些資料字典視圖的結構分別類似於 user_tab_statistics、user_ind_statistics、user_tab_col_ statistics 以及 user_tab_histograms。

8.7 處理分區物件

為分區的表和索引收集物件統計資訊是很有挑戰性的。本節將具體描述這些挑戰，並介紹兩種應對這些挑戰的技術。

8.7.1 挑戰

dbms_stats 套件使用兩種主要的方式，為分區的表和索引收集物件統計資訊。

- 在物件、分區以及子分區層級上，透過在每個層級上分別執行的查詢來收集物件統計資訊。
- 只在實體層面（可能是分區層級也可能是子分區層級）收集物件統計資訊，並使用其結果來推算出其他層級的物件統計資訊。

下面是這兩種方式的兩個關鍵區別。

- 總的來說，第一種收集物件統計資訊的方式需要的時間和資源要高很多。實際上，在表 / 索引層級收集物件統計資訊時，必須要存取所有的段。同樣的事情也會發生在子分區物件的分區層級。例如，一張包含多年資料的按星期分區的表。如果一個分區發生了變化，那麼必須存取所有分區，才能更新表 / 索引層級統計資訊。甚至在只有一個分區的資料被修改了的情況下，也必須存取所有分區。
- 第二種方式消耗的資源則要少很多，但是這種方式只能在實體層級產生準確的統計資訊。這是因為它無法從底層的分區和子分區推算出不重複值的數量和長條圖。順便說一下，其他所有的統計資訊都可以推算出來。

透過第一種方式收集的物件統計資訊，叫作全域統計資訊。透過第二種方式收集的統計資訊叫作推算統計資訊（有時也稱作彙總統計資訊）。要辨別收集的是哪種類型，可以檢查表 8-2 中列舉的資料字典視圖中，global_stats 行值是 YES 還是 NO。只要可能，dbms_stats 套件就會收集全域統計資訊。dbms_stats 套件只會在某些情況下收集推算統計資訊，例如，收集的細微性被確認限制在子分區層級，並且在分區以及表 / 索引層級沒有可用的物件統計資訊時。

接下來的例子根據腳本 global_stats.sql 產生的輸出，展示了這樣的案例：對於一張按範圍分區並按照 hash 進行子分區的表，其推算統計資訊並不準確。注意，不僅表和分區層級的不重複值數量有誤，global_stats 行也被設定為 NO。

- 在一張沒有物件統計資訊的表上，執行子分區層級的收集（注意，沒有涉及採樣）：

```
SQL> BEGIN
  2     dbms_stats.delete_table_stats(ownname => user,
  3                                   tabname => 't');
  4     dbms_stats.gather_table_stats(ownname          => user,
  5                                   tabname          => 't',
  6                                   estimate_percent => 100,
  6                                   granularity      => 'subpartition');
  7  END;
  8  /
```

- 在表層級的不重複值數量是錯的，因為它們是透過推算統計資訊收集的：

```
SQL> SELECT count(DISTINCT sp)
  2  FROM t;

 COUNT(DISTINCTSP)
--------------------
               100
SQL>
SQL> SELECT num_distinct, global_stats
  2  FROM user_tab_col_statistics
  3  WHERE table_name = 'T'
```

```
  4  AND column_name = 'SP';

NUM_DISTINCT GLOBAL_STATS
------------ ------------
          28 NO
```

- 在分區層級（這裡指一個單獨的分區）的不重複值數量也是錯的，因為它們是透過推算統計資訊收集的：

```
SQL> SELECT count(DISTINCT sp)
  2  FROM t PARTITION (q1);

 COUNT(DISTINCTSP)
--------------------
               100

SQL>
SQL> SELECT num_distinct, global_stats
  2  FROM user_part_col_statistics
  3  WHERE table_name = 'T'
  4  AND partition_name = 'Q1'
  5  AND column_name = 'SP';

NUM_DISTINCT GLOBAL_STATS
------------ ------------
          28 NO
```

- 在子分區層級（這裡是對於單個分區來說的）的不重複值數量是正確的：

```
SQL> SELECT 'Q1_SP1' AS part_name, count(DISTINCT sp) FROM t SUBPARTITION
(q1_sp1)
  2  UNION ALL
  3  SELECT 'Q1_SP2', count(DISTINCT sp) FROM t SUBPARTITION (q1_sp2)
  4  UNION ALL
  5  SELECT 'Q1_SP3', count(DISTINCT sp) FROM t SUBPARTITION (q1_sp3)
  6  UNION ALL
  7  SELECT 'Q1_SP4', count(DISTINCT sp) FROM t SUBPARTITION (q1_sp4);
```

```
PART_NAME COUNT(DISTINCTSP)
--------- -----------------
Q1_SP1                   20
Q1_SP2                   28
Q1_SP3                   25
Q1_SP4                   27

SQL> SELECT subpartition_name, num_distinct, global_stats
  2  FROM user_subpart_col_statistics
  3  WHERE table_name = 'T'
  4  AND column_name = 'SP'
  5  AND subpartition_name LIKE 'Q1%';

SUBPARTITION_NAME NUM_DISTINCT GLOBAL_STATS
----------------- ------------ ------------
Q1_SP1                      20 YES
Q1_SP2                      28 YES
Q1_SP3                      25 YES
Q1_SP4                      27 YES
```

警告　表 / 分區層級的物件統計資訊，只有當底層的所有分區都有合適的物件統計資訊時，才可以從底層的分區推算出來。這也適用於從子分區統計資訊推算分區統計資訊。此外，要知道 dbms_stats 套件不會使用推算統計資訊替代全域統計資訊。兩種情形都可以透過腳本 global_stats.sql 重現出來。

概括起來，全域統計資訊要比推算統計資訊更加精確，但是需要更多的時間和資源來進行收集。有時候，可能推算統計資訊就足夠了。因此在實踐中，對於大表來說，在準確度與達到目的所需的時間和資源之間，找到均衡點很重要。根據這個原因，接下來的兩節，將描述可以用來管理足夠大的表的物件統計資訊的技術，進而防止重複收集完全的全域統計資訊。

8.7.2 增量統計資訊

正如上一節中描述的那樣，收集全域統計資訊有優點也有缺點。主要的優點展現在表層級的物件統計資訊的準確性上，如果使用了子分區，這個優點同樣展現在分區層級。主要的缺點展現在收集它們所需要的資源和時間上。

增量統計資訊的目標，是在降低收集物件統計資訊所需時間和資源的前提下，提供相同的準確性。這怎麼可能呢？其關鍵想法是在分區層級收集物件統計資訊期間，利用儲存在資料字典中的額外資訊（稱作概要資訊），在表層級精確地推算物件統計資訊。

要想從增量統計資訊中獲益，必須首先滿足以下要求。

- 正在執行的是 11.1 或之後的版本。
- 對於正在處理的表，其 incremental 首選項設定為 TRUE（預設值是 FALSE）：

```
dbms_stats.set_table_prefs(ownname => user,
                           tabname => 't',
                           pname   => 'incremental',
                           pvalue  => 'TRUE');
```

- 對於正在處理的表，其 publish 首選項設定為 TRUE（預設值）。
- 對於正在處理的表，將參數 estimate_percent 設定為 dbms_stats.auto_sample_size（預設值）。
- 在 sysaux 表空間中，有可用剩餘空間。

收集過程本身還是按照通常的方式進行，例如，透過對 dbms_stats 套件的 gather_table_stats 儲存過程的呼叫。唯一需要小心應對的是，要利用增量統計資訊，必須在分區層級呈現概要資訊。因此，設定完 incremental 首選項後，你必須在所有分區上收集新的物件統計資訊。你可以認為在所有分區上收集新的物件統計資訊的操作，是最終啟用增量統計資訊的那個操作。也就是說，只滿足上面列舉的要求是不夠的。

一旦所有的概要資訊都就位了，dbms_stats 套件就會使用其監測資訊來瞭解哪個分區（或子分區）被修改了，進而需要新的物件統計資訊。因此，當使用增量統計資訊時，不應該去瞄準被修改的分區（或子分區），而是應該讓 dbms_stats 套件自己找出它需要做的事情。下面的例子根據腳本 incremental_stats.sql，就驗證了這一點（仔細看一下 last_analyzed 時間戳記，來確定在哪些物件上收集了統計資訊）：

```
SQL> SELECT object_type || ' ' || nvl(subpartition_name, partition_name)
AS object,
  2        object_type, num_rows, blocks, avg_row_len,
  3        to_char(last_analyzed, 'HH24:MI:SS') AS last_analyzed
  4   FROM user_tab_statistics
  5   WHERE table_name = 'T'
  6   ORDER BY partition_name, subpartition_name;

OBJECT              OBJECT_TYPE  NUM_ROWS  BLOCKS AVG_ROW_LEN LAST_ANALYZED
------------------- ------------ -------- ------- ----------- ------------
SUBPARTITION Q1_SP1 SUBPARTITION     1786      46         116 14:52:22
SUBPARTITION Q1_SP2 SUBPARTITION     2173      46         116 14:52:22
PARTITION Q1        PARTITION        3959      92         116 14:52:22
SUBPARTITION Q2_SP1 SUBPARTITION     1804      46         116 14:52:22
SUBPARTITION Q2_SP2 SUBPARTITION     2200      46         116 14:52:22
PARTITION Q2        PARTITION        4004      92         116 14:52:22
SUBPARTITION Q3_SP1 SUBPARTITION     1815      46         116 14:52:22
SUBPARTITION Q3_SP2 SUBPARTITION     2233      46         116 14:52:22
PARTITION Q3        PARTITION        4048      92         116 14:52:22
SUBPARTITION Q4_SP1 SUBPARTITION     1795      46         116 14:52:22
SUBPARTITION Q4_SP2 SUBPARTITION     2194      46         116 14:52:22
PARTITION Q4        PARTITION        3989      92         116 14:52:22
TABLE               TABLE           16000     368         117 14:52:22

SQL> INSERT INTO t SELECT * FROM t SUBPARTITION (q1_sp1);

SQL> execute dbms_stats.gather_table_stats(ownname => user, tabname => 't',
granularity=>'all')
```

```
SQL> SELECT object_type || ' ' || nvl(subpartition_name, partition_name)
AS object,
  2        object_type, num_rows, blocks, avg_row_len,
  3        to_char(last_analyzed, 'HH24:MI:SS') AS last_analyzed
  4  FROM user_tab_statistics
  5  WHERE table_name = 'T'
  6  ORDER BY partition_name, subpartition_name;

OBJECT               OBJECT_TYPE  NUM_ROWS BLOCKS AVG_ROW_LEN LAST_ANALYZED
-------------------- ------------ -------- ------ ----------- -------------
SUBPARTITION Q1_SP1  SUBPARTITION     3572    110         116 14:54:39
SUBPARTITION Q1_SP2  SUBPARTITION     2173     46         116 14:52:22
PARTITION Q1         PARTITION        5745    156         116 14:54:40
SUBPARTITION Q2_SP1  SUBPARTITION     1804     46         116 14:52:22
SUBPARTITION Q2_SP2  SUBPARTITION     2200     46         116 14:52:22
PARTITION Q2         PARTITION        4004     92         116 14:52:22
SUBPARTITION Q3_SP1  SUBPARTITION     1815     46         116 14:52:22
SUBPARTITION Q3_SP2  SUBPARTITION     2233     46         116 14:52:22
PARTITION Q3         PARTITION        4048     92         116 14:52:22
SUBPARTITION Q4_SP1  SUBPARTITION     1795     46         116 14:52:22
SUBPARTITION Q4_SP2  SUBPARTITION     2194     46         116 14:52:22
PARTITION Q4         PARTITION        3989     92         116 14:52:22
TABLE                TABLE           17786    432         117 14:54:40
```

如本例所示，與分區（或子分區）關聯的物件統計資訊在經歷任何修改後，都會被視為陳舊的。從 12.1 版本開始，有一個首選項 incremental_staleness，你可以透過它控制這種行為。透過預設值 NULL，這種行為與之前的版本表現一致（任何修改都會使一個分區變陳舊）。如果將值設定為 use_stale_percent，只有當修改的數量超過透過 stale_percent 首選項設定的閾值後，與分區（或子分區）關聯的物件統計資訊，才會被認為是陳舊的。此外，透過值 use_locked_stats，可以規定與擁有鎖定的統計資訊的分區（或子分區）關聯的物件統計資訊永不過期。注意可以同時啟用 use_stale_percent 和 use_locked_stats。下面是一個例子：

```
dbms_stats.set_table_prefs(ownname => user,
                           tabname => 't',
```

```
                          pname    => 'incremental_staleness',
                          pvalue  => 'use_stale_percent, use_locked_stats');
```

僅在 12.1 版本中，dbms_stats 套件可以在非分區表上建立概要資訊（為此，必須在表上設定 nincremental_leveln 首選項）。結果，僅在 12.1 版本中，分區交換才可以利用增量統計資訊。

提 示 Oracle Support 檔案 *How To Collect Statistics On Partitioned Table in 10g and 11g*（1417133.1）中提供了一個與增量統計資訊有關的，最重要的 Bug 和補丁列表。查看這篇文章來瞭解你正在執行的版本是否需要特別的關注，並進一步檢查第一篇文章參照的其他文章。

8.7.3 複製統計資訊

如果頻繁地新增分區，並且它們的內容會隨著時間發生顯著的變化，在這樣的情形中，保持一組有代表性的分區層級統計資訊，需要非常頻繁的收集操作。這些頻繁的收集操作，代表著在資源使用方面的顯著負載。此外，通常情況下，對最近新增的一個沒有物件統計資訊的分區不管不顧可不太好。這樣做會導致動態採樣的發生，這是第 9 章的一個特性。為了應對這樣的問題，dbms_stats 套件透過 copy_table_stats 儲存過程，提供從一個分區或子分區向另一個分區或子分區，複製物件統計資訊的功能。注意複製過程會像處理子分區和本地索引那樣處理行統計資訊和依賴的物件。

下面的命令展示了如何執行一個複製過程（完整案例見腳本 copy_table_stats.sql）。ownname 和 tabname 參數指定命令是在哪張表上執行。srcpartname 和 dstpartname 參數分別指定來源和目標分區（或子分區）：

```
dbms_stats.copy_table_stats(ownname       => user,
                            tabname       => 't',
                            srcpartname   => 'p_2014_q1',
                            dstpartname   => 'p_2015_q1',
                            scale_factor => 1);
```

有必要指出的是，copy_table_stats 儲存過程並非簡單地執行一對一的複製。相反，它能夠根據分區定義的方式來改變最大值和最小值。例如，對於一張指定的範圍分區表，程式 dbms_stats 套件能夠從目標分區與之前分區的分區邊界，推算出其最小值和最大值。此外，自 10.2.0.5 版本開始，可以透過將 scale_factor 參數設定為 1 以外的值，來按比例放大或縮小記錄數和資料區塊數。

如果在執行複製的表上已經推算出表 / 索引層級的統計資訊，那麼在複製過程中，表 / 索引層級的統計資訊也會被修訂。舉例來說，記錄數量增加了，也會相應地設定最大值。在子分區之間複製統計資訊時，類似的事情也會發生在分區層級。

提示 直到 11.2.0.3 的所有版本都在 copy_table_stats 儲存過程中，包含一些 bug。其中一些 bug 是你可能永遠都不會遇到的稀有案例，但是另外的一些 bug，根據你所執行的版本，可能會影響核心功能。在 Oracle Support 網站上搜尋 copy table stats 來瞭解你正在使用的版本是否有需要特別注意的地方。

8.8 調度(Scheduling)物件統計資訊的收集

查詢最佳化工具需要物件統計資訊來正確地完成它的使命。因此，建立新的資料庫後，會預設設定一個呼叫 dbms_stats 套件的 gather_database_stats_job_proc 儲存過程的後台作業。gather_database_ stats_job_proc 儲存過程執行的操作，與呼叫 dbms_stats 套件的 gather_database_stats 儲存過程時使用選項參數 gather_stale 和 gather_empty 執行的操作，在本質上是相同的。注意，雖然在 10.2 版本中使用的是正常的作業，但是從 11.1 版本開始起，會將收集過程整合在自動維護任務裡面。在兩種情況下，任務都是使用 dbms_scheduler 套件調度的，而不是 dbms_job 套件。

警告 在 11.2 及之前的版本中，預設情況下任務的目標，是除了固定表以外的所有物件。因此，你必須自己在資料庫引擎負載高峰期，處理固定表的物件統計資訊收集的工作。建議在負載高峰期收集資料是因為，固定表的內容強烈依賴於負載。例如 x$ksuse 表，它為每個對話包含一條記錄。

下面兩個小節的主要目標是提供有關用於調度預設作業設定的詳細資訊。其中第一節介紹 10g 版本。第二節介紹後續的版本。

8.8.1 10g 方式

gather_stats_job 是在 10g 版本中自動設定的作業。其目前的設定，也就是下面範例中 10.2 版本的預設設定，可以透過下面的查詢顯示出來。輸出是透過 dbms_stats_job_10g.sql 腳本產生的：

```
SQL> SELECT program_name, schedule_name, enabled, state
  2  FROM dba_scheduler_jobs
  3  WHERE owner = 'SYS'
  4  AND job_name = 'GATHER_STATS_JOB';

PROGRAM_NAME      SCHEDULE_NAME            ENABLED STATE
----------------- ------------------------ ------- ---------
GATHER_STATS_PROG MAINTENANCE_WINDOW_GROUP TRUE    SCHEDULED

SQL> SELECT program_action, number_of_arguments, enabled
  2  FROM dba_scheduler_programs
  3  WHERE owner = 'SYS'
  4  AND program_name = 'GATHER_STATS_PROG';

PROGRAM_ACTION                            NUMBER_OF_ARGUMENTS ENABLED
----------------------------------------- ------------------- -------
dbms_stats.gather_database_stats_job_proc                   0 TRUE

SQL> SELECT w.window_name, w.repeat_interval, w.duration, w.enabled
  2  FROM dba_scheduler_jobs j, dba_scheduler_wingroup_members m,
  3       dba_scheduler_windows w
  4  WHERE j.schedule_name = m.window_group_name
  5  AND m.window_name = w.window_name
  6  AND j.owner = 'SYS'
  7  AND j.job_name = 'GATHER_STATS_JOB';

WINDOW_NAME      REPEAT_INTERVAL                             DURATION      ENABLED
```

```
---------------- ----------------------------------- ------------- -------
WEEKNIGHT_WINDOW freq=daily;byday=MON,TUE,WED,THU,FRI; +000 08:00:00 TRUE
                 byhour=22;byminute=0; bysecond=0
WEEKEND_WINDOW   freq=daily;byday=SAT;byhour=0;byminut +002 00:00:00 TRUE
                 e=0;bysecond=0
```

總結起來，其設定如下。

- 作業執行 gather_stats_prog 程式，並且可以在 maintenance_window_group 視窗組中執行。
- gather_stats_prog 程式不使用任何參數呼叫 dbms_stats 套件的 gather_database_stats_job_proc 儲存過程。因為沒有任何參數傳遞進來，唯一能夠改變此儲存過程行為的辦法，就是改變 dbms_stats 套件的預設設定，正如 8.4 節中介紹的那樣。注意這個儲存過程是未公開的，並被標記為「僅供內部使用」。
- maintenance_window_group 視窗組有兩個成員：weeknight_window 視窗和 weekend_window 視窗。前者從星期一到星期五每天晚上開放八個小時。後者在星期六和星期日開放。收集物件統計資訊的任務在這兩個視窗中的一個打開時執行。
- 作業、程式以及視窗都是啟用的。

應該檢查預設調度程式的開放時間和持續時長，並且在必要的時候，改變它們，以精確符合統計資訊收集的頻率。如有可能，它們應該符合低負載的時間段。

每次作業因為視窗關閉而停止執行，都會產生一個包含所有沒有來得及處理的物件清單的追蹤檔，並寫入由 background_dump_dest 初始化參數指定的目錄中。下面是對這種追蹤檔案的一段摘錄：

```
GATHER_STATS_JOB: Stopped by Scheduler.
Consider increasing the maintenance window duration if this happens frequently.
The following objects/segments were not analyzed due to timeout:
TABLE: "SH"."SALES"."SALES_1995"
TABLE: "SH"."SALES"."SALES_1996"
TABLE: "SH"."SALES"."SALES_H1_1997"
...
```

```
TABLE: "SYS" ." WRI$_OPTSTAT_AUX_HISTORY" .""
TABLE: "SYS" ." WRI$_ADV_OBJECTS" .""
TABLE: "SYS" ." WRI$_OPTSTAT_HISTGRM_HISTORY" .""
error 1013 in job queue process
ORA-01013: user requested cancel of current operation
```

要啟用或禁用 gather_stats_job 作業，可以使用下面的 PL/SQL 呼叫：

```
dbms_scheduler.enable(name => 'sys.gather_stats_job')

dbms_scheduler.disable(name => 'sys.gather_stats_job')
```

預設情況下，只有 sys 使用者能夠執行這些呼叫。其他使用者需要 alter object 許可權。舉例來說，透過執行下面的 SQL 敘述，system 用戶不僅能夠修改，而且也能刪除 gather_stats_job 作業：

```
GRANT ALTER ON gather_stats_job TO system
```

8.8.2 11g 和 12c 方式

從 11.1 版本開始，物件統計資訊的收集被整合到自動維護任務中。所以，上一節中描述的 gather_stats_job 作業就不復存在了。目前的設定，也就是下面例子中 11.2 版本的預設設定，可以透過下面的查詢顯示出來。輸出部分是由 dbms_stats_job_11g.sql 腳本產生的：

```
SQL> SELECT task_name, status
  2  FROM dba_autotask_task
  3  WHERE client_name = 'auto optimizer stats collection';

TASK_NAME         STATUS
----------------- -------
gather_stats_prog ENABLED

SQL> SELECT program_action, number_of_arguments, enabled
  2  FROM dba_scheduler_programs
  3  WHERE owner = 'SYS'
```

```
  4  AND program_name = 'GATHER_STATS_PROG';

PROGRAM_ACTION                              NUMBER_OF_ARGUMENTS ENABLED
------------------------------------------ ------------------- -------
dbms_stats.gather_database_stats_job_proc                     0 TRUE

SQL> SELECT window_group
  2  FROM dba_autotask_client
  3  WHERE client_name = 'auto optimizer stats collection';

WINDOW_GROUP
--------------
ORA$AT_WGRP_OS

SQL> SELECT w.window_name, w.repeat_interval, w.duration, w.enabled
  2  FROM dba_autotask_window_clients c, dba_scheduler_windows w
  3  WHERE c.window_name = w.window_name
  4  AND c.optimizer_stats = 'ENABLED';

WINDOW_NAME      REPEAT_INTERVAL
DURATION      ENABLED
---------------- ------------------------------------------------------ ---
---------- -------
MONDAY_WINDOW    freq=daily;byday=MON;byhour=22;byminute=0; bysecond=0
+000 04:00:00 TRUE
TUESDAY_WINDOW   freq=daily;byday=TUE;byhour=22;byminute=0; bysecond=0
+000 04:00:00 TRUE
WEDNESDAY_WINDOW freq=daily;byday=WED;byhour=22;byminute=0; bysecond=0
+000 04:00:00 TRUE
THURSDAY_WINDOW  freq=daily;byday=THU;byhour=22;byminute=0; bysecond=0
+000 04:00:00 TRUE
FRIDAY_WINDOW    freq=daily;byday=FRI;byhour=22;byminute=0; bysecond=0
+000 04:00:00 TRUE
SATURDAY_WINDOW  freq=daily;byday=SAT;byhour=6;byminute=0; bysecond=0
+000 20:00:00 TRUE
SUNDAY_WINDOW    freq=daily;byday=SUN;byhour=6;byminute=0; bysecond=0
+000 20:00:00 TRUE
```

總結起來，其設定如下。

- gather_stats_prog 程式不使用任何參數呼叫 dbms_stats 套件的 gather_database_stats_job_proc 過程。因為沒有任何參數傳遞進來，唯一能夠改變此過程的行為的辦法，就是改變 dbms_stats 套件的預設設定，如 8.4 節所述。注意這個過程是未公開的，並被標記為「僅供內部使用」。
- 用於自動維護任務的視窗組有七個成員，一個星期中的每一天對應一個。從星期一到星期五，每天開放四個小時。從星球六到星期日，每天開放 20 個小時。收集物件統計資訊的任務，會在這些視窗中的一個打開時執行。注意當一個視窗打開了很長時間後，例如在週末，gather_stats_prog 程式每隔四個小時重啟一次。
- 維護任務、程式以及視窗都是啟用的。

應檢查預設調度程式的開放時間和持續時長，並且在必要的時候，改變它們以精確符合統計資訊收集的頻率。如有可能，它們應該符合低負載的時間段。

要完全啟用或禁用維護任務，可以使用下面的 PL/SQL 呼叫：透過將 windows_name 參數設定為一個非空值，還可以為一個單獨的視窗啟用或禁用維護任務。

```
dbms_auto_task_admin.enable(client_name => 'auto optimizer stats collection',
                            operation   => NULL,
                            window_name => NULL)

dbms_auto_task_admin.disable(client_name => 'auto optimizer stats collection',
                             operation   => NULL,
                             window_name => NULL)
```

警告 從 11.2 版本開始，將 job_queue_processes 初始化參數設定為 0，即可禁用自動統計資訊作業（以及其他所有透過該 Scheduler 調度的任務）。

8.9 還原物件統計資訊

無論何時，透過 dbms_stats 套件收集了物件統計資訊，或者從 11.2 版本開始，用 ALTER INDEX 敘述取代簡單地使用新的統計資訊覆蓋目前統計資訊，目前統計資訊都會被儲存到其他資料字典表中，並儲存一份在保留期內，出現變化的所有歷史記錄。其用途是，萬一新的統計資訊導致了效率低下的執行計畫，可以還原舊的統計資訊。

物件統計資訊在歷史中，儲存一段由保留期指定的時間間隔（系統統計資訊也是這樣，因為它們是由相同的基礎功能維護的）。預設值是 31 天。可以透過呼叫 dbms_stats 套件的 get_stats_history_retention 函數來顯示目前值，如下所示：

```
SELECT dbms_stats.get_stats_history_retention() AS retention FROM dual
```

要修改保留期，可以使用 dbms_stats 套件提供的 alter_stats_history_retention 儲存過程。下面是一個將保留期設定為 14 天的呼叫例子：

```
dbms_stats.alter_stats_history_retention(retention => 14)
```

注意，使用 alter_stats_history_retention 儲存過程時，下面的值有特殊意義。

- NULL 會將保留期設定為預設值。
- 0 會禁用歷史記錄。
- -1 會禁用歷史記錄的清除。

將 statistics_level 初始化參數設定為 typical（預設值）或者 all 時，時間超出保留期的統計資訊會被自動清除掉。一旦有必要進行手動清除時，可以使用 dbms_stats 套件提供的 purge_stats 儲存過程。下面的呼叫清除歷史記錄中所有超過 14 天的統計資訊：

```
dbms_stats.purge_stats(before_timestamp => systimestamp - INTERVAL '14' DAY)
```

要執行 alter_stats_history_retention 和 purge_stats 儲存過程，需要有 analyze any 和 analyze any dictionary 系統許可權。

如果想知道對於一張指定的表，它的物件統計資訊何時被修改過，user_tab_stats_history 資料字典視圖可以提供所有必要的資訊。當然了，還有 dba、all 以及 12.1 版本中多租戶環境下的 cdb 版本可用。下面是一個例子。透過下面的查詢，可以顯示 sys 模式下的 tab$ 表的物件統計資訊的修改時間：

```
SQL> SELECT stats_update_time
  2  FROM dba_tab_stats_history
  3  WHERE owner = 'SYS' and table_name = 'TAB$';

STATS_UPDATE_TIME
-----------------------------------
26-MAR-14 22.03.03.104730 +01:00
27-MAR-14 22.01.14.193033 +01:00
13-APR-14 14.14.57.461660 +02:00
```

無論什麼時候，如果有必要，都可以從歷史記錄中還原統計資訊。出於這個目的，dbms_stats 提供以下儲存過程。

- restore_database_stats 為整個資料庫還原物件統計資訊。
- restore_dictionary_stats 為資料字典還原物件統計資訊。
- restore_fixed_objects_stats 為固定表及其索引，還原物件統計資訊。
- restore_schema_stats 為單個模式還原物件統計資訊。
  restore_table_stats 為單張表還原物件統計資訊。

除了指定目標的參數之外（例如，restore_table_stats 過程的模式和表名），所有這些儲存過程都提供以下參數。

- as_of_timestamp 指定將統計資訊還原至某一特定的時間點。
- force 指定是否可以覆蓋鎖定的統計資訊。注意統計資訊上的鎖也是歷史記錄的一部分。這就意味著關於統計資訊的狀態資訊（鎖定與否），也可以被還原。預設值為 FALSE。

- no_invalidate 指定依賴於被覆蓋的統計資訊的游標是否失效。這個參數接受的值為 TRUE、FALSE，還有 dbms_stats.auto_invalidate。預設值是 dbms_stats.auto_invalidate。

下面的呼叫將 SH 模式下的物件統計資訊，還原為一天以前使用的值。因此，force 參數被設定為 TRUE 時，即使目前統計資訊是鎖定狀態也會被還原：

```
dbms_stats.restore_schema_stats(ownname         => 'SH',
                                as_of_timestamp => systimestamp - INTERVAL
                                                   '1' DAY,
                                force           => TRUE)
```

8.10 鎖定物件統計資訊

在某些情況下，可能需要確保資料庫的部分物件統計資訊，不可用或者不允許修改，這是因為需要使用動態採樣（見第 9 章），或者必須使用非最新的物件統計資訊（例如，因為某些表的內容變化非常頻繁，你希望只有在這些表包含了一組有代表性的資料時，才小心地收集其狀態），也可能因為收集統計資訊不可行（例如，出現了 bug）。

可以透過執行下面的 dbms_stats 套件中的儲存過程，來顯式鎖定物件統計資訊。注意這些鎖和通常所說的資料庫鎖沒有任何關係。實際上，它們是在資料字典的表層級設定的簡單標記。

- lock_schema_stats 鎖定屬於某個模式下的所有表的物件統計資訊：

```
dbms_stats.lock_schema_stats(ownname => user)
```

- lock_table_stats 鎖定單張表的物件統計資訊：

```
dbms_stats.lock_table_stats(ownname => user, tabname => 'T')
```

當然，也可以移除這些鎖，你可以透過以下儲存過程中的一個來完成。

- unlock_schema_stats 解除某個模式下，所有表的物件統計資訊上的鎖定：

```
dbms_stats.unlock_schema_stats(ownname => user)
```

- unlock_table_stats 解除單張表的物件統計資訊上的鎖定：

```
dbms_stats.unlock_table_stats(ownname => user, tabname => 'T')
```

要執行這四個儲存過程，需要以所有者身分登入，或者擁有 analyze any 系統許可權。

鎖定了某張表的物件統計資訊時，會將與該表相關的所有物件統計資訊（包括表統計資訊、行統計資訊、長條圖以及所有依賴索引的索引統計資訊），都視為鎖定的。

鎖定了某張表的物件統計資訊的情況下，dbms_stats 套件中修改單張表的物件統計資訊的過程（例如 gather_table_stats），會引發一個錯誤（ORA-20005）。與此相反，操作多張表的過程（例如 gather_schema_stats）會跳過鎖定的表。大多數修改物件統計資訊的過程，能夠透過將 force 參數設定為 TRUE 來覆蓋鎖定。下面的例子展示了這種行為（完整範例參見 lock_statistics.sql 腳本）：

```
SQL> BEGIN
  2    dbms_stats.lock_schema_stats(ownname => user);
  3  END;
  4  /

SQL> BEGIN
  2    dbms_stats.gather_schema_stats(ownname => user);
  3  END;
  4  /

SQL> BEGIN
  2    dbms_stats.gather_table_stats(ownname => user,
  3                                  tabname => 'T');
  4  END;
  5  /
BEGIN
```

```
*
ERROR at line 1:
ORA-20005: object statistics are locked (stattype = ALL)
ORA-06512: at "SYS.DBMS_STATS", line 33859
ORA-06512: at line 2

SQL> BEGIN
  2    dbms_stats.gather_table_stats(ownname => user,
  3                                  tabname => 'T',
  4                                  force   => TRUE);
  5  END;
  6  /
```

要想知道哪些表的物件統計資訊被鎖定了，可以使用類似下面這樣的查詢：

```
SQL> SELECT table_name
  2  FROM user_tab_statistics
  3  WHERE stattype_locked IS NOT NULL;

TABLE_NAME
----------
T
```

要知道並非只有 dbms_stats 套件會收集物件統計資訊，因此，也不是只有它才會受物件統計資訊上的鎖影響。實際上，ANALYZE、CREATE INDEX 和 ALTER INDEX 敘述，以及 12.1 及之後版本的 CTAS 敘述和向空表執行直接路徑插入，也都會收集物件統計資訊。ANALYZE 敘述會在被確認告知時收集物件統計資訊。但是，如本章開頭所述，你不應該再使用這個敘述收集統計資訊。其餘的敘述會在執行它們分配的任務時，自動收集物件統計資訊。這樣做很有意義，因為執行這些 SQL 敘述時，收集統計資訊的開銷可以忽略不計。所以，鎖定了表的物件統計資訊時，以上這些 SQL 敘述的行為可能會有所不同或者甚至會失敗。下面的例子作為上一個例子的延續，展示了這種行為：

```
SQL> ANALYZE TABLE t COMPUTE STATISTICS;
ANALYZE TABLE t COMPUTE STATISTICS
*
```

```
ERROR at line 1:
ORA-38029: object statistics are locked

SQL> ANALYZE TABLE t VALIDATE STRUCTURE;

SQL> ALTER INDEX t_pk REBUILD COMPUTE STATISTICS;
ALTER INDEX t_pk REBUILD COMPUTE STATISTICS
*
ERROR at line 1:
ORA-38029: object statistics are locked

SQL> ALTER INDEX t_pk REBUILD;

SQL> CREATE INDEX t_i ON t (pad) COMPUTE STATISTICS;
CREATE INDEX t_i ON t (pad) COMPUTE STATISTICS
                            *
ERROR at line 1:
ORA-38029: object statistics are locked

SQL> CREATE INDEX t_i ON t (pad);
```

注意，SQL 敘述 `CREATE INDEX` 和 `ALTER INDEX` 只有在指定了不推薦使用的 `COMPUTE STATISTICS` 子句時才會失敗。因為這些 SQL 敘述都會預設收集物件統計資訊，使用 `COMPUTE STATISTICS` 子句完全沒有意義。

8.11 比較物件統計資訊

在下面三種常見情形中，你最終會為同一個物件產生多組物件統計資訊。

- 當你命令 `dbms_stats` 套件（透過參數 `statown`、`stattab` 和 `statid`），將目前物件統計資訊儲存到備份表中時。
- `dbms_stats` 套件被用於收集物件統計資訊時。事實上，如 8.9 節所述，當收集一組新的統計資訊時，套裝程式會自動儲存物件統計資訊的歷史記錄，而不是簡單地對其進行覆蓋。

■ 從 11.1 版本開始，當你收集待定的統計資訊時。

通常情況下，你希望瞭解兩組物件統計資訊之間的不同。自 10.2.0.4 版本開始，你不再需要自己動手寫查詢敘述完成這樣的比較。可以簡單地利用 dbms_stats 套件提供的新函數。

下面的例子根據 comparing_object_statistics.sql 腳本輸出，顯示了此類別報告：

```
###############################################################################

STATISTICS DIFFERENCE REPORT FOR:
.................................

TABLE         : T
OWNER         : CHRIS
SOURCE A      : Statistics as of 10-APR-13 20.05.07.106712 +02:00
SOURCE B      : Current Statistics in dictionary
PCTTHRESHOLD  : 10
~~~~~~~~~~~~~~~~~~~~~~~~~~~~~~~~~~~~~~~~~~~~~~~~~~~~~~~~~~~~~~~~~~~~~~~~~~~~~~~
TABLE / (SUB)PARTITION STATISTICS DIFFERENCE:
.............................................

OBJECTNAME                  TYP SRC ROWS       BLOCKS      ROWLEN   SAMPSIZE
...............................................................................
T                           T   A   10088      110         37           5865
                                B   12691      253         37           5036
~~~~~~~~~~~~~~~~~~~~~~~~~~~~~~~~~~~~~~~~~~~~~~~~~~~~~~~~~~~~~~~~~~~~~~~~~~~~~~~
COLUMN STATISTICS DIFFERENCE:
.............................

COLUMN_NAME    SRC NDV     DENSITY    HIST NULLS    LEN  MIN   MAX   SAMPSIZ
...............................................................................
ID                 A   9862    .000101399  NO   0        4    C103  C2646 5734
                   B   12645   .000079082  NO   0        5    C108  C3026 5018
VAL1               A   3203    .000454959  YES  0        5    3D382 C2240 5779
```

```
                 B    2990      .000489236  YES  0      5     3D421 C2251 4926
VAL2             A    9         .000049759  YES  0      3     C10C  C114  5842
                 B    9         .000039438  YES  0      3     C10C  C114  5031
~~~~~~~~~~~~~~~~~~~~~~~~~~~~~~~~~~~~~~~~~~~~~~~~~~~~~~~~~~~~~~~~~~~~~~~~~~~~~~~~
INDEX / (SUB)PARTITION STATISTICS DIFFERENCE:
.............................................

OBJECTNAME      TYP SRC ROWS    LEAFBLK DISTKEY LF/KY DB/KY CLF    LVL SAMPSIZ
..............................................................................

                             INDEX: T_PK
                             ...........

T_PK             I  A   10000   20      10000   1     1     9901   1   10000
                    B   12500   27      12500   1     1     12300  1   12500
################################################################################
```

注意表開頭的內容，你可以看到用於比較的參數：模式和表的名稱、兩個比較源的定義（A 和 B）以及一個閾值。最後的這個參數指定，是否只顯示兩組統計資訊之間的差異（按百分比）達到指定閾值的那些物件統計資訊。例如，如果你有兩個值 100 和 115，僅當閾值設定為 15 或者更低的時候，它們才會被認為是不同的。預設的閾值是 10。要顯示所有的物件統計資訊，可以使用值 0。

下面是 dbms_stats 套件中可以用來產生這樣的報告的函數。

- diff_table_stats_in_stattab 用於比較一張備份表（透過參數 ownname 和 tabname 指定）中的物件統計資訊，與目前物件統計資訊之間的差異，或者比較其與另外一張備份表中的另一組資訊之間的差異。參數 stattab1、statid1 以及 stattab1own 用來指定第一張備份表。第二張備份表（此處是可選的），是透過參數 stattab2、statid2 以及 stattab2own 指定的。如果第二張備份表的參數沒有指定，或者它們被設定為 NULL，那麼目前物件統計資訊就會與第一張備份表的物件統計資訊進行比較。下面的例子將目前物件統計資訊，與一組儲存在 mystats 備份表中、名為 set1 的物件統計資訊進行比較：

```
dbms_stats.diff_table_stats_in_stattab(ownname       => user,
                                       tabname       => 'T',
                                       stattab1      => 'MYSTATS',
                                       statid1       => 'SET1',
                                       stattab1own   => user,
                                       pctthreshold  => 10)
```

- diff_table_stats_in_history 比較一張表的目前物件統計資訊，與歷史記錄中的物件統計資訊，或者比較這張表歷史記錄中的兩組物件統計資訊。參數 time1 和 time2 用來指定使用哪些物件統計資訊比較。如果 time2 沒有指定，或者設定為 NULL，則目前物件統計資訊與歷史記錄中的另一組進行比較。下面的例子將目前物件統計資訊，與一天之前的物件統計資訊（例如，在夜間執行的統計資訊收集之前的物件統計資訊）進行比較：

```
dbms_stats.diff_table_stats_in_history(ownname       => user,
                                       tabname       => 'T',
                                       time1         => systimestamp - 1,
                                       time2         => NULL,
                                       pctthreshold  => 10));
```

- diff_table_stats_in_pending 將一張表的目前物件統計資訊，或者歷史記錄中的一組資訊，與待定的統計資訊進行比較。要想指定儲存在歷史記錄中的物件統計資訊，可以使用參數 time_stamp。如果這個參數設定為 NULL（預設值），則目前物件統計資訊與待定的統計資訊進行比較。下面的例子將目前的統計資訊與待定的統計資訊進行比較：

```
dbms_stats.diff_table_stats_in_pending(ownname       => user,
                                       tabname       => 'T',
                                       time_stamp    => NULL,
                                       pctthreshold  => 10));
```

8.12 刪除物件統計資訊

可以從資料字典中刪除物件統計資訊。除非是測試需要，否則通常沒有必要這樣做。雖然如此，但也可能出現你想利用動態採樣（參見第 9 章），而不希望某張表上有物件統計資訊的情況。如果那樣的話，就可以使用 dbms_stats 套件中的下列過程：delete_database_stats、delete_dictionary_stats、delete_fixed_objects_stats、delete_schema_stats、delete_table_stats、delete_column_stats 以及 delete_index_stats。

正如你所看到的，對於每個 gather_*_stats 過程，都有一個對應的 delete_*_stats 過程。前者收集物件統計資訊，後者刪除物件統計資訊。唯一的例外是 delete_column_stats 過程。顧名思義，它用來刪除行統計資訊和長條圖。

表 8-8 總結了這些過程中的每一個可以使用的參數。大部分參數是相同的，因而它們與 gather_*_stats 過程中，使用的參數具有相同的含義。這裡只描述一些在之前的過程中尚未涉及的參數。

- cascade_parts 指定是否刪除所有底層分區的統計資訊。這個參數接受的值為 TRUE 和 FALSE。預設值為 TRUE。
- cascade_columns 指定是否同時刪除行統計資訊。這個參數接受的值為 TRUE 和 FALSE。預設值為 TRUE。
- cascade_indexes 指定是否同時刪除索引統計資訊。這個參數接受的值為 TRUE 和 FALSE。預設值為 TRUE。
- col_stat_type 指定刪除哪些統計資訊。如果將它設定為 ALL，則刪除行統計資訊和長條圖。如果將它設定為 HISTOGRAM，則只刪除長條圖。預設值是 NULL。這個參數從 11.1 版本開始可用。
- stat_category 指定刪除哪種類別的統計資訊。它接受以逗號分隔的列表形式的值。如果指定了 OBJECT_STATS，則物件統計資訊（表統計資訊、行統計資訊、長條圖以及索引統計資訊）會被刪除。如果指定了 SYNOPSES，則只有支援增量統計資訊的資訊會被刪除。預設情況下，物件統計資訊和概要資訊都會被刪除。這個參數從 12.1 版本開始可用。

表 8-8　用於刪除物件統計資訊的過程的參數

參　數	資料庫	資料字典	固定表	模式	表	行	索引
目標物件							
ownname				√	√	√	√
indname							√
tabname					√	√	
colname						√	
partname					√	√	√
cascade_parts					√	√	√
cascade_columns					√		
cascade_indexes					√		
stat_category	√	√		√	√		
col_stat_type						√	
force	√	√	√	√	√	√	√
刪除選項							
no_invalidate	√	√	√	√	√	√	√
備份表							
stattab	√	√	√	√	√	√	√
statid	√	√	√	√	√	√	√
statown	√	√	√	√	√	√	√

下面的呼叫展示了如何在不修改其他統計資訊的情況下，刪除一個行的長條圖（完整範例參見 delete_histogram.sql）：

```
dbms_stats.delete_column_stats(ownname       => user,
                               tabname       => 'T',
                               colname       => 'VAL',
                               col_stat_type => 'HISTOGRAM')
```

8.13 匯出、匯入、獲取和設定物件統計資訊

如圖 8-1 所示，除了用於收集統計資訊的過程和函數之外，dbms_stats 套件還提供了其他幾個可用的過程和函數。在這裡不會介紹它們，因為它們在實踐中很少使用。相關資訊請查看 *Oracle Database PL/SQL Packages and Types Reference* 手冊。儘管如此，我還是想分享一下，下面這個你在檔案中找不到的小知識。

警告 由 dbms_stats 套件提供的匯出和匯入過程使用 8.10 節中描述的技術來處理鎖定問題。唯一的例外，僅會出現在 11.2.0.2 之前的版本中，與沒有物件統計資訊的表有關。對於這樣的表，當它們的物件統計資訊被匯出或者匯入後，其統計資訊的鎖就會消失。

8.14 管理操作的日誌記錄

dbms_stats 套件中的許多過程，在資料字典中記錄關於它們的執行的資訊。這些日誌資訊透過 dba_optstat_operations 以及在 12.1 多租戶環境下的 cdb_optstat_operations 視圖來予以展現。基本上，你可以查到執行了哪些操作，它們是什麼時候開始執行的，以及執行了多久。從 12.1 版本開始，關於狀態[7]、對話以及與操作相關的作業資訊（可選）都可以存取。接下來的例子摘自一個生產資料庫，顯示了 gather_database_stats 過程，每天都會啟動並花費 9~18 分鐘來執行（注意，2014 年 4 月 5、6 日是週末）：

```
SQL> SELECT operation, start_time,
  2         (end_time-start_time) DAY(1) TO SECOND(0) AS duration
  3  FROM dba_optstat_operations
  4  ORDER BY start_time DESC;
```

7 可能出現的值有：PENDING、IN PROGRESS、COMPLETED、FAILED、SKIPPED 以及 TIMED OUT。

```
OPERATION                  START_TIME                          DURATION
-------------------------- ----------------------------------- -----------
gather_database_stats(auto) 09-APR-14 10.00.08.877925 PM +02:00 +0 00:10:28
gather_database_stats(auto) 08-APR-14 10.00.02.899209 PM +02:00 +0 00:09:30
gather_database_stats(auto) 07-APR-14 10.00.04.119250 PM +02:00 +0 00:12:45
gather_database_stats(auto) 06-APR-14 10.05.00.173419 PM +02:00 +0 00:00:55
gather_database_stats(auto) 06-APR-14 06.04.46.957190 PM +02:00 +0 00:00:50
gather_database_stats(auto) 06-APR-14 02.04.32.438573 PM +02:00 +0 00:00:53
gather_database_stats(auto) 06-APR-14 10.04.16.208319 AM +02:00 +0 00:01:27
gather_database_stats(auto) 06-APR-14 06.00.09.299059 AM +02:00 +0 00:04:55
gather_database_stats(auto) 05-APR-14 10.03.28.888807 PM +02:00 +0 00:00:58
gather_database_stats(auto) 05-APR-14 06.03.14.637546 PM +02:00 +0 00:00:43
gather_database_stats(auto) 05-APR-14 02.02.59.997594 PM +02:00 +0 00:01:06
gather_database_stats(auto) 05-APR-14 10.02.46.052860 AM +02:00 +0 00:01:13
gather_database_stats(auto) 05-APR-14 06.00.03.801439 AM +02:00 +0 00:06:05
gather_database_stats(auto) 04-APR-14 10.00.03.068541 PM +02:00 +0 00:17:32
gather_database_stats(auto) 03-APR-14 10.00.02.781440 PM +02:00 +0 00:06:59
gather_database_stats(auto) 02-APR-14 10.00.02.702294 PM +02:00 +0 00:12:45
gather_database_stats(auto) 01-APR-14 10.00.03.254860 PM +02:00 +0 00:12:48
```

此外，從 12.1 版本開始，你可以查詢到某個操作執行時使用的參數。例如，下面的查詢展示了預設收集作業的最後一次執行都使用了哪些參數：

```
SQL> SELECT x.*
  2  FROM dba_optstat_operations o,
  3       XMLTable('/params/param'
  4                PASSING XMLType(notes)
  5                COLUMNS name VARCHAR2(20) PATH '@name',
  6                        value VARCHAR2(30) PATH '@val') x
  7  WHERE operation = 'gather_database_stats (auto)'
  8  AND start_time = (SELECT max(start_time)
  9                    FROM dba_optstat_operations
 10                    WHERE operation = 'gather_database_stats (auto)');

NAME                 VALUE
-------------------- ------------------------------
```

```
block_sample               FALSE
cascade                    NULL
concurrent                 FALSE
degree                     NULL
estimate_percent           DEFAULT_ESTIMATE_PERCENT
granularity                DEFAULT_GRANULARITY
method_opt                 DEFAULT_METHOD_OPT
no_invalidate              DBMS_STATS.AUTO_INVALIDATE
reporting_mode             FALSE
stattype                   DATA
```

要知道日誌資訊是使用與之前描述的統計資訊歷史相同的機制來清除的。因此，兩者擁有相同的保留期。

8.15 保持物件統計資訊為最新的策略

dbms_stats 套件為管理物件統計資訊提供了很多特性。問題是，應該如何以及何時使用它們，來實現一個成功的設定？這個問題很難回答。恐怕不存在絕對的答案。換句話說，沒有一個單獨的方法能夠適用於所有的情況。我們來研究一下如何處理這個問題。

基本的原則，也可能是最重要的一條，就是查詢最佳化工具，需要物件統計資訊來描述儲存在資料庫中的資料。因此當資料變化時，物件統計資訊也應該跟著變化。你可能也清楚，我是提倡定期收集物件統計資訊的。那些反對這項實踐的人會爭論説，如果一個資料庫執行良好，就沒有必要重新收集物件統計資訊。這種方法的問題通常是，一些物件統計資訊依賴於真實的資料。例如，有這樣一種統計資訊，其經常變化的是那些包含資料（比如與某個交易、某個銷售或某個電話相關聯的時間戳記）的行的低 / 高值。誠然，在一般的表中它們的變化占少數，但是通常變化的那部分很關鍵，因為它們會在應用程式中被反復使用。在實踐中，我遇到過的由於沒有最新的物件統計資訊而導致的問題，比反過來的情況要多得多。

顯而易見，在永遠不變的資料上收集物件統計資訊毫無意義。只有陳舊的物件統計資訊應該被重新收集。因此，利用記錄出現在每張表上的修改數量的特性，就顯得必不可少。用這種方法，你可以只對那些經歷了大量修改的表重新收集統計資訊。預設情況下，當一張表有超過 10% 的資料發生了變化，就被認為是陳舊的。這是個合理的預設值。從 11.1 版本開始，如果有必要可以修改這個預設值。

收集物件統計資訊的頻率也是一個存在不同看法的問題。我見過各種成功的案例，有按小時的，有按月的，甚至有更低頻率的。這其實依賴於你的資料。無論如何，當使用表的陳舊屬性作為重新收集物件統計資訊的基礎時，太長的間隔會導致過量的陳舊物件出現，而太短的間隔又會導致統計資訊收集，需要過多的時間以及資源使用出現高峰。為此，我喜歡將它們安排得更頻繁（為了分散負載）並保持單一的執行時間盡可能地短。如果你的系統有每天或每週的低使用率時段，那麼將收集安排在那些時間段通常是一個好主意。如果你的系統是一個真正的 7×24 系統，那通常更好的做法是，盡可能使用非常頻繁的調度（每天執行許多次），來分散負載並避開高峰期。

如果你有載入或修改大量資料的作業（例如，在資料倉庫環境中的 ETL 作業），就不應該等候一個已安排的物件統計資訊的收集完成。而要直接將要修改的物件的統計資訊收集，作為作業本身的一部分。換句話說，如果你知道某些事物發生了大量變化，應立即觸發統計資訊的收集。

如果出於某個原因，你覺得不應該在某些表上收集物件統計資訊，那就鎖定它們。這樣的話，定期收集物件統計資訊的作業就會直接跳過這些表。這比完全禁止整個資料庫的作業活動要好得多。

應該盡可能多地利用預設的收集作業。要在這方面滿足你的要求，你應該檢查預設的設定，如果有必要則進行更改。因為在物件層級的設定僅從 11.1 版本開始才可用，如果在之前的版本中對某些表有特別的需求，應該在預設作業之前安排一個作業來處理它們。透過這種方式，只會處理擁有陳舊統計資訊物件的預設作業，而會直接跳過已處理的表。鎖定可能也會有助於，確保僅特定作業才會在那些關鍵表上重新收集物件統計資訊。

相反，如果你正在考慮完全禁止預設的收集作業，則應該為 `oracle` 設定 `autostats_target` 首選項。那樣的話，就讓資料庫引擎處理好資料字典，而對於其他的表，可以設定一個具體的作業來完成你所期望的工作。

如果收集的統計資訊導致無效率的執行計畫，那麼你可以做兩件事。第一是透過還原本次收集統計資訊之前，順利使用的物件統計資訊來修復問題。第二是找出為什麼查詢最佳化工具使用新的物件統計資訊，會產生無效率的執行計畫。為此，你首先應該檢查最近收集的統計資訊是否正確地描述了資料。舉例來說，有可能伴隨著新的資料分布的採樣，會導致不同的長條圖。如果物件統計資訊不良，那麼收集本身，或者收集使用的參數就是問題所在。如果實際上物件統計資訊沒有問題，那麼還有兩種可能的原因。要麼是查詢最佳化工具沒有正確設定，要麼是查詢最佳化工具犯了錯誤。你幾乎無法控制後者，但是應該能夠為前者找到解決方案。無論如何，應該避免匆忙認定是收集物件統計資訊的固有問題，而因此停止定期收集它們。

最佳實踐是使用 dbms_stats 套件收集物件統計資訊。但是，確實存在正確的物件統計資訊誤導查詢最佳化工具的情況。一個常見的例子是，歷史資料必須保持線上很長時間（舉個例子，在瑞士某些類型的資料必須至少儲存十年）。在這種情況下，如果資料分布幾乎不隨著時間發生改變，透過 dbms_stats 套件收集的物件統計資訊應該沒有問題。與此相反，如果資料分布嚴重依賴於時間段，而且應用程式經常只存取資料的一部分，那麼就有理由手動修改（也就是，捏造）物件統計資訊，用以描述大部分相關資料。換句話說，如果你知道 dbms_stats 套件忽略的或者無法發現的某些東西，那麼就可以合理使用捏造的物件統計資訊，來告知查詢最佳化工具。

8.16 小結

本章描述了什麼是表統計資訊、行統計資訊、長條圖和索引統計資訊，並依次說明它們是如何描述儲存在資料庫中的資料的。本章還涵蓋了如何使用 dbms_stats 套件收集物件統計資訊，以及在資料字典中從哪裡找到它們。

本章沒有詳細描述物件統計資訊的使用。相關內容以及設定查詢最佳化工具的初始化參數資訊，會在下一章進行介紹。學習完第 9 章，你應該能夠正確地設定查詢最佳化工具，並且會在大部分時間裡得到高效的執行計畫。

Chapter

09

設定查詢最佳化工具

查詢最佳化工具對 SQL 敘述的效能負有直接責任。根據這個原因，我們有必要花一些時間將它設定好。事實上，並不存在一個最優化的設定，查詢最佳化工具可能會產生低效率的執行計畫，進而導致不理想的效能表現。

查詢最佳化工具的設定不僅僅由幾個初始化參數組成，還包括系統統計資訊和物件統計資訊（參見第 7 章、第 8 章）。本章將描述這些初始化參數和統計資訊，如何影響查詢最佳化工具，並展示一個簡單實用的路線圖以幫助你獲得合理的設定。

警告 除了一個公式之外，Oracle 沒有公布本章所提供的其他公式。一些測試表明這些公式能夠描述查詢最佳化工具，是如何估算一個指定操作的成本的。但無論如何，也不能說在所有情形中，它們都是精確的或者正確的。之所以提供它們是為了給你一個想法，讓你瞭解初始化參數或統計資訊，是如何影響查詢最佳化工具估算的。

9.1 設定還是不設定

鑒於我們的情況，正像一句肯亞諺語[1]說的那樣，我會說:「設定查詢最佳化工具代價高昂，但是卻值得。」在實踐中，我見過太多低估了一個良好設定的重要性的網站。有時我甚至會與那些對我說出下面這樣的話的人，進行激烈討論：「我們不需要花費時間為每一個資料庫單獨設定查詢最佳化工具。我們已經有一組在所有資料庫中使用了無數次的初始化參數。」首先，我會這樣回答：「如果一組單獨的參數就可以在所有資料庫中執行良好，為什麼 Oracle 還匯入了將近二十幾個專門針對於查詢最佳化工具的初始化參數？它們很擅長自己所做的工作。如果存在這樣的一個神奇的設定，它們會預設提供它，並隱藏相關的初始化參數。」接下來我會仔細地透過以下兩個理由來解釋，所謂的神奇設定並不存在。

- 每個應用程式都有自己獨特的需求和負載情況。
- 每個系統都由不同的硬體和軟體元件組成，這些元件都擁有其自己的特徵。

如果查詢最佳化工具工作良好，就意味著它會為大部分[2]SQL 敘述產生合理的執行計畫。但還要注意，因為只有在正確設定了查詢最佳化工具，並且資料庫被設計成能夠利用它的全部特性的條件下，上面的話才成立。這一點再怎麼強調都不過分。還要注意查詢最佳化工具的設定，不僅包含初始化參數，而且包括系統統計資訊和物件統計資訊。

---

1 肯亞諺語的原文是「Peace is costly, but it is worth the expense」，意思是「和平的代價高昂，但是卻值得」。詳情請參見 http://www.quotationspage.com/quote/38863.html。

2 與其他任何你能想像到的活動一樣，十全十美在軟體發展中也是無法實現的。這條規則，即使你和 Oracle 都不喜歡，也會適用於查詢最佳化工具。因此你應該預料到會有一小部分的 SQL 語句需要手動介入（詳見第 11 章）。

9.2 設定路線圖

因為不存在類似神奇設定這樣的事情，我們需要一個可靠的、可信的規程來幫助我們。圖 9-1 總結了我所使用的主要步驟。它們的描述如下所示。

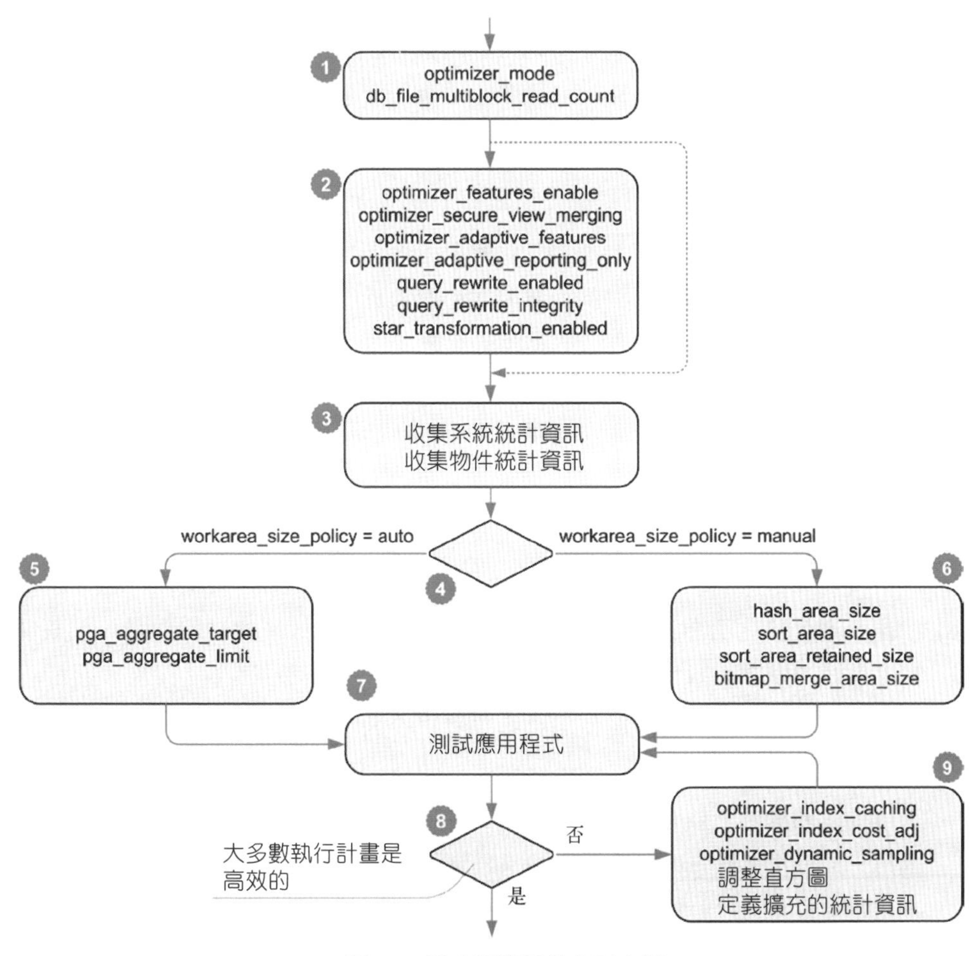

圖 9-1 設定路線圖的主要步驟

(1) 有兩個初始化參數需要不斷調整：ptimizer_mode 和 db_file_multiblock_read_count。稍後你會看到，後者並不總是與查詢最佳化工具本身直接相關。然而，某些操作的效能可能會極大地依賴於它。

(2) 因為這一步驟中調整的初始化參數的預設值，通常來説工作良好，所以這一步驟是可選的。不管怎樣，這一步驟的目標是啟用或禁用查詢最佳化工具的專項特性。

(3) 因為系統統計資訊和物件統計資訊為查詢最佳化工具提供至關重要的資訊，所以必須要收集它們。

(4) 透過設定 workarea_size_policy 初始化參數，可以選擇手動還是自動調整在記憶體中，儲存資料操作的工作區大小。根據不同的選擇方法，其他的初始化參數可以在第 5 步驟或第 6 步驟中進行設定。

(5) 如果調整工作區大小是自動的，則設定 pga_aggregate_target 初始化參數。另外，從 12.1 版本開始，同時還可以修改 pga_aggregate_limit 初始化參數。

(6) 如果調整工作區大小是手動的，實際大小取決於使用記憶體的操作的類型。基本上，每種類型的操作都有一個具體的參數。

(7) 當第一部分的設定就位時，就該測試應用程式了。在測試過程中，沒有提供需求效能的元件的執行計畫被收集起來。透過分析這些執行計畫，你應該能夠推斷出問題所在。注意在這一階段，重點是識別出普遍行為，而非個例行為。舉例來説，你可能注意到查詢最佳化工具使用過多或過少的索引，或者沒有正確識別限制條件。

(8) 如果查詢最佳化工具能夠為大部分 SQL 敘述產生高效率的執行計畫，那表明設定良好。如果不能，繼續進行步驟 9。

(9) 如果查詢最佳化工具趨向於使用過多或者過少的索引或巢狀迴圈，通常可以透過調整初始化參數 optimizer_index_caching 和 optimizer_index_cost_adj 來修復這個問題。如果查詢最佳化工具在估算基數方面出現重大錯誤，可能是因為一些長條圖缺失或者需要調整。調整動態採樣也可能會有幫助。從 11.1 版本開始，擴充的統計資訊也可能有所幫助。

根據圖 9-1，步驟 1~6 中設定的初始化參數，不能在事後進行修改。當然了，這也不是一成不變的。如果你無法透過調整與索引相關的初始化參數，或步驟 9 中的長條圖來獲得理想的結果，可能有必要從頭來過。還有必要提一下，因為有幾個初始化參數對系統統計資訊有影響，在更改完它們之後，可能有必要重新計算系統統計資訊。

9.3 設定正確的參數

顯然 Oracle 並不只是隨機提供新的初始化參數。相反，匯入的每個初始化參數，都是為了控制查詢最佳化工具的某一特性或者行為。儘管有重複的嫌疑，我還是要提醒你 Oracle 對於新參數的引進，意味著沒有一個單獨的值能夠適用於所用情況。因此，對於每一個初始化參數，必須透過應用程式負載情況和資料庫引擎執行的系統，共同推斷出一個合理的取值。

要為查詢最佳化工具執行一個成功的設定，重要的是要理解它是如何運作的，以及每個初始化參數對它的影響。有了這個認識，就不要隨意對設定作調整，也不要從最近在網上找到的文章中複製「理想的值」，而應該從以下方面著手。

- 充分瞭解現狀。舉例來講，為什麼查詢最佳化工具選擇了一個非最優的執行計畫？
- 決定要實現的目標。換句話說，你要獲得什麼樣的執行計畫？
- 找出有哪些初始化參數或者統計資訊應該進行調整，以達到你設定的目標。當然，在某些情況下，僅僅設定初始化參數是不夠的。可能有必要修改 SQL 敘述或者資料庫設計。

下面的小節將會描述圖 9-1 中設定路線圖參照的一些初始化參數如何運作，並提供關於如何為你的系統找出合理取值的建議。本章沒有描述的參數，會在本書其他地方講述這些參數所控制的特性時進行介紹。參數可分成兩組：一組參數只影響查詢最佳化工具的操作，另一組則與程式全域區（PGA）有關。

9.3.1 查詢最佳化工具參數

接下來介紹幾個與查詢最佳化工具的操作有關的參數。

1 optimizer_mode

`optimizer_mode` 這個參數至關重要，因為透過它可以向查詢最佳化工具指明「高效率」這個詞的含義。一般而言，它的意思可能是「更快一些」「使用更少的資源」或者其他的意思。因為在使用資料庫處理資料時，通常希望處理速度越快越好。因此，高效的含義應該是「用最快的方式執行 SQL 敘述，而不浪費不必要的資源」。這對於總是完全執行的 SQL 敘述沒有問題（例如，INSERT 敘述）。而另一方面，對於查詢，則會有細微的差異。比如說，應用程式並不是必須要獲取查詢回傳的所有行。換句話說，查詢可能是部分執行的。

舉一個與 Oracle Database 無關的例子。當我用 google 搜尋「查詢最佳化工具」時，會獲得最佳排名的符合頁面，首頁列出了前十個結果（十個最佳結果）。在同一個頁面上，還會顯示一條通知消息：在結果集中有 986,000 個頁面，並且搜尋它們花費了 0.26 秒。這是一個優化處理流程，以盡可能快速地回傳初始資料的例子，因為最前面的幾頁幾乎總是用戶唯一真正會去存取的頁面。為了存取其中的一頁，接下來我按一下對應的連結。這時，我通常對於僅獲取前幾行內容不感興趣。我希望整個頁面都可以存取並且正確排版，也就是說我會開始閱讀。在這種情況下，處理流程應該被優化為儘快提供所有資料而非一小部分。每一個應用程式（或程式的一部分）都會歸結為以下兩種策略：要麼是優先快速傳遞結果集中，最靠前的資料，要麼是優先快速傳遞整個結果集（這其實等同於快速傳遞結果集的最後一行）。

要為 optimizer_mode 初始化參數選擇合適的值，應該首先問自己一個問題：是讓查詢最佳化工具產生快速回傳首行資料的執行計畫更重要，還是快速回傳末行資料的執行計畫更重要。

- 如果快速回傳末行資料更重要，應該使用值 all_rows 。這是最常用的設定。
- 如果快速回傳首行資料更重要，應該使用值 first_rows_*n*（*n* 的取值為 1、10、100 或 1,000）。這個設定應該只在應用程式部分獲取的結果集，大於該參數指定的行數時才被使用。對於已經存在的應用程式，可以透過比較執行和 v$sqlarea 視圖中的 end_of_fetch_count 行來檢查這一點。注意更早期的首行優化器實現（也就是，透過值 first_rows 進行設定）不應該再被使用了。事實上，提供這個值僅是為了向後相容。

預設值是 all_rows。還要注意 INSERT、DELETE、MERGE 和 UPDATE 敘述總是使用 all_rows 來優化。這樣做是很有道理的，因為這些 SQL 敘述必須在將控制權交還給呼叫者之前，處理所有的資料。

警告 首行最優化的關鍵思想是避免阻塞操作（也就是說，直到執行完畢之前不會產生任何資料的操作）。為此，通常更傾向於巢狀迴圈連線，而非雜湊連線（直到雜湊表建立起來之前都是阻塞狀態）或合併連線（直到兩個輸入都完成排序之前都是阻塞狀態）。此外，在某些情形中，ORDER BY 操作（直到資料被完成排序之前都是阻塞狀態）會由索引範圍掃描取代。對於大的結果集，首行優化未必能夠帶來最優的效能表現。所以，最重要的是，只有在呼叫的應用程式只抓取大結果集的一部分時，才使用首行優化。

optimizer_mode 初始化參數是動態的，並且可以在實例和對話層級修改。在 12.1 多租戶環境下，也可以在 PDB 層級設定它。此外，透過下面其中一種 hint，也可以在敘述層級設定它：

- all_rows；
- first_rows(*n*)，*n* 是大於 0 的任何自然數。

2 optimizer_features_enable

在每個資料庫版本中，Oracle 都會在查詢最佳化工具中，匯入或啟用新的特性。如果正在升級到一個新的資料庫版本，並希望保留查詢最佳化工具舊的行為，可以透過將 optimizer_features_enable 初始化參數設定為升級之前的資料庫版本來實現。遺憾的是，並不是所有的新特性都可以透過這個初始化參數來禁用。舉例來說，如果你在 11.2 版本中將其設定為 10.2.0.4，就不會獲得與 10.2.0.4 版本完全一樣的查詢最佳化工具。出於這個原因，我通常建議使用預設值，也就是與資料庫可執行檔使用相同的版本號。另外，Oracle Support 檔案 *Use Caution if Changing the OPTIMIZER_FEATURES_ENABLE Parameter After an Upgrade*（1362332.1）也提供了類似建議。

提示 改變 optimizer_features_enable 初始化參數的預設值只是短期解決方案。遲早應用程式都應該適應（儘量充分利用）新的資料庫版本。

optimizer_features_enable 初始化參數合法的值是類似 10.2.0.5、11.1.0.7 或 11.2.0.3 這樣的資料庫版本號。因為並不會針對這個參數的補丁層級更新檔案（特別是 *Oracle Database Reference* 手冊），所以可以透過以下 SQL 敘述來產生支援的值：

```
SQL> SELECT value
  2  FROM v$parameter_valid_values
  3  WHERE name = 'optimizer_features_enable';

VALUE
----------
8.0.0
8.0.3
8.0.4
...
11.2.0.2
11.2.0.3
11.2.0.3.1
```

optimizer_features_enable 初始化參數是動態的，並且可以在實例和對話層級修改。在 12.1 多租戶環境下，也可以在 PDB 層級設定它。此外，也可以在敘述層級透過 optimizer_features_enable 這個 hint 來設定一個值。下面的兩個例子，分別透過這個 hint 設定預設值和一個具體值（有關 hint 的詳細內容請參見第 11 章）：

- optimizer_features_enable(default)
- optimizer_features_enable('10.2.0.5')

3 db_file_multiblock_read_count

資料庫引擎在多區塊讀取期間（例如，全資料表掃描或索引快速全掃描），使用的最大磁片 I/O 大小，是由 db_block_size 和 db_file_multiblock_read_count 初始化參數值的乘積決定的。因此，在多區塊讀取期間讀取的最大區塊數量，是由最大磁片 I/O 大小除以讀取的表空間的區塊大小來決定的。換句話說，對於預設區塊大小，db_file_multiblock_read_count 初始化參數指定的是讀取的最大區塊數量。這裡僅指最大的數量是因為，至少有以下三種常見情況，會導致多區塊讀取的數量要小於該初始化參數指定的值。

- 對於段頭區塊和其他只包含像擴充對應這樣的段中繼資料的區塊，都是透過單區塊讀取的。
- 實體讀從來不會橫跨多個擴充，但有一個例外，就是針對使用自動段空間管理的表空間執行直接路徑讀。
- 已經在緩衝區中的資料區塊，除非是直接路徑讀，否則不會從磁片 I/O 子系統重新讀取。

舉例說明，圖 9-2 展示了在使用手動段空間管理的表空間中儲存的段的結構。與其他任何段一樣，它由擴充組成（在本例中有 2 個），每一個擴充都是由區塊組成的（在本例中有 16 個）。第一個擴充的第一個區塊是段頭。某些區塊（4、9、10、19 和 21）已經快取在緩衝區中。為這個段執行緩衝讀的資料庫引擎進程，無法執行任何的實體多區塊讀，即使 db_file_multiblock_read_count 初始化參數設定為大於或等於 32 的值也不行。

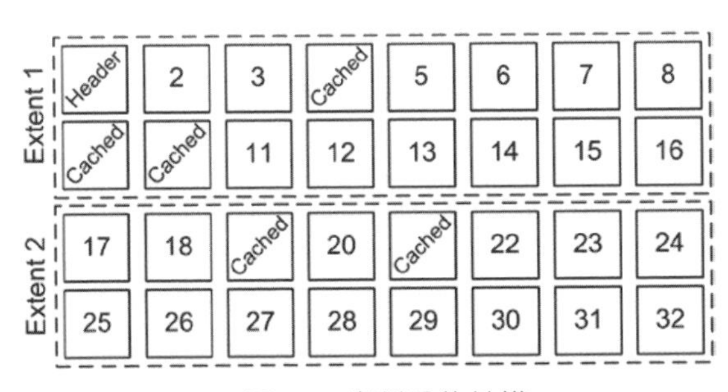

圖 9-2 資料段的結構

如果將 db_file_multiblock_read_count 初始化參數設定為 8，則會執行下面這些緩衝讀。

- 一次段頭的單區塊讀（區塊 1）。
- 一次兩個區塊的多區塊讀（區塊 2 和區塊 3）。因為區塊 4 已經快取，所以無法讀取更多的區塊。
- 一次四個區塊的多區塊讀（從區塊 5 到區塊 8）。因為區塊 9 已經快取，所以無法讀取更多的區塊。

- 一次六個區塊的多區塊讀（從區塊 11 到區塊 16）。因為區塊 16 是該擴充的最後一個區塊，所以無法讀取更多的區塊。
- 一次兩個區塊的多區塊讀（區塊 17 和區塊 18）。因為區塊 19 已經快取，所以無法讀取更多的區塊。
- 一次區塊 20 的單區塊讀。因為區塊 21 已經快取，所以無法讀取更多的區塊。
- 一次八個區塊的多區塊讀（從區塊 22 到區塊 29）。因為 db_file_multiblock_read_count 初始化參數被設定為 8，所以無法讀取更多的區塊。
- 一次三個區塊的多區塊讀（從區塊 30 到區塊 32）。

概括起來，這個進程執行了兩次單區塊讀操作和 6 次多區塊讀操作。一次多區塊讀讀取的平均區塊數量大概是 4 個。平均大小小於 8 的事實，解釋了為何 Oracle 會在系統統計資訊中匯入 mbrc 值。

db_file_multiblock_read_count 初始化參數是動態的，並且可以在實例和對話層級修改。在 12.1 多租戶環境下，也可以在 PDB 層級設定它。

這時候，討論一下查詢最佳化工具是如何計算多區塊讀操作（例如，全資料表掃描或索引快速全掃描）的成本也非常重要。

當有負載系統統計資訊可用時，I/O 成本並不依賴於 db_file_multiblock_read_count 初始化參數的值。它是由公式 9-1 計算而來。注意，之所以用 mreadtim 除以 sreadtim，是因為查詢最佳化工具根據單區塊讀正常化了成本，就像在第 7 章中討論的那樣（公式 7-2）。

公式 9-1 使用有負載統計資訊時多區塊讀操作的 I/O 成本

$$in\_cost \approx \frac{blocks}{mbrc} \cdot \frac{mreadtim}{sreadtim}$$

在公式 9-1 中，若使用無負載統計資訊，則變數會替換成以下值。

- 倘若 db_file_multiblock_read_count 初始化參數確認設定了，則 mbrc 由 db_file_multiblock_ read_count 初始化參數的值替換；否則，使用 8 作為值。

- sreadtim 由公式 7-3 計算出來的值計算。
- mreadtim 由公式 7-4 計算出來的值計算。

這意味著只有在使用無負載統計資訊時，db_file_multiblock_read_count 初始化參數才會對多區塊讀操作的成本產生直接的影響。這還意味著太高的值，可能會導致過多的全資料表掃描，或至少造成對多區塊讀操作成本的低估。進一步講，這是有負載統計資訊優於無負載統計資訊的另一種情況。

你已經知道了成本公式，現在需要知道如何找出 db_file_multiblock_read_count 初始化參數應該設定的值。最重要的是要認識到多區塊讀對於效能有重大影響。因此，要小心設定 db_file_multiblock_ read_count 初始化參數的值，以達到最佳效能。雖然那些能夠引發 1 MB 磁片 I/O 大小的值，通常提供近乎最好的效能，但有時高一些或低一些的值會更好。此外，更高的值通常需要更少的 CPU 來處理磁片 I/O 操作。在不同的參數值下執行一個簡單的全資料表掃描，可以提供關於這個初始化參數的影響的有用資訊，進而幫助我們找到最佳值。下面的 PL/SQL 程式碼片段是 assess_dbfmbrc.sql 腳本的一段摘錄，可以用於此用途：

```
BEGIN
  dbms_output.put_line('dbfmbrc blocks seconds cpu');
  FOR i IN 0..10
  LOOP
    l_dbfmbrc := power(2,i);

    EXECUTE IMMEDIATE 'ALTER SESSION SET db_file_multiblock_read_count =
'||l_dbfmbrc;
    EXECUTE IMMEDIATE 'ALTER SYSTEM FLUSH BUFFER_CACHE';

    SELECT sum(decode(name, 'physical reads', value)),
           sum(decode(name, 'CPU used by this session', value))
    INTO l_starting_blocks, l_starting_cpu
    FROM v$mystat ms JOIN v$statname USING (statistic#)
    WHERE name IN ('physical reads','CPU used by this session');

    l_starting_time := dbms_utility.get_time();
```

```
    SELECT count(*) INTO l_count FROM t;

    l_ending_time := dbms_utility.get_time();

    SELECT sum(decode(name, 'physical reads', value)),
           sum(decode(name, 'CPU used by this session', value))
    INTO l_ending_blocks, l_ending_cpu
    FROM v$mystat ms JOIN v$statname USING (statistic#)
    WHERE name IN ('physical reads','CPU used by this session');

    l_time := round((l_ending_time-l_starting_time)/100,1);
    l_blocks := l_ending_blocks-l_starting_blocks;
    l_cpu := l_ending_cpu-l_starting_cpu;
    dbms_output.put_line(l_dbfmbrc||' '||l_blocks||' '||to_char(l_time)||'
'||to_char(l_cpu));
  END LOOP;
END;
```

如你所見，實現起來也沒有那麼難。無論如何，當心不要在作業系統和磁片I/O 子系統層級快取測試表，因為那樣會導致測試失效。避免這樣做的最簡單方式是，使用比你系統中可用的最大緩衝區還要大的表。對於預計要使用平行處理的系統，也值得去擴充這樣的一個測試來執行平行查詢（詳見第 15 章）。

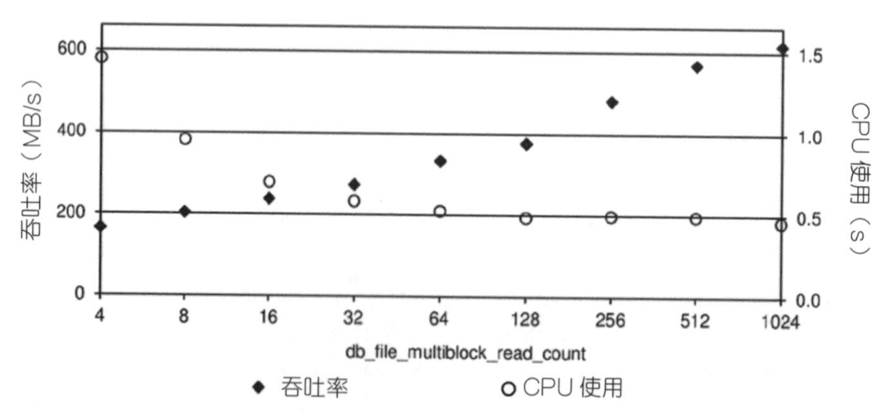

⬆ 圖 9-3 磁片 I/O 大小對於在四個不同的系統上執行全資料表掃描的效能的影響

圖 9-3 展示了在我的測試系統上所有初始化參數設定為預設值的情況下，針對一個 11.2 的資料庫執行以上的 PL/SQL 程式碼區塊測量得到的特徵值。下面是需要注意的特徵。

- 吞吐率由 db_file_multiblock_read_count 取較小值時的 200 MB/s，增加到使用很大值時的 600 MB/s。
- CPU 使用率從 db_file_multiblock_read_count 初始化參數取較小值時的 1.5 秒，下降到取很大值時的 0.5 秒。

也可以讓資料庫引擎自動設定 db_file_multiblock_read_count 初始化參數的值。要使用這個特性，只需不設定它就可以了。如公式 9-2 所示，接下來資料庫引擎就會嘗試將其設定為一個能夠允許 1MB 實體讀的值。然而，不管怎樣，如果緩衝區的大小與資料庫支援的對話數量相比非常小，就會應用某種合理性檢查以減小這個值。

公式 9-2 db_file_multiblock_read_count 初始化參數的預設值

$$db\_file\_multibolck\_read\_count \approx \text{least}\left(\frac{1048576}{db\_block\_size}, \frac{db\_cache\_size}{sessions \cdot db\_block\_size}\right)$$

正如之前描述的那樣，1 MB 的實體讀並不總是最佳選擇，所以建議不要使用這個特性。最好能夠具體問題具體分析以找出最合適的值。

要知道如果將無負載統計資訊與這個自動設定一起使用，mbrc 就不會被公式 9-1 自動設定的值取代，而是會使用 8 這個值。

4 optimizer_dynamic_sampling

以往，查詢最佳化工具的估算，只依靠儲存在資料字典中的物件統計資訊。有了動態採樣，情況就不一樣了。事實上，在解析階段也可能會動態收集某些統計資訊。這意味著要收集額外的資訊，會針對參照的物件執行一些（採樣）查詢。遺憾的是，由動態採樣收集的統計資訊，既不會儲存在資料字典中，也不會儲存在其他什麼地方。事實上重用它們的唯一方式，就是在共享游標內部重用它們。還要注意由動態採樣收集的技術並非一定要使用。實際上，查詢最佳化工具會執行一些合理性檢查，來決定是否應該使用它們。

> **注意** 自 12.1 版本開始，已使用**動態統計資訊**（**dynamic statistics**）取代了動態採樣。在本書中我總是使用舊名稱。

optimizer_dynamic_sampling 初始化參數的值（也叫作**層級**），指定如何以及何時使用動態採樣。表 9-1 總結了可接受的值和它們的含義。注意其預設值取決於 optimizer_features_enable 初始化參數。

- 如果將 optimizer_features_enable 設定為 10.0.0 或更高，預設值為層級 2。
- 如果將 optimizer_features_enable 設定為 9.2.0，預設值為層級 1。
- 如果將 optimizer_features_enable 設定為 9.0.1 或更低，則禁用動態採樣。

表 9-1 動態採樣的層級及其含義

級別	什麼時候使用動態採樣	區塊的數量*
0	禁用動態採樣	0
1	動態採樣用於沒有物件統計資訊的表。但是，只有滿足以下三個條件時才會發生：表上沒有索引，它是連線的一部分（也可以是子查詢或不可合併視圖），並且該表在高水位線以下擁有的區塊的數量，要比動態採樣需要的區塊數量多	32
2	動態採樣用於所有沒有物件統計資訊的表	64
3	動態採樣用於滿足層級 2 標準的所有表，此外，還有那些推測會用於估算述詞選擇率的表	32 或 64
4	動態採樣用於滿足層級 3 標準的所有表，此外，還包括在 WHERE 子句中參照兩個或兩個以上行的表	32 或 64
5	同層級 4	64
6	同層級 4	128
7	同層級 4	256
8	同層級 4	1024
9	同層級 4	4096
10	同層級 4	所有的區塊
11	查詢最佳化工具決定何時以及如何使用動態採樣。此層級從 11.2.0.4 版本開始才可用	自動決定

* 這是當動態採樣透過初始化參數或在敘述層級的語法中使用 hint 觸發時，用於採樣的區塊的數量。對於層級 3 和層級 4，如果物件統計資訊可用，則擷取 32 個區塊；否則，擷取 64 個區塊。當在物件層級的語法中使用 hint 的時候，以及對於從 1 到 9 的層級，區塊的數量是用下面的公式計算出來的：$32 \cdot 2^{(level-1)}$。

optimizer_dynamic_sampling 初始化參數是動態的，並且可以在實例層級以及對話層級進行修改。在 12.1 多租戶環境下，也可以在 PDB 層級進行設定。此外，也可以透過 hint dynamic_sampling 在敘述層級指定一個值。這個 hint 支援以下兩種語法。

- 敘述層級的語法覆蓋 optimizer_dynamic_sampling 初始化參數的值：dynamic_sampling(level)。
- 物件層級的語法只為特定的表觸發動態採樣：dynamic_sampling(table_alias level)。

警告 在物件層級語法中透過使用 hint 觸發動態採樣時，採樣總是會發生。換句話說，查詢最佳化工具不去檢查是否滿足在表 9-1 中提到的規則。但是，根據物件統計資訊是否已經可用，採樣的統計資訊可能會被丟棄掉。所有這些可能都是不必要的間接開支，所以我不推薦使用物件層級的語法。

從 11.2 版本開始，如果將 optimizer_dynamic_sampling 初始化參數設定為預設值，則由查詢最佳化工具自動決定如何以及何時將動態採樣用於並存執行的 SQL 敘述中。這樣做是因為平行 SQL 敘述可能會消耗大量的資源，因此，為其獲得盡可能好的執行計畫非常關鍵。

查詢最佳化工具可以使用動態採樣收集兩種類型的統計資訊。第一種類型包含以下幾個方面：

- 一個段高水位線以下的區塊的數量
- 一張表中行的數量
- 一個行中唯一值的數量
- 一個行中空值的數量

正如你所看到的，第一種類型的統計資訊等同於在資料字典中，應該已經可用的對應的統計資訊。因此，動態採樣收集的統計資訊，只有在物件統計資訊缺失或不準確（陳舊）的條件下才有意義。但是要知道，預設情況下，第一種類型的統計資訊只會為那些沒有物件統計資訊的物件進行收集。但是，可以透過指定 hint `dynamic_sampling_est_cdn(table_alias)` 強制收集。你可能需要在有統計資訊，但是統計資訊不準確時做這件事。這個 hint 會在如果不強制就不會收集時強制進行收集。

動態採樣收集的第二種類型的統計資訊包含以下幾項：

- 述詞的選擇率
- 連線的基數（僅從 12.1 版本開始）
- 彙總的基數（僅從 12.1 版本開始）

因為這些統計資訊超出了透過物件統計資訊能提供的資訊（儘管在某些情形中，述詞的選擇率可以透過擴充統計資訊獲得），它們意圖增加物件統計資訊能夠提供的資訊。有了它們，查詢最佳化工具可能能夠執行更好的估算。

下面的例子（11.2.0.3 版本中執行的 `dynamic_sampling_levels.sql` 腳本產生的摘錄）表明在哪種情況下 1 和 4 之間的值會引導動態採樣發生。用於測試的表透過下面的 SQL 敘述建立。最初，它們沒有物件統計資訊。注意，`t_noidx` 表和 `t_idx` 表唯一的不同是，後者有一個主鍵（因此也就有一個索引）：

```
CREATE TABLE t_noidx (id, n1, n2, pad) AS
SELECT rownum,
       rownum,
       cast(round(dbms_random.value(1,100)) AS VARCHAR2(100)),
       cast(dbms_random.string('p',1000) AS VARCHAR2(1000))
FROM dual
CONNECT BY level <= 1000

CREATE TABLE t_idx (id CONSTRAINT t_idx_pk PRIMARY KEY, n1, n2, pad) AS
SELECT *
FROM t_noidx
```

下面是首次執行的測試查詢。它們之間的唯一區別是，第一個參照的是 t_noidx 表，第二個參照的是 t_idx 表：

```
SELECT *
FROM t_noidx t1, t_noidx t2
WHERE t1.id = t2.id AND t1.id < 19

SELECT *
FROM t_idx t1, t_idx t2
WHERE t1.id = t2.id AND t1.id < 19
```

如果將層級設定為 1，則只會在第一查詢中執行動態採樣，因為第二個查詢參照的表上有索引。下面是為我的測試庫上的 t_noidx 表收集統計資訊時執行的遞迴查詢。為了更容易閱讀，一些 hint 被去掉了，並且用字面值替換了綁定變數。注意在執行這個測試查詢之前已打開 SQL 追蹤。接下來我要做的僅僅是觀察產生的追蹤檔，以找出執行的是哪一個遞迴 SQL 敘述：

```
SELECT NVL(SUM(C1),0),
       NVL(SUM(C2),0),
       COUNT(DISTINCT C3),
       NVL(SUM(CASE WHEN C3 IS NULL THEN 1 ELSE 0 END),0)
FROM (
  SELECT 1 AS C1,
         CASE WHEN “T1”.”ID”<19 THEN 1 ELSE 0 END AS C2,
         “T1”.”ID” AS C3
  FROM “CHRIS”.”T_NOIDX” SAMPLE BLOCK (20 , 1) SEED (1) “T1”
) SAMPLESUB
```

下面是需要重點關注的內容。

- 查詢最佳化工具計算總的行數，在 WHERE 子句（id < 19）中指定範圍內的行數，以及唯一值的數量和 id 行空值的數量。
- 必須要知曉查詢中使用的值。如果使用了綁定變數，查詢最佳化工具必須能夠竊探綁定變數，以便執行動態採樣。
- SAMPLE 子句是用來執行採樣的。在我的資料庫中 t_noidx 表佔用了 155 個區塊，所以採樣百分比為 20%（32/155）。

警告 根據你要處理的資料，可能需要層級 6 或 7 來確保動態採樣產生有代表性的資訊。畢竟，即使是層級 7，最多也只擷取 256 個區塊。依賴於資料總量和資料分布情況，擷取很少數量的資料區塊，可能不足以正確地代表一張表的整體內容。

如果將層級設定為 2，則在兩個測試查詢中都會執行動態採樣，在這個層級，當物件統計資訊缺失時總是會使用動態採樣。用來為兩張表收集統計資訊的遞迴查詢和之前展示的敘述是相同的。擷取百分比的增加是因為，在這個層級上，它是根據 64 個區塊而不是 32 個。此外，對於 t_idx 表，也會執行下面的遞迴查詢。它的目的是透過掃描索引代替之前查詢中掃描的表。這麼做是因為，在表上執行快速採樣，可能會漏掉在 WHERE 子句中述詞指定範圍內出現的資料。而如果這些資料存在，在索引上的快速掃描一定會定位到它們：

```
SELECT NVL(SUM(C1),0),
       NVL(SUM(C2),0),
       NVL(SUM(C3),0)
FROM (
  SELECT 1 AS C1,
         1 AS C2,
         1 AS C3
  FROM "CHRIS"."T_IDX""T1"
  WHERE "T1"."ID"<19
  AND ROWNUM <= 2500
) SAMPLESUB
```

動態採樣的下一個層級是 3。從這個層級開始，動態採樣也用於資料字典中有可用的物件統計資訊的情況。在執行進一步的測試之前，透過下面的 PL/SQL 程式碼區塊收集物件統計資訊：

```
BEGIN
  dbms_stats.gather_table_stats(ownname    => user,
                                tabname    => 't_noidx',
                                method_opt => 'for all columns size 1');
  dbms_stats.gather_table_stats(ownname    => user,
```

```
                        tabname     => 't_idx',
                        method_opt => 'for all columns size 1',
                        cascade     => true);
END;
```

如果將層級設定為 3 或更高，查詢最佳化工具會執行動態採樣，然後透過測算表中資料樣本的選擇率來估算述詞的選擇率，而不是使用來自資料字典的統計資訊以及可能是寫死的值。下面的兩個查詢驗證了這一點：

```
SELECT *
FROM t_idx
WHERE id = 19

SELECT *
FROM t_idx
WHERE round(id) = 19
```

對於第一個查詢，查詢最佳化工具能根據行統計資訊和長條圖估算 id=19 這個述詞的選擇率。因此沒有必要進行動態採樣。相反，對於第二個查詢（除非 round(id) 運算式上有擴充的統計資訊存在），查詢最佳化工具無法推斷出 round(id)=19 這個述詞的選擇率。事實上，行統計資訊和長條圖只提供關於 id 行本身的資訊，並沒有關於捨入值的。下面的查詢是用於動態採樣的。正如所看到的，它與之前討論的那個查詢有著相同的結構。c2 和 c3 行不同是因為導致動態採樣的 SQL 敘述中的 WHERE 子句不同了。因為一個運算式作用於索引的行（id）上，與 t_idx 表一樣，所以在這個特殊的案例中，在索引上沒有執行採樣：

```
SELECT NVL(SUM(C1),0),
       NVL(SUM(C2),0),
       COUNT(DISTINCT C3)
FROM (
  SELECT 1 AS C1,
         CASE WHEN ROUND("T_IDX"."ID")=19 THEN 1 ELSE 0 END AS C2,
         ROUND("T_IDX"."ID") AS C3
  FROM "CHRIS"."T_IDX" SAMPLE BLOCK (20 , 1) SEED (1) "T_IDX"
) SAMPLESUB
```

如果將層級設定為 4 或更高，當 WHERE 子句中參照同一張表中的兩個或兩個以上行時，查詢最佳化工具也會執行動態採樣。這樣做有助於在有相關行的情況下改進估算能力。下面的查詢提供了一個這方面的例子。如果你回頭查看建立測試表使用的 SQL 敘述，你會注意到 id 和 n1 行包含同樣的資料：

```
SELECT *
FROM t_idx
WHERE id < 19 AND n1 < 19
```

同樣在本例中，查詢最佳化工具透過與之前的例子結構相同的查詢執行動態採樣。同樣，主要的區別還是在於引起動態採樣的 SQL 敘述的 WHERE 子句：

```
SELECT NVL(SUM(C1),0),
       NVL(SUM(C2),0)
FROM (
  SELECT 1 AS C1,
         CASE WHEN "T_IDX"."ID"<19 AND "T_IDX"."N1"<19 THEN 1 ELSE 0
END AS C2
  FROM "CHRIS"."T_IDX" SAMPLE BLOCK (20 , 1) SEED (1) "T_IDX"
) SAMPLESUB
```

總結一下，你可以發現層級 1 和層級 2 通常沒有太大的幫助。事實上，表和索引都應該擁有最新的物件統計資訊。一個常見的例外是，當臨時表包含的臨時資料被存取的時候，臨時表可以由全域臨時表或普通表實現。實際上，對於它們來講，經常沒有物件統計資訊可供存取。關於臨時表的例外情況是，在 12.1 版本中，你可以利用對話層級統計資訊。不管怎樣，要知道一個對話可以共享另一個對話解析的游標，即使這一時刻它被使用了，與臨時表關聯的段包含完全不同的資料集。層級 3 以及更高的層級，對於改進「複雜」述詞的選擇率估算非常有用。因此，如果查詢最佳化工具因為「複雜的」述詞無法做出正確的估算，請將 optimizer_dynamic_sampling 初始化參數設定為 4 或更高的值。否則，就保持預設值吧。此外，在第 8 章中提到過，從 11.1 版本開始可以在運算式和行組上收集統計資訊。所以在某些情形下，應該能夠避免動態採樣。

5 optimizer_index_cost_adj

optimizer_index_cost_adj 初始化參數用於改變透過索引掃描的表存取的成本。合法的值為從 1 到 10,000。預設值是 100。大於 100 的值會使索引掃描成本更加高昂，並因此傾向於全資料表掃描。小於 100 的值會使索引掃描的成本降低。

要理解這個初始化參數對於成本公式的影響，描述查詢最佳化工具如何計算與根據索引範圍掃描的表存取有關的成本會很有幫助。

索引範圍掃描是對多個鍵值的索引查找。如圖 9-4 所示，執行的操作如下。

(1) 存取索引的根區塊。
(2) 遍歷分支區塊來定位包含第一個鍵值的葉子區塊。
(3) 對於每一個滿足搜尋條件的鍵值，執行以下操作：
  a. 擷取參照資料區塊的 rowid；
  b. 存取由 rowid 參照的資料區塊。

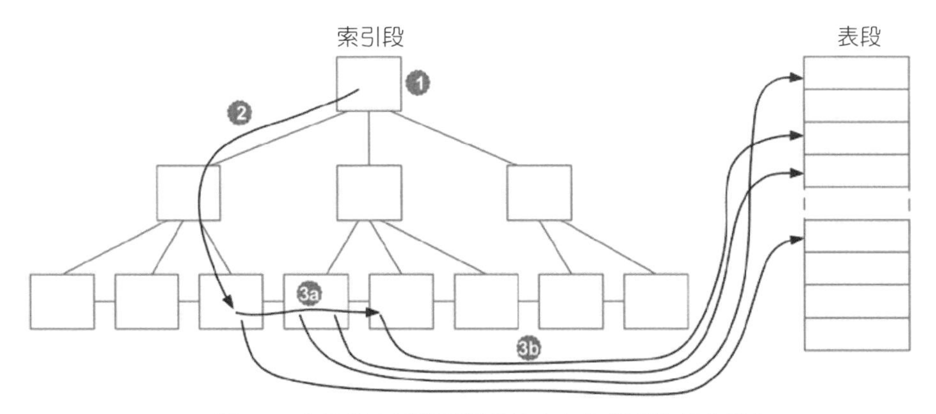

⬆ 圖 9-4 在根據索引範圍掃描的表存取期間執行的操作

一次索引範圍掃描執行的實體讀數量，等於定位包含第一個鍵值的葉子區塊所存取的分支區塊的數量（也就是 blevel 統計資訊），加上掃描的葉子區塊數量（leaf_blocks 統計資訊乘以操作的選擇率），再加上透過 rowid 存取的資料區塊數量（clustering_factor 統計資訊乘以操作的選擇率）。這樣就得到了公式 9-3，此外，合併考慮了 optimizer_index_cost_adj 初始化參數應用的修正。

公式 9-3 根據索引範圍掃描的表存取的 I/O 成本

$$in\_cost \approx (blevel + (leaf\_blocks + cluctering\_factor) \cdot selectivity) \cdot \frac{optimizer\_index\_cost\_adj}{100}$$

> **注意** 在公式 9-3 中，相同的選擇率被同時應用於計算索引存取的成本（圖 9-4 中的 3a 操作）和表存取的成本（3b 操作）。在現實中，查詢最佳化工具可能會為這兩個成本計算使用兩個不同的選擇率。當只有一部分篩檢條件是透過索引存取實施的時候，才有必要這樣做。例如，當一個索引由三個行組成，而第二個行上沒有限制條件時，就會出現這種情況。

概括起來，你可以看到 optimizer_index_cost_adj 初始化參數對索引存取的 I/O 成本有著直接的影響。將它設定為一個比預設值小的值時，所有的成本成比例下降。在某些情況下這可能是個問題，因為查詢最佳化工具會對其估算的結果進行捨入操作。這就意味著，即使一些索引的物件統計資訊是不同的，但是從查詢最佳化工具的角度來看，它們可能都擁有一樣的成本。如果幾個成本數值上相等，查詢最佳化工具則根據索引的名稱決定使用哪一個！它直接按字母順序選擇第一個。在接下來的例子中將展示這個問題。注意當 optimizer_index_cost_adj 初始化參數和索引名稱發生變化時，INDEX RANGE SCAN 操作使用的索引是如何變化的。下面是對 optimizer_index_cost_adj.sql 腳本產生輸出的一段摘錄：

```
SQL> ALTER SESSION SET OPTIMIZER_INDEX_COST_ADJ = 100;

SQL> SELECT * FROM t WHERE val1 = 11 AND val2 = 11;

-------------------------------------------------
| Id  | Operation                   | Name     |
-------------------------------------------------
|   0 | SELECT STATEMENT            |          |
|*  1 |  TABLE ACCESS BY INDEX ROWID| T        |
|*  2 |   INDEX RANGE SCAN          | T_VAL2_I |
-------------------------------------------------
```

```
  1 - filter( "VAL1" =11)
  2 - access( "VAL2" =11)

SQL> ALTER SESSION SET OPTIMIZER_INDEX_COST_ADJ = 10;

------------------------------------------------
| Id  | Operation                   | Name     |
------------------------------------------------
|   0 | SELECT STATEMENT            |          |
|*  1 |  TABLE ACCESS BY INDEX ROWID| T        |
|*  2 |   INDEX RANGE SCAN          | T_VAL1_I |
------------------------------------------------

   1 - filter( "VAL2" =11)
   2 - access( "VAL1" =11)

SQL> ALTER INDEX t_val1_i RENAME TO t_val3_i;

SQL> SELECT * FROM t WHERE val1 = 11 AND val2 = 11;

------------------------------------------------
| Id  | Operation                   | Name     |
------------------------------------------------
|   0 | SELECT STATEMENT            |          |
|*  1 |  TABLE ACCESS BY INDEX ROWID| T        |
|*  2 |   INDEX RANGE SCAN          | T_VAL2_I |
------------------------------------------------

   1 - filter( "VAL1" =11)
   2 - access( "VAL2" =11)
```

要避免這種不穩定性，通常我不推薦將 optimizer_index_cost_adj 初始化參數設定為較低的值。同樣重要的是，系統統計資訊提供與全表範圍掃描相關的成本的修正。這就是說，如果系統統計資訊就位，預設值通常會表現良好。還要注意系統統計資訊沒有這個參數所擁有的缺點，因為系統統計資訊是增加成本而非降低成本。

optimizer_index_cost_adj 初始化參數是動態的，並且可以在實例和對話層級修改。在 12.1 版本的多租戶環境下，也可以在 PDB 層級設定它。

6 optimizer_index_caching

optimizer_index_caching 初始化參數用於指定在 in-list 反覆運算操作和巢狀迴圈連線的執行期間，預期在緩衝區中快取的索引區塊總量（按百分比算）。應該注意到，這個初始化參數的值僅被查詢最佳化工具用來調整它的估算值。換句話說，它並不指定每個索引應該由資料庫引擎快取多少。合法的值範圍是從 0 到 100。預設值是 0。比 0 大的值降低 in-list 反覆運算操作和巢狀迴圈連線的內部迴圈執行的索引掃描的成本。正因如此，optimizer_index_caching 參數被用來增加這些操作的使用率。

公式 9-4 展示了將修正應用於前一小節呈現的索引範圍掃描成本公式（公式 9-3）後的結果。

公式 9-4 根據索引範圍掃描的表存取的 I/O 成本

$$io\_cost \approx \left\{(blevel + leaf\_blocks \cdot selectivity) \cdot \left(1 - \frac{optimizer\_index\_caching}{100}\right) + clustering\_factor \cdot selectiuity\right\} \cdot \frac{optimizer\_index\_cost\_adj}{100}$$

這個初始化參數擁有與上一節中描述的 optimizer_index_cost_adj 初始化參數類似的缺點。雖然如此，它的影響普遍較小主要因為兩個原因。首先，它只用於巢狀迴圈和 in-list 反覆運算操作。其次，它對於用於索引範圍掃描的成本公式（公式 9-4）的群集因數部分沒有影響。因為群集因數經常是成本公式中最大的因數，所以這個初始化參數不太可能導致錯誤的決定。總之，這個初始化參數對於查詢最佳化工具的影響比 optimizer_index_cost_adj 初始化參數要小。也就是說，預設值通常工作良好。

optimizer_index_caching 初始化參數是動態的，並且可以在實例和對話層級修改。在 12.1 版本的多租戶環境下，也可以在 PDB 層級設定它。

7 optimizer_secure_view_merging

optimizer_secure_view_merging 初始化參數可以用來控制類似視圖合併和述詞移動之類別的查詢轉換（詳見第 6 章）。可以將它設定為 FALSE 或 TRUE。預設值是 TRUE。

- FALSE 允許查詢最佳化工具無需檢查應用查詢變換是否會導致安全問題就這樣做。
- TRUE 允許查詢最佳化工具在只有應用查詢變換不會導致安全問題時才這樣做。

> **注意** 因為名稱的原因，你可能會認為 optimizer_secure_view_merging 初始化參數只與視圖合併有關。但是，它控制著所有可能導致安全問題的查詢變換。用這個名稱的原因很簡單：最初實現它時，它只能控制視圖合併。

要理解這個初始化參數的影響，我們來看一個例子，該例子展示了為何從安全的角度來看視圖合併可能是危險的（完整範例參見 optimizer_secure_view_merging.sql 腳本）。

假定你有一張很簡單的表，該表擁有一個主鍵和另外兩個行：

```
CREATE TABLE t (
  id NUMBER(10) PRIMARY KEY,
  class NUMBER(10),
  pad VARCHAR2(10)
)
```

根據安全的原因，你想要透過下面的視圖來提供對這張表的存取。注意透過函數應用的篩檢條件來部分地顯示這張表的內容。這個函數是如何實現的以及它到底做什麼不重要：

```
CREATE OR REPLACE VIEW v AS
SELECT *
FROM t
WHERE f(class) = 1
```

舉個例子，一個有權使用這個視圖的用戶建立了下面的 PL/SQL 函數。如你所見，它會直接透過對 dbms_output 套件的呼叫來顯示輸入參數的值：

```
CREATE OR REPLACE FUNCTION spy (id IN NUMBER, pad IN VARCHAR2) RETURN
NUMBER AS
BEGIN
  dbms_output.put_line('id='||id||' pad='||pad);
  RETURN 1;
END;
```

將 optimizer_secure_view_merging 初始化參數設定為 FALSE，可以執行兩個測試查詢。兩個查詢都只會回傳允許使用者查看的那部分值。然而，在第二個查詢中，由於視圖合併，在查詢中新增的函數的執行要早於對函數實施的安全檢查。因此，你能夠看到你本不能夠存取的資料：

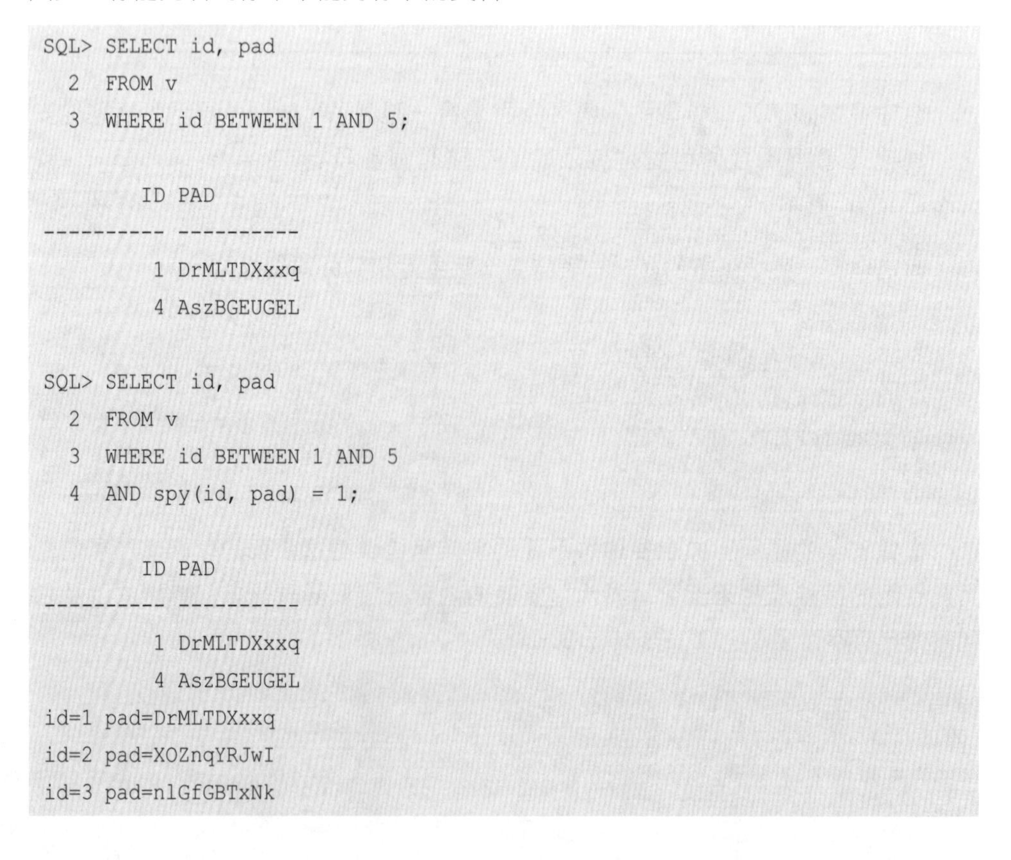

```
SQL> SELECT id, pad
  2  FROM v
  3  WHERE id BETWEEN 1 AND 5;

        ID PAD
---------- ----------
         1 DrMLTDXxxq
         4 AszBGEUGEL

SQL> SELECT id, pad
  2  FROM v
  3  WHERE id BETWEEN 1 AND 5
  4  AND spy(id, pad) = 1;

        ID PAD
---------- ----------
         1 DrMLTDXxxq
         4 AszBGEUGEL
id=1 pad=DrMLTDXxxq
id=2 pad=XOZnqYRJwI
id=3 pad=nlGfGBTxNk
```

```
id=4 pad=AszBGEUGEL
id=5 pad=qTSRnFjRGb
```

將 optimizer_secure_view_merging 設定為 TRUE，第二個查詢回傳如下的輸出結果。你可以看到，函數和查詢顯示了相同的資料：

```
SQL> SELECT id, pad
  2  FROM v
  3  WHERE id BETWEEN 1 AND 5
  4  AND spy(id, pad) = 1;

        ID PAD
---------- ----------
         1 DrMLTDXxxq
         4 AszBGEUGEL
id=1 pad=DrMLTDXxxq
id=4 pad=AszBGEUGEL
```

注意，如果視圖的所有者和查詢的發起者是同一個用戶，optimizer_secure_view_merging 初始化參數就會被忽略（因為，阻止一個用戶查看他已經可以直接透過查詢視圖所參照的表來讀取的資料，這是毫無意義的）。

一個類似的例子，但是用來展示述詞移動應用於虛擬私有資料庫（VPD）述詞上時的影響，可以在 optimizer_secure_view_merging_vpd.sql 腳本中找到。

概括起來，透過將 optimizer_secure_view_merging 初始化參數設定為 TRUE，查詢最佳化工具檢查查詢變換是否會導致安全問題。如果會導致這種問題，則查詢變換不會被執行，此時效能表現可能不是最優的。根據這個原因，如果你沒有將視圖也沒有將 VPD 用作安全用途，我建議你將 optimizer_secure_view_merging 初始化參數設定為 FALSE。

optimizer_secure_view_merging 初始化參數是動態的，並且可以在實例層級修改。在 12.1 版本的多租戶環境下，也可以在 PDB 層級進行設定。但是如果使用者擁有 MERGE VIEW 物件使用權限或者 MERGE ANY VIEW 系統許可權，則不受這個初始化參數施加的限制條件影響。要知道，預設的 dba 角色提供 MERGE ANY VIEW 系統許可權。

9.3.2 PGA 管理

為了執行在記憶體中儲存資料的 SQL 操作（例如，排序操作和雜湊聯結），會使用**工作區**。這些工作區在每個服務進程的私有記憶體（PGA）中進行分配。本節將描述設定這些工作區的初始化參數。

通常，更大的工作區會提供更好的效能。因此，你應該將系統中可用的未分配記憶體用於工作區的分配中。但是，在修改它的時候要小心。工作區的大小也會對查詢最佳化工具的估算產生影響。可以預見的是，改變不僅會展現在效能方面，也會展現在執行計畫上。換句話說，如果想避免意想不到的情況，那麼所有的修改都應該是經過仔細測試的。

總的來說，本節不會為所描述的初始化參數提供「合理的」值。為某一個應用程式找出合理值的唯一辦法，是測試並測量達到合理的效能所需要的 PGA 的大小。事實上，記憶體總量只對效能有影響而對一個操作該如何執行沒有影響。

1 workarea_size_policy

workarea_size_policy 初始化參數指定如何調整工作區大小的工作。可以將它設定為下面兩個值中的一個。

- auto：單個工作區的大小調整委託給記憶體管理器。透過 pga_aggregate_target 初始化參數，只有整個系統的 PGA 總量被指定。這是預設值。
- manual：透過 hash_area_size、sort_area_size、sort_area_retained_size 以及 bitmap_merge_ area_size 初始化參數，可以完全控制工作區大小的調整。

在大多數情形中，記憶體管理器執行良好，所以極力推薦將 PGA 的管理委託給它。只有在很少的情況下手動精心調整可以提供比自動 PGA 管理更好的結果。

workarea_size_policy 初始化參數是動態的，並且可以在實例和對話層級修改。因此可以在系統層級啟用自動 PGA 管理，然後對於特殊要求，在對話層級切換為手動 PGA 管理。在 12.1 版本的多租戶環境下，也可以在 PDB 層級進行設定。

2 pga_aggregate_target

如果啟用了自動 PGA 管理，pga_aggregate_target 參數指定（按位元組）分配給一個資料庫實例的 PGA 總量。支援的值的範圍是從 10 MB~4 TB。預設值是系統全域區（SGA）大小的 20%。對於如何使用這個值很難提供任何具體的建議。但是，在所有的系統上，每個平行的對話至少需要幾百萬位元組的記憶體。

> **注意** 自 11.1 版本開始，memory_target 和 memory_max_target 初始化參數可以用於指定一個資料庫實例使用的記憶體總量（也就是 SGA 大小加上合計的 PGA 大小）。設定了這兩個參數之後，資料庫引擎會自動按需要在 SGA 和 PGA 之間重新分配記憶體。在這樣的設定中，pga_aggregate_target 初始化參數僅用來設定 PGA 的最小值。

要說明記憶體管理器是如何工作的，我在 11.2.0.3 版本中執行了一個需要 60 MB 左右 PGA 的查詢，並逐漸遞增平行對話的數量（1~50）。對於每一次反覆運算，都檢查由資料庫實例分配的最大 PGA 總量，並查看由執行查詢的對話分配的平均 PGA 總量。pga_aggregate_target 初始化參數被設定為 1 GB。這就意味著，如果目標兌現，應該最多有 17 個對話（1 GB/60 MB）能夠獲得必要的 PGA，進而在記憶體中執行整個敘述。圖 9-5 展示了測試的結果。正如你所看到的，資料庫實例分配的最大 PGA 成長了，與設定的一樣，達到了 1 GB。注意，在第 19 個平行對話之前，系統 PGA 與對話數差不多成比例成長。超過 17 個對話時，系統開始減少提供給每個對話的 PGA 總量。

一定要理解 pga_aggregate_target 初始化參數的值並非一個硬性限制，而是更傾向於一個目標值。因此，如果指定的值過低，則資料庫引擎可以自由分配比指定的值更多的記憶體。之所以允許這樣做是因為，如果無法為操作分配請求的記憶體則會導致其失敗。但是你仍然可以使用 pga_aggregate_limit 初始化參數（參見下一節）設定一個硬性限制。這個參數從 12.1 版本開始可用。在這之前的版本中它不可用。

為了展示一個資料庫實例過度分配 PGA 的案例，我透過將 pga_aggregate_target 初始化參數設定為 128 MB 重新執行之前的測試。換句話說，我指定的值遠遠不夠執行 50 個每個都需要 60 MB 記憶體的平行對話。圖 9-6 顯示了測試的結果。你可以看到，即便是單個對話也無法獲取足夠的 PGA 來在記憶體中執行查詢。實際上，那個對話只獲得了所需要記憶體的一半。隨著平行對話數量的增加，越來越多的 PGA 被分配。到第 50 個對話的時候，使用了大約 400 MB 的 PGA——比設定的目標值的三倍還多。

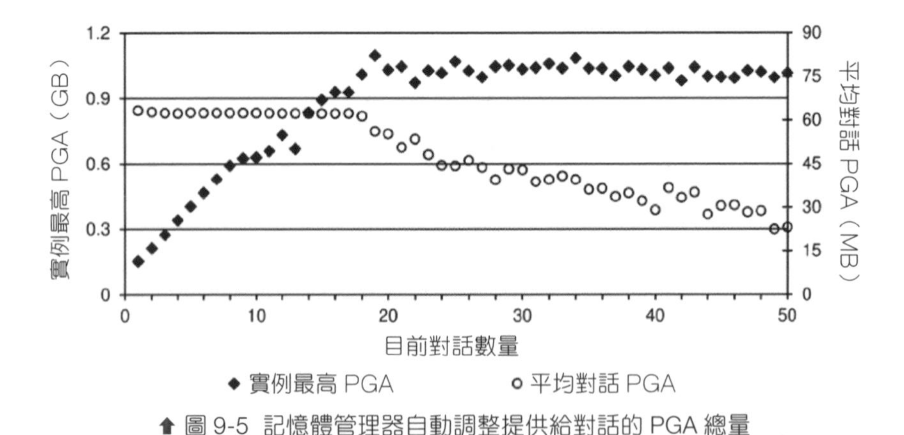

⬆ 圖 9-5 記憶體管理器自動調整提供給對話的 PGA 總量

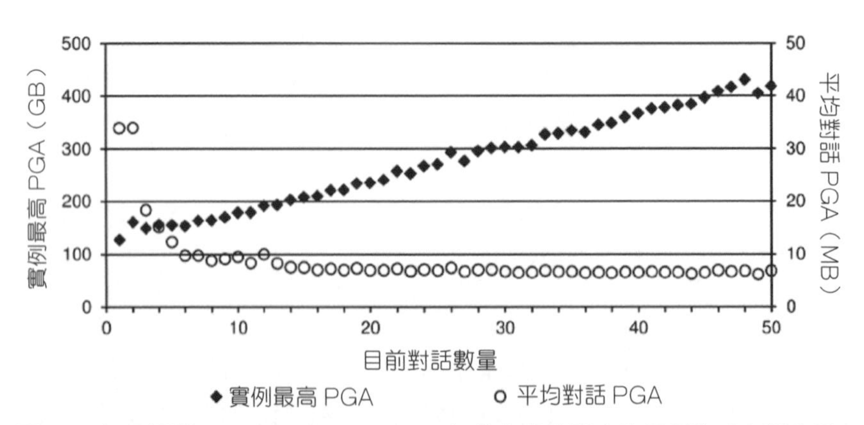

⬆ 圖 9-6 如果透過 `pga_aggregate_target` 初始化參數設定的目標值（本例中是 128 MB）過低，則記憶體管理器不會遵守它

要瞭解一個系統是否經歷過 PGA 過度分配的情況，可以使用接下來針對 `v$pgastat` 視圖的查詢。（注意，查詢的輸出顯示的是資料庫實例執行完圖 9-6 所示的測試之後的最終狀態。）如果像顯示的那樣，`maximum PGA allocated` 的值遠

遠高於 aggregate PGA target parameter 的值，就表示 pga_aggregate_target 初始化參數的值不合適。在這種情況下，重要的是要瞭解過度分配發生的頻率。出於這個目的，over allocation count 統計資訊表明資料庫實例從上一次啟動後，不得不分配比透過 pga_aggregate_target 初始化參數指定的值更多的 PGA 的次數。理想情況下這個值應該是 0：

```
SQL> SELECT name, value, unit
  2  FROM v$pgastat
  3  WHERE name IN ('aggregate PGA target parameter',
  4                 'maximum PGA allocated',
  5                 'over allocation count');

NAME                                VALUE  UNIT
------------------------------ ---------- -----
aggregate PGA target parameter 134217728  bytes
maximum PGA allocated          418658304  bytes
over allocation count                 94
```

你還可以透過 v$pgastat 視圖獲得關於目前分配的 PGA 總量，以及它們中有多少是用於自動或手動工作區的資訊。下面的查詢說明了這一點。注意儘管擁有 total 首碼的統計資料提供了目前的使用情況，擁有 maximum 首碼的統計資料，會提供自上一次資料庫實例啟動以來的最高使用情況：

```
SQL> SELECT name, value, unit
  2  FROM v$pgastat
  3  WHERE name LIKE '% PGA allocated' OR name LIKE '% workareas';

NAME                                          VALUE UNIT
-------------------------------------- ---------- -----
total PGA allocated                       999358464 bytes
maximum PGA allocated                    1015480320 bytes
total PGA used for auto workareas         372764672 bytes
maximum PGA used for auto workareas       614833152 bytes
total PGA used for manual workareas               0 bytes
maximum PGA used for manual workareas             0 bytes
```

還要注意，在這個輸出當中，分配的 PGA 只有一部分是用於工作區。很明顯，還有其他的東西儲存在 PGA 中。關鍵點是，每個請求一些記憶體來執行 SQL 敘述或 PL/SQL 副程式的進程，都能夠分配一部分透過 pga_aggregate_target 初始化參數設定的 PGA。即使這些記憶體在不用於工作區的情況下也可以完成分配。因為記憶體管理器無法控制這些附加的記憶體結構（又稱為無法調整的記憶體）的大小，部分 PGA 也不在記憶體管理器的控制下。因此，根據系統負載，工作區可用的 PGA 總量會隨時間而變化。在任意指定的時刻，可以透過 aggregate PGA auto target 統計資訊查看可用的記憶體總量。接下來的例子是來自 pga_auto_target.sql 腳本輸出的一段摘錄，顯示了如何透過 PL/SQL 呼叫定義的收集操作來分配 500 MB 的 PGA，進而減少工作區可用的記憶體總量：

```
SQL> SELECT name, value, unit
  2  FROM v$pgastat
  3  WHERE name LIKE 'aggregate PGA %';

NAME                                  VALUE UNIT
------------------------------ ----------- -----
aggregate PGA target parameter  1073741824 bytes
aggregate PGA auto target        910411776 bytes

SQL> execute pga_pkg.allocate(500000)

SQL> SELECT name, value, unit
  2  FROM v$pgastat
  3  WHERE name LIKE 'aggregate PGA %';

NAME                                  VALUE UNIT
------------------------------ ----------- -----
aggregate PGA target parameter  1073741824 bytes
aggregate PGA auto target        375754752 bytes

SQL> execute dbms_session.reset_package;

SQL> SELECT name, value, unit
  2  FROM v$pgastat
```

```
  3  WHERE name LIKE 'aggregate PGA %';

NAME                            VALUE UNIT
------------------------------ ---------- -----
aggregate PGA target parameter 1073741824  bytes
aggregate PGA auto target        910411776  bytes
```

pga_aggregate_target 初始化參數是動態的，並且可以在實例層級修改。在 12.1 版本的多租戶環境下，也可以在 PDB 層級進行設定。

3 pga_aggregate_limit

pga_aggregate_limit 初始化參數是 12.1 版本中最新出現的。它對資料庫實例可以使用的 PGA 總量做出了一個硬性限制。這個參數很有用，因為就像上一節描述的那樣，透過 pga_aggregate_target 初始化參數設定的值只是一個目標值，而非硬性限制。在 12.1 版本中，如有必要，可以同時指定一個硬性限制。

pga_aggregate_limit 初始化參數的預設值被設定為以下值中較大的那一個：

- 2 GB
- pga_aggregate_target 初始化參數的值的兩倍
- 3 MB 乘以 processes 初始化參數的值

因此，預設情況下會強加一個限制。要避免限制就必須將這個參數設定為 0。將這個參數設定為一個比預設值低的值（除了在初始設定檔案或伺服器參數檔中）是不可能的。在嘗試設定比預設值低的限制時會引發以下錯誤：

```
SQL> ALTER SYSTEM SET pga_aggregate_limit = 1G;
ALTER SYSTEM SET pga_aggregate_limit = 1G
*
ERROR at line 1:
ORA-02097: parameter cannot be modified because specified value is invalid
ORA-00093: pga_aggregate_limit must be between 2048M and 100000G
```

當達到限制時，資料庫引擎會終止呼叫甚至是殺掉對話。為了選擇要處理的對話，資料庫引擎不考慮最大的 PGA 利用率。相反，資料庫引擎會考慮使用最多的不可調整記憶體總量的對話。當呼叫被終止時，會引發以下錯誤：

```
ORA-04036: PGA memory used by the instance exceeds PGA_AGGREGATE_LIMIT
```

當對話被殺掉時，會引發一個典型的 ORA-03113 錯誤：

```
ORA-03113: end-of-file on communication channel
Process ID: 5125
Session ID: 17 Serial number: 39
```

此外，會將類似下面這樣的對應的資訊寫入到 alert.log 中：

```
PGA memory used by the instance exceeds PGA_AGGREGATE_LIMIT of 2048 MB
Immediate Kill Session#: 17, Serial#: 39
Immediate Kill Session: sess: 0x77eb7478 OS pid: 5125
```

pga_aggregate_limit 初始化參數是動態的，並且只能在實例層級更改。在 12.1 版本的多租戶環境下，也可以在 PDB 層級進行設定。

4 sort_area_size

如果啟用了手動 PGA 管理，sort_area_size 初始化參數指定（按位元組）用於合併聯結、排序以及彙總（包括雜湊分組）的工作區的大小。注意，這是一個工作區的大小，而一個單獨的對話可能會分配多個工作區（詳見第 14 章）。因此，用於整個系統的 PGA 總量取決於分配的工作區的數量，而不是對話的數量。預設值是 64 KB。儘管幾乎不可能提供關於建議值的一般性建議，預設值確實很小，而通常至少需要使用 512 KB/1 MB。值得注意的是，工作區並非總是完全分配的。換句話說，透過 sort_area_size 初始化參數指定的值只是一個限制。因此，指定一個比實際需要大的值不一定會有問題。

sort_area_size 初始化參數是動態的，並且可以在實例和對話層級修改。在 12.1 版本的多租戶環境下，也可以在 PDB 層級進行設定。

5 sort_area_retained_size

在上一節中，你瞭解到 sort_area_size 初始化參數指定用於排序操作的工作區的最大尺寸。儘管嚴格來說，sort_area_size 初始化參數只是指定了當排序操作發生時使用的記憶體總量。當獲得最後一行並將其包含在工作區中儲存的已排序結果中後，仍需將記憶體僅用作將已排序結果回傳給父操作的緩衝區。sort_area_retained_size 初始化參數指定（按位元組）為這個讀快取保留的記憶體總量。這個初始化參數僅用於啟用了手動 PGA 管理時。儘管預設值是從 sort_area_size 初始化參數得到的，在 v$parameter 視圖中其顯示為 0。

要設定這個初始化參數，你必須清楚，如果將它設定為一個比 sort_area_size 初始化參數低的值，並且結果集無法納入到保留的記憶體中，當排序操作完成時，資料就會湧入臨時段中。即使排序操作本身是完全在記憶體中執行的，也可能發生這種情況！因此，為了更好的效能而使用預設值是明智的。只有當系統真的在記憶體上捉襟見肘時，才有理由設定這個參數。

sort_area_retained_size 初始化參數是動態的，並且可以在實例和對話層級進行修改。在 12.1 版本的多租戶環境下，也可以在 PDB 層級進行設定。

6 hash_area_size

如果啟用了手動 PGA 管理，hash_area_size 初始化參數指定（按位元組）用於雜湊聯結的工作區的大小。要清楚這是一個工作區的大小，而一個單獨的對話可能會分配多個工作區。這意味著用於整個系統的 PGA 總量取決於分配的工作區的數量，而非對話的數量。預設值是 sort_area_size 初始化參數值的兩倍。同樣，提供具體的建議值非常困難。不管怎樣，對於多達 4 MB 的值，至少應該將其設定為 sort_area_size 初始化參數值的四到五倍。如果不這樣，查詢最佳化工具可能會對雜湊聯結的成本評估過高，並因此傾向於為它們使用合併聯結。同樣，工作區並非總是完全分配的。換句話説，透過 hash_area_size 初始化參數指定的值，只是一個限制值。指定一個比實際需要大的值不一定會有問題。

hash_area_size 初始化參數是動態的，並且可以在實例和對話層級進行修改。在 12.1 版本的多租戶環境下，也可以在 PDB 層級進行設定。

7 bitmap_merge_area_size

如果啟用了手動 PGA 管理，bitmap_merge_area_size 初始化參數指定（按位元組）用於合併與點陣圖索引關聯的點陣圖的工作區大小。預設值是 1 MB。再説一次，幾乎不可能提供關於建議值的一般性建議。很明顯，如果使用了很多點陣圖索引（例如，由於星型轉換的原因，參見第 14 章），則更大的值可能會改進效能。

bitmap_merge_area_size 初始化參數是靜態參數，並且不能在系統或對話層級進行修改。因此必須要重啟資料庫實例才能設定它。在 12.1 版本的多租戶環境下，不可以在 PDB 層級進行設定。

9.4 小結

本章主要講述如何透過設定初始化參數來實現查詢最佳化工具的合理設定。因此，不僅要理解初始化參數是如何工作的，還要理解物件和系統統計資訊是如何影響查詢最佳化工具的。

即使完成了最佳設定，查詢最佳化工具也可能出現無法找出高效執行計畫的情況。對一個 SQL 敘述的效能有疑問時，首先需要做的就是審查執行計畫。第 10 章將討論如何獲得執行計畫，以及更重要的，如何解釋它們，另外也會介紹一些識別低效執行計畫的規則。

Chapter

10

執行計畫

執行計畫描述資料庫引擎執行 SQL 敘述時實施的操作。每當你不得不去分析一個與 SQL 敘述有關的效能問題時，或者對查詢最佳化工具創造條件做出的決定有疑問時，你必須瞭解執行計畫。沒有它，你就像一個拿著拐杖的盲人走在撒哈拉大沙漠的中央，四處摸索著試圖找出一條出路。當分析或質疑一個 SQL 敘述的效能時，需要做的第一件事就是獲取它的執行計畫，這再怎麼強調都不為過。

無論何時處理一個執行計畫，你都需要實施三個基本操作：獲取它，解釋它，然後評估它的效率。本章的目標是詳細描述應該如何執行這三個操作。

10.1 獲取執行計畫

基本上，Oracle Database 提供五種方法來獲取與某個 SQL 敘述關聯的執行計畫。

- 執行 EXPLAIN PLAN 敘述，然後查詢其輸出所寫入的表。
- 查詢動態效能視圖來顯示快取在函式庫快取中的執行計畫。
- 使用即時監控（Real-time Monitoring）來獲取關於正在執行或剛剛執行完畢的 SQL 敘述的資訊。
- 查詢自動工作負載儲存庫（AWR）或 statspack 表，顯示儲存在儲存庫中的執行計畫。
- 啟動追蹤功能提供執行計畫。

儘管還有其他獲取執行計畫的方法（例如，在第 11 章中會講到，透過與 SQL 探查和 SQL 計畫基線相關的特性），但是那些方法無法直接用來獲取一個與指定 SQL 敘述關聯的執行計畫。因此，本章不會介紹這些內容。因為所有顯示執行計畫的工具都是利用剛才所列的五種方法之一，接下來的內容只會講述基礎知識而不會關注某個具體的工具，例如 Oracle Enterprise Manager、PL/SQL Developer 或 Toad 等。不討論這些工具的原因還有，多半情況下，它們無法提供進行一個完全分析所需的全部資訊。注意，即時監控已在第 4 章中提到過。

10.1.1 EXPLAIN PLAN 敘述

`EXPLAIN PLAN` 的目標是接受一個 SQL 敘述作為輸入，然後提供它的執行計畫和相關資訊，並在**計畫表**中作為輸出顯示。換句話說，透過這個敘述可以詢問查詢最佳化工具，什麼樣的執行計畫將用於指定 SQL 敘述的執行。

圖 10-1 展示了 `EXPLAIN PLAN` 敘述的語法。可用的參數如下。

- `statement` 指定應該為哪一條 SQL 敘述提供執行計畫。支援的 SQL 敘述如下：`SELECT`、`INSERT`、`UPDATE`、`MERGE`、`DELETE`、`CREATE TABLE`、`CREATE INDEX` 以及 `ALTER INDEX`。
- `id` 指定一個名稱，用於區分儲存在計畫表中的多個執行計畫。支援 30 個字元以內的任何字串。這個參數是可選的，預設值是 `NULL`。
- `table` 指定將關於執行計畫的資訊插入到的計畫表的名稱。這個參數是可選的，預設值是 `plan_table`。一旦有需要，也可以使用通常的語法指定一個模式名以及資料庫連結名：`schema.table@dblink`。

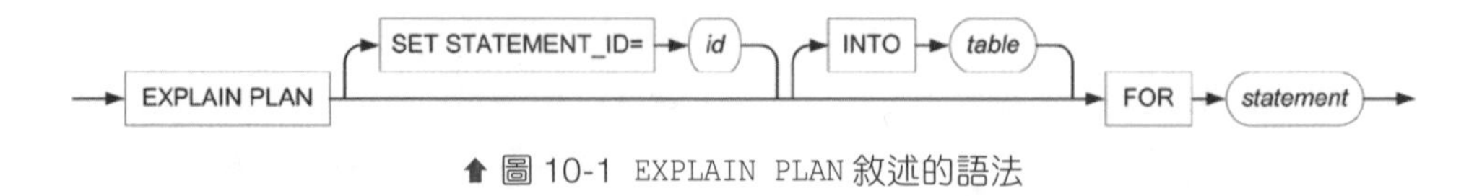

⬆ 圖 10-1 `EXPLAIN PLAN` 敘述的語法

一定要認識到 `EXPLAIN PLAN` 敘述是一個 DML 敘述，而非一個 DDL 敘述。這意味著它不會為目前的事務執行一個隱式提交。它只是簡單地將資料插入到計畫表中。

要執行 EXPLAIN PLAN 敘述，需要將執行 SQL 敘述的許可權作為一個參數傳遞進去。注意當獲取視圖的執行計畫時，同樣需要所有底層表和視圖的許可權。因為這有點違反直覺，看一下下面的例子。注意為何用戶能夠執行一個參照 user_objects 視圖的查詢，卻不能為相同的查詢敘述執行 EXPLAIN PLAN 敘述：

```
SQL> SELECT count(*)FROM user_objects;

  COUNT(*)
----------
        29

SQL> EXPLAIN PLAN FOR SELECT count(*)FROM user_objects;
EXPLAIN PLAN FOR SELECT count(*)FROM user_objects
                                       *
ERROR at line 1:
ORA-01039: insufficient privileges on underlying objects of the view
```

就像錯誤資訊中指出的，使用者缺少一個或幾個被 user_objects 視圖參照的資料字典表的 SELECT 許可權。

1 計畫表

計畫表是 EXPLAIN PLAN 敘述輸出內容寫入的地方。如計畫表不存在，則會拋出一個錯誤。預設的計畫表歸 SYS 所有，一個名為 plan_table 的公共同義詞將這張表暴露給所有的用戶。一旦需要一張私有的計畫表，透過 utlxplan.sql 腳本手動建立是一個不錯的實踐，腳本可以在 $ORACLE_HOME/rdbms/admin 目錄下找到。如果計畫表是手動建立的，一旦執行了資料庫升級，不要忘記將計畫表刪掉並重新建立。實際上，這往往會發生在新版本新增了新屬性的時候。

有趣的是，預設的計畫表是一張會將資料儲存直到對話結束的全域臨時表[1]。透過這種方式，幾個平行的使用者可以同時使用它而不互相干擾。

1 換句話說，它是一張使用 on commit preserve rows 選項建立的全域臨時表。

要將計畫表與 EXPLAIN PLAN 敘述一起使用，至少需要 INSERT 和 SELECT 許可權。儘管可以不使用 DELETE 許可權執行基本的操作，但最好還是授予該許可權。

在這裡我不會完整地描述計畫表，原因很簡單：你通常不會直接查詢它。關於這張表的行的詳細描述，請參考 *Performance Tuning Guide*（11.2 及之前的版本），或 *SQL Tuning Guide*（從 12.1 版本開始）。

2 查詢計畫表

很顯然，可以直接透過針對計畫表發起查詢來獲取執行計畫。但是，使用 dbms_xplan 套件的 display 函數會簡單得多，如接下來的例子所示。可以看到，它的使用非常簡單。實際上，為了顯示 EXPLAIN PLAN 敘述產生的執行計畫，呼叫這個函數就足夠了。注意這個函數回傳的值（即一個結果集）是如何透過 table 函數轉換的：

```
SQL> EXPLAIN PLAN FOR SELECT * FROM emp WHERE deptno = 10 ORDER BY ename;

SQL> SELECT * FROM table(dbms_xplan.display);

PLAN_TABLE_OUTPUT
---------------------------------------------------------------------------
Plan hash value: 150391907

---------------------------------------------------------------------------
| Id  | Operation           | Name | Rows | Bytes | Cost (%CPU)| Time     |
---------------------------------------------------------------------------
|   0 | SELECT STATEMENT    |      |    3 |   114 |      3 (34)| 00:00:01 |
|   1 |  SORT ORDER BY      |      |    3 |   114 |      3 (34)| 00:00:01 |
|*  2 |   TABLE ACCESS FULL| EMP  |    3 |   114 |      2 (0) | 00:00:01 |
---------------------------------------------------------------------------

Predicate Information (identified by operation id):
---------------------------------------------------
  2 - filter("DEPTNO"=10)
```

display 函數不僅僅限於不帶參數的用法。根據這個原因，本章稍後會介紹 dbms_xplan 套件，探索所有的可能性，包括對產生的輸出的描述。

3 綁定變數陷阱

我遇到過的使用 EXPLAIN PLAN 敘述最常見的錯誤是，指定了一個有別於要分析的敘述的 SQL 敘述。當然，那會導致錯誤的執行計畫。因為格式本身對執行計畫沒有影響，差別通常由替換綁定變數引起。來檢查一下接下來的 PL/SQL 儲存過程中，查詢敘述使用的執行計畫：

```
CREATE OR REPLACE PROCEDURE p (p_value IN NUMBER)IS
BEGIN
  FOR i IN (SELECT * FROM emp WHERE empno = p_value)
  LOOP
    NULL; -- do something
  END LOOP;
END;
```

常用的技巧是使用字面值替換 PL/SQL 變數來複製 / 貼上查詢敘述。執行類似這樣的 SQL 敘述：

```
EXPLAIN PLAN FOR SELECT * FROM emp WHERE empno = 7788
```

問題是透過使用字面值替換綁定變數，你向查詢最佳化工具提交了一條不一樣的 SQL 敘述。這種改變可能會對查詢最佳化工具做出的決定產生影響。改變是因為 SQL 概要、儲存綱要、SQL 計畫基線（詳見第 11 章）的存在，或者查詢最佳化工具用來估算在 WHERE 子句中使用的述詞選擇率的方法（字面值和綁定變數不是按照相同的方式處理的）。

正確的途徑是使用相同的 SQL 敘述。這是可行的，因為綁定變數可以在 EXPLAIN PLAN 敘述中使用。例如，你應該執行類似的 SQL 敘述（注意，p_value PL/SQL 變數被 :B1 綁定變數替換了，因為 PL/SQL 引擎也會這麼做）：

```
EXPLAIN PLAN FOR SELECT * FROM emp WHERE empno = :B1
```

儘管如此，在 EXPLAIN PLAN 敘述中使用綁定變數有兩個問題。第一個問題是，預設情況下，綁定變數會被以 VARCHAR2 型別宣告。結果，資料庫引擎可能會自動新增一個隱式轉換，而那樣做會改變執行計畫。這點可以透過在 dbms_xplan 套件中的 display 函數產生的輸出的末尾顯示的關於述詞的資訊來檢查。在下面的輸出例子中，to_number 函數被用於這個目的：

```
SQL> SELECT * FROM table(dbms_xplan.display);

PLAN_TABLE_OUTPUT
--------------------------------------------------------------------------------
Plan hash value: 4024650034
--------------------------------------------------------------------------------
| Id | Operation                    | Name   | Rows | Bytes | Cost (%CPU)| Time     |
--------------------------------------------------------------------------------
|  0 | SELECT STATEMENT             |        |    1 |    38 |     1   (0)| 00:00:01 |
|  1 |  TABLE ACCESS BY INDEX ROWID| EMP    |    1 |    38 |     1   (0)| 00:00:01 |
|* 2 |   INDEX UNIQUE SCAN          | EMP_PK |    1 |       |     0   (0)| 00:00:01 |
--------------------------------------------------------------------------------
Predicate Information (identified by operation id):
---------------------------------------------------


  2 - access("EMPNO"=TO_NUMBER(:B1))
```

通常，檢查是否正確處理了資料類型是很好的做法，比如，透過為原始 SQL 敘述中，所有不是 VARCHAR2 類型的綁定變數使用顯式轉換。

第二個問題是在 EXPLAIN PLAN 敘述中使用綁定變數時，不會使用綁定變數掃視技術。因為這個問題沒有解決方案，所以不能保證透過 EXPLAIN PLAN 敘述產生的執行計畫就是執行時會選擇的執行計畫。換句話説，一旦涉及綁定變數，透過 EXPLAIN PLAN 敘述產生的輸出是靠不住的。

10.1.2 動態效能視圖

以下四個動態效能視圖會顯示關於出現在函式庫快取中的游標資訊。

- v$sql_plan 提供與計畫表基本上相同的資訊。換句話説，它提供執行計畫和由查詢最佳化工具提供的其他相關資訊。幾個用於標識與函式庫快取中的執行計畫關聯的游標的行，是這個視圖與計畫表之間唯一顯著的差別。

- v$sql_plan_statistics 為 v$sql_plan 視圖中的每一個操作提供執行統計，例如消耗的時間和產生的行數。本質上講，它提供執行計畫的執行時行為。這是非常有用的資訊，因為 v$sql_plan 視圖只顯示查詢最佳化工具在解析階段做出的估算和決定。因為執行統計資訊的採集可能會引發不可忽略的負載（依賴於執行計畫和資料庫伺服器執行的作業系統，負載也可能是微不足道的），預設情況下不會採集它們。要啟動採集，必須將 statistics_level 初始化參數設定為 all，或者必須將 gather_plan_statistics 這個 hint 指定在 SQL 敘述中。要知道，因為可能出現的負載，我不推薦在系統層級修改 statistics_level 初始化參數的預設值。
- v$sql_workarea 提供關於執行游標所需的記憶體工作區的資訊。它提供執行時記憶體以及估算的高效執行操作需要的記憶體總量資訊。
- v$sql_plan_statistics_all 將 v$sql_plan、v$sql_plan_statistics 以及 v$sql_workarea 視圖提供的資訊，透過一個單獨的視圖展現出來。透過它，可以避免手動連線多個視圖。

函式庫快取中的游標（因此會在這些動態效能視圖中顯示）透過兩個行來標識：address 和 child_number。透過 address 行，可以標識父游標。透過兩個行一起，可以標識子游標。更常見的做法是用 sql_id 行替代 address 行來標識游標。使用 sql_id 行的好處是它的值只依賴於 SQL 敘述本身。換句話說，對於一個指定的 SQL 敘述，sql_id 永遠不變（事實上，sql_id 是雜湊函數應用於 SQL 敘述文字的結果）。而另一方面，address 行是一個指向記憶體中 SQL 敘述的控制碼的指標，並會隨著時間而改變。

要標識一個游標，基本上來說你會面臨兩種搜尋方法，要麼知道執行 SQL 敘述的對話，要麼知道 SQL 敘述的文字。在兩種情況下，一旦標識出子游標，就可以顯示它的相關資訊了。

1 標識子游標

你必須面對的第一種常見的情況是，試圖獲取關於與目前連線到實例的對話有關的 SQL 敘述的資訊。在這種情況下，可以在 v$session 視圖上執行查找。

目前執行的 SQL 敘述是透過 sql_id（或 sql_address）和 sql_child_number 行來標識的。最近執行過的 SQL 敘述是透過 prev_sql_id（或 prev_sql_addr）和 prev_child_number 行來標識的。為了展示這種方法的使用，我們假設有一個名叫 Curtis 的用戶給你打電話，抱怨說他正在苦等幾分鐘以前，透過一個應用程式提交的一個請求。對於這個問題，直接查詢 v$session 視圖很有效，如下例所示。透過查詢的輸出，你知道目前他正執行著一個 SQL 敘述（否則，status 行不會是 ACTIVE），並知道與這個對話關聯的游標是哪個：

```
SQL> SELECT status, sql_id, sql_child_number
  2  FROM v$session
  3  WHERE username = 'CURTIS';

STATUS  SQL_ID        SQL_CHILD_NUMBER
------- ------------- ----------------
ACTIVE  1scu79x31qavt                1
```

第二種常見的情況是，你知道你想要查找更多資訊的那個 SQL 敘述的文字。在這種情況下，可以在 v$sql 視圖上執行查找。與游標有關聯的文字可以在 sql_text 和 sql_fulltext 行中找到。這兩個行的區別是，第一個行只透過一個 VARCHAR2（1000）的值顯示部分的文字，而第二個行透過 CLOB 類型的值顯示全部文字。舉例來說，如果你知道所要查找的 SQL 敘述包含一段 online discount 的文字，就可以使用下面的查詢來找出游標的識別字：

```
SQL> SELECT sql_id, child_number, sql_text
  2  FROM v$sql
  3  WHERE sql_fulltext LIKE '%online discount%'
  4  AND sql_text NOT LIKE '%v$sql%';

SQL_ID        CHILD_NUMBER SQL_TEXT
------------- ------------ ------------------------------------------------
1hqjydsjbvmwq            0 SELECT SUM(AMOUNT_SOLD)FROM SALES S, PROMOTIONS P
                           WHERE S.PROMO_ID = P.PROMO_ID AND PROMO_SUBCATEGORY
                           = 'online discount'
```

2 查詢動態效能視圖

要獲得執行計畫，可直接在 v$sql_plan 和 v$sql_plan_statistics_all 視圖上執行查詢。但是，還有更簡單更好的方式來完成這件事：使用 dbms_xplan 套件的 display_cursor 函數。如下例所示，其用法與之前討論的呼叫 display 函數相似。唯一的區別是將標識要顯示的子游標的兩個參數傳遞給這個函數：

```
SQL> SELECT * FROM table(dbms_xplan.display_cursor('1hqjydsjbvmwq', 0));

PLAN_TABLE_OUTPUT
-------------------------------------------------------------------------------------
SQL_ID 1hqjydsjbvmwq, child number 0
-------------------------------------
SELECT SUM(AMOUNT_SOLD)FROM SALES S, PROMOTIONS P WHERE S.PROMO_ID =
P.PROMO_ID AND PROMO_SUBCATEGORY = 'online discount'

Plan hash value: 265338492

-------------------------------------------------------------------------------------
| Id  | Operation             | Name        | Rows | Bytes | Cost (%CPU)| Time     |
-------------------------------------------------------------------------------------
|   0 | SELECT STATEMENT      |             |      |       |  139  (100)|          |
|   1 |  SORT AGGREGATE       |             |    1 |    30 |            |          |
|*  2 |   HASH JOIN           |             | 913K|    26M|  139   (33)| 00:00:01 |
|*  3 |    TABLE ACCESS FULL  | PROMOTIONS |   23 |   483 |    4    (0)| 00:00:01 |
|   4 |    PARTITION RANGE ALL|             | 918K|  8075K|  123   (27)| 00:00:01 |
|   5 |     TABLE ACCESS FULL | SALES       | 918K|  8075K|  123   (27)| 00:00:01 |
-------------------------------------------------------------------------------------

Predicate Information (identified by operation id):
---------------------------------------------------

  2 - access( “S” .” PROMO_ID” =” P” .” PROMO_ID” )
  3 - filter( “PROMO_SUBCATEGORY” ='online discount')
```

display_cursor 函數並不限於使用兩個參數標識一個子游標。出於這個原因，本章稍後會講到 dbms_xplan 套件，來探索所有的可能性，包括對產生的輸出的描述。

10.1.3 自動工作負載儲存庫和 Statspack

捕獲某個快照時，自動工作負載儲存庫（AWR）和 Statspack 就能夠收集執行計畫。為了獲取執行計畫，會針對上一節中描述的動態效能視圖執行查詢。一旦可用，則執行計畫可能會透過 Oracle 企業管理器或其他的工具在報告中顯示。對於 AWR 和 Statspack，儲存庫表中儲存的執行計畫都與 v$sql_plan 視圖中儲存的執行計畫，有著非常類似的結構。出於這個原因，上一節中描述的技巧在這裡也適用。

儲存在 AWR 中的執行計畫可以透過 dba_hist_sql_plan 視圖存取（從 12.1 版本開始，也可以使用 cdb_hist_sql_plan 視圖存取）。要查詢它們，dbms_xplan 套件提供了 display_awr 函數。與這個套件提供的其他函數一樣，它的使用簡單明瞭。下面的查詢是一個例子（注意用於標識 SQL 敘述而傳遞給 display_awr 函數的參數是該敘述的 sql_id）：

```
SQL> SELECT * FROM table(dbms_xplan.display_awr('1hqjydsjbvmwq'));

PLAN_TABLE_OUTPUT
-------------------------------------------------------------------------------------
SQL_ID 1hqjydsjbvmwq
--------------------
SELECT SUM(AMOUNT_SOLD)FROM SALES S, PROMOTIONS P WHERE S.PROMO_ID =
P.PROMO_ID AND PROMO_SUBCATEGORY = 'online discount'

Plan hash value: 265338492

-------------------------------------------------------------------------------------
| Id | Operation             | Name       | Rows | Bytes | Cost (%CPU)|  Time    |
-------------------------------------------------------------------------------------
|  0 | SELECT STATEMENT      |            |      |       |  139 (100)|          |
|  1 |  SORT AGGREGATE       |            |    1 |    30 |           |          |
|  2 |   HASH JOIN           |            | 913K|    26M|  139  (33)| 00:00:01 |
|  3 |    TABLE ACCESS FULL  | PROMOTIONS |  23 |   483 |    4   (0)| 00:00:01 |
|  4 |    PARTITION RANGE ALL|            | 918K|  8075K|  123  (27)| 00:00:01 |
|  5 |     TABLE ACCESS FULL | SALES      | 918K|  8075K|  123  (27)| 00:00:01 |
-------------------------------------------------------------------------------------
```

display_awr 函數並不只限於使用一個參數來標識 SQL 敘述。出於這個原因，本章稍後會講到 dbms_xplan 套件，探索所有的可能性，包括對產生的輸出的描述。

當使用一個大於或等於 6 的層級捕獲快照時，Statspack 將執行計畫儲存在 stats$sql_plan 儲存庫表中。儘管在 dbms_xplan 套件中沒有提供具體的函數來查詢儲存庫的表，但是可以利用 display 函數來顯示其中包含的執行計畫。可以在 display_statspack.sql 腳本中找到具體的例子。

此外，對於 AWR 和 Statspack 兩者，Oracle 資料庫都提供了實用的腳本，為具體的 SQL 敘述醒目提示顯示一段時間內執行計畫的改變和資源消耗的變化。它們的名稱分別是 awrsqrpt.sql 和 sprepsql.sql。可以在目錄 $ORACLE_HOME/rdbms/admin 下找到它們。下面是來自 awrsqrpt.sql 腳本產生的輸出的一段摘錄。根據輸出結果，在分析的時間段內 SQL 敘述的執行計畫發生了改變。平均執行時間從第一個的大概 8.3 秒（16,577/2/1,000）到了第二個的 3.7 秒（14,736/4/1,000）左右：

```
SQL ID: 1hqjydsjbvmwq              DB/Inst: DBM11203/DBM11203 Snaps: 576-577
-> 1st Capture and Last Capture Snap IDs
   refer to Snapshot IDs witin the snapshot range
-> SELECT SUM(AMOUNT_SOLD) FROM SALES S, PROMOTIONS P WHERE S.PROMO_ID = ...

    Plan Hash           Total Elapsed                 1st Capture    Last Capture
#   Value                    Time(ms)    Executions       Snap ID         Snap ID
--- ---------------- ---------------- ------------- ------------- --------------
1   2446651477                 16,577             2           577            577
2   265338492                  14,736             4           577            577
--- --------------------------------------------------------------------------

Plan 1(PHV: 2446651477)
-----------------------

Stat Name                                 Statement  Per Execution % Snap
---------------------------------------- ---------- -------------- -------
Elapsed Time (ms)                            16,577        8,288.6    50.2
```

```
CPU Time (ms)                          16,071        8,035.3     50.9
Executions                                  2            N/A      N/A
Buffer Gets                           163,606       81,803.0     90.1
Disk Reads                            161,900       80,950.0     96.0
Parse Calls                                 2            1.0      1.0
Rows                                        2            1.0      N/A
---------------------------------------------------------------------------

-------------------------------------------------------------------------------------
| Id  | Operation             | Name         | Rows  | Bytes | Cost (%CPU)| Time     |
-------------------------------------------------------------------------------------
|   0 | SELECT STATEMENT      |              |       |       |  2798 (100)|          |
|   1 |  SORT AGGREGATE       |              |     1 |    30 |            |          |
|   2 |   NESTED LOOPS        |              |  913K|    26M|  2798   (27)| 00:00:12 |
|   3 |    TABLE ACCESS FULL  | PROMOTIONS |    23 |   483 |     4    (0)| 00:00:01 |
|   4 |    PARTITION RANGE ALL|              | 39950 |  351K|   121   (27)| 00:00:01 |
|   5 |     TABLE ACCESS FULL | SALES        | 39950 |  351K|   121   (27)| 00:00:01 |
-------------------------------------------------------------------------------------

Plan 2(PHV: 265338492)
----------------------

Stat Name                               Statement   Per Execution  % Snap
---------------------------------------- ---------- -------------- -------
Elapsed Time (ms)                          14,736        3,684.0     44.6
CPU Time (ms)                              14,565        3,641.2     46.1
Executions                                      4            N/A      N/A
Buffer Gets                                 6,755        1,688.8      3.7
Disk Reads                                  6,485        1,621.3      3.8
Parse Calls                                     1            0.3      0.5
Rows                                            4            1.0      N/A
---------------------------------------------------------------------------

-------------------------------------------------------------------------------------
| Id  | Operation             | Name         | Rows | Bytes | Cost (%CPU)| Time     |
-------------------------------------------------------------------------------------
|   0 | SELECT STATEMENT      |              |      |       | 139   (100)|          |
|   1 |  SORT AGGREGATE       |              |    1 |    30 |            |          |
```

```
|   2 |   HASH JOIN            |            | 913K|   26M| 139  (33)| 00:00:01  |
|   3 |    TABLE ACCESS FULL   | PROMOTIONS |  23 |   483 |   4    (0)| 00:00:01  |
|   4 |    PARTITION RANGE ALL|            | 918K| 8075K| 123   (27)| 00:00:01  |
|   5 |     TABLE ACCESS FULL | SALES      | 918K| 8075K| 123   (27)| 00:00:01  |
-----------------------------------------------------------------------------------
```

10.1.4 追蹤工具

有幾個提供關於執行計畫的資訊的追蹤工具。遺憾的是，除了 SQL 追蹤（參見第 3 章），它們中沒有一個是受官方支援或記錄在案的。但它們或許會派上用場，所以我簡單介紹其中的兩個。

1 10053 事件

如果你正因為查詢最佳化工具做出的決定而陷入嚴重的困境，並且想知道到底是怎麼回事，查詢最佳化工具追蹤可能會有所幫助。但我提醒你，閱讀追蹤檔並不是一件輕鬆的任務。幸運的是，你不用經常去讀那些檔案，除非你是真的對查詢最佳化工具的內部工作機制感興趣。

如果想在某時為一個 SQL 敘述產生追蹤檔並希望手動執行這條敘述，常見的做法是將它嵌入到下面兩條 SQL 敘述中間，進而啟用和禁用 10053 事件。注意追蹤檔只有在執行硬解析時才會產生：

```
ALTER SESSION SET events '10053 trace name context forever'

ALTER SESSION SET events '10053 trace name context off'
```

如果無法手動執行 SQL 敘述，從 11.1 版本開始，你可以通知查詢最佳化工具對一個透過具體的 `sql_id` 指定的 SQL 敘述，在下次發生硬解析時產生一個追蹤檔。要啟用或禁用這種行為，可以使用類似下面這樣的 SQL 敘述（當然，你需要更改作為參數傳遞的 `sql_id`）。這種方法的好處是可以讓應用程式發出對應的 SQL 敘述。這樣會給你一個與在真實執行環境中執行的真正 SQL 敘述一樣的追蹤檔。注意這種方法也可以在對話層級使用。直接將 `ALTER SYSTEM` 敘述用 `ALTER SESSION` 敘述替換就可以：

```
ALTER SYSTEM SET events 'trace[rdbms.SQL_Optimizer.*][sql:9s5u1k3vshsw4]'

ALTER SYSTEM SET events 'trace[rdbms.SQL_Optimizer.*][sql:9s5u1k3vshsw4] off'
```

如果你想分析與函式庫快取中儲存的一個游標關聯的 SQL 敘述，從 11.2 版本開始，可以利用 dbms_sqldiag 套件中的 dump_trace 過程。這種方法既不需要執行 SQL 敘述，也不需要知道 SQL 敘述被解析的真實環境。也無需知道與游標關聯的綁定變數的值。這個過程會從函式庫快取中取得它需要的所有資訊，並通知查詢最佳化工具重新優化 SQL 敘述，並轉儲（dump）一個追蹤檔。下面展示一下如何呼叫它：

```
dbms_sqldiag.dump_trace(
  p_sql_id       => '30g1nn8wdymh3',
  p_child_number => 0,
  p_component    => 'Optimizer',
  p_file_id      => 'test'
);
```

這個過程的輸入參數如下所示。

- p_sql_id 指定要處理的父游標。
- p_child_number 指定子游標號，它與 p_sql_id 一起，就可以標識要處理的子游標。這個參數是可選的，且預設值為 0。
- p_component 指定該過程是否轉儲 Optimizer 或 Compiler 追蹤。簡單來說，前者模擬設定 10053 事件，後者在追蹤檔中寫入更多的資訊。
- p_file_id 為 tracefile_identifier 初始化參數指定一個值。這個參數是可選的，並且預設值為 NULL。

與你如何啟用追蹤無關，查詢最佳化工具會產生包含大量關於它執行的工作資訊的追蹤檔。在檔案中你會發現由初始化參數、系統統計資訊和物件統計資訊決定的執行環境，以及為了找出最高效的執行計畫而執行的估算資訊。描述這個事件產生的追蹤檔的內容超出了本書的範圍。如有必要，請參考下面的資源。

- Wolfgang Breitling 的論文：*A Look under the Hood of CBO: The 10053 Event*。

- Oracle Support 檔案：*CASE STUDY: Analyzing 10053 Trace Files*（338137.1）。
- Jonathan Lewis 的著作 *Cost-Based Oracle Fundamentals*（Apress，2006）的第 14 章。

每個服務進程都會將它解析的 SQL 敘述的所有資料寫入到自己的追蹤檔中。這不僅意味著追蹤檔可以包含關於多個 SQL 敘述的資訊，而且一旦在多個對話中打開追蹤檔的產生，也會出現多個追蹤檔。關於追蹤檔的名稱和位置資訊，參考 3.1.1 節的「找到追蹤檔」部分。

2 10132 事件

可以使用 10132 事件引發一個追蹤檔的產生，其中包含與每次硬解析關聯的執行計畫。如果想為特定的模組或應用程式保留所有執行計畫的歷史記錄，這會很有幫助。下面的例子展示了在追蹤檔中為每個 SQL 敘述儲存的這種類型的資訊，主要是 SQL 敘述和它的執行計畫（包含關於述詞的資訊）。注意這段輸出中我裁掉的兩個部分，是提供關於執行環境資訊的一長串參數和補丁修復：

```
----- Current SQL Statement for this session (sql_id=gbxvdrz7jvt80)-----
SELECT count(n)FROM t WHERE n BETWEEN 6 AND 19
----- Explain Plan Dump -----

---------------------------------------+-----------------------------------+
| Id  | Operation            | Name    | Rows | Bytes | Cost | Time      |
---------------------------------------+-----------------------------------+
| 0   | SELECT STATEMENT     |         |      |       |    2 |           |
| 1   |  SORT AGGREGATE      |         |    1 |    13 |      |           |
| 2   |   TABLE ACCESS FULL  | T       |   14 |   182 |    2 |  00:00:01 |
---------------------------------------+-----------------------------------+
Predicate Information:
----------------------
2 - filter(( "N" >=6 AND "N" <=19))

Content of other_xml column
===========================
  db_version      : 11.2.0.3
  parse_schema    : CHRIS
  dynamic_sampling: 2
```

```
  plan_hash      : 2966233522
  plan_hash_2    : 1071362934

  Outline Data:
  /*+
    BEGIN_OUTLINE_DATA
      IGNORE_OPTIM_EMBEDDED_HINTS
      OPTIMIZER_FEATURES_ENABLE('11.2.0.3')
      DB_VERSION('11.2.0.3')
      ALL_ROWS
      OUTLINE_LEAF(@" SEL$1" )
      FULL(@" SEL$1" "T" @" SEL$1" )
    END_OUTLINE_DATA
  */

Optimizer state dump:
Compilation Environment Dump
optimizer_mode_hinted              = false
optimizer_features_hinted          = 0.0.0
...
_px_numa_support_enabled           = true
total_processor_group_count        = 1
Bug Fix Control Environment
    fix 3834770 = 1
    fix 3746511 = enabled
...
End of Optimizer State Dump
```

初始化參數和補丁修復資訊的清單特別長。出於這個原因，根據你使用的版本，即使最簡單的 SQL 敘述也會有大概 10~30 KB 的資料寫入到追蹤檔中。這樣一個追蹤檔的產生可能是一個相當大的開銷。應該在只有真正需要時才啟動 10132 事件。10132 事件可以透過以下方式啟用和禁用。

- 為目前對話啟用和禁用此事件。

```
ALTER SESSION SET events '10132 trace name context forever'
```

```
ALTER SESSION SET events '10132 trace name context off'
```

- 為整個資料庫啟用和禁用此事件。警告：這樣設定不會立即生效，只會對修改後建立的對話起作用。

```
ALTER SYSTEM SET events '10132 trace name context forever'

ALTER SYSTEM SET events '10132 trace name context off'
```

每個服務進程都會將關於它解析的 SQL 敘述的所有資料寫入到自己的追蹤檔中。這不僅意味著追蹤檔可以包含關於多個 SQL 敘述的資訊，而且一旦在多個對話中打開追蹤檔的產生，也會出現多個追蹤檔。關於追蹤檔的名稱和位置資訊，參考 3.1.1 節的「找到追蹤檔」部分。

10.2 dbms_xplan 套件

在本章前面你看到了 dbms_xplan 套件可以用來顯示儲存在多個位置的執行計畫：其中包括計畫表中的，函式庫快取中的，AWR 中的以及 Statspack 儲存庫中的。接下來的章節將會描述此套裝程式中可用的此類別函數。首先，我們來看一下它們產生的輸出。

10.2.1 輸出

本節的目標是解釋由 dbms_xplan 套件中的某些函數回傳的輸出中包含的資訊。為此，我使用了一個輸出範例，該範例由 dbms_xplan_output.sql 腳本產生，包含大部分可用的部分。因為一頁書不足以顯示所有的資訊，所以不是每個部分的所有資訊都顯示出來了。我只展示了關鍵資訊。如果缺少了什麼，我會指出來。還要注意，對於本節提供的大部分資訊，案例和進一步的解釋會在本章稍後或第四部分中提供。輸出的第一部分如下所示：

```
SQL_ID dwnnunj9nuztb, child number 0
-------------------------------------
SELECT t2.* FROM t1, t2 WHERE t1.n = t2.n AND t1.id > :t1_id AND
t2.id BETWEEN :t2_id_min AND :t2_id_max
```

這部分提供關於 SQL 敘述的以下資訊。

- sql_id 可以鎖定父游標。此資訊只有當輸出是由 display_cursor 和 display_awr 函數產生時才可用。
- child number 與 sql_id 一起可以鎖定子游標。此資訊只有當輸出是由 display_cursor 函數產生的時候才可用。
- SQL 敘述的文字只有當輸出是由 display_cursor 和 display_awr 函數產生時才可用。

第二部分展示的是執行計畫的雜湊值，以及在表格中顯示的執行計畫本身。以下是摘錄：

```
Plan hash value: 2539808735

--------------------------------------------------------------------------------
| Id  | Operation                    | Name  | Rows | Bytes | Cost (%CPU)| Time     |
--------------------------------------------------------------------------------
|   0 | SELECT STATEMENT             |       |      |       |    15 (100)|          |
|*  1 |  FILTER                      |       |      |       |            |          |
|*  2 |   HASH JOIN                  |       |   14 |  7756 |    15   (7)| 00:00:01 |
|   3 |    TABLE ACCESS BY INDEX ROWID| T2    |   14 |  7392 |     4   (0)| 00:00:01 |
|*  4 |     INDEX RANGE SCAN         | T2_PK |   14 |       |     2   (0)| 00:00:01 |
|*  5 |    TABLE ACCESS FULL         | T1    |  876 | 22776 |    23   (0)| 00:00:01 |
--------------------------------------------------------------------------------
```

在這個表格中，為每個操作都提供了估算資訊和執行統計。表格的行數直接取決於可用資訊的總量。舉例來說，關於分區的資訊，平行處理的資訊或執行統計，只有在可以存取時才會顯示。出於這個原因，由同一個函數使用一模一樣的參數，而產生的兩份輸出也可能會不一樣。在本例中，你看到的行是預設可用的。表 10-1 總結了你可能會看見的所有行。

表 10-1　包含執行計畫的表格的行

行	描　述
基本資訊（總是可用）	
Id	執行計畫中每一步操作（行）的識別字。如果數字以星號開頭，就表示此行的述詞資訊稍後可供查看
Operation	要執行的操作，也被稱作行源操作（row source operation）
Name	執行操作所針對的物件
查詢最佳化工具估算	
Rows and E-Rows	估算的由操作回傳的行數
Bytes and E-Bytes	估算的由操作回傳的資料總量
TempSpc 和 E-Temp	估算的操作需要的臨時表空間總量（按位元組）
Cost (%CPU)	估算的操作成本。以插入方式提供的 CPU 成本的百分比。注意這個值是在整個執行計畫中累積的。換句話說，父操作的成本包含子操作的成本
Time 和 E-Time	估算的執行操作所需要的時間總和（HH:MM:SS）
分區	
Pstart	要存取的第一個分區的編號。如果這個編號在解析階段不可知，則值是 KEY 或 INVALID。當第一個分區會在執行階段確定的時候使用 KEY
Pstop	要存取的最後一個分區的編號。如果這個編號在解析階段不可知，則值是 KEY 或 INVALID。當最後一個分區會在執行階段確定的時候使用 KEY
平行和分散式處理	
Inst	對於分散式處理，操作使用的 DBLINK 的名稱
TQ	對於平行處理，表佇列用於從屬進程之間的通訊
IN-OUT	平行或分散式操作之間的關係
PQ Distrib	對於平行處理，生產者用於向消費者發送資料的分布規律
執行時統計*	
Starts	特定操作被執行的次數。在某些特別的案例中，這個統計顯示的是特定記憶體結構被存取的次數（就像稍後在 10.3.5 節中展示的一樣）

行	描　述
A-Rows	由操作回傳的實際行數
A-Time	執行操作所花費的實際時間總和（HH:MM:SS.FF）
I/O 統計 *	
Buffers	在執行期間透過邏輯讀存取的區塊數量
Reads	在執行期間透過實體讀存取的區塊數量
Writes	在執行期間透過實體寫存取的區塊數量
記憶體使用率統計	
OMem	估算的最優化執行需要的記憶體總量（按位元組）
1Mem	估算的一次路徑執行需要的記憶體總量（按位元組）
O/1/M	透過 optimal/one-pass/multipass 模式執行的次數
Used-Mem	操作在最後一次執行期間使用的記憶體總量（按位元組）
Used-Tmp	操作在最後一次執行期間使用的臨時空間總量（按千位元組）。這個值必須乘以 1,024 才能與其他記憶體使用量的行保持一致（例如，32 K 代表 32 MB）
Max-Tmp	操作使用的臨時空間最高總量（按千位元組）。這個值必須乘以 1,024 才能與其他記憶體使用量的行保持一致（例如，32 K 代表 32 MB）

* 只有當執行統計打開時才可用

下面的部分展示了查詢區塊名稱和物件別名：

```
Query Block Name / Object Alias (identified by operation id):
-------------------------------------------------------------

  1 - SEL$1
  3 - SEL$1 / T2@SEL$1
  4 - SEL$1 / T2@SEL$1
  5 - SEL$1 / T1@SEL$1
```

對於執行計畫中的每一步操作，可以看到哪一個查詢區塊是與它關聯的，或者是在哪個物件上執行的。當 SQL 敘述多次參照同一張表時，這個資訊就至關重要了。查詢區塊名稱將會在第 11 章中與 hint 一同詳細講解。

第四部分展示 hint 的集合，即概要，這應該足以重現那個特別的執行計畫。需要注意的是，概要中並不總是包含所有必要的 hint。第 11 章會解釋為什麼有些概要不足以重現一個執行計畫，並描述怎樣才能儲存並利用這樣的概要，例如儲存概要和 SQL 計畫基線：

```
Outline Data
-------------

  /*+
      BEGIN_OUTLINE_DATA
      IGNORE_OPTIM_EMBEDDED_HINTS
      OPTIMIZER_FEATURES_ENABLE('11.2.0.4')
      DB_VERSION('11.2.0.4')
      ALL_ROWS
      OUTLINE_LEAF(@" SEL$1" )
      INDEX_RS_ASC(@" SEL$1" "T2" @" SEL$1" ( "T2" ." ID" ))
      FULL(@" SEL$1" "T1" @" SEL$1" )
      LEADING(@" SEL$1" "T2" @" SEL$1" "T1" @" SEL$1" )
      USE_HASH(@" SEL$1" "T1" @" SEL$1" )
      END_OUTLINE_DATA
*/
```

下面這部分只有在查詢最佳化工具利用綁定變數掃視時，才會顯示出來。其中提供了每個綁定變數的資料類型和值：

```
Peeked Binds (identified by position):
--------------------------------------

  1 - :T1_ID (NUMBER): 6
  2 - :T2_ID_MIN (NUMBER): 6
  3 - :T2_ID_MAX (NUMBER): 19
```

下面的部分顯示應用了哪個述詞。對於每個操作，都顯示了它們是在哪裡（行號）以及如何（access、filter 或 storage）應用的：

```
Predicate Information (identified by operation id):
---------------------------------------------------
```

```
  1 - filter(:T2_ID_MIN<=:T2_ID_MAX)
  2 - access( "T1" ." N" =" T2" ." N" )
  4 - access( "T2" ." ID" >=:T2_ID_MIN AND "T2" ." ID" <=:T2_ID_MAX)
  5 - filter( "T1" ." ID" >:T1_ID)
```

儘管存取述詞是用於利用高效的存取結構來定位資料行的（例如，記憶體中的散清單，如操作 2；或一個索引，如操作 4），而篩檢述詞卻只有在資料已經從儲存它們的結構中擷取出來以後才會應用。此外，當使用了 Exadata 儲存伺服器，儲存述詞會指定一個特殊的篩檢程式，用於減輕底層儲存子系統的負載。注意在這一部分中，既會出現 SQL 敘述本身的述詞，也有可能出現由查詢最佳化工具或虛擬私有資料庫（VPD）策略產生的述詞。在上面的例子中，你看到以下述詞。

- 第 1 行的操作檢查綁定變數的值是否會導致空結果集。只有滿足 `:T2_ID_MIN<=:T2_ID_MAX` 述詞時，查詢才能回傳資料。如果沒有滿足這個述詞，就不會執行查詢操作的其餘動作。
- 第 2 行的雜湊聯結使用 `"T1"."N"="T2"."N"` 述詞來聯結兩個表。換句話說，存取述詞也有可能出現在聯結條件上。具體在這個例子中，存取述詞用於指定記憶體中包含 `t1` 表資料的散清單，其雜湊鍵為 `t1.n`，是透過由存取 `t2` 表回傳的行 `t2.n` 的值來探測的（雜湊聯結的工作機制，將會在第 14 章中詳細討論）。
- 第 4 行的索引掃描存取了 `t_pk` 索引來查找 `t1` 表的 `id` 行。在本例中，存取述詞出現在查找執行的鍵上。
- 在第 5 行，`t1` 表中的所有行都透過一次全資料表掃描讀取出來。然後，將資料行從區塊中擷取出來時，`"T1"."ID">:T1_ID` 述詞應用於這些行上。

下面的部分顯示了執行所有操作時會將哪些行作為輸出回傳。以下是摘錄：

```
Column Projection Information (identified by operation id):
-----------------------------------------------------------

  1 - "T2" ." N" [NUMBER,22], "T2" ." ID" [NUMBER,22],
      "T2" ." PAD" [VARCHAR2,1000]
  2 - (#keys=1)" T2" ." N" [NUMBER,22], "T2" ." ID" [NUMBER,22],
```

```
    "T2"."PAD"[VARCHAR2,1000]
3 - "T2"."ID"[NUMBER,22], "T2"."N"[NUMBER,22],
    "T2"."PAD"[VARCHAR2,1000]
4 - "T2".ROWID[ROWID,10], "T2"."ID"[NUMBER,22]
5 - "T1"."N"[NUMBER,22]
```

在本例中，千萬要注意，第 3 行的表存取回傳了 id、n 和 pad 行，而第 5 行的表存取只回傳了 n 這一個行。根據這個原因，估算的由第 3 行操作回傳的每一行（7,392/14 = 528 位元組）資料總量（按位元組），要比第 5 行操作回傳的（22,776/876 = 26 位元組）大得多。第 16 章會講述更多關於資料庫引擎部分讀取一行的能力，以及為何從效能的角度來看，這樣做是合理的。

最後，有一部分提供了關於優化階段、環境或 SQL 敘述本身的提醒和警告：

```
Note
-----
   - dynamic sampling used for this statement (level=2)
```

此處通知你查詢最佳化工具使用了動態採樣來收集物件統計資訊。

10.2.2 display 函數

display 函數回傳計畫表中儲存的執行計畫。回傳值是 dbms_xplan_type_table 集合的實例。集合的元素是 dbms_xplan_type 物件類型的實例。這種物件類型的唯一屬性，即 plan_table_output，其類型是 VARCHAR2（300)。此函數有以下輸入參數。

- table_name 指定計劃表的名稱。預設值是 plan_table 。如果指定了 NULL，則使用預設值。
- statement_id 指定 SQL 敘述的名稱，當執行 EXPLAIN PLAN 敘述的時候，作為一個可選參數提供。預設值是 NULL。如果使用了預設值，則顯示最近一次插入計畫表的執行計畫（如果沒有指定 filter_preds 參數）。
- format 指定在輸出中提供哪些資訊。可以使用基本值（basic、typical、serial、all 及 advanced），想要精細控制，可以向它們新增額外的修

飾　符（adaptive、alias、bytes、cost、note、outline、parallel、partition、peeked_binds、predicate、projection、remote、report 及 rows）。如果有應該新增的資訊，可以選擇使用 + 這個字元作為首碼的修飾符（例如，basic +predicate）。如果有應該移除的資訊，可以選擇使用 - 這個字元作為首碼的修飾符（例如，typical -bytes）。可以同時指定多個修飾符（例如，typical +alias -bytes -cost）。表 10-2 和表 10-3 分別完整描述了基本值和修飾符。預設值是 typical。

- filter_preds 指定查詢計畫表時應用的限制條件。此限制條件為根據計畫表中的一個行的常規 SQL 述詞（例如，statement_id = 'test3'）。預設值是 NULL。如果使用了預設值，則會顯示最近一次插入到計畫表的執行計畫。

表 10-2　format 參數接受的基本值

值	描　述
basic	只顯示最少的資訊量，基本上只有操作和執行所針對的物件
typical	顯示最常見的資訊，基本上包含所有的資訊，除了別名、概要、掃視的綁定變數、子計畫、行投影以及報告模式資訊
serial	與 typical 類似，除了關於平行處理的資訊沒有顯示
all	顯示除了概要、掃視的綁定變數、子計畫以及報告模式資訊以外的所有可用資訊
advanced	顯示除了子計畫和報告模式資訊之外的所有可用資訊

表 10-3　format 參數接受的修飾符

值	描　述
adaptive	控制子計畫的顯示。這部分在之前的例子中沒有展示過，可參考本章稍後的 10.3.9 節。這個修飾符僅從 12.1 版本開始才可用
alias	控制包含查詢區塊名稱和物件別名部分的顯示
bytes	控制執行計畫表中 Bytes 行的顯示
cost	控制執行計畫表中 Cost 行的顯示
note	控制包含註釋部分的顯示
outline	控制包含概要部分的顯示

值	描　述
parallel	控制平行處理資訊的顯示，特別是指執行計畫表中的 TQ、IN-OUT 和 PQ Distrib 行。這些行在之前的例子中沒有顯示過
partition	控制分區資訊的顯示，確認地說是執行計畫表中的 Pstart 和 Pstop 行。這些行在之前的例子中沒有顯示過
peeked_binds	控制包含掃視的綁定變數部分的顯示
predicate	控制包含篩檢述詞、存取述詞和儲存述詞的部分的顯示
projection	控制包含行投影資訊的部分的顯示
remote	控制遠端執行的 SQL 敘述的顯示。這部分在之前的例子中沒有顯示
report	控制報告模式的啟動。啟用時，關於自我調整和重新優化執行計畫的額外資訊就會顯示出來。這部分在之前的例子中沒有顯示，可參見 10.3.9 節。這個修飾符僅從 12.1 版本開始才可用
rows	控制執行計畫表中 Rows 行的顯示

要使用 display 函數，呼叫者只需要在該套件上有 EXECUTE 許可權，並在計畫表上擁有 SELECT 許可權。

下面的查詢顯示了相同的執行計畫，展示了在基本值 basic、typical 以及 advanced 之間的主要區別。以下是對 display.sql 腳本產生輸出的一段摘錄：

```
SQL> SELECT * FROM table(dbms_xplan.display(NULL, NULL, 'basic'));

PLAN_TABLE_OUTPUT
-----------------------------------

Plan hash value: 2966233522

-----------------------------------
| Id  | Operation          | Name |
-----------------------------------
|   0 | SELECT STATEMENT   |      |
|   1 |  SORT AGGREGATE    |      |
|   2 |   TABLE ACCESS FULL| T    |
-----------------------------------

SQL> SELECT * FROM table(dbms_xplan.display(NULL, NULL, 'typical'));
```

```
PLAN_TABLE_OUTPUT
--------------------------------------------------------------------------

Plan hash value: 2966233522

--------------------------------------------------------------------------
| Id  | Operation            | Name | Rows | Bytes | Cost (%CPU)| Time     |
--------------------------------------------------------------------------
|   0 | SELECT STATEMENT     |      |    1 |     4 |     2   (0)| 00:00:01 |
|   1 |  SORT AGGREGATE      |      |    1 |     4 |            |          |
|*  2 |   TABLE ACCESS FULL| T    |   15 |    60 |     2   (0)| 00:00:01 |
--------------------------------------------------------------------------

Predicate Information (identified by operation id):
---------------------------------------------------

   2 - filter( "N" <=19 AND "N" >=6)

SQL> SELECT * FROM table(dbms_xplan.display(NULL, NULL, 'advanced'));

PLAN_TABLE_OUTPUT
--------------------------------------------------------------------------

Plan hash value: 2966233522

--------------------------------------------------------------------------
| Id  | Operation            | Name | Rows | Bytes | Cost (%CPU)| Time     |
--------------------------------------------------------------------------
|   0 | SELECT STATEMENT     |      |    1 |     4 |     2   (0)| 00:00:01 |
|   1 |  SORT AGGREGATE      |      |    1 |     4 |            |          |
|*  2 |   TABLE ACCESS FULL| T    |   15 |    60 |     2   (0)| 00:00:01 |
--------------------------------------------------------------------------

Query Block Name / Object Alias (identified by operation id):
-------------------------------------------------------------

   1 - SEL$1
   2 - SEL$1 / T@SEL$1
```

```
Outline Data
-------------

  /*+
    BEGIN_OUTLINE_DATA
    FULL(@" SEL$1" "T" @" SEL$1" )
    OUTLINE_LEAF(@" SEL$1" )
    ALL_ROWS
    DB_VERSION('11.2.0.3')
    OPTIMIZER_FEATURES_ENABLE('11.2.0.3')
    IGNORE_OPTIM_EMBEDDED_HINTS
    END_OUTLINE_DATA
  */

Predicate Information (identified by operation id):
---------------------------------------------------

    2 - filter( "N" <=19 AND "N" >=6)

Column Projection Information (identified by operation id):
-----------------------------------------------------------

    1 - (#keys=0) COUNT(*)[22]
```

下面的查詢展示了如何使用修飾符從基本值 basic 和 typical 產生的預設輸出中新增或移除資訊。因為它們根據與之前例子相同的查詢，你可以對比輸出結果來查看有何不同之處。以下是一段來自 display.sql 腳本輸出的摘錄：

```
SQL> SELECT * FROM table(dbms_xplan.display(NULL, NULL, 'basic
+predicate'));

PLAN_TABLE_OUTPUT
-----------------------------------

Plan hash value: 2966233522

-----------------------------------
```

```
| Id  | Operation          | Name |
-----------------------------------
|   0 | SELECT STATEMENT   |      |
|   1 |  SORT AGGREGATE    |      |
|*  2 |   TABLE ACCESS FULL| T    |
-----------------------------------

Predicate Information (identified by operation id):
---------------------------------------------------

   2 - filter( "N" <=19 AND "N" >=6)

SQL> SELECT * FROM table(dbms_xplan.display(NULL, NULL, 'typical -bytes
-note'));

PLAN_TABLE_OUTPUT
-------------------------------------------------------------------

Plan hash value: 2966233522

-------------------------------------------------------------------
| Id  | Operation          | Name | Rows | Cost (%CPU)| Time     |
-------------------------------------------------------------------
|   0 | SELECT STATEMENT   |      |    1 |     2   (0)| 00:00:01 |
|   1 |  SORT AGGREGATE    |      |    1 |            |          |
|*  2 |   TABLE ACCESS FULL| T    |   15 |     2   (0)| 00:00:01 |
-------------------------------------------------------------------

Predicate Information (identified by operation id):
---------------------------------------------------

   2 - filter( "N" <=19 AND "N" >=6)
```

將 current_schema 對話參數設定為一個擁有預設名稱的計畫表的模式時，如果你使用 EXPLAIN PLAN 敘述和 display 函數，則必須在 EXPLAIN PLAN 敘述的 INTO 子句中和 display 函數的 table_name 參數中加入該模式名稱。如果不這麼做就會導致 display 函數引發一個錯誤。下面的例子展示了該行為：

```
SQL> ALTER SESSION SET current_schema = franco;

SQL> EXPLAIN PLAN FOR SELECT * FROM t;

SQL> SELECT * FROM table(dbms_xplan.display);

PLAN_TABLE_OUTPUT
-----------------------------------------------------

Error: cannot fetch last explain plan from PLAN_TABLE

SQL> EXPLAIN PLAN INTO franco.plan_table FOR SELECT * FROM t;

SQL> SELECT * FROM table(dbms_xplan.display(table_name=>'franco.plan_table'));

PLAN_TABLE_OUTPUT
---------------------------------------------------------------------------

Plan hash value: 3956160932

---------------------------------------------------------------------------
| Id  | Operation         | Name | Rows | Bytes | Cost (%CPU)| Time     |
---------------------------------------------------------------------------
|   0 | SELECT STATEMENT  |      |   14 |  1218 |     3   (0)| 00:00:01 |
|   1 |  TABLE ACCESS FULL| T    |   14 |  1218 |     3   (0)| 00:00:01 |
---------------------------------------------------------------------------
```

透過 display 函數也可以查詢一張擁有根據 v$sql_plan_statistics_all 視圖結構的計畫表。在想要儲存那些被有意設計為只在函式庫快取中短暫存在的資訊時，這個特性就派上用場了。因為這樣的計畫表中包含額外的資訊，當透過 display 函數查詢它時，format 參數支援接下來的部分描述的額外修飾符，詳見表 10-4。下面的例子展示了如何利用這個特性，儲存關於執行最後一條 SQL 敘述時的資訊：

```
SQL> SELECT /*+ gather_plan_statistics */ count(*) FROM t;

  COUNT(*)
----------
```

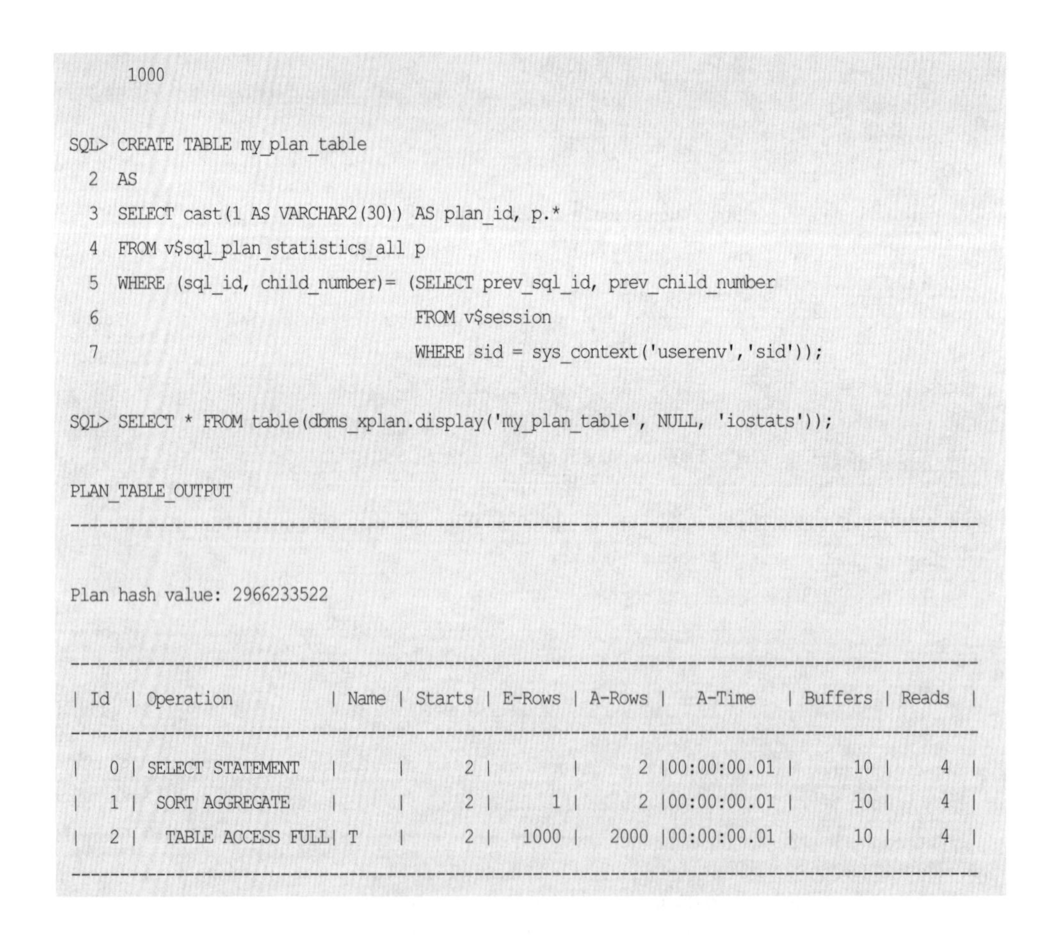

```
     1000

SQL> CREATE TABLE my_plan_table
  2  AS
  3  SELECT cast(1 AS VARCHAR2(30)) AS plan_id, p.*
  4  FROM v$sql_plan_statistics_all p
  5  WHERE (sql_id, child_number)= (SELECT prev_sql_id, prev_child_number
  6                                 FROM v$session
  7                                 WHERE sid = sys_context('userenv','sid'));

SQL> SELECT * FROM table(dbms_xplan.display('my_plan_table', NULL, 'iostats'));

PLAN_TABLE_OUTPUT
-------------------------------------------------------------------------------------

Plan hash value: 2966233522

-------------------------------------------------------------------------------------
| Id  | Operation          | Name | Starts | E-Rows | A-Rows |   A-Time   | Buffers | Reads  |
-------------------------------------------------------------------------------------
|   0 | SELECT STATEMENT   |      |      2 |        |      2 |00:00:00.01 |      10 |      4 |
|   1 |  SORT AGGREGATE    |      |      2 |      1 |      2 |00:00:00.01 |      10 |      4 |
|   2 |   TABLE ACCESS FULL| T    |      2 |   1000 |   2000 |00:00:00.01 |      10 |      4 |
-------------------------------------------------------------------------------------
```

表 10-4　format 參數接受的修飾符

值	描　述
allstats	這是 iostats memstats 的簡寫
iostats	控制執行時統計資訊的顯示（行 Starts、A-Rows、A-Time）、估算的行數（行 E-Rows）以及磁片 I/O 統計資訊（行 Buffers、Reads、Writes）
last	預設情況下，allstats、iostats、memstats 和 rowstats 修飾符都會顯示所有執行的累積統計資訊。如果將這個值加入它們，則僅會顯示最後一次執行的統計資訊。為平行處理的 SQL 敘述指定的這個修飾符可能並不會像你期望的那樣工作。關於這方面的更多資訊請參考 15.3 節
memstats	控制記憶體使用的統計資訊的顯示（行 OMem、1Mem、O/1/M、Used-Mem、Used-Tmp、和 Max-Tmp）

值	描　述
rowstats	控制行計數統計資訊的顯示（行 Starts、E-Rows 和 A-Rows）。這個修飾符僅從 11.2.0.4 版本開始才可用
runstats_last	與 iostats last 一樣。這個參數已經不推薦使用，並只是為了向後相容而提供
runstats_tot	和 iostats 一樣。這個參數已經不推薦使用，並只是為了向後相容而提供

10.2.3 display_cursor 函數

display_cursor 函數回傳函式庫快取中儲存的執行計畫。注意，在 Real Application Clusters 環境中，是無法獲得遠端實例中儲存的執行計畫的。與 display 函數一樣，其回傳值是 dbms_xplan_type_table 集合的實例。該函數的輸入參數如下所示。

- sql_id 指定回傳的執行計畫的父游標。預設值是 NULL。如果使用了預設值，就會回傳目前對話執行的最後一個 SQL 敘述的執行計畫。
- cursor_child_no 指定子游標號，它與 sql_id 一起，確定回傳哪個子游標的執行計畫。預設值是 0。如果指定了 NUll，則會回傳 sql_id 參數指定的父游標下的所有子游標。
- format 指定顯示哪些資訊。支援的值與 display 函數的 format 參數支援的值相同。此外，如果可以存取執行統計資訊（換句話說，如果將 statistics_level 初始化參數設定為 all，或在 SQL 敘述中指定了 gather_plan_statistics 這個 hint），那麼表 10-4 中描述的修飾符也同樣受支援。預設值為 typical。

警告　正如第 2 章中指出的那樣，有時候 v$sql 視圖中的 sql_id 和 child_number 行並不足以確定一個子游標。在這種情況下，因為 bug 14585499，並且在 11.2.0.3 及之前的版本中，display_cursor 函數會回傳錯誤的資料。要識別出這個問題，請在 display_cursor 的輸出中查找以下錯誤資訊：

```
  An uncaught error happened in prepare_sql_statement : ORA-01422:
exact fetch returns more than requested number of rows
```

可以透過 display_cursor_ora-01422.sql 腳本來重現這個 bug。

要使用 display_cursor 函數，呼叫者需要在以下動態效能視圖上擁有 SELECT 許可權：v$session、v$sql、v$sql_plan 以及 v$sql_plan_statistics_all。其中 select_catalog_role 角色和 select any dictionary 系統許可權提供了這些許可權。

> **注意** 表 10-4 中列舉的修飾符對於與查詢最佳化工具估算有關的以下列有移除的副作用：Bytes、TempSpc、Cost（%CPU）、Time。如果你希望其中一行出現在輸出中，必須透過基本值或修飾符確認指定。

下面的例子展示一個查詢使用 hint gather_plan_statistics 來啟用執行統計資訊的產生。然後會通知 display_cursor 函數顯示最後一次執行的磁片 I/O 統計資訊。因為沒有實體讀或寫發生，所以僅會顯示邏輯讀（Buffers）。以下是一段來自 display_cursor.sql 腳本輸出的摘錄：

```
SQL> SELECT /*+ gather_plan_statistics */ count(pad)
  2  FROM (SELECT rownum AS rn, pad FROM t ORDER BY n)
  3  WHERE rn = 1;

COUNT(PAD)
----------
         1

SQL> SELECT * FROM table(dbms_xplan.display_cursor('d5v0dt28fp5fh', 0,
'iostats last'));

PLAN_TABLE_OUTPUT
-------------------------------------------------------------------------------------

SQL_ID d5v0dt28fp5fh, child number 0
-------------------------------------
```

```
SELECT /*+ gather_plan_statistics */ count(pad) FROM (SELECT rownum AS
rn, pad FROM t ORDER BY n)WHERE rn = 1

Plan hash value: 2545006537

-----------------------------------------------------------------------------------------
| Id  | Operation              | Name | Starts | E-Rows | A-Rows |   A-Time   | Buffers |
-----------------------------------------------------------------------------------------
|   0 | SELECT STATEMENT       |      |      1 |        |      1 |00:00:00.02 |     147 |
|   1 |  SORT AGGREGATE        |      |      1 |      1 |      1 |00:00:00.02 |     147 |
|*  2 |   VIEW                 |      |      1 |   1000 |      1 |00:00:00.02 |     147 |
|   3 |    SORT ORDER BY       |      |      1 |   1000 |   1000 |00:00:00.02 |     147 |
|   4 |     COUNT              |      |      1 |        |   1000 |00:00:00.01 |     145 |
|   5 |      TABLE ACCESS FULL| T    |      1 |   1000 |   1000 |00:00:00.01 |     145 |
-----------------------------------------------------------------------------------------

Predicate Information (identified by operation id):
---------------------------------------------------

   2 - filter("RN"=1)
```

10.2.4 display_awr 函數

display_awr 函數回傳 AWR 中儲存的執行計畫。與 display 函數一樣，其回傳值是 dbms_xplan_type_table 集合的實例。該函數的輸入參數如下所示。

- sql_id 指定回傳哪條 SQL 敘述的執行計畫。這個參數沒有預設值。
- plan_hash_value 指定要回傳的執行計畫的雜湊值。預設值是 NULL。如果使用了預設值，則會回傳所有與 sql_id 參數確定的 SQL 敘述有關的執行計畫。
- db_id 指定應該回傳哪個資料庫上執行的執行計畫。預設值是 NULL。如果使用了預設值，則使用目前資料庫。
- format 指定顯示哪些資訊。儘管在 display 函數的 format 參數中使用的值也同樣受支援，但並不是所有的資訊都能夠顯示出來。舉例來說，因為 AWR 不儲存有關述詞的資訊，所以輸出中缺少這部分。預設值是 typical。

要使用 display_awr 函數，呼叫者至少應在以下資料字典視圖上擁有 SELECT 許可權：dba_hist_sql_ plan 和 dba_hist_sqltext。如果使用了 db_id 參數，還需要 v$database 視圖上的 SELECT 許可權。其中 select_catalog_role 角色提供了這些許可權。

下面的查詢展示了對於一個指定的 SQL 敘述存在多個執行計畫時 plan_hash_value 參數的用途。注意第一個查詢回傳了兩個執行計畫，而第二個查詢只回傳了一個。以下是一段來自 display_awr.sql 腳本輸出的摘錄：

```
SQL> SELECT * FROM table(dbms_xplan.display_awr('48vuyqjwpf9wg', NULL,
NULL, 'basic'));

PLAN_TABLE_OUTPUT
------------------------------------

SQL_ID 48vuyqjwpf9wg
--------------------
SELECT COUNT(N) FROM T

Plan hash value: 2966233522

------------------------------------
| Id  | Operation          | Name |
------------------------------------
|   0 | SELECT STATEMENT   |      |
|   1 |  SORT AGGREGATE    |      |
|   2 |   TABLE ACCESS FULL| T    |
------------------------------------

SQL_ID 48vuyqjwpf9wg
--------------------
SELECT COUNT(N) FROM T

Plan hash value: 3776247601

---------------------------------------
```

```
| Id  | Operation             | Name |
--------------------------------------
|   0 | SELECT STATEMENT      |      |
|   1 |  SORT AGGREGATE       |      |
|   2 |   INDEX FAST FULL SCAN| I    |
--------------------------------------

SQL> SELECT * FROM table(dbms_xplan.display_awr('48vuyqjwpf9wg',
2966233522, NULL, 'basic'));

PLAN_TABLE_OUTPUT
--------------------------------------------------------------------------

SQL_ID 48vuyqjwpf9wg
--------------------
SELECT COUNT(N) FROM T

Plan hash value: 2966233522

-----------------------------------
| Id  | Operation          | Name |
-----------------------------------
|   0 | SELECT STATEMENT   |      |
|   1 |  SORT AGGREGATE    |      |
|   2 |   TABLE ACCESS FULL| T    |
-----------------------------------
```

有幾種情況會導致一個指定的 SQL 敘述存在多個執行計畫，比如新增了一個索引或者只是因為資料（並且進而其物件統計資訊）發生了變化。基本上，每次查詢最佳化工具執化的環境發生變化，都可能會產生不同的執行計畫。當你對一條 SQL 敘述的效能產生疑問，而且認為該 SQL 在之前一段時間內的執行都沒有問題時，這樣的輸出就有用處了。想法是，檢查經過一段時間後，是否使用了多個執行計畫執行過該 SQL 敘述。如果是這樣，根據可用的資訊推斷導致這種變化的原因可能是什麼。

10.3 解釋執行計畫

我總是很驚訝關於如何閱讀執行計畫的檔案是如此之少，甚至好像有很多人無法正確閱讀它們。在這裡我嘗試透過描述我閱讀執行計畫時，使用的方法來解決這個問題。注意這裡不會提供關於不同操作的細節，而是會提供所需要的基礎知識，以便於理解如何閱讀執行計畫。我會在第四部分提供關於大部分常見操作的詳細資訊。

警告　平行處理會使執行計畫的解釋更加困難。原因很簡單：多個操作平行執行。為了保持敘述盡可能簡單，本節並不涵蓋平行處理的內容。關於平行處理執行計畫的資訊會在第 15 章中提供。

10.3.1 父 - 子關係

執行計畫是一棵樹，用來描述 SQL 引擎執行操作的順序以及各個操作之間的關係。樹中的每個節點是一個**行源操作**（實際上是作為用 C 語言編寫的一個函數執行的），例如，資料表掃描、聯結或排序。在各操作（節點）之間，存在著父子關係。理解這些關係對於正確閱讀執行計畫非常關鍵。當執行計畫以文字格式顯示時，控制父 - 子關係的規則如下所示。

- 一個父操作擁有一個或多個子操作。
- 一個子操作只有一個父操作。
- 唯一沒有父操作的操作是樹的根操作（頂層操作）。
- 子操作跟隨著它們的父操作，在右側縮進排列。依賴於顯示執行計畫使用的方法，縮進可以是一個空格字元、兩個空格或其他什麼。這真的不重要。關鍵是同一個父操作下的所有子操作都擁有相同的縮進。
- 父操作在子操作之前出現（父操作的 ID 比子操作的 ID 要小）。如果一個子操作前面有多個與父操作一樣縮進的操作，則距離最近的操作為父操作。

接下來是一個由 `relationship.sql` 腳本產生的範例執行計畫。注意，儘管只有 `Operation` 行需要貫穿整個執行計畫，`Id` 行出現在這裡是為了幫助你更容易地標識操作。用來產生它的 SQL 敘述被有意忽略掉，因為它並不服務於本節的內容：

```
--------------------------------------------
| Id  | Operation                      | Name |
--------------------------------------------
|   0 | UPDATE STATEMENT               |      |
|   1 |  UPDATE                        | T    |
|   2 |   NESTED LOOPS                 |      |
|   3 |    TABLE ACCESS FULL           | T    |
|   4 |    INDEX UNIQUE SCAN           | T_PK |
|   5 |   SORT AGGREGATE               |      |
|   6 |    TABLE ACCESS BY INDEX ROWID| T    |
|   7 |     INDEX FULL SCAN            | I    |
|   8 |   TABLE ACCESS BY INDEX ROWID | T    |
|   9 |    INDEX UNIQUE SCAN           | T_PK |
--------------------------------------------
```

圖 10-2 提供了執行計畫的圖示。使用之前描述的規則，你可以推斷出以下內容。

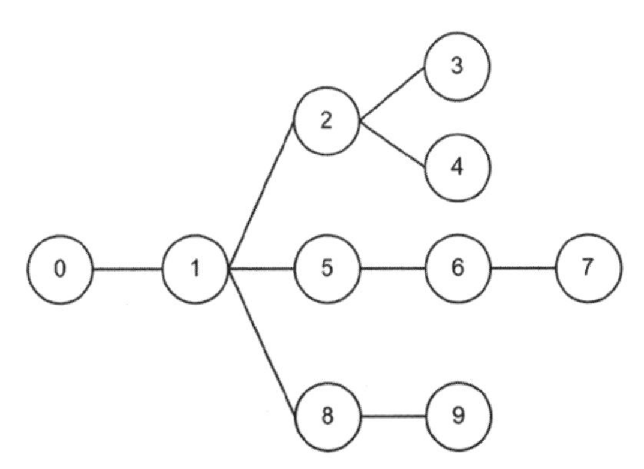

圖 10-2 執行計畫操作之間的父－子關係

- 操作 0 是這棵樹的根。它告知你執行計畫關聯的 SQL 敘述的類型。操作 0 有一個子操作：操作 1。
- 操作 1 有三個子操作：2、5，還有 8。
- 操作 2 有兩個子操作：3 和 4。

- 操作 3 和 4 沒有子操作。
- 操作 5 有一個子操作：6。
- 操作 6 有一個子操作：7。
- 操作 7 沒有子操作。
- 操作 8 有一個子操作：9。
- 操作 9 沒有子操作。

瞭解父—子關係對於理解執行計畫執行各個操作的順序十分關鍵。實際上，為了完成它們的任務，父操作需要由它們的子操作提供的資料。因此，雖然執行是從樹的根部開始的，第一個被完全執行的操作是沒有子操作的那個，所以，是樹的葉節點。為驗證這一點，我們看一下接下來的這個執行計畫：

```
---------------------------------------------
| Id  | Operation                    | Name |
---------------------------------------------
|   0 | SELECT STATEMENT             |      |
|   1 |  SORT ORDER BY               |      |
|   2 |   TABLE ACCESS BY INDEX ROWID| T    |
|   3 |    INDEX RANGE SCAN          | T_PK |
---------------------------------------------
```

操作按以下循序執行。

(1) 執行計畫的入口點是操作 0，它是樹的根操作。但是，操作 0 是一個 `SELECT` 敘述，沒有資料可供操作。因此，它必須呼叫它的子操作 (1)。
(2) 操作 1 是一個排序操作，沒有資料可供操作。因此，它必須呼叫它的子操作 (2)。
(3) 操作 2 是一個資料表掃描，需要 rowid 來存取 `t` 表。因此，它必須呼叫它的子操作 (3)。
(4) 操作 3 是一個索引掃描，不需要來自其他操作的資料（它沒有子操作）。因此，它在 `t_pk` 索引上執行索引範圍掃描，並將它找到的 rowid 傳遞給父操作 (2)。
(5) 操作 2 使用從它的子操作 (3) 接收的 rowid 列表去存取 `t` 表。然後，將結果資料傳遞給它的父操作 (1)。

(6) 操作 1 對它的子操作 (2) 傳遞過來的資料進行排序，然後將排序後的資料傳遞給它的父操作 (0)。
(7) 操作 0 將從它的子操作 (1) 接收的資料傳遞給呼叫者。

注意 儘管第一個被執行的操作永遠是樹的根操作，但是父操作（上面的例子中是三個）可能除了呼叫子操作以外什麼都不做。所以，為簡單起見，我通常會說執行是從第一個做實際工作的操作（上面的例子中是操作 3）開始的。

下面的三條通用規則總結了剛剛描述的行為。

- 父操作呼叫子操作。
- 子操作在它們的父操作之前被完全執行。
- 子操作向它們的父操作傳遞資料。

10.3.2 操作的類型

有幾百種不同的操作。當然了，要完全理解一個執行計畫，你應該知道每一個操作都是用來做什麼的。出於我們完成整個執行計畫的目的，你只需要考慮四種主要類型的操作：**獨立操作**、**反覆運算操作**、**無關聯組合操作**以及**關聯組合操作**。基本上，每種類型都有特定的行為，而瞭解這種行為就足夠閱讀執行計畫了。

警告 我是在 2007 年編寫關於查詢最佳化工具的展示文稿時，提出了此處使用的四種操作類型的術語。別指望能在其他地方找到這些術語。

除了這四種類型之外，還可以將操作分為阻塞操作和非阻塞操作。簡單來說，阻塞操作批次處理資料，非阻塞操作逐行處理資料。舉例來說，排序操作是阻塞的，因為只有當所有輸入行都被完全處理（排序）後才能回傳輸出的行，因為第一個輸出行可能出現在輸入資料集的任何地方。而另一方面，應用簡單限制條件的篩檢程式是非阻塞的，因為它單獨驗證每一行。很顯然對於阻塞操作，必須將資料快取到記憶體中（PGA）或磁片上（臨時表空間）。為簡單起見，在完成一個執行計畫時，你可以認為所有的操作都是阻塞操作。但是記住，大多數的操作實際上是非阻塞的，而且出於明顯的原因，SQL 引擎會嘗試盡可能地避免快取資料。

10.3.3 獨立操作

我將最多擁有一個子操作的所有非反覆運算操作（反覆運算操作將在下一節介紹）視為**獨立操作**。大部分操作都是獨立的。這使得執行計畫的解釋變得更容易，因為只有不到 24 種操作不屬於這種類型 。控制獨立操作執行的規則除了 10.3.1 節中描述的規則之外，還有下面這條規則：

- 一個子操作最多被執行一次。

下面是一個查詢和它的執行計畫的例子，根據 stand-alone.sql 腳本產生的輸出（圖 10-3 提供了關於它的父－子關係的圖形表示）：

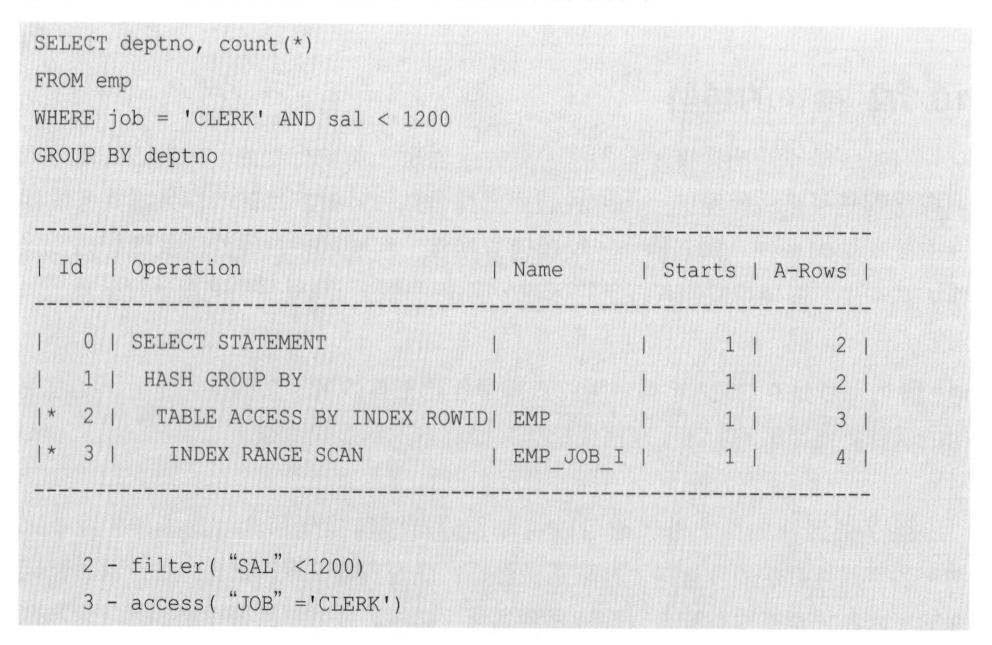

```
SELECT deptno, count(*)
FROM emp
WHERE job = 'CLERK' AND sal < 1200
GROUP BY deptno

--------------------------------------------------------------------
| Id  | Operation                    | Name      | Starts | A-Rows |
--------------------------------------------------------------------
|   0 | SELECT STATEMENT             |           |      1 |      2 |
|   1 |  HASH GROUP BY               |           |      1 |      2 |
|*  2 |   TABLE ACCESS BY INDEX ROWID| EMP       |      1 |      3 |
|*  3 |    INDEX RANGE SCAN          | EMP_JOB_I |      1 |      4 |
--------------------------------------------------------------------

   2 - filter( "SAL" <1200)
   3 - access( "JOB" ='CLERK')
```

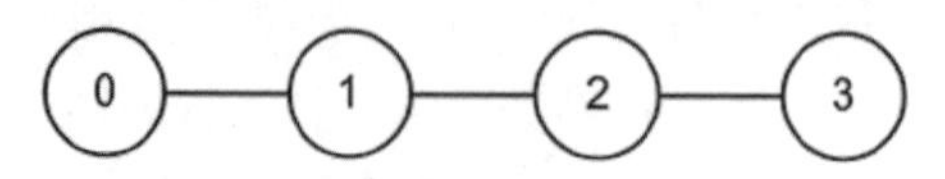

圖 10-3 獨立操作之間的父 - 子關係

這個執行計畫僅由獨立操作組成。透過應用之前描述的規則，你會發現執行計畫按照以下方式執行操作。

(1) 操作 0、操作 1 和操作 2 都有一個單獨的子操作（分別是 1、2 和 3）；它們不可能是最先執行的操作。因此，執行從操作 3 開始。
(2) 操作 3 透過應用 "JOB"='CLERK' 存取述詞來掃描 emp_job_i 索引。這樣做時，它從索引上擷取四個 rowid（此資訊在 A-Rows 行中提供）並將它們傳遞給它的父操作 (2) 。
(3) 操作 2 透過從操作 3 傳遞過來的四個 rowid 存取 emp 表。對於每個 rowid，讀取一行資料。接下來，它應用 "SAL"<1200 篩檢述詞。這個篩檢程式會排除掉一條資料。餘下的三條資料傳遞給它的父操作 (1)。
(4) 操作 1 在操作 2 傳遞過來的資料上執行一個 GROUP BY 操作。結果集減少到兩條資料並傳遞給它的父操作（0）。
(5) 操作 0 將資料發送給呼叫者。

注意 Starts 行是如何清晰地展示每一個操作都執行了一次的。

其中一條規則聲明子操作在父操作之前被完整地執行。這大體上沒錯，但是當智慧優化被引進來時情況就有些不一樣了。可能發生的情況是，父操作判斷完全執行子操作沒有意義，甚至根本不需要執行它。換句話說，父操作控制子操作的執行。我們來看兩個常見的案例。注意，兩個例子都摘自 stand-alone.sql 腳本產生的輸出。

1 COUNT STOPKEY 操作的優化

COUNT STOPKEY 操作通常用於執行 top-n 查詢。它的目標是一旦所需資料已經回傳給了呼叫者就會停止處理。舉例來說，下面查詢的目的是，只回傳在 emp 表中找到的前 10 條資料：

```
SELECT *
FROM emp
WHERE rownum <= 10


-----------------------------------------------
```

```
| Id  | Operation          | Name | Starts | A-Rows |
-------------------------------------------------------
|   0 | SELECT STATEMENT   |      |      1 |     10 |
|*  1 |  COUNT STOPKEY     |      |      1 |     10 |
|   2 |   TABLE ACCESS FULL| EMP  |      1 |     10 |
-------------------------------------------------------

   1 - filter(ROWNUM<=10)
```

在這個執行計畫中需要重點關注的是，由操作 2 回傳的行數被限制為 10。即使操作 2 是對一個包含超過 10 條資料（實際上這張表包含 14 條資料）的表進行全資料表掃描也是這樣的。結果當必要的行數被處理完畢後，操作 1 就停止了操作 2 的處理工作。但是要小心，因為阻塞操作是無法停止的。事實上，必須在它們向父操作回傳資料之前完全處理它們。例如，在下面的查詢中，因為 ORDER BY 子句，會讀取 emp 表的所有行（14）：

```
SELECT *
FROM (
  SELECT *
  FROM emp
  ORDER BY sal DESC
)
WHERE rownum <= 10

------------------------------------------------------------
| Id  | Operation               | Name | Starts | A-Rows |
------------------------------------------------------------
|   0 | SELECT STATEMENT        |      |      1 |     10 |
|*  1 |  COUNT STOPKEY          |      |      1 |     10 |
|   2 |   VIEW                  |      |      1 |     10 |
|*  3 |    SORT ORDER BY STOPKEY|      |      1 |     10 |
|   4 |     TABLE ACCESS FULL   | EMP  |      1 |     14 |
------------------------------------------------------------

1 - filter(ROWNUM<=10)
3 - filter(ROWNUM<=10)
```

2 FILTER 操作的優化

FILTER 操作不僅會在它的子操作向它傳遞資料的時候應用篩檢條件，此外，它也能決定完全避免子操作以及所有依賴的操作（孫子操作等）的執行。例如，在下面的查詢中，從操作 1 處應用的篩檢述詞檢查綁定變數的值是否會導致空的結果集。實際上，查詢只有在滿足：SAL_MIN<=:SAL_MAX 篩檢述詞的情況下才會回傳資料：

```
SELECT *
FROM emp
WHERE sal BETWEEN :sal_min AND :sal_max

-----------------------------------------------------
| Id  | Operation          | Name | Starts | A-Rows |
-----------------------------------------------------
|   0 | SELECT STATEMENT   |      |      1 |      0 |
|*  1 |  FILTER            |      |      1 |      0 |
|*  2 |   TABLE ACCESS FULL| EMP  |      0 |      0 |
-----------------------------------------------------

    1 - filter(:SAL_MIN<=:SAL_MAX)
    2 - filter(( "SAL" <=:SAL_MAX AND "SAL" >=:SAL_MIN))
```

根據之前描述的規則，操作 2 應該是展示的執行計畫中第一個被完全執行的操作。在現實中，查看 Starts 行後可以知道只有操作 0 和操作 1 被執行了。優化簡單地避免了操作 2 的處理，因為資料無論如何也沒有機會透過操作 1 應用的篩檢條件。

10.3.4 反覆運算操作

我將所有最多擁有一個可以多次執行的子操作的操作都視為**反覆運算操作**。你可以認為它們是在執行計畫中實現了某種迴圈的操作。INLIST ITERATOR 和大部分擁有 PARTITION 首碼的操作（例如，PARTITION RANGE ITERATOR，關於這些操作的詳細描述請參見第 13 章），都是這種類型的操作。控制反覆運算操作執行的規則除了之前在 10.3.1 節中描述的規則之外，還有下面這條規則：

- 子操作可能會執行多次，也可能根本不執行。

下面是來自 iterative.sql 腳本輸出的查詢及其執行計畫的例子：

```
SELECT *
FROM emp
WHERE job IN ('CLERK', 'ANALYST')

----------------------------------------------------------------------
| Id  | Operation                   | Name      | Starts | A-Rows |
----------------------------------------------------------------------
|   0 | SELECT STATEMENT            |           |      1 |      6 |
|   1 |  INLIST ITERATOR            |           |      1 |      6 |
|   2 |   TABLE ACCESS BY INDEX ROWID| EMP       |      2 |      6 |
|*  3 |    INDEX RANGE SCAN         | EMP_JOB_I |      2 |      6 |
----------------------------------------------------------------------

3 - access(( "JOB" ='ANALYST' OR "JOB" ='CLERK'))
```

這個執行計畫與之前在獨立操作中討論的那個類似。唯一的區別是執行計畫的一部分，因為 INLIST ITERATOR 操作的緣故，可以被執行多次。確認地說，反覆運算操作的子操作可以被執行多次。在本例中，操作 2 和 3 為 IN 條件中的每個不同值都執行了一次。

10.3.5 無關聯組合操作

我將擁有多個可以獨立執行的子操作的所有操作都稱為**無關聯組合操作**。以下這些操作都屬於這種類型：AND-EQUAL、BITMAP AND、BITMAP OR、BITMAP MINUS、CONCATENATION、CONNECT BY WITHOUT FILTERING、HASH JOIN、INTERSECTION、MERGE JOIN、MINUS、MULTI-TABLE INSERT、SQL MODEL、TEMP TABLE TRANSFORMATION 以及 UNION-ALL。控制無關聯操作的規則除了 10.3.1 節中描述的規則之外，還包括以下兩條規則。

- 子操作循序執行，從擁有最小 ID 的操作開始直到擁有最大 ID 的操作。在開始處理隨後的子操作之前，必須完全執行目前的子操作。
- 一個子操作至多執行一次，並且獨立於其他所有的子操作。

> **注意** 也有特別的情況，就是 MERGE JOIN 操作的子操作並非嚴格按照剛剛提到的兩個規則執行。14.3 節會提供相關特殊情況的具體資訊。

下面是根據 unrelated-combine.sql 腳本產生輸出的範例查詢及其執行計畫（其父 - 子關係見圖 10-4）：

```
SELECT ename FROM emp
UNION ALL
SELECT dname FROM dept
UNION ALL
SELECT '%' FROM dual

-----------------------------------------------------
| Id  | Operation          | Name | Starts | A-Rows |
-----------------------------------------------------
|   0 | SELECT STATEMENT   |      |      1 |     19 |
|   1 |  UNION-ALL         |      |      1 |     19 |
|   2 |   TABLE ACCESS FULL| EMP  |      1 |     14 |
|   3 |   TABLE ACCESS FULL| DEPT |      1 |      4 |
|   4 |   FAST DUAL        |      |      1 |      1 |
-----------------------------------------------------
```

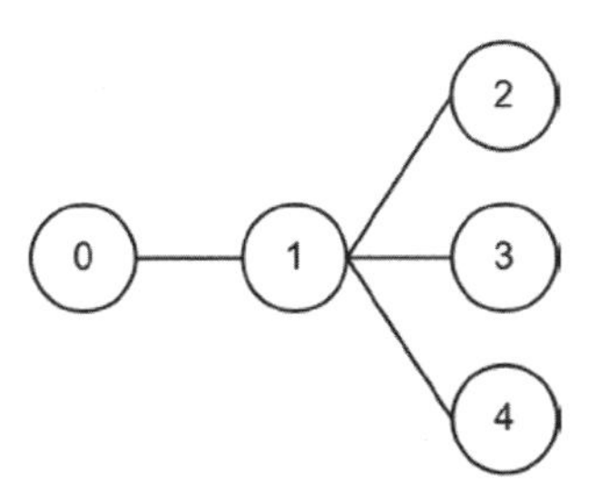

圖 10-4 UNION-ALL 無關聯組合操作的父 - 子關係

在這個執行計畫中，無關聯組合操作是 UNION-ALL。其他三個是獨立操作。透過應用之前提供的規則，你會發現執行計畫執行的操作如下所示。

(1) 操作 0 有一個子操作 (1)。它不可能是第一個被執行的操作。

(2) 操作 1 有三個子操作，其中操作 2 是按昇冪排列的第一個。因此，執行從操作 2 開始。
(3) 操作 2 掃描 emp 表，並將 14 行資料回傳給它的父操作 (1)。
(4) 完全執行操作 2 之後，操作 3 開始執行。
(5) 操作 3 掃描 dept 表，並將 4 行資料回傳給它的父操作 (1)。
(6) 完全執行操作 3 之後，操作 4 開始執行。
(7) 操作 4 掃描 dual 表，並將一條資料回傳給它的父操作 (1)。
(8) 操作 1 根據它從子操作接收到的所有資料，建構一個單獨的 19 行資料的結果集，並將它們回傳給父操作 (0)。
(9) 操作 0 將資料發送給呼叫者。

注意 Starts 行是如何清晰地展示每個操作只執行了一次的。

在表 10-1 中我提到過存在 Starts 行含義不同的情況。有時候這個行提供的是一個特定的記憶體結構被存取的次數，而不是執行的次數。正如下例展示的那樣，MERGE JOIN 操作可以用來展示這樣的一個案例。注意對於操作 4，其 Starts 行的值為 4。無論如何，也沒有理由將資料排序四次。但其實此記憶體結構被存取了四次，因此才有了 4 這個值出現在 Starts 行上。對於每一行從 dept 表擷取出來的資料，該記憶體結構都被存取了一次（第 14 章會詳細解釋合併聯結是如何被執行的）：

```
-------------------------------------------------------------------
| Id  | Operation            | Name | Starts | E-Rows | A-Rows |
-------------------------------------------------------------------
|   0 | SELECT STATEMENT     |      |      1 |        |     14 |
|   1 |  MERGE JOIN          |      |      1 |     14 |     14 |
|   2 |   SORT JOIN          |      |      1 |      4 |      4 |
|   3 |    TABLE ACCESS FULL| DEPT |      1 |      4 |      4 |
|*  4 |   SORT JOIN          |      |      4 |     14 |     14 |
|   5 |    TABLE ACCESS FULL| EMP  |      1 |     14 |     14 |
-------------------------------------------------------------------

   4 - access("E"."DEPTNO"="D"."DEPTNO")
       filter("E"."DEPTNO"="D"."DEPTNO")
```

之前列出的所有其他操作都與本節展示的 UNION-ALL 操作擁有相同的行為。簡而言之，無關聯組合操作循序執行它的每個子操作一次。很明顯，由無關聯組合操作自己執行的處理也不盡相同。

10.3.6 關聯組合操作

我將擁有多個子操作且其中一個子操作控制所有其他子操作的執行的所有操作稱為**關聯組合操作**。下列操作均屬於這種類型：NESTED LOOPS、FILTER、UPDATE、CONNECT BY WITH FILTERING、UNION ALL（RECURSIVE WITH）以及 BITMAP KEY ITERATION。控制關聯組合操作執行的規則，除了之前 10.3.1 節中描述的規則之外，還包括以下規則。

- 擁有最小 ID 的子操作控制其他子操作的執行。
- 子操作從擁有最小 ID 的操作開始執行直到擁有最大 ID 的操作。但是，與無關聯組合操作相反，它們不是循序執行的，而是按某種交錯的方式執行。
- 只有第一個子操作至多執行一次。其他所有子操作可能會執行多次或根本不執行。

即使這種類型的操作共享相同的特性，而它們當中的每一個，在某些方面，都有自己的行為。我們來看一下它們中各自的範例（除了 BITMAP KEY ITERATION，這會在第 14 章中提及）。注意接下來的部分提供的所有例子都是 related-combine.sql 腳本產生輸出的摘錄。

1 NESTED LOOPS 操作

這個操作用於聯結兩組資料。因此，它總是有兩個子操作，不能多也不能少。擁有最小 ID 的子操作被稱為**外迴圈**或**驅動行源**（**driving row source**）。第二個操作被稱為**內迴圈**。這個操作的特性是，外迴圈每回傳一條資料，內迴圈都要執行一次（第 14 章會詳細解釋巢狀迴圈聯結是如何執行的）。

下面的查詢及其執行計畫就是這樣的例子（圖 10-5 展示了它的父 - 子關係的圖形表示）：

```
SELECT *
FROM emp, dept
WHERE emp.deptno = dept.deptno
AND emp.comm IS NULL
AND dept.dname != 'SALES'

-----------------------------------------------------------------
| Id  | Operation                    | Name    | Starts | A-Rows |
-----------------------------------------------------------------
|   0 | SELECT STATEMENT             |         |      1 |      8 |
|   1 |  NESTED LOOPS                |         |      1 |      8 |
|*  2 |   TABLE ACCESS FULL          | EMP     |      1 |     10 |
|*  3 |   TABLE ACCESS BY INDEX ROWID| DEPT    |     10 |      8 |
|*  4 |    INDEX UNIQUE SCAN         | DEPT_PK |     10 |     10 |
-----------------------------------------------------------------

  2 - filter("EMP"."COMM" IS NULL)
  3 - filter("DEPT"."DNAME"<>'SALES')
  4 - access("EMP"."DEPTNO"="DEPT"."DEPTNO")
```

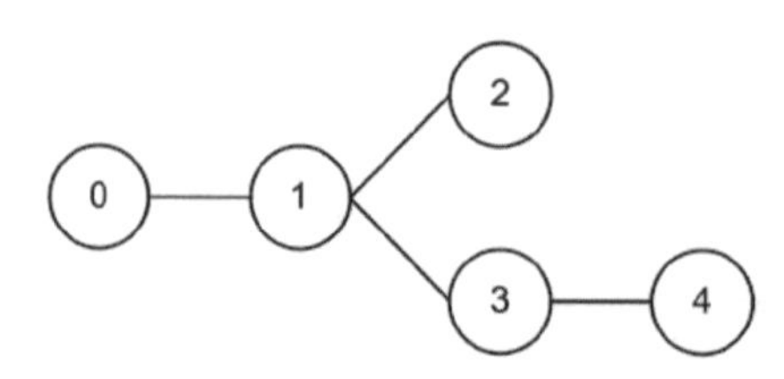

⬆ 圖 10-5 NESTED LOOPS 操作的父 - 子關係

在此執行計畫中，NESTED LOOPS 操作的兩個子操作都是獨立操作。透過應用之前描述的規則，你會發現執行計畫按以下循序執行各個操作。

(1) 操作 0 有一個子操作 (1)。它不可能是第一個執行的操作。
(2) 操作 1 有兩個子操作 (2) 和 (3)，其中操作 2 是按昇冪排列的第一個。因此，操作 2（外迴圈）是第一個被執行的操作。
(3) 操作 2 掃描 emp 表，應用 "EMP"."COMM" IS NULL 篩檢述詞並將 10 行資料傳遞給它的父操作 (1)。

(4) 對於操作 2 回傳的每一條資料，NESTED LOOPS 操作的第二個子操作，即內迴圈，都要執行一次。這是透過對比操作 2 的 A-Rows 行和操作 3、操作 4 的 Starts 行確認的。

(5) 內迴圈由兩個獨立的操作構成。根據應用於這種類型的操作的規則，操作 4 是在操作 3 之前被執行的。

(6) 操作 4 透過應用 "EMP"."DEPTNO"= "DEPT"."DEPTNO" 存取述詞來掃描 dept_pk 索引。這樣做，它透過 10 次執行從索引上擷取 10 個 rowid，並傳遞給它的父操作 (3)。

(7) 操作 3 透過這 10 個從操作 4 回傳的 rowid 存取 dept 表。對於每個 rowid，都讀取一行資料。接下來它應用 "DEPT"."DNAME"<>'SALES' 篩檢述詞。這個篩檢程式導致兩行資料被排除掉。它將剩餘的 8 條資料傳遞給它的父操作 (1)。

(8) 操作 1 將這 8 條資料傳遞給它的父操作 (0)。

(9) 操作 0 將資料發送給呼叫者。

2 FILTER 操作

這個操作的特性是支援不同數量的子操作。如果它擁有一個單獨的子操作，就可以將它視為一個獨立操作。如果它擁有兩個或更多的子操作，則其功能與 NESTED LOOPS 操作類似。第一個子操作驅動其他子操作的執行。

為了説明這一點，我們來看下面的查詢及其執行計畫（圖 10-6 展示了其父 - 子關係的圖形表示）：

```
SELECT *
FROM emp
WHERE NOT EXISTS (SELECT 0
                  FROM dept
                  WHERE dept.dname = 'SALES' AND dept.deptno = emp.deptno)
AND NOT EXISTS (SELECT 0
                FROM bonus
                WHERE bonus.ename = emp.ename)

-----------------------------------------------------------------
| Id  | Operation                      | Name    | Starts | A-Rows |
```

```
-------------------------------------------------------------------
|   0 | SELECT STATEMENT             |         |    1 |     8 |
|*  1 |  FILTER                      |         |    1 |     8 |
|   2 |   TABLE ACCESS FULL          | EMP     |    1 |    14 |
|*  3 |   TABLE ACCESS BY INDEX ROWID| DEPT    |    3 |     1 |
|*  4 |    INDEX UNIQUE SCAN         | DEPT_PK |    3 |     3 |
|*  5 |   TABLE ACCESS FULL          | BONUS   |    8 |     0 |
-------------------------------------------------------------------

1 - filter( NOT EXISTS (SELECT 0 FROM "DEPT" "DEPT" WHERE "DEPT" .
" DEPTNO" =:B1
            AND "DEPT" ." DNAME" ='SALES') AND NOT EXISTS (SELECT 0 FROM
"BONUS"
            "BONUS" WHERE "BONUS" ." ENAME" =:B2))
3 - filter( "DEPT" ." DNAME" ='SALES')
4 - access( "DEPT" ." DEPTNO" =:B1)
5 - filter( "BONUS" ." ENAME" =:B1)
```

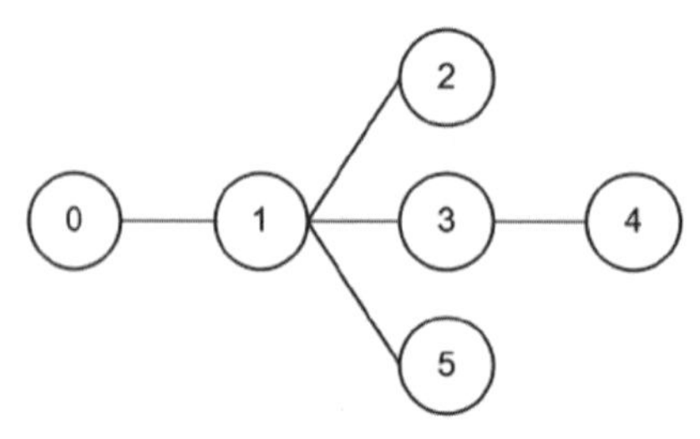

⬆ 圖 10-6 FILTER 操作的父 - 子關係

警告 dbms_xplan 套件中的 display_cursor 函數有時候會顯示錯誤的述詞。然而，問題並不在於套裝程式。實際上是由顯示錯誤資訊的 v$sql_plan 和 v$sql_plan_statistics_all 視圖引起的。在這種情況下，EXPLAIN PLAN 為上面顯示的計畫顯示正確的述詞，但是視圖為操作 1 顯示了一個錯誤的述詞：

```
1 - filter(( IS NULL AND IS NULL))
```

注意，根據 Oracle 的說法，這不是一個 bug，只是目前實現的一個限制。

在這個執行計畫中，FILTER 操作的三個子操作為獨立操作。應用之前描述的規則，你可以發現執行計畫按此方式執行各個操作。

(1) 操作 0 有一個子操作 (1) 。它不可能是第一個被執行的操作。
(2) 操作 1 有三個子操作（2、3 和 5），操作 2 是它們當中按昇冪排列的第一個。因此，執行從操作 2 開始。
(3) 操作 2 掃描 emp 表，並將 14 條資料回傳給它的父操作 (1)。
(4) 對於操作 2 回傳的每條資料，FILTER 操作的第二個和第三個子操作都應該執行一次。而實際上，某種快取被實現以將執行減至最少。這是透過將操作 2 的 A-Rows 行與操作 3、5 的 Starts 行相對比得知的。操作 3 被執行了三次，為 emp 表的 deptno 行的每個不重複值執行了一次。操作 5 執行了八次，為 emp 表在應用完由操作 3 施加的篩檢程式之後的 ename 行的每個不重複值執行了一次。下面的查詢表明 starts 行的數值和不重複值的數量相符合：

```
SQL> SELECT deptno, dname, count(*)
  2  FROM emp NATURAL JOIN dept
  3  GROUP BY deptno, dname;

DEPTNO DNAME       COUNT(*)
------ ---------- ---------
    10 ACCOUNTING         3
    20 RESEARCH           5
    30 SALES              6
```

(5) 根據獨立操作的規則，操作 4 是在操作 3 之前執行的，透過應用 "DEPT"."DEPTNO"=:B1 存取述詞來掃描 dept_pk 索引。綁定變數（B1）用來傳遞透過子查詢檢查的值。透過在三次執行中都這樣做，操作從索引中擷取三個 rowid 並將它們傳遞給它的父操作 (3)。
(6) 操作 3 透過從它的子操作 (4) 傳遞過來的 rowid 存取 dept 表，並應用 "DEPT"."DNAME"='SALES' 篩檢述詞。因為這個操作只是用來應用一個限制條件，它不向父操作 (1) 回傳任何資料。它僅通知父操作條件是否滿足。無論如何，應該注意到只找到一行滿足篩檢述詞的資料。因為使用了 NOT EXISTS，這個符合的行被丟棄掉了。

(7) 操作 5 掃描 bonus 表並應用 "BONUS"."ENAME"=:B1 篩檢述詞。綁定變數（B1）用來傳遞透過子查詢檢查的值。因為這個操作只用於應用一個限制條件，它不向其父操作 (1) 回傳任何資料。但是要注意沒有找到滿足篩檢述詞的資料。因為使用了 NOT EXISTS，沒有資料被丟棄掉。

(8) 在應用完由操作 3 和操作 5 實現的篩檢述詞後，操作 1 將結果資料回傳給它的父操作（0）。

(9) 操作 0 將資料發送給呼叫者。

3 UPDATE 操作

這個操作是執行某個 UPDATE 敘述時使用的。它的特性是支援不同數量的子操作。大多數時候，它擁有一個單獨的子操作，而且因此被認為是獨立操作。只有在 SET 子句中使用子查詢時，才會有兩個或更多的子操作可用。如果它擁有不止一個子操作，那麼第一個子操作驅動其他子操作的執行。

下面是一個範例 SQL 敘述及其執行計畫（圖 10-7 展現了它的父—子關係的圖形表示）：

```
UPDATE emp e1
SET sal = (SELECT avg(sal) FROM emp e2 WHERE e2.deptno = e1.deptno),
    comm = (SELECT avg(comm) FROM emp e3)
---------------------------------------------------------------
| Id  | Operation           | Name | Starts | E-Rows | A-Rows |
---------------------------------------------------------------
|   0 | UPDATE STATEMENT    |      |      1 |        |      0 |
|   1 |  UPDATE             | EMP  |      1 |        |      0 |
|   2 |   TABLE ACCESS FULL | EMP  |      1 |     14 |     14 |
|   3 |   SORT AGGREGATE    |      |      3 |      1 |      3 |
|*  4 |    TABLE ACCESS FULL| EMP  |      3 |      5 |     14 |
|   5 |   SORT AGGREGATE    |      |      1 |      1 |      1 |
|   6 |    TABLE ACCESS FULL| EMP  |      1 |     14 |     14 |
---------------------------------------------------------------
4 - filter("E2"."DEPTNO"=:B1)
```

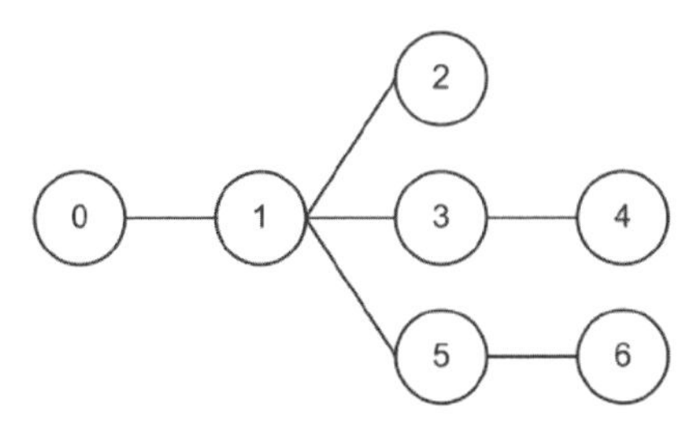

▲ 圖 10-7 UPDATE 操作的父 - 子關係

在這個執行計畫中，UPDATE 關聯組合操作的全部三個子操作都是獨立操作。之前描述的規則表明執行計畫按以下方式執行各個操作。

(1) 操作 0 有一個子操作 (1) 。它不可能是第一個被執行的操作。
(2) 操作 1 有三個子操作（2、3 和 5），且操作 2 是這三個中，按昇冪排列的第一個。因此，執行從操作 2 開始。
(3) 操作 2 掃描 emp 表，並向它的父操作 (1) 回傳 14 行資料。
(4) 第二個和第三個子操作（3 和 5）可能會被執行多次（最多會與操作 2 回傳的行數相等）。因為這些操作都是獨立的，且每個操作都有一個子操作，它們的執行從子操作（4 和 6）開始。
(5) 對於由操作 2 回傳的 deptno 行中的每個不重複值，操作 4 掃描 emp 表並應用 "E2"."DEPTNO"=:B1 篩檢述詞。透過在三次執行中這麼做，操作擷取出 14 行資料，並將它們傳遞給它的父操作 (3)。
(6) 操作 3 計算從操作 4 傳遞給它的資料的平均工資，並將結果回傳給它的父操作 (1)。
(7) 操作 6 掃描 emp 表，擷取 14 行資料，並將它們傳遞給它的父操作 (5)。注意這個子查詢只執行了一次，因為它並不與主查詢相互關聯。
(8) 操作 5 計算從操作 6 傳遞給它的資料的平均傭金，並將結果回傳給它的父操作 (1)。
(9) 操作 1 使用它的子操作（3 和 5）回傳的值來更新由操作 2 傳遞過來的每一行資料，並向它的父操作 (0) 傳遞更新的行數。注意，即使 UPDATE 敘述修改了這 14 行資料，這個操作的 A-Rows 行仍顯示為 0。
(10) 操作 0 向呼叫者發送被修改的行數。

4 CONNECT BY WITH FILTERING 操作

這個操作是用來處理層次查詢的。它的特徵是有兩個子操作。第一個用來獲取層次的頂級，第二個為層次中的每一個層級都執行一次。

下面是一個範例查詢及其計畫（圖 10-8 展示了它的父 - 子關係的圖形表示）。注意，該執行計畫是在 11.2 版本下產生的（原因在之前解釋過了）：

```
SELECT level, rpad('-',level-1,'-')||ename AS ename, prior ename AS manager
FROM emp
START WITH mgr IS NULL
CONNECT BY PRIOR empno = mgr

-------------------------------------------------------------------------
| Id  | Operation                       | Name       | Starts | A-Rows |
-------------------------------------------------------------------------
|   0 | SELECT STATEMENT                |            |      1 |     14 |
|*  1 |  CONNECT BY WITH FILTERING      |            |      1 |     14 |
|*  2 |   TABLE ACCESS FULL             | EMP        |      1 |      1 |
|   3 |   NESTED LOOPS                  |            |      4 |     13 |
|   4 |    CONNECT BY PUMP              |            |      4 |     14 |
|   5 |    TABLE ACCESS BY INDEX ROWID| EMP        |     14 |     13 |
|*  6 |     INDEX RANGE SCAN            | EMP_MGR_I  |     14 |     13 |
-------------------------------------------------------------------------

   1 - access("MGR"=PRIOR "EMPNO")
   2 - filter("MGR" IS NULL)
   6 - access("connect$_by$_pump$_002"."PRIOR empno"="MGR")
       filter("MGR" IS NOT NULL)
```

警告 上面的查詢代表了 v$sql_plan 和 v$sql_plan_statistics_all 視圖提供錯誤資訊的另一種情況。在本例中，EXPLAIN PLAN 顯示了上面顯示的正確述詞，錯誤顯示的述詞是與操作 1 關聯的那個：

```
   1 - access("MGR"=PRIOR NULL)
```

此外，與操作 6 關聯的存取述詞在 11.1 及之前的版本中都是錯誤的。

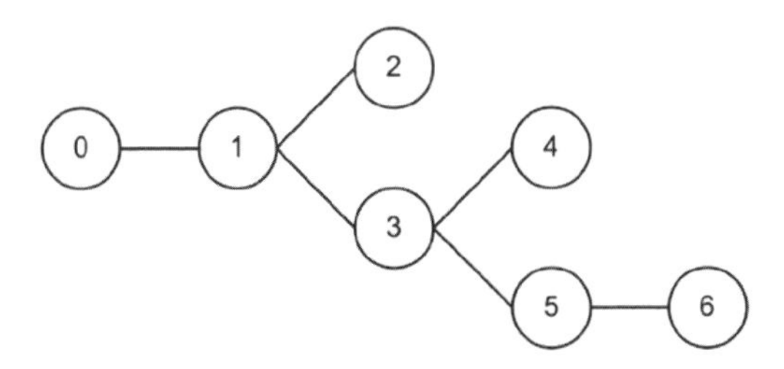

⬆ 圖 10-8 CONNECT BY WITH FILTERING 操作的父 - 子關係

在這個執行計畫中，CONNECT BY WITH FILTERING 操作的第一個子操作是獨立操作。不同的是，第二個子操作本身是一個關聯組合操作。在這種情況下讀取一個執行計畫，你只需要簡單地沿著關係樹下行遞迴應用規則。

為了幫助你更容易地理解層次查詢的執行計畫，可以查看一下查詢回傳的資料：

```
LEVEL ENAME    MANAGER
----- -------- -------
    1 KING
    2 -JONES   KING
    3 --SCOTT  JONES
    4 ---ADAMS SCOTT
    3 --FORD   JONES
    4 ---SMITH FORD
    2 -BLAKE   KING
    3 --ALLEN  BLAKE
    3 --WARD   BLAKE
    3 --MARTIN BLAKE
    3 --TURNER BLAKE
    3 --JAMES  BLAKE
    2 -CLARK   KING
    3 --MILLER CLARK
```

應用先前描述的規則，你會發現執行計畫按以下方式執行各個操作。

(1) 操作 0 有一個子操作 (1)。它不可能是第一個被執行的操作。

(2) 操作 1 有兩個子操作 (2 和 3)，而且按昇冪排列時操作 2 排在第一。因此，執行從操作 2 開始。

(3) 操作 2 掃描 emp 表，應用 "MGR" IS NULL 篩檢述詞，然後將層次的根（KING）回傳給它的父操作 (1)。
(4) 操作 3 是操作 1 的第二個子操作。因此它會為層次中的每一個層級都執行，在本例中執行四次。當然，之前討論的關於 NESTED LOOPS 操作的規則適用於操作 3。第一個子操作 (4) 被執行了，對於它回傳的每一行，會將內迴圈（由操作 5 和 6 操作組成）都執行一次。注意，正如預期的，操作 4 的 A-Rows 行與操作 5 和 6 的 Starts 行之間是符合的。
(5) 對於第一次執行，操作 4 透過 CONNECT BY PUMP 操作獲取層級的根。在本例中，層級 1 只有一條資料（KING）。透過這個值，操作 6 透過應用 "MGR"=PRIOR "EMPNO" 存取述詞（顯示為 "connect$_by$_ pump$_002" ."PRIOR empno"="MGR"）對 emp_mgr_i 索引做掃描，應用篩檢述詞 "MGR" IS NOT NULL，擷取出 rowid，然後將它們回傳給它的父操作 (5)。操作 5 透過這些 rowid 存取 emp 表，並將資料回傳給它的父操作 (3)。
(6) 對於操作 4 的第二次執行，做的每件事都與第一次執行的一樣。唯一的不同是來自層級 2 的資料（JONES、BLAKE 以及 CLARK）被傳遞給操作 4 用於處理（一個接一個，每一行都會引發操作 4 的啟動）。
(7) 對於操作 4 的第三次執行，做的每件事都與第一次執行的一樣。唯一的不同是來自層級 3 的資料（SCOTT、FORD、ALLEN、WARD、MARTIN、TURNER、JAMES 以及 MILLER）被傳遞給操作 4 用於處理。
(8) 對於操作 4 的第四次和最後一次執行，做的每件事都與第一次執行的一樣。唯一的不同是來自層級 4 的資料（ADAMS 和 SMITH）被傳遞給操作 4 用於處理。
(9) 操作 3 獲取從它的子操作傳遞過來的資料，然後將它們回傳給它的父操作 (1)。
(10) 操作 1 應用 "MGR" IS NOT NULL 篩檢述詞。
(11) 操作 0 將資料發送給呼叫者。

在 10.2.0.3 及之前的版本中，產生的執行計畫有著細微的不同。如下例所示，CONNECT BY WITH FILTERING 操作有第三個子操作（操作 8）。然而，在本例中，並沒有執行它。操作 8 的 Starts 行中的值證實了這一點。實際上，僅當 CONNECT BY WITH FILTERING 操作使用臨時表空間時，才會執行第三個子操作。到那時候效能恐怕會嚴重下降。在 10.2.0.4 及之後的版本中已修復這個問題，這個問題被稱為 bug 5065418：

```
---------------------------------------------------------------------
| Id  | Operation                       | Name       | Starts |  A-Rows |
---------------------------------------------------------------------
|*  1 | CONNECT BY WITH FILTERING       |            |      1 |      14 |
|*  2 |  TABLE ACCESS FULL              | EMP        |      1 |       1 |
|   3 |  NESTED LOOPS                   |            |      4 |      13 |
|   4 |   BUFFER SORT                   |            |      4 |      14 |
|   5 |    CONNECT BY PUMP              |            |      4 |      14 |
|   6 |   TABLE ACCESS BY INDEX ROWID| EMP        |     14 |      13 |
|*  7 |    INDEX RANGE SCAN             | EMP_MGR_I  |     14 |      13 |
|   8 |   TABLE ACCESS FULL             | EMP        |      0 |       0 |
---------------------------------------------------------------------
```

5 UNION ALL (RECURSIVE WITH) 操作

UNION ALL (RECURSIVE WITH) 操作從 11.2 版本開始可用。新增它是為了實現遞迴子查詢因數子句。因此，會將它用於層次查詢。注意實際上存在著兩個有關的操作：

```
UNION ALL (RECURSIVE WITH)BREADTH FIRST
UNION ALL (RECURSIVE WITH)DEPTH FIRST
```

顧名思義，區別源自於你可以將搜尋子句指定為 BREADTH FIRST BY 或者 DEPTH FIRST BY。

下面是一個範例查詢及其執行計畫：

```
WITH
  e (xlevel, empno, ename, job, mgr, hiredate, sal, comm, deptno)
  AS (
    SELECT 1, empno, ename, job, mgr, hiredate, sal, comm, deptno
    FROM emp
    WHERE mgr IS NULL
    UNION ALL
    SELECT mgr.xlevel+1, emp.empno, emp.ename, emp.job, emp.mgr,
emp.hiredate, emp.sal,
```

```
    FROM emp, e mgr
    WHERE emp.mgr = mgr.empno
  )
SELECT *
FROM e
--------------------------------------------------------------------------------
| Id  | Operation                               | Name      | Starts | A-Rows |
--------------------------------------------------------------------------------
|   0 | SELECT STATEMENT                        |           |      1 |     14 |
|   1 |  VIEW                                   |           |      1 |     14 |
|   2 |   UNION ALL (RECURSIVE WITH)BREADTH FIRST |         |      1 |     14 |
|*  3 |    TABLE ACCESS FULL                    | EMP       |      1 |      1 |
|   4 |    NESTED LOOPS                         |           |      4 |     13 |
|   5 |     NESTED LOOPS                        |           |      4 |     13 |
|   6 |      RECURSIVE WITH PUMP                |           |      4 |     14 |
|*  7 |      INDEX RANGE SCAN                   | EMP_MGR_I |     14 |     13 |
|   8 |     TABLE ACCESS BY INDEX ROWID         | EMP       |     13 |     13 |
--------------------------------------------------------------------------------

  3 - filter("MGR" IS NULL)
  7 - access("EMP"."MGR"="MGR"."EMPNO")
      filter("EMP"."MGR" IS NOT NULL)
```

讀取一個包含 UNION ALL（RECURSIVE WITH) 操作的執行計畫，與讀取一個包含 CONNECT BY WITH FILTERING 操作的執行計畫沒什麼兩樣。事實上，兩個操作的用途基本上是相同的。只是要注意執行計畫中使用的 PUMP 操作不一樣。在前者中它被稱為 RECURSIVE WITH PUMP，在後者中它被稱為 CONNECT BY PUMP。無論如何，這種差別，對於讀取執行計畫的目的來說，是無關緊要的。

10.3.7 分而治之

在前面的章節中，你瞭解了如何讀取由三種類型的操作組成的執行計畫。到目前為止你看到的執行計畫都十分簡單（較短）。然而，多半情況下，你需要面對複雜（較長）的執行計畫。這不是因為大部分的 SQL 敘述都是複雜的，而是因為很可能簡單的 SQL 敘述能被查詢最佳化工具很好地優化，因此你永遠不必去懷疑簡單敘述的效能。

要認識到讀取長的執行計畫與讀取短的執行計畫沒有本質區別。你所需要做的僅是有條理地應用在之前章節中提供的規則。有了它們，就無所謂執行計畫有多少行。只要按相同的方式進行就可以了。

為了向你展示如何處理行數稍多的執行計畫，我們來看一下圖 10-9 中的執行計畫所執行的操作（圖 10-10 展示了其父 - 子關係的圖形表示）。我有意不提供用來產生它的 SQL 敘述。對於我們的目的而言，你不需要關心 SQL 敘述本身。換句話說，執行計畫才是關鍵。

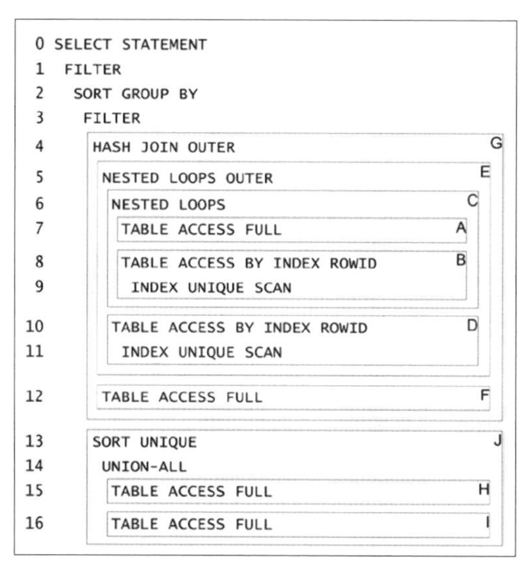

```
0  SELECT STATEMENT
1   FILTER
2    SORT GROUP BY
3     FILTER
4      HASH JOIN OUTER                          G
5       NESTED LOOPS OUTER                      E
6        NESTED LOOPS                           C
7         TABLE ACCESS FULL                     A
8         TABLE ACCESS BY INDEX ROWID           B
9          INDEX UNIQUE SCAN
10       TABLE ACCESS BY INDEX ROWID            D
11        INDEX UNIQUE SCAN
12      TABLE ACCESS FULL                       F
13     SORT UNIQUE                              J
14      UNION-ALL
15       TABLE ACCESS FULL                      H
16       TABLE ACCESS FULL                      I
```

⬆ 圖 10-9　一個執行計畫按區塊進行分解。左邊的數字用於識別操作。右邊的字母用於識別區塊

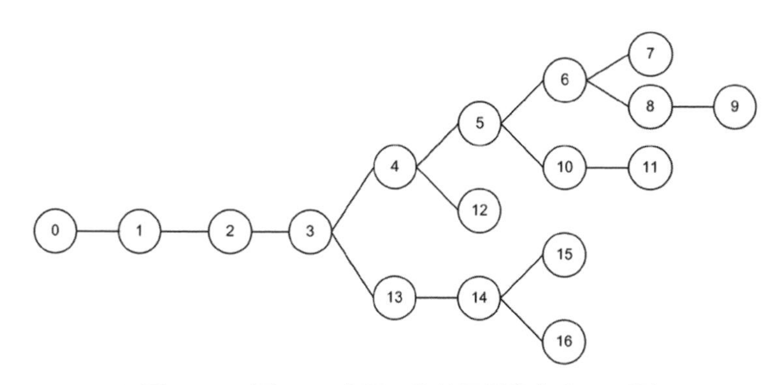

⬆ 圖 10-10　圖 10-9 中展示的執行計畫的父 - 子關係

首先，有必要將查詢計畫分解為基礎的區塊，並識別執行的順序。為此，你需要實施以下步驟。最開始為了讀取執行計畫，你必須識別組成它的組合操作（包括關聯的和無關聯的）。也就是説，你需要識別每一個擁有不止一個子操作的操作。在圖 10-9 所示的例子中，組合操作包括：3、4、5、6 和 14。然後，對於每個組合操作中的每個子操作，都定義一個區塊。因為在圖 10-9 中有五個組合操作，而且它們當中的每一個都有兩個子操作，所以一共有十個區塊。例如，對於操作 3，第一個子操作包含從第 4 行到第 12 行（區塊 G），而第二個子操作包含從第 13 行到第 16 行（區塊 J）。注意在圖 10-9 中，每個區塊都被一個方框分隔開來。最終，你需要找出這些區塊的執行順序。為了觀察這是如何完成的，我們完成圖 10-9 中展示的執行計畫，並應用之前討論的規則。

(1) 操作 0 是一個獨立操作，它的子操作 (1) 在它之前執行。

(2) 操作 1 是一個獨立操作，它的子操作 (2) 在它之前執行。

(3) 操作 2 是一個獨立操作，它的子操作 (3) 在它之前執行。

(4) 操作 3 是一個獨立操作，它的子操作在它之前執行。因為第一個子區塊（G）在第二個子區塊（J）之前執行，我們繼續看第一個子區塊的第一個操作 (4)。

(5) 操作 4 是一個無關聯組合操作，它的子操作在它之前執行。因為第一個子區塊（E）在第二個子區塊（F）之前執行，我們繼續看第一個子區塊（E）的第一個操作 (5)。

(6) 操作 5 是一個關聯組合操作，它的子操作在它之前執行。因為第一個子區塊（C）在第二個子區塊（D）之前執行，我們繼續看第一個子區塊（C）的第一個操作 (6)。

(7) 操作 6 是一個關聯組合操作，它的子操作在它之前執行。因為第一個子區塊（A）在第二個子區塊（B）之前執行，我們繼續看第一個子區塊（A）的第一個操作 (7)。

(8) 操作 7 是一個獨立操作而且沒有子操作。這意味著你終於找到了第一個被執行的操作（因為它在區塊 A 中）。該操作掃描一張表，並將資料回傳給它的父操作 (6)。

(9) 區塊 B 需要為由區塊 A 回傳的每一行都執行一遍。在這個區塊中，起初操作

9 掃描一個索引，然後操作 8 使用回傳的 rowid 存取一張表，並最終將資料回傳給它的父操作 (6)。

(10) 操作 6 在由區塊 A 和 B 回傳的資料之間執行聯結操作，然後將結果回傳給它的父操作 (5)。

(11) 區塊 D 需要為由區塊 C 回傳的每一行都執行一遍。換句話說，對於由操作 6 回傳給其父操作 (5) 的每一行，它都被執行了一次。在這個區塊中，一開始是操作 11 掃描一個索引。然後，操作 10 透過回傳的 rowid 存取一張表，並將資料回傳給它的父操作 (5)。

(12) 操作 5 在由區塊 C 和 D 回傳的資料之間執行聯結操作，然後將結果回傳給它的父操作 (4)。

(13) 操作 12（區塊 F）僅執行一次。它掃描一張表，然後將結果回傳給它的父操作 (4)。

(14) 操作 4 在由區塊 E 和 F 回傳的資料之間執行聯結操作，然後將結果回傳給它的父操作 (3)。

(15) 區塊 J 基本上是對於區塊 G 回傳的每一行資料都要執行一次。換句話說，對於由操作 4 回傳給其父

操作 (3) 的每一行資料，它都要被執行一次。在這個區塊中，首先操作 15 掃描一張表，然後將資料回傳給它的父操作 (14)。接下來，操作 16 掃描一張表，並將資料回傳給它的父操作 (14)。做完這些，操作 14 將它的各個子操作回傳的資料放到一起，並將結果回傳給它的父操作 (13)。最後，操作 13 移除部分冗餘的資料。注意，這個區塊不會將資料回傳給其父操作。實際上，父操作是一個 FILTER 操作，而且第二個子操作僅用來應用一個限制條件。

(16) 一旦操作 3 在區塊 J 上應用了篩檢條件，就將結果回傳給它的父操作 (2)。

(17) 操作 2 執行一個 GROUP BY 操作，並將結果回傳給它的父操作 (1)。

(18) 操作 1 應用一個篩檢條件然後將結果回傳給呼叫者。

概括起來，注意各個區塊是按照它們的識別字循序執行的（從 A 一直到 J）。一些區塊（A、C、E、F 以及 G）至多執行一次，而其他的區塊（B、D、H、I 以及 J）則可能執行多次（或根本不執行），這要取決於驅動它們的操作回傳了多少條資料。

10.3.8 特殊情況

前面章節中描述的規則適用於絕大部分的執行計畫。雖然如此，還是有一些特殊情況。通常可以透過觀察操作獲知執行計畫做了哪些事情，它們應用的述詞，它們是在哪些表上執行的以及它們的執行時行為（尤其是 Starts 和 A-Rows 行）。接下來的小節介紹了從眾多可能的情況中挑選出來的三個例子。注意以下例子都是對 special_cases.sql 腳本產生輸出的摘錄。

1 SELECT 子句中的子查詢

這個例子展示了在 SELECT 子句中，包含一個子查詢的查詢敘述的執行計畫是什麼樣子的。查詢及其執行計畫如下所示：

```
SELECT ename, (SELECT dname
               FROM dept
               WHERE dept.deptno = emp.deptno)
FROM emp

-------------------------------------------------------------------
| Id  | Operation                    | Name    | Starts | A-Rows |
-------------------------------------------------------------------
|   0 | SELECT STATEMENT             |         |      1 |     14 |
|   1 |  TABLE ACCESS BY INDEX ROWID| DEPT    |      3 |      3 |
|*  2 |   INDEX UNIQUE SCAN          | DEPT_PK |      3 |      3 |
|   3 |  TABLE ACCESS FULL           | EMP     |      1 |     14 |
-------------------------------------------------------------------

   2 - access("DEPT"." DEPTNO" =:B1)
```

奇怪的是，在這個執行計畫中操作 0 有多個子操作。如果仔細觀察 Starts 行，就會注意到儘管操作 1 和操作 2 被執行了三次，操作 3 僅被執行了一次。還要注意操作 1 和操作 2，因為它們參照了 dept 表實現了子查詢。這個不尋常的執行計畫按以下步驟執行各個操作。

(1) 操作 3，也就是第一個被執行的操作，掃描 emp 表並將所有的資料回傳給它的父操作（0）。

(2) 對於操作 3 回傳的每一行資料，子查詢都應該被執行一次。然而，在本例中 SQL 引擎也快取了結果，因此子查詢只是為 deptno 行中的每個不重複值都執行了一次。

(3) 為執行子查詢，操作 2 透過應用 "DEPT"."DEPTNO"=:B1 存取述詞來掃描 dept_pk 索引，擷取 rowid，並將它們回傳給它的父操作 (1)。綁定變數（B1）用來將需要檢索的值傳遞給子查詢。然後操作 1 使用這些 rowid 存取 dept 表，並將資料傳遞給它的父操作（0）。

(4) 操作 0 將資料發送給呼叫者。

2 WHERE 子句中的子查詢 #1

這個例子展示一個與在 WHERE 子句中，包含著子查詢的查詢敘述有關的特殊執行計畫。該查詢及其執行計畫如下所示：

```
SELECT deptno
FROM dept
WHERE deptno NOT IN (SELECT deptno FROM emp)

---------------------------------------------------------

| Id  | Operation          | Name    | Starts | A-Rows |
---------------------------------------------------------

|   0 | SELECT STATEMENT   |         |      1 |      1 |
|*  1 |  INDEX FULL SCAN   | DEPT_PK |      1 |      1 |
|*  2 |   TABLE ACCESS FULL| EMP     |      4 |      3 |
---------------------------------------------------------

   1 - filter( NOT EXISTS (SELECT 0 FROM "EMP" "EMP" WHERE
              LNNVL( "DEPTNO" <>:B1)))
   2 - filter(LNNVL( "DEPTNO" <>:B1))
```

警告 這個查詢是 v$sql_plan 和 v$sql_plan_statistics_all 視圖提供錯誤資訊的另一個案例。在本例中，EXPLAIN PLAN 顯示如上所示的正確述詞。錯誤顯示的述詞是與操作 1 有關的那個：

```
1- filter (IS NULL)
```

乍一看，這個執行計畫是由兩個獨立操作組成的。如果仔細觀察 Starts 行，會注意到某些地方有點奇怪。事實上，儘管父操作 (1) 只被執行了一次，但子操作 (2) 卻被執行了四次。實際上，該執行計畫是按照以下步驟執行各個操作的。

(1) 操作 1，也就是第一個被執行的操作，掃描 dept_pk 索引。對於 deptno 行中的每個值，都會執行操作 2。就像篩檢述詞顯示的那樣，操作 2 應用 NOT EXISTS（SELECT 0 FROM "EMP" "EMP" WHERE LNNVL（"DEPTNO"<>:B1)）子查詢。注意，查詢最佳化工具將 NOT IN 轉化為了 NOT EXISTS。綁定變數（B1）用來向子查詢傳遞需要檢索的值。
(2) 操作 2 掃描 emp 表，應用 LNNVL（"DEPTNO"<>:B1) 篩檢述詞，並將資料回傳給它的父操作 (1)。
(3) 對於滿足篩檢述詞的每條資料，操作 1 都將其傳遞給它的父操作（0）。
(4) 操作 0 將資料發送給呼叫者。

對於同一個查詢敘述，查詢最佳化工具還有可能產生下面的執行計畫。但是，因為它使用了一個僅從 11.1 版本開始可用的特性（NULL-aware anti-join），不要指望在 10.2 版本中看見這種類型的執行計畫。（依我看來，這個執行計畫遠比上一個更容易讀取。）

```
-----------------------------------------------------------
| Id  | Operation           | Name    | Starts | A-Rows |
-----------------------------------------------------------
|   0 | SELECT STATEMENT    |         |      1 |      1 |
|*  1 |  HASH JOIN ANTI NA  |         |      1 |      1 |
|   2 |   INDEX FULL SCAN   | DEPT_PK |      1 |      4 |
|   3 |   TABLE ACCESS FULL| EMP     |      1 |     14 |
-----------------------------------------------------------

   1 - access("DEPTNO"="DEPTNO")
```

3 WHERE 子句中的子查詢 #2

這個例子是上一個的擴充。它也涉及在 WHERE 子句中的子查詢。之所以展示它，是因為想提醒大家注意這樣的事實：即使實現子查詢的編碼遠比一個簡單的查找複雜得多，查詢最佳化工具也能夠產生類似前面小節中討論的那種執行計畫。該查詢及其執行計畫如下：

```
SELECT *
FROM t1
WHERE n1 = 8 AND n2 IN (SELECT t2.n1
                        FROM t2, t3
                        WHERE t2.id = t3.id AND t3.n1 = 4);
--------------------------------------------------------------
| Id  | Operation                    | Name | Starts | A-Rows |
--------------------------------------------------------------
|   0 | SELECT STATEMENT             |      |      1 |      7 |
|   1 |  TABLE ACCESS BY INDEX ROWID| T1   |      1 |      7 |
|*  2 |   INDEX RANGE SCAN           | I1   |      1 |      7 |
|*  3 |    HASH JOIN                 |      |     13 |      1 |
|*  4 |     TABLE ACCESS FULL        | T3   |     13 |   1183 |
|*  5 |     TABLE ACCESS FULL        | T2   |     13 |    910 |
--------------------------------------------------------------

  2 - access("N1"=8)
      filter( EXISTS (SELECT /*+ PUSH_SUBQ LEADING ("T3" "T2") FULL
              ("T3") USE_HASH ("T2") FULL ("T2") */ 0 FROM "T3"
              "T3","T2" "T2" WHERE "T2"."ID"="T3"."ID" AND
              "T2"."N1"=:B1 AND "T3"."N1"=4))
  3 - access("T2"."ID"="T3"."ID")
  4 - filter("T3"."N1"=4)
  5 - filter("T2"."N1"=:B1)
```

警告 這個查詢是 v$sql_plan 和 v$sql_plan_statistics_all 視圖提供錯誤資訊的另一個案例。在本例中，EXPLAIN PLAN 顯示如上所示的正確述詞。錯誤顯示的述詞是與操作 2 的篩檢條件相關的那個：

```
  2 - access("N1"=8)
      filter( IS NOT NULL)
```

同樣在本例中，如果仔細觀察 `Starts` 行，會注意到某些地方有點奇怪。直到 2 操作為止都是執行了一次，而從 3 到 5 的操作卻執行了 13 次。該執行計畫按以下步驟執行各個操作。

(1) 操作 2，也就是第一個被執行的操作，透過掃描 `i1` 索引來應用 `"N1"=8` 存取述詞。它從索引中擷取的，對於滿足存取述詞的鍵，不僅是 rowid 而且還有 `n2` 行的值。對於 `n2` 行中的每個不重複值，子查詢（操作 3 到 5）都被執行一次。這是透過應用篩檢述詞來完成的。注意查詢最佳化工具將 `IN` 轉換成了 `EXISTS`。子查詢實施的聯結是透過一個雜湊聯結實現的，這是一個無關聯組合操作。

(2) 操作 4，雜湊聯結的第一個子操作，透過全資料表掃描讀取 `t3` 表，並將滿足 `"T3"."N1"=4` 篩檢述詞的資料回傳給它的父操作 (3) 。

(3) 操作 5，雜湊聯結的第二個子操作，透過全資料表掃描讀取 `t2` 表，並將滿足 `"T2"."N1"=:B1` 篩檢述詞的資料回傳給它的父操作 (3) 。綁定變數（`B1`）用來向子查詢傳遞需要檢索的值。

(4) 操作 3 聯結由操作 4 和 5 傳遞過來的兩組結果集。當至少有一行資料被找到時，它將資料回傳給它的父操作 (2)。

(5) 對於每條滿足由子查詢實現的條件的資料，操作 2 都向其父操作 (1) 傳遞一個 rowid。

(6) 操作 1 使用從其子操作 (2) 接收的 rowid 來存取 `t1` 表並擷取它的各個行。它將資料傳遞給它的父操作 (0)。

(7) 操作 0 將資料發送給呼叫者。

10.3.9 自我調整執行計畫

物件統計資訊並不總是會為查詢最佳化工具提供用於找出最優執行計畫所需的全部資訊。為了改進這種情況，在解析階段，查詢最佳化工具可以利用動態採樣對要處理的資料獲取額外的洞察力。（動態採樣在第 9 章中描述過。）此外，自從 12.1 版本開始，查詢最佳化工具能夠將某些決定推遲到執行階段。其想法是，利用在執行計畫的執行部分可以收集的資訊，來決定應該如何執行其他部分。根據這個目的，查詢最佳化工具匯入了所謂的子計畫。同時匯入的還有負責決定應該啟動哪個子計畫的操作。

> **注意** 自我調整執行計畫只有在企業版中才可用。

從 12.1 版本開始，查詢最佳化工具能在以下狀況中使用自我調整執行計畫。

- 從巢狀迴圈聯結切換到雜湊聯結，反之亦然。
- 為並存執行的 SQL 敘述從雜湊向廣播切換分配方法。

與平行處理有關的案例會在第 15 章中介紹。下面的例子展示切換聯結方法是如何實現的。這是一段來自 adaptive_plan.sql 腳本產生輸出的摘錄。此查詢是一個兩張表之間的簡單聯結。它透過普通的巢狀迴圈聯結執行：

```
SQL> EXPLAIN PLAN FOR
  2  SELECT *
  3  FROM t1, t2
  4  WHERE t1.id = t2.id
  5  AND t1.n = 666;

SQL> SELECT * FROM table(dbms_xplan.display(format=>'basic +predicate
+note'));

PLAN_TABLE_OUTPUT
---------------------------------------------
Plan hash value: 1837274416

---------------------------------------------
| Id  | Operation                    | Name  |
---------------------------------------------
|   0 | SELECT STATEMENT             |       |
|   1 |  NESTED LOOPS                |       |
|   2 |   NESTED LOOPS               |       |
|*  3 |    TABLE ACCESS FULL         | T1    |
|*  4 |    INDEX UNIQUE SCAN         | T2_PK |
```

```
|   5 |  TABLE ACCESS BY INDEX ROWID| T2      |
---------------------------------------------

Predicate Information (identified by operation id):
---------------------------------------------------

   3 - filter("T1"."N"=666)
   4 - access("T1"."ID"="T2"."ID")

Note
-----
   - this is an adaptive plan
```

注意，上面摘錄中末尾的 Note 部分指出了這個執行計畫是自我調整的。然而，就執行計畫本身而言，卻沒有任何特別的地方。而事實是，預設情況下，dbms_xplan 套件的 display 函數只顯示預設的執行計畫。簡單來說，這是查詢最佳化工具在不考慮自我調整執行計畫時會選擇的執行計畫。如果想看見包含子計畫的完整執行計畫，必須在使用 dbms_xplan 套件時指定 adaptive 修飾符。在這種情況下，有三個額外的操作會在該執行計畫中顯示：

```
SQL> SELECT * FROM table(dbms_xplan.display(format=>' basic +predicate
+note +adaptive'));

PLAN_TABLE_OUTPUT
-----------------------------------------------
Plan hash value: 1837274416

-----------------------------------------------
|   Id  | Operation                      | Name  |
-----------------------------------------------
|     0 | SELECT STATEMENT               |       |
|- *  1 |  HASH JOIN                     |       |
|     2 |   NESTED LOOPS                 |       |
|     3 |    NESTED LOOPS                |       |
|-    4 |     STATISTICS COLLECTOR       |       |
| *   5 |      TABLE ACCESS FULL         | T1    |
```

```
| *   6 |     INDEX UNIQUE SCAN         | T2_PK |
|     7 |    TABLE ACCESS BY INDEX ROWID| T2    |
|-    8 |   TABLE ACCESS FULL           | T2    |
-------------------------------------------------

  1 - access( "T1" ." ID" =" T2" ." ID" )
  5 - filter( "T1" ." N" =666)
  6 - access( "T1" ." ID" =" T2" ." ID" )

Note
-----
  - this is an adaptive plan (rows marked '-' are inactive)
```

這樣的一個執行計畫並不容易讀取，因為它其實包含兩個不同的執行計畫。首先，是根據巢狀迴圈聯結的預設執行計畫：

```
----------------------------------------------
| Id  | Operation                   | Name  |
----------------------------------------------
|   0 | SELECT STATEMENT            |       |
|   1 |  NESTED LOOPS               |       |
|   2 |   NESTED LOOPS              |       |
|   3 |    TABLE ACCESS FULL        | T1    |
|   4 |    INDEX UNIQUE SCAN        | T2_PK |
|   5 |   TABLE ACCESS BY INDEX ROWID| T2   |
----------------------------------------------
```

接下來，是根據雜湊聯結的自我調整執行計畫：

```
------------------------------------
| Id  | Operation          | Name |
------------------------------------
|   0 | SELECT STATEMENT   |      |
|   1 |  HASH JOIN         |      |
|   2 |   TABLE ACCESS FULL| T1   |
|   3 |   TABLE ACCESS FULL| T2   |
------------------------------------
```

基本上，當 t1 表的掃描回傳少量的資料時，第一個執行計畫比第二個好。因此，要決定應該使用哪個執行計畫，查詢最佳化工具會估算能夠被巢狀迴圈聯結有效處理的最大行數（稱作**轉捩點**）。為了在執行階段期間決定應該使用哪個執行計畫，STATISTICS COLLECTOR 操作快取並記錄 t1 表的掃描回傳的記錄數。然後，只有當記錄數低於轉捩點的數值時，巢狀迴圈聯結才會被執行。否則，雜湊聯結會被執行。此時的執行計畫通常被稱作**最終執行計畫**。一旦最終執行計畫確定下來，就會禁用 STATISTICS COLLECTOR 操作，因此，不會發生進一步的快取。此外，與轉捩點方法有關的操作也會禁用。

> **注意** 要知道執行計畫切換只會發生在子游標第一次執行時。所有後續執行都使用最終執行計畫。

v$sql 動態效能視圖提供一個新的行幫助你瞭解，對於一個特定的子游標其最終執行計畫是否已經選定。這個行就是 is_resolved_adaptive_plan。它會被設定為以下值。

- NULL 意味著與該游標關聯的執行計畫不是自我調整的。
- N 意味著最終執行計畫還沒有被確定下來。這個值只有在最終執行計畫被確定下來之前才可以觀察到。
- Y 意味著最終執行計畫已經被確定下來。

兩個初始化參數控制自我調整執行計畫。

- optimizer_adaptive_features 完全啟用或禁用該特性。將這個參數設定為 FALSE 時，會禁用自我調整執行計畫。預設值是 TRUE。
- optimizer_adaptive_reporting_only 在報告模式下啟用或禁用自我調整執行計畫。這個模式對於評估執行計畫是否會因為自我調整執行計畫而改變非常有用。當設定為 TRUE 時，就會產生自我調整執行計畫，SQL 引擎會檢查轉捩點，但是 SQL 引擎只會使用預設的執行計畫。然後，透過下面的例子所示的報告特性，可以檢查如果完全啟用自我調整執行計畫，那麼會使用哪一個執行計畫。預設值是 FALSE：

```
SQL> ALTER SESSION SET optimizer_adaptive_reporting_only = TRUE;

SQL> SELECT *
  2  FROM t1, t2
  3  WHERE t1.id = t2.id
  4  AND t1.n = 666;

SQL> SELECT *
  2  FROM table(dbms_xplan.display_cursor(format=>'basic +predicate +note
+adaptive +report'));

EXPLAINED SQL STATEMENT:
------------------------
SELECT * FROM t1, t2 WHERE t1.id = t2.id AND t1.n = 666

Plan hash value: 1837274416

-------------------------------------------------
|  Id  | Operation                     | Name   |
-------------------------------------------------
|    0 | SELECT STATEMENT              |        |
|- * 1 |  HASH JOIN                    |        |
|    2 |   NESTED LOOPS                |        |
|    3 |    NESTED LOOPS               |        |
|-   4 |     STATISTICS COLLECTOR      |        |
| *  5 |      TABLE ACCESS FULL        | T1     |
| *  6 |     INDEX UNIQUE SCAN         | T2_PK  |
|    7 |    TABLE ACCESS BY INDEX ROWID| T2     |
|-   8 |   TABLE ACCESS FULL           | T2     |
-------------------------------------------------

Predicate Information (identified by operation id):
---------------------------------------------------

   1 - access( "T1" ." ID" =" T2" ." ID" )
   5 - filter( "T1" ." N" =666)
   6 - access( "T1" ." ID" =" T2" ." ID" )
```

```
Note
-----
   - this is an adaptive plan (rows marked '-' are inactive)

Adaptive plan:
-------------
This cursor has an adaptive plan, but adaptive plans are enabled for
reporting mode only. The plan that would be executed if adaptive plans
were enabled is displayed below.

Plan hash value: 1837274416

-----------------------------------
| Id  | Operation           | Name |
-----------------------------------
|   0 | SELECT STATEMENT    |      |
|*  1 |  HASH JOIN          |      |
|*  2 |   TABLE ACCESS FULL| T1   |
|   3 |   TABLE ACCESS FULL| T2   |
-----------------------------------

Predicate Information (identified by operation id):
---------------------------------------------------
  1 - access( "T1" ." ID" =" T2" ." ID" )
  2 - filter( "T1" ." N" =666)

Note
-----
  - this is an adaptive plan
```

為了控制在敘述層級是否用了自我調整計畫，自 12.1.0.2 起可使用 hint (no_) adaptive_plan。

10.4 識別低效的執行計畫

遺憾的是，要確定一個執行計畫不是最優化的，唯一的辦法是找出另一個更好的。雖然如此，簡單的檢查也可能揭露出暗示低效執行計畫的線索。接下來會介紹兩種我用於此用途的檢查。第 13 章中介紹了另一種用於評估存取路徑效率的檢查。

10.4.1 錯誤的估算

這個檢查背後的想法很簡單。查詢最佳化工具計算成本來決定哪些存取路徑、聯結順序以及聯結方法應該用於獲取一個高效的執行計畫。如果成本的計算有誤，則很可能查詢最佳化工具會選擇一個非最優的執行計畫。換言之，錯誤的估算很容易導致選擇錯誤的執行計畫。

直接評價一個 SQL 敘述本身的成本，在實踐中是不可行的。檢查查詢最佳化工具執行的其他估算則相對容易得多，這種方式的成本估算根據由一個操作回傳的行數（基數）。檢查估算的基數十分容易，因為你可以使用 dbms_xplan 套件的 display_cursor 函數，比如說，可以直接使用真實的基數和估算的作對比。就像你剛剛看到的，只有當兩個基數值接近時，才表明查詢最佳化工具工作良好。這種方法的一個核心特性就是不需要 SQL 敘述或資料庫結構的相關資訊來評價執行計畫的優劣。你只需集中精力用實際的資料對比估算的資訊。

讓我透過一個例子來展示一下這個概念。下面這段來自 wrong_estimations.sql 腳本輸出的摘錄展示了一個帶有估算（E-Rows）和實際基數（A-Rows）的執行計畫。正如你所看到的，操作 4 的估算是完全錯誤的（因此還有操作 2 和操作 3）。查詢最佳化工具為操作 4 估算的是，只回傳 32 行資料而不是 80,016 行。更糟糕的是，操作 2 和操作 3 是關聯組合操作。這意味著操作 6 和操作 7，實際上被分別執行了 80,016 和 75,808 次，而不是估算的只執行 32 次。這是透過 Starts 行的值確定的。一定要注意操作 6 和操作 7 的估算是正確的。實際上，在作比較之前，實際的基數（A-Rows）必須除以執行的數量（Starts）：

```
SELECT count(t2.col2)
FROM t1 JOIN t2 USING (id)
WHERE t1.col1 = 666

--------------------------------------------------------------------------------
| Id  | Operation                     | Name    | Starts | E-Rows | A-Rows |
--------------------------------------------------------------------------------
|   0 | SELECT STATEMENT              |         |      1 |        |      1 |
|   1 |  SORT AGGREGATE               |         |      1 |      1 |      1 |
|   2 |   NESTED LOOPS                |         |      1 |        |  75808 |
|   3 |    NESTED LOOPS               |         |      1 |     32 |  75808 |
|   4 |     TABLE ACCESS BY INDEX ROWID| T1     |      1 |     32 |  80016 |
|*  5 |      INDEX RANGE SCAN         | T1_COL1 |      1 |     32 |  80016 |
|*  6 |     INDEX UNIQUE SCAN         | T2_PK   |  80016 |      1 |  75808 |
|   7 |    TABLE ACCESS BY INDEX ROWID | T2     |  75808 |      1 |  75808 |
--------------------------------------------------------------------------------

  5 - access( "T1" ." COL1" =666)
  6 - access( "T1" ." ID" =" T2" ." ID" )
```

要理解這個問題，必須仔細分析為何查詢最佳化工具無法計算合理的估算。基數透過將選擇率和表中的行數相乘計算得來。因此，如果基數是錯誤的，引發問題的原因只能有三個：錯誤的選擇率、錯誤的行數或查詢最佳化工具的 bug。

在本例中，我們的分析應該始於查看為操作 5 執行的估算，也就是與 "T1"."COL1"=666 述詞相關的估算。因為查詢最佳化工具根據物件統計資訊做估算，那我們來看一下它們是否代表了目前的資料。透過下面的查詢，能夠獲取用於操作 5 的 t1_col1 索引的物件統計資訊。同時，也可以計算每個鍵的平均資料行數。這基本上就是在沒有長條圖可用時，查詢最佳化工具會使用的值：

```
SQL> SELECT num_rows, distinct_keys, num_rows/distinct_keys AS avg_rows_
per_key
  2  FROM user_indexes
  3  WHERE index_name = 'T1_COL1';

NUM_ROWS DISTINCT_KEYS AVG_ROWS_PER_KEY
```

```
-------- ------------- ----------------
  160000          5000               32
```

在本例中需要注意的是，平均行數 32 與上面的執行計畫中估算的值一樣。要檢查這些物件統計資訊是否正確，必須將它們與實際資料進行對比。那麼，我們在 t1 表上執行下面的查詢。正如你所看到的，該查詢不僅計算上一個查詢的物件統計資訊，而且還記錄 col1 行上不等於 666 的行數：

```
SQL> SELECT count(*) AS num_rows, count(DISTINCT col1) AS distinct_keys,
  2         count(nullif(col1,666)) AS rows_per_key_666
  3  FROM t1;

NUM_ROWS DISTINCT_KEYS ROWS_PER_KEY_666
-------- ------------- ----------------
  160000          5000            79984
```

從輸出中可以確認，物件統計資訊是正確的，而且資料傾斜也很嚴重。因此，長條圖對於正確的估算絕對是有必要的。透過下面的查詢，可以確認在本例中沒有長條圖存在：

```
SQL> SELECT histogram, num_buckets
  2  FROM user_tab_col_statistics
  3  WHERE table_name = 'T1' AND column_name = 'COL1';

HISTOGRAM NUM_BUCKETS
--------- -----------
NONE                1
```

收集完缺失的長條圖後，查詢最佳化工具設法正確地估算基數，進而認為另一個執行計畫是最高效的：

```
-----------------------------------------------------------------
| Id  | Operation           | Name | Starts | E-Rows | A-Rows |
-----------------------------------------------------------------
|   0 | SELECT STATEMENT    |      |      1 |        |      1 |
|   1 |  SORT AGGREGATE     |      |      1 |      1 |      1 |
```

```
|*  2 |   HASH JOIN          |      |      1 |  80000 |  75808 |
|*  3 |    TABLE ACCESS FULL| T1    |      1 |  80000 |  80016 |
|   4 |    TABLE ACCESS FULL| T2    |      1 |    151K|    151K|
------------------------------------------------------------------

  2 - access( "T1" ." ID" =" T2" ." ID" )
  3 - filter( "T1" ." COL1" =666)
```

注意，在 12.1 版本不禁用自我調整執行計畫時執行 wrong_estimations.sql 腳本時，查詢最佳化工具產生了一個自我調整執行計畫，結果，在執行時自動發現，對於這個查詢，雜湊聯結要比巢狀迴圈更合適。

10.4.2 未識別限制條件

我必須警告你上一節中呈現的檢查要優越於本節的。我通常只在執行過第一個檢查之後才使用本節的第二個檢查。這個檢查的想法是驗證查詢最佳化工具是否正確地識別出 SQL 敘述的限制條件，進而盡可能早地應用它。換言之，檢查執行計畫是否會導致不必要的處理。

讓我透過一個例子來展示一下這個概念，這個例子根據下面的 restriction_not_recognized.sql 腳本產生輸出的摘錄。從中，可以看到查詢最佳化工具決定以聯結 t1 和 t2 表開始。第一個聯結回傳 40,000 行的結果集。稍後，該結果集與 t3 表進行聯結。只產生了 100 行的結果集，儘管該操作讀取了 t3 表回傳的 80,000 行資料。這就意味著查詢最佳化工具沒有識別限制條件，而當大量的處理已經被執行後再應用它就太晚了。順便說一下，估算聯結基數，是查詢最佳化工具必須執行的最難的任務之一：

```
SELECT count(t1.pad), count(t2.pad), count(t3.pad)
FROM t1, t2, t3
WHERE t1.id = t2.t1_id AND t2.id = t3.t2_id

-------------------------------------------------------------------
| Id  | Operation              | Name | Starts | E-Rows | A-Rows |
-------------------------------------------------------------------
```

```
|   0 | SELECT STATEMENT      |      |     1 |       |     1 |
|   1 |  SORT AGGREGATE       |      |     1 |     1 |     1 |
|*  2 |   HASH JOIN           |      |     1 | 79800 |   100 |
|*  3 |    HASH JOIN          |      |     1 | 40000 | 40000 |
|   4 |     TABLE ACCESS FULL| T1   |     1 | 20000 | 20000 |
|   5 |     TABLE ACCESS FULL| T2   |     1 | 40000 | 40000 |
|   6 |    TABLE ACCESS FULL | T3   |     1 | 80000 | 80000 |
------------------------------------------------------------

  2 - access( "T2" ." ID" =" T3" ." T2_ID" )
  3 - access( "T1" ." ID" =" T2" ." T1_ID" )
```

遇到這樣的問題時，你可能會束手無策。事實上，沒有用來描述兩張表之間的關係的物件統計資訊。修正這種問題的一個可行的辦法是使用 SQL 概要。在本例中應用一個 SQL 概要會提供如下的執行計畫。（我在第 11 章中介紹了什麼是 SQL 概要以及它是如何工作的。）目前，重要的是要意識到有解決方案存在。要注意，不僅是聯結順序改變了（t2 ➤ t3 ➤ t1），連存取 t1 表的方式也不同了：

```
----------------------------------------------------------------------
| Id  | Operation                     | Name  | Starts | E-Rows | A-Rows |
----------------------------------------------------------------------
|   0 | SELECT STATEMENT              |       |      1 |        |      1 |
|   1 |  SORT AGGREGATE               |       |      1 |      1 |      1 |
|   2 |   NESTED LOOPS                |       |      1 |        |    100 |
|   3 |    NESTED LOOPS               |       |      1 |    100 |    100 |
|*  4 |     HASH JOIN                 |       |      1 |    100 |    100 |
|   5 |      TABLE ACCESS FULL        | T2    |      1 |  40000 |  40000 |
|   6 |      TABLE ACCESS FULL        | T3    |      1 |  80000 |  80000 |
|*  7 |     INDEX UNIQUE SCAN         | T1_PK |    100 |      1 |    100 |
|   8 |    TABLE ACCESS BY INDEX ROWID| T1    |    100 |      1 |    100 |
----------------------------------------------------------------------

  4 - access( "T2" ." ID" =" T3" ." T2_ID" )
  7 - access( "T1" ." ID" =" T2" ." T1_ID" )
```

10.5 小結

本章描述了如何透過 EXPLAIN PLAN 敘述、動態效能視圖、AWR、Statspack 以及一些追蹤工具來獲取執行計畫。正如對前四種技術討論的那樣，對於擷取和格式化執行計畫，dbms_xplan 套件是首選的工具。透過它，你能夠輕鬆獲取需要的所有資訊，進而能夠理解執行計畫。本章還討論了一些用於解釋執行計畫以及用於識別它們是否高效的規則。

很明顯，引起效能問題的低效執行計畫應該被優化。為此，第四部分開篇透過描述可用的 SQL 優化技術來介紹這個主題。注意，有多種技術存在著，因為其中每種技術都可以應用於特定的情況或只適用於特定問題的優化。

Appendix

A 參考文獻

- Adams, Steve, "Oracle Internals and Advanced Performance Tuning." Miracle Master Class, 2003.
- Ahmed, Rafi et al, "Cost-Based Transformation in Oracle." VLDB Endowment, 2006.
- Ahmed, Rafi, "Query processing in Oracle DBMS." ACM, 2010.
- Lee, Allison and Mohamed Zait, "Closing the query processing loop in Oracle 11g." VLDB Endowment, 2008.
- Alomari, Ahmed, *Oracle8i & Unix Performance Tuning*. Prentice Hall PTR, 2001.
- Andersen, Lance, *JDBC 4.1 Specification*. Oracle Corporation, 2011.
- Antognini, Christian, "Tracing Bind Variables and Waits." SOUG Newsletter, 2000.
- Antognini, Christian, "When should an index be used?" SOUG Newsletter, 2001.
- Antognini, Christian, Dominique Duay, Arturo Guadagnin, and Peter Welker, "Oracle Optimization Solutions." Trivadis TechnoCircle, 2004.
- Antognini, Christian, "CBO: A Configuration Roadmap." Hotsos Symposium, 2005.
- Antognini, Christian, "SQL Profiles." Trivadis CBO Days, 2006.
- Antognini, Christian, "Oracle Data Storage Internals." Trivadis Traning, 2007.
- Bellamkonda, Srikanth et al, "Enhanced subquery optimizations in Oracle." VLDB Endowment, 2009.

- Booch, Grady, *Object-Oriented Analysis and Design with Applications*. Addison-Wesley, 1994.
- Brady, James, "A Theory of Productivity in the Creative Process." IEEE Computer Graphics and Applications, 1986.
- Breitling, Wolfgang, "A Look Under the Hood of CBO: the 10053 Event." Hotsos Symposium, 2003.
- Breitling, Wolfgang, "Histograms—Myths and Facts." Trivadis CBO Days, 2006.
- Breitling, Wolfgang, "Joins, Skew and Histograms." Hotsos Symposium, 2007.
- Brown, Thomas, "Scaling Applications through Proper Cursor Management." Hotsos Symposium, 2004.
- Burns, Doug, "Statistics on Partitioned Objects." Hotsos Symposium, 2011.
- Caffrey, Melanie et al, *Expert Oracle Practices*. Apress, 2010.
- Chakkappen, Sunil et al, "Efficient and Scalable Statistics Gathering for Large Databases in Oracle 11g." ACM, 2008.
- Chaudhuri, Surajit, "An Overview of Query Optimization in Relational Systems." ACM Symposium on Principles of Database Systems, 1998.
- Dageville, Benoît and Mohamed Zait, "SQL Memory Management in Oracle9*i*." VLDB Endowment, 2002.
- Dageville, Benoît et al, "Automatic SQL Tuning in Oracle 10*g*." VLDB Endowment, 2004.
- Database Language – SQL. ANSI, 1992.
- Database Language – SQL – Part 2: Foundation. ISO/IEC, 2003.
- Date, Chris, *Database In Depth*. O'Reilly, 2005.
- Dell'Era, Alberto, "Join Over Histograms." 2007.
- Dell'Era, Alberto, Alberto Dell'Era's Blog (http://www.adellera.it).
- Dyke, Julian, "Library Cache Internals." 2006.

- Engsig, Bjørn, "Efficient use of bind variables, cursor_sharing and related cursor parameters." Miracle White Paper, 2002.
- Flatz, Lothar, "How to Avoid a Salted Banana." DOAG Conference, 2013.
- Foote, Richard, Richard Foote's Oracle Blog (http://richardfoote.wordpress.com).
- Foote, Richard, "Indexing New Features: Oracle 11g Release 1 and Release 2", 2010.
- Geist, Randolf, "Dynamic Sampling." All Things Oracle, 2012.
- Geist, Randolf, "Everything You Wanted To Know About FIRST_ROWS_n But Were Afraid To Ask." UKOUG Conference, 2009.
- Geist, Randolf, Oracle Related Stuff Blog (http://oracle-randolf.blogspot.com).
- Grebe, Thorsten, "Glücksspiel Systemstatistiken – das Märchen von typischen Workload." DOAG Conference, 2012.
- Green, Connie and John Beresniewicz, "Understanding Shared Pool Memory Structures." UKOUG Conference, 2006.
- Goldratt, Eliyahu, *Theory of Constraints*. North River Press, 1990.
- Gongloor, Prabhaker, Sameer Patkar, "Hash Joins, Implementation and Tuning." Oracle Technical Report, 1997.
- Gülcü Ceki, *The complete log4j manual*. QOS.ch, 2003.
- Hall, Tim, ORACLE-BASE (http://www.oracle-base.com).
- Held, Andrea et al, *Der Oracle DBA*. Hanser, 2011.
- Hoogland, Frits, "About Multiblock Reads." Hotsos Symposium, 2013.
- Jain, Raj, *The Art of Computer Systems Performance Analysis*. Wiley, 1991.
- Kolk, Anjo, "The Life of an Oracle Cursor and its Impact on the Shared Pool." AUSOUG Conference, 2006.
- Knuth, Donald, "Structured Programming with go to Statements." Computing Surveys, 1974.

- Knuth, Donald, *The Art of Computer Programming, Volume 3 – Sorting and Searching*. Addison-Wesley, 1998.
- Kyte, Thomas, *Effective Oracle by Design*. McGraw-Hill/Osborne, 2003.
- Lahdenmäki, Tapio and Michael Leach, *Relational Database Index Design and the Optimizers*. Wiley, 2005.
- Lee, Allison and Mohamed Zait, "Closing The Query Processing Loop in Oracle 11g." VLDB Endowment, 2008.
- Lewis, Jonathan, "Compression in Oracle." All Things Oracle, 2013.
- Lewis, Jonathan, *Cost-Based Oracle Fundamentals*. Apress, 2006.
- Lewis, Jonathan, "Hints and how to use them." Trivadis CBO Days, 2006.
- Lewis, Jonathan, Oracle Scratchpad Blog (http://jonathanlewis.wordpress.com).
- Lilja, David, *Measuring Computer Performance*. Cambridge University Press, 2000.
- Machiavelli Niccoló, *Il Principe*. Einaudi, 1995.
- Mahapatra, Tushar and Sanjay Mishra, *Oracle Parallel Processing*. O'Reilly, 2000.
- Menon, R.M., *Expert Oracle JDBC Programming*. Apress, 2005.
- Mensah, Kuassi, *Oracle Database Programming using Java and Web Services*. Digital Press, 2006.
- Merriam-Webster online dictionary (http://www.merriam-webster.com).
- Millsap, Cary, "Why You Should Focus on LIOs Instead of PIOs." 2002.
- Millsap, Cary with Jeff Holt, *Optimizing Oracle Performance*. O'Reilly, 2003.
- Millsap, Cary, *The Method R Guide to Mastering Oracle Trace Data*. CreateSpace, 2013.
- Moerkotte, Guido, *Building Query Compilers*. 2009.
- Morton, Karen et al, *Pro Oracle SQL*. Apress, 2010.
- Nørgaard, Mogens et al, *Oracle Insights: Tales of the Oak Table*. Apress, 2004.

- Oracle Corporation, "Bug 10050057 - SQL profile not used in the Active Physical Standby (ADG))." Oracle Support note 10050057.8, 2013.
- Oracle Corporation, "Bug 13262857 Enh: provide some control over DBMS_STATS index clustering factor computation." Oracle Support note 13262857.8, 2013.
- Oracle Corporation, "Bug 14320218 Wrong results with query results cache using PL/SQL function." Oracle Support note 14320218.8, 2013.
- Oracle Corporation, "Bug 8328200 - Misleading or excessive STAT# lines for SQL_TRACE / 10046." Oracle Support note 8328200.8, 2012.
- Oracle Corporation, "CASE STUDY: Analyzing 10053 Trace Files." Oracle Support note 338137.1, 2012.
- Oracle Corporation, "Delete or Update running slow—db file scattered read waits on index range scan." Oracle Support note 296727.1, 2005.
- Oracle Corporation, "Deprecating the cursor_sharing = 'SIMILAR' setting." Oracle Support note 1169017.1, 2013.
- Oracle Corporation, "EVENT: 10046 'enable SQL statement tracing (including binds/waits).'" Oracle Support note 21154.1, 2012.
- Oracle Corporation, "Extra NESTED LOOPS Step In Explain Plan on 11g and Above." Oracle Support note 978496.1, 2013.
- Oracle Corporation, "Global statistics - An Explanation." Oracle Support note 236935.1, 2012.
- Oracle Corporation, "Handling and resolving unshared cursors/large version_counts." Oracle Support note 296377.1, 2007.
- Oracle Corporation, "How to Edit a Stored Outline to Use the Plan from Another Stored Outline." Oracle Support note 730062.1, 2012.
- Oracle Corporation, "How To Collect Statistics On Partitioned Table in 10g and 11g." Oracle Support note 1417133.1, 2013.
- Oracle Corporation, "How to Monitor SQL Statements with Large Plans Using Real-Time SQL Monitoring?" Oracle Support note 1613163.1, 2014.

- Oracle Corporation, "Init.ora Parameter CURSOR_SHARING Reference Note." Oracle Support note 94036.1, 2014.
- Oracle Corporation, "Init.ora Parameter OPTIMIZER_SECURE_VIEW_MERGING Reference Note." Oracle Support note 567135.1, 2013.
- Oracle Corporation, "Init.ora Parameter PARALLEL_DEGREE_POLICY Reference Note." Oracle Support note 1216277.1, 2013.
- Oracle Corporation, "Init.ora Parameter SORT_AREA_RETAINED_SIZE Reference Note." Oracle Support note 30815.1, 2012.
- Oracle Corporation, "Init.ora Parameter STAR_TRANSFORMATION_ENABLED Reference Note." Oracle Support note 47358.1, 2013.
- Oracle Corporation, "Installing and Using Standby Statspack in 11g." Oracle Support note 454848.1, 2014.
- Oracle Corporation, "Interpreting Raw SQL_TRACE output." Oracle Support note 39817.1, 2012.
- Oracle Corporation, Java Platform Standard Edition 7 Documentation.
- Oracle Corporation, "Master Note for Materialized View (MVIEW)." Oracle Support note 1353040.1, 2013.
- Oracle Corporation, "Master Note for OLTP Compression." Oracle Support note 1223705.1, 2012.
- Oracle Corporation, "Multi Join Key Pre-fetching." Oracle Support note 264532.1, 2010.
- Oracle Corporation, "Real-Time SQL Monitoring." Oracle White Paper, 2009.
- Oracle Corporation, "Rolling Cursor Invalidations with DBMS_STATS.AUTO_INVALIDATE." Oracle Support note 557661.1, 2012.
- Oracle Corporation, "Rule Based Optimizer is to be Desupported in Oracle10g." Oracle Support note 189702.1, 2012.
- Oracle Corporation, "Script to produce HTML report with top consumers out of PL/SQL Profiler DBMS_PROFILER data." Oracle Support note 243755.1, 2012.

- Oracle Corporation, "SQLT (SQLTXPLAIN) - Tool that helps to diagnose a SQL statement performing poorly or one that produces wrong results." Oracle Support note 215187.1, 2013.
- Oracle Corporation, "Table Prefetching causes intermittent Wrong Results in 9iR2, 10gR1, and 10gR2." Oracle Support note 406966.1, 2007.
- Oracle Corporation, "A Technical Overview of the Oracle Exadata Database Machine and Exadata Storage Server." Oracle White Paper, 2012.
- Oracle Corporation, "TRCANLZR (TRCA): SQL_TRACE/Event 10046 Trace File Analyzer - Tool for Interpreting Raw SQL Traces." Oracle Support note 224270.1, 2012.
- Oracle Corporation, "Understanding Bitmap Indexes Growth while Performing DML operations on the Table." Oracle Support note 260330.1, 2004.
- Oracle Corporation, Oracle Database Documentation, 10g Release 2.
- Oracle Corporation, Oracle Database Documentation, 11g Release 1.
- Oracle Corporation, Oracle Database Documentation, 11g Release 2.
- Oracle Corporation, Oracle Database Documentation, 12c Release 1.
- Oracle Corporation, *Oracle Database 10g: Performance Tuning*, Oracle University, 2006.
- Oracle Corporation, "Query Optimization in Oracle Database 10g Release 2." Oracle White Paper, 2005.
- Oracle Corporation, "SQL Plan Management in Oracle Database 11g." Oracle White Paper, 2007.
- Oracle Corporation, "Optimizer with Oracle Database 12c." Oracle White Paper, 2013.
- Oracle Corporation, "SQL Plan Management with Oracle Database 12c." Oracle White Paper, 2013.
- Oracle Corporation, "Use Caution if Changing the OPTIMIZER_FEATURES_ENABLE Parameter After an Upgrade." Oracle Support note 1362332.1, 2013.
- Oracle Optimizer Blog (http://blogs.oracle.com/optimizer).

- Osborne, Kerry, Kerry Osborne's Oracle Blog (http://kerryosborne.oracle-guy.com/)
- Pachot, Franck, "Interpreting AWR Report – Straight to the Goal", 2014.
- PHP OCI8, *PHP Manual*, 2013 (http://php.net/manual/en/book.oci8.php).
- Põder, Tanel, Tanel Poder's Blog (http://blog.tanelpoder.com).
- Senegacnik, Joze, "Advanced Management of Working Areas in Oracle 9i/10g." Collaborate, 2006.
- Senegacnik, Joze, "How Not to Create a Table." Miracle Database Forum, 2006.
- Shaft, Uri and John Beresniewicz, "ASH Architecture and Usage." Miracle Oracle Open World, 2012.
- Shee, Richmond, "If Your Memory Serves You Right." IOUG Live! Conference, 2004.
- Shee, Richmond, Kirtikumar Deshpande and K Gopalakrishnan, *Oracle Wait Interface: A Pratical Guide to Performance Diagnostics & Tuning*. McGraw-Hill/Osborne, 2004.
- Shirazi, Jack, *Java Performance Tuning*. O'Reilly, 2003.
- The Data Warehouse Insider Blog (https://blogs.oracle.com/datawarehousing).
- Vargas, Alejandro, "10g Questions and Answers." 2007.
- Wikipedia encyclopedia (http://www.wikipedia.org).
- Williams, Mark, *Pro .NET Oracle Programming*. Apress, 2005.
- Williams, Mark, "Improve ODP.NET Performance." *Oracle Magazine*, 2006.
- Winand, Markus, *SQL Performance Explained*. 2012.
- Wood, Graham, "Sifting through the ASHes." Oracle Corporation, 2005.
- Wustenhoff, Edward, *Service Level Agreement in the Data Center*. Sun BluePrints, 2002.
- Zait, Mohamed, "Oracle10g SQL Optimization." Trivadis CBO Days, 2006.
- Zait, Mohamed, "The Oracle Optimizer: An Introspection." Trivadis CBO Days, 2012.

博碩文化

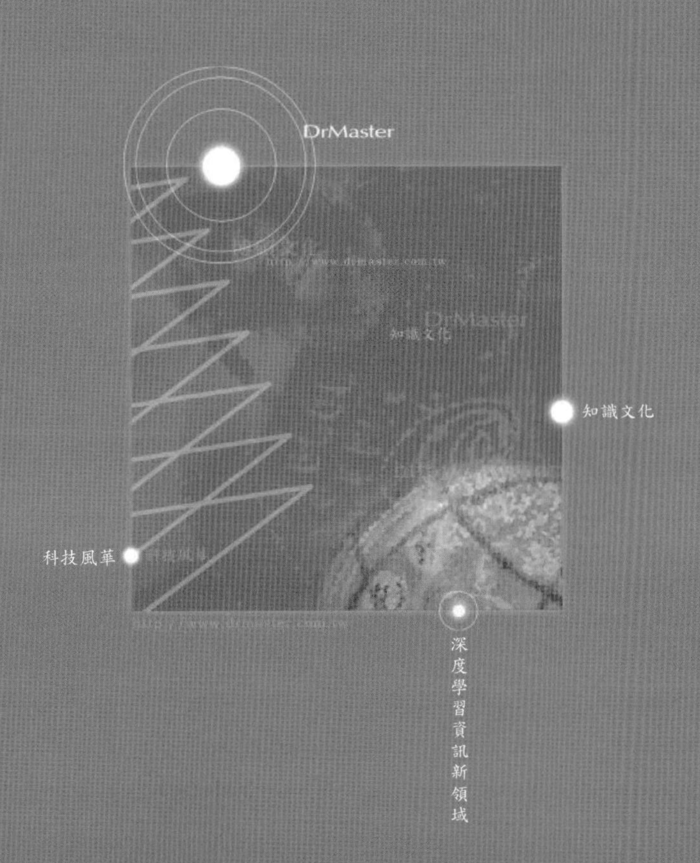
DrMaster
知識文化
科技風革
深度學習資訊新領域

DrMaster

深度學習資訊新領域

http://www.drmaster.com.tw